Planungs- und Ausführungshandbuch zur neuen EnEV

Dipl.-Ing. Arch. Stefan Horschler
Dipl.-Ing. Kati Jagnow

Planungs- und Ausführungshandbuch zur neuen EnEV

Umfassende Darstellung mit Projektbeispielen

Mit den aktuellen Neuerungen in EnEV, DIN 4108-2, DIN V 4108-6, DIN 4108 Bbl 2, DIN EN ISO 6946

Bauwerk

Bibliografische Information Der Deutschen Bibliothek
Die Deutsche Bibliothek verzeichnet diese Publikation in der Deutschen
Nationalbibliografie; detaillierte bibliografische Daten sind im Internet über
http://dnb.ddb.de abrufbar.

Horschler/Jagnow:
Planungs- und Ausführungshandbuch
zur neuen EnEV

1. Aufl. Berlin: Bauwerk, 2004

ISBN 3-89932-025-5

Druck und Bindung:
Druckerei Runge GmbH

Vorwort

Seit nunmehr fast zwei Jahren ist die Energieeinsparverordnung in Kraft und es sind hierzu eine Fülle von Fachbüchern erschienen. Warum also noch ein weiteres?

Zunächst sei hier angemerkt, dass das vorliegende Buch eine Überarbeitung und Fortschreibung einer der ersten umfassenden Veröffentlichungen zur EnEV ist. Diese Veröffentlichung wurde Ende 2001 von der Kronsberg-Umwelt-Kommunikationsagentur (kuka) herausgegeben.

Mitte diesen Jahres wurden eine Reihe von in der EnEV statisch in Bezug genommenen Normen novelliert. Diese Neuerungen erforderten eine vollständige Überarbeitung dieser Erstveröffentlichung und Ergänzung in der nunmehr vorliegenden Buchform.

Das Buch wendet sich an diejenigen Personen, die im Handwerk und in der Planung Regelungen und Anforderungen der Energieeinsparverordnung umsetzen. Es liefert eine Hilfestellung bei der praktischen Anwendung von - aus der Sicht der Verfasser - wesentlichen Normen. Im Vordergrund stehen hierbei Anwendungsbeispiele, die bei der Umsetzung hilfreich sein können. Die Verfasser haben sich bemüht, die Beispiele möglichst nachvollziehbar zu gestalten, und führten die Berechnungen nach bestem Wissen durch. Gleichwohl sind Fehler nicht auszuschließen.

Aus diesem Grund wird der Leser gebeten, Anregungen oder Verbesserungsvorschläge an den Verlag oder direkt an die Verfasser weiterzuleiten; denn: nichts ist so gut, als dass es nicht noch besser werden könnte. Die Verfasser hoffen, dass keine wesentlichen Mängel dem Werk zugrunde liegen und danken an dieser Stelle allen, die geholfen haben, namentlich Herrn Martin Unverricht und dem Bauwerk-Verlag in Berlin.

Die Verfasser hoffen, dass sowohl die Planenden als auch die Ausführenden die bevorstehende Herausforderung einer ganzheitlichen Planung annehmen und es verstehen, diese zu langlebigen, ökologisch und ökonomisch vernünftigen Lösungen umzusetzen.

Hierbei wünschen die Verfasser allen Beteiligten viel Erfolg und im Sinne der Verordnung einen „guten Wirkungsgrad"!

Stefan Horschler und Kati Jagnow

Hannover, November 2003

Dieses Buch ist Herrn Professor Wolf-Hagen Pohl
zur Verabschiedung aus der Universität Hannover in den Ruhestand gewidmet.

Stefan Horschler

Inhaltsverzeichnis   Seite

1 Einleitung

In unseren Breiten ist das Klima so beschaffen, dass Innenräume zur Aufrechterhaltung eines behaglichen Raumklimas in der Regel eine lange Zeit im Jahr beheizt werden müssen. Hierfür benötigen wir Energie. Die weitaus meiste Energie wird durch Verbrennung fossiler Brennstoffe erzeugt, von denen Kohle, Erdöl und Erdgas den größten Anteil ausmachen. Sie decken derzeit immer noch rund 90 % des Weltenergieverbrauchs.

Bei der Verbrennung fossiler Energieträger zur Bereitstellung von Heizwärme entstehen neben den bekannten Schadstoffen wie Kohlenmonoxid, Schwefeldioxid, Stickoxiden, Rauch und Ruß auch Kohlendioxid (CO_2). Diese Schadstoffe sind unter dem Begriff „saurer Regen" allgemein bekannt. In diesem Zusammenhang sind beispielsweise das Waldsterben und die Zerstörungserscheinungen an den Oberflächen von Bauteilen zu nennen.

Die Auswirkungen des gegenüber früheren Zeiten vermehrten Kohlendioxidausstoßes geben Anlass zu großer Besorgnis. Obwohl aus physiologischer Sicht CO_2 nicht als Schadstoff einzustufen ist - es schadet dem menschlichen Organismus nicht direkt - stellt die Zunahme des CO_2-Gehaltes der Atmosphäre global gesehen jedoch eine sehr ernste Gefahr dar. Das CO_2 lässt kurzwelliges Sonnenlicht auf die Erdoberfläche und behindert nachts eine Wärmeabstrahlung; es kommt zu einer Aufwärmung. Unbestritten ist, dass eine deutliche Zunahme des CO_2-Gehaltes aufgrund der Treibhauseigenschaften dieses Gases (Änderung des Strahlungshaushaltes der Atmosphäre) weltweit eine deutliche Klimaveränderung bewirkt. Das CO_2-Gas ist mit rund 50 % am anthropogen bedingten Treibhauseffekt beteiligt.

Bedingt durch eine verstärkte Verwendung fossiler Energieträger ist in den vergangenen 100 Jahren die CO_2-Emissionsrate aus Verbrennungsprozessen weltweit dramatisch angestiegen. Hierfür sind vor allem die Industrieländer verantwortlich mit einem weltweiten Bevölkerungsanteil von rund 25 %, die heute etwa 80 % der CO_2-Emissionen verursachen. Auf die so genannten Entwicklungsländer mit einem weltweiten Bevölkerungsanteil von 75 % entfällt demgegenüber nur ein CO_2-Emissionsanteil von rund 20 %.

Die Weltbevölkerung steigt stetig an. Der Anstieg der Weltbevölkerung und der Wunsch vieler Menschen in den so genannten Entwicklungsländern, den Lebensstandard zu erreichen, der dem der Industrieländer gleicht, führt zu unterschiedlichen Folgen. Neben einem verstärkten Handel mit natürlichen Ressourcen und einer Aktivierung des Handels mit landwirtschaftlichen Gütern, ist auch eine zunehmende Industrialisierung der Entwicklungsländer festzustellen.

Mit diesem weltweit ansteigenden Handel verbunden wird prognostiziert, dass sich der Primärenergieverbrauch weltweit in den nächsten 20 bis 30 Jahren gegenüber heute fast verdoppeln wird. Der Primärenergieverbrauch in den OECD-Staaten Europas wird sich in dem eben genannten Zeitraum um etwa 40 % erhöhen.

Dieser prognostizierten Entwicklung muss unbedingt entgegengewirkt werden, da sich sonst der durch die Erhöhung des CO_2-Gehaltes in der Atmosphäre verstärkt hervorgerufene Treibhauseffekt noch weiter negativ auswirken wird. Es wird zu einem weiteren Abschmelzen der Polkappen und dem hiermit verbundenen Anstieg der Weltmeere oder der weiteren Zunahme von Stürmen und zu Verödungen von Landschaften kommen.

Es ist aus diesen Gründen notwendig, den Energieverbrauch und damit auch die CO_2-Emissionen drastisch zu senken und dies global. Unmittelbar wirksam ist die Ausschöpfung und Realisierung technischer CO_2-Verminderungspotentiale durch eine deutliche Reduzierung des Energieverbrauchs. Hier sind wir alle aufgerufen, den Energieverbrauch in den drei Energieanwendungsbereichen Industrie, Verkehr und Haushalt zu reduzieren.

Energie wird für drei Hauptzwecke verwendet: Für den Kraftbetrieb zur Erzeugung von mechanischer oder elektrischer Energie, für den Heizbetrieb zur Beheizung von Räumen und für den Prozessbetrieb für industrielle Zwecke aller Art. Gut ein Drittel des gesamten Endenergiebedarfs entfällt in Deutschland auf die Bereitstellung von Heizwärme für Gebäude.

In der BRD wurden noch Ende der 90er Jahre des letzten Jahrhunderts rd. 1 Mrd. t CO_2 emittiert. Rund 300 Mio. t CO_2 entfielen auf den Bereich der Raumwärme. Untersuchungen haben ergeben, dass im Bereich des Neubaus und des Gebäudebestands technische Energieeinsparpotentiale von 70 bis 90 Prozent vorhanden sind. Das technisch-wirtschaftliche Reduktionspotential wird im Neubau- und Altbaubereich auf rund 50 Prozent geschätzt. Auf der UN-Konferenz „Umwelt und Entwicklung" in Rio de Janeiro 1992 verpflichtete sich die Staatengemeinschaft zur Integration des Umweltschutzes in alle Politikbereiche. Die EU beabsichtigte, die CO_2-Emissionen bis zum Jahr 2000 auf dem Stand von 1990 zu begrenzen. Deutschland verfolgte das Ziel in Anlehnung an die Weltklimakonferenz in Toronto, die CO_2-Emissionen bis zum Jahr 2005 bis um 25 - 30 % zu senken. Als Bezugsjahr wurde hierbei das Jahr 1987 gewählt.

Fossile Energieträger lassen sich im Zeitraum des menschlichen Daseins nicht erneuern; sie sind zu wertvoll, um verbrannt zu werden. **Wärmeschutzmaßnahmen** sind in diesem Zusammenhang ganz eindeutig ein unverzichtbarer Beitrag zum Umweltschutz; sie sind ein Hauptbestandteil des ökologischen Bauens.

Gebäude gehören zu den langlebigsten Wirtschaftsgütern mit Nutzungsdauern von 50 bis 100 Jahren. Mit einem heute errichteten Gebäude legen wir den Energiebedarf dieses Gebäudes für die nächsten Jahrzehnte fest. Durch sparsamen Umgang mit den uns heute bekannten Energieträgern werden nicht nur Schadstoffe reduziert, sondern wir sichern auch für die nachkommenden Generationen vorhandene Energiereserven. In jedem Fall führt ein behutsamerer Umgang mit Energie dazu, dass mehr Zeit in neue Energie- und Versorgungsstrategien investiert werden kann.

Im Hinblick auf die sicherlich in Zukunft weiter steigenden Energiepreise gewinnen energiesparendes Bauen und energiesparendes Nutzen der Räume (angemessenes Lüften und Heizen) neben ökologischen auch aus privatwirtschaftlichen Gründen an Bedeutung, wobei angemerkt werden muss, dass Energie in Deutschland nicht ihrem Wert entsprechend gehandelt wird. Der heutige Ölpreis liegt nominal auf dem gleichen Niveau wie vor 20 Jahren.

2 Energieeinsparverordnung und mitgeltende Normen

Die Politik reagierte in vergangen Jahrzehnten auf die Ölverknappung z.B. der siebziger Jahre und die zunehmenden ökologischen Forderungen mit verschiedenen Verordnungen und in der Folge immer wieder mit Novellierungen. Es waren dies:

o   Wärmeschutzverordnung und
o   Heizungsanlagenverordnung.

Beide Verordnungen basieren auf Wirtschaftlichkeitsanforderungen des Energieeinspargesetzes vom 22. Juli 1976. Im Hinblick auf den baulichen Wärmeschutz kann weiterhin unterschieden werden in:

o   Anforderungen an den so genannten Mindestwärmeschutz
o   Regelungen zu einem energiesparenden Wärmeschutz.

Maßnahmen zum Mindestwärmeschutz sowie auch zur Energieeinsparung sind nicht freigestellt, sondern sie sind gesetzlich geregelt. Die Anforderungen wurden in den letzten zwei Jahrzehnten in beiden Bereichen immer wieder angehoben. Lange Zeit galten nur die Anforderungen der DIN 4108 „Wärmeschutz im Hochbau". Hier waren für drei Wärmedämmgebiete Anforderungen an den Wärmedurchlasswiderstand der Außenbauteile gestellt.

Nach dem Ende der Erdölkrise wurden auf Grundlage des o.a. Energieeinsparungsgesetzes erstmals in einer Wärmeschutzverordnung Anforderungen beschrieben. In Abhängigkeit vom A/V-Verhältnis des Gebäudes war ein so genannter mittlerer k-Wert des Gebäudes nachzuweisen.

Die Anforderungen zur Begrenzung des Transmissionswärmeverlustes wurden bereits 1982 angehoben. Die Anhebung der Anforderungen bedeutete, bezogen auf den bis dahin geltenden Wärmedämmstandard, eine Verschärfung um etwa 20 %.

Die Wärmeschutzverordnung von 1982/84 wurde 1995 erneut novelliert; die Anforderungen wurden weiter verschärft. Mit der Einführung der **Wärmeschutzverordnung 1995** wurde nicht mehr allein eine Begrenzung des Wärmedurchgangskoeffizienten definiert, sondern es wurden auf die beheizte Nutzfläche bzw. auf das beheizte Gebäudevolumen bezogene Anforderungen an den Jahres-Heizwärmebedarf für den Zeitraum einer Heizperiode gestellt.

Der **Jahres-Heizwärmebedarf** eines Gebäudes stellt die Wärmemenge dar, welche ein Heizsystem unter Annahme normierter Randbedingungen jährlich für die Gesamtheit der beheizten Räume des Gebäudes bereitstellen muss. In einer Bilanz wurden die zu erwartenden Wärmeverluste über Transmission und Lüftung mit den nutzbaren internen und solaren Wärmegewinnen verrechnet. Hierbei war es in einem Gewissen Rahmen möglich, in Bauteilbereichen, in denen z.B. aus konstruktiven Erwägungen nur eine geringe Wärmedämmstoffdicke realisiert werden konnte und somit für dieses Bauteil ein „Fehlbedarf" hervorgerufen wurde, durch z.B. den Einsatz einer Lüftungsanlage mit einem hohen Wirkungsgrad diesen Fehlbedarf auszugleichen. Dadurch ergab sich für den Planer gegenüber früher ein größerer Gestaltungsspielraum in konstruktiver, gestalterischer und wirtschaftlicher Hinsicht.

Häufig wurde bei dieser Art der „Verrechnung" jedoch übersehen, dass nach wie vor die Regelungen der DIN 4108-2 galten, welche Mindestwerte für die Bauteile definierte, die zwingend einzuhalten waren.

Neben dem Bilanzverfahren der Wärmeschutzverordnung durfte alternativ für Gebäude mit nicht mehr als zwei Vollgeschossen und nicht mehr als drei Wohneinheiten das so genannte „vereinfachte Nachweisverfahren" angewendet werden. Hier waren für die verschiedenen Bauteilbereiche des Wohngebäudes maximale Wärmedurchgangskoeffizienten definiert, die nicht überschritten werden durften. Es war bei diesem Verfahren davon ausgegangen worden, dass mit den nachgewiesenen Wärmedurchgangskoeffizienten der Jahres-Heizwärmebedarf eingehalten würde.

Die Anforderungen an die Heizungsanlage wurden durch die Heizungsanlagen-Verordnung vom 22. März 1994, geregelt.

Mit der Einführung der Wärmeschutzverordnung 1995 erfolgte eine weitere Forderung zur Minderung des Heizwärmebedarfs von Gebäuden von etwa 30 %, bezogen auf den Standard von 1982/84. Der Festschreibung dieses Standards hatte der Bundesrat nur unter der Voraussetzung zugestimmt, dass in den Jahren 1997/99 die Anforderungen erneut angehoben werden sollten.

Dieser Entscheidung folgend trat am 01.02.2002 die **Energieeinsparverordnung** in Kraft. Mit der Einführung der Energieeinsparverordnung (EnEV) durch die Bundesregierung soll der Heizenergiebedarf von Gebäuden um rund 25 % verringert werden, bezogen auf das Anforderungsprofil der Wärmeschutzverordnung von 1995.

Die Energieeinsparverordnung nennt zahlreiche mitgeltende Normen, wobei in den genannten Normen wiederum auf andere Normen verwiesen wird. Einige dieser Normen befinden sich noch in der (Über-)Bearbeitung.

Die für den Berechnungsgang maßgeblichen Normen sind in **Abbildung 1** zusammengestellt. Nicht alle der o.a. Normen werden nachfolgend vorgestellt. Die in den Kapiteln 2.2 bis 2.13 dargestellten Inhalte geben Hinweise zu den Berechnungsverfahren und gestalten diese durch Anwendungsbeispiele nachvollziehbarer. Mit diesen Normen werden die Grundlagen, das „Handwerkszeug" für die zu führenden Nachweise gemäß Energieeinsparverordnung, behandelt. Die Abschnitte sind wie folgt aufgebaut:

1. Kurzbeschreibung
2. Inhalte
3. Verweis auf Reglungen in der Energieeinsparverordnung
4. Beispiele.

o DIN 4108-2 : 2003-07
Wärmeschutz und Energie-Einsparung in Gebäuden
Teil 2: Mindestanforderungen an den Wärmeschutz

o DIN 4108 Bbl 2 : 2004-01
Wärmeschutz und Energie-Einsparung in Gebäuden
Wärmebrücken Planungs- und Ausführungsbeispiele

o DIN V 4108-4 : 2002-02
Wärmeschutz und Energie-Einsparung in Gebäuden
Wärme- und feuchteschutztechnische Bemessungswerte

o DIN V 4108-6 : 2003-06
Wärmeschutz und Energie-Einsparung in Gebäuden
Teil 6: Berechnung des Jahresheizwärme- und des Jahresheizenergiebedarfs

o DIN V 4701-10 : 2001-02, Stand Juni 2003
Energetische Bewertung heiz- und raumlufttechnischer Anlagen, Teil 10: Heizung, Trinkwarmwasse-rerwärmung, Lüftung

o DIN V 4701-10 : 2002-02, Beiblatt 1
Energetische Bewertung heiz- und raumlufttechnischer Anlagen, Teil 10: Diagramme und Planungshilfen für ausgewählte Anlagensysteme und Standardkomponenten

o DIN EN 410 : 1998-12
Glas im Bauwesen
Bestimmung der lichttechnischen und strahlungsphysikalischen Kenngrößen von Verglasungen

o DIN EN 673 : 2000-01
Glas im Bauwesen
Bestimmung des Wärmedurchgangskoeffizienten (U-Wert)
Berechnungsverfahren

o DIN EN 832 : 2003-06
Wärmetechnisches Verhalten von Gebäuden
Berechnung des Heizenergiebedarfs, Wohngebäude.

o DIN EN ISO 6946 : 2003-10
Bauteile
Wärmedurchlaßwiderstand und Wärmedurchgangskoeffizient
Berechnungsverfahren

o DIN EN ISO 10 077-1 : 2000-11
Wärmetechnisches Verhalten von Fenstern, Türen und Abschlüssen - Berechnung des Wärmedurch-gangskoeffizienten - Teil 1: Vereinfachtes Verfahren

o (Norm-Entwurf) DIN EN ISO 10 077-2 : 1999-02
Wärmetechnisches Verhalten von Fenstern, Türen und Abschlüssen - Berechnung des Wärmedurch-gangskoeffizienten - Teil 2: Numerisches Verfahren für Rahmen

o DIN EN ISO 13 370 : 1998-12
Wärmetechnisches Verhalten von Gebäuden.
Wärmeübertragung über das Erdreich
Berechnungsverfahren

o DIN EN ISO 13 789 : 1999-10
Wärmetechnisches Verhalten von Gebäuden.
Spezifischer Transmissionswärmeverlustkoeffizient
Berechnungsverfahren

o DIN EN 13 829 : 2001-02
Wärmetechnisches Verhalten von Gebäuden - Bestimmung der Luftdurchlässigkeit von Gebäuden -
Differenzdruckverfahren (ISO 9972:1996, modifiziert)

Abbildung 1: Normen, die beim öffentlich-rechtlichen Nachweis angewendet werden können.

Mit den o.a. Normen ergeben sich teilweise neue Rechenansätze mit einer im Vergleich zu den Rechengängen der alten DIN 4108 deutlich komplexeren Bauteilanalyse. Es darf die Prognose gestellt werden, dass, selbst wenn in Zukunft Computerprogramme die rechnerische Bewältigung der Nachweise übernehmen werden, mit hoher Wahrscheinlichkeit, wie auch schon in der Vergangenheit, die Eingabe der Eingangsdaten große Fehlerquellen darstellen.

Neben den o.a. Normen bestehen noch weitere Regelungen, die im Rahmen von öffentlich-rechtlichen Nachweisen zu beachten sind oder berücksichtigt werden können. Dies sind Angaben in:

o   Allgemeinen bauaufsichtlichen Zulassungen
o   Hinweisen vom Deutschen Institut für Bautechnik (Bauregelliste).

Weiterhin wird auf Veröffentlichungen des Deutschen Instituts für Bautechnik hingewiesen. Dieses veröffentlicht Auslegungen zur Energieeinsparverordnung. Diese Veröffentlichungen sollen eine im Vollzug möglichst einheitliche Anwendung der Energieeinsparverordnung ermöglichen. Hierzu wurde unter Beteiligung von Vertretern des Bundesministeriums für Verkehr, Bau- und Wohnungswesen, der Obersten Bauaufsichtsbehörden der Länder Nordrhein-Westfalens und Baden-Württembergs sowie des DIBt eine Arbeitsgruppe eingerichtet, in der von den einzelnen Bundesländern eingehende Fragestellungen beantwortet werden sollen. Diese Regelungen werden aufgrund ihrer großen Anzahl hier inhaltlich nicht weiter behandelt.

Die nachfolgend aufgeführten Regelwerke stellen eine Auswahl von Normen dar, die entweder in der Energieeinsparverordnung bzw. in den Begleitnormen genannt werden. Die Zusammenstellung erhebt keinerlei Anspruch auf Vollständigkeit. Für reale Planungen müssen immer die jeweils aktuellen Normeninhalte selbst, zu beziehen beim **Beuth-Verlag** in Berlin, berücksichtigt werden. Weiterhin wird empfohlen die Veröffentlichungen des DIBt inhaltlich zu berücksichtigen. Aktuelle Hinweise zu Auslegungsfragen finden sich auch im Internet unter der Adresse: www.dibt.de.

Zum Zeitpunkt der inhaltlichen Bearbeitung wurde von Vertretern des Ministeriums für Verkehr, Bau- und Wohnungswesen angekündigt, dass eine sogenannte „Reparaturnovelle" zur Energieeinsparverordnung erarbeitet werden solle. Diese lag kurz vor Drucklegung noch nicht vor. Es wurde jedoch angedeutet, dass sich die Veränderungen im wesentlichen auf die redaktionellen Anpassungen der im Buch behandelten novellierten Normen beziehen sollen.

Die Ausführungen stellen aus der Sicht des Verfassers eine zusammenfassende Darstellung der Normeninhalte dar. Es wird ausdrücklich darauf hingewiesen, dass die Ausführungen die unmittelbare Arbeit mit den Inhalten der Normen nicht ersetzen. Sie sollen dem Leser helfen, einen Überblick über die Regelungen und praktische Anwendungshilfen, die in den Normen selbst oft nicht gegeben werden, zu erhalten. **Alle Angaben erfolgen nach bestem Wissen, jedoch ohne Gewähr.**

2.1 Energieeinsparverordnung (EnEV) - Überblick

1. Kurzbeschreibung

Die Energieeinsparverordnung stellt im Rahmen des öffentlich-rechtlichen Nachweises Anforderungen an zu errichtende Gebäude mit normalen und niedrigen Innentemperaturen einschließlich ihrer Heizungs-, raumlufttechnischen und zur Warmwasserbereitung dienenden Anlagen. Weiterhin beschreibt sie Anforderungen im Zusammenhang mit bestehenden Gebäuden und Anlagen. Im Vergleich zur Wärmeschutzverordnung 1995 ergeben sich vor allem in Bezug auf die Anforderungen für zu errichtende Gebäude Neuerungen. Diese werden nachfolgend behandelt.

2. Inhalte

Die Energieeinsparverordnung ist in sechs Abschnitte mit fünf Anhängen gegliedert:

Abschnitt 1   Allgemeine Vorschriften
Abschnitt 2   Zu errichtende Gebäude
Abschnitt 3   Bestehende Gebäude und Anlagen
Abschnitt 4   Heizungstechnische Anlagen, Warmwasseranlagen
Abschnitt 5   Gemeinsame Vorschriften, Ordnungswidrigkeiten
Abschnitt 6   Schlussbestimmungen

Anhang 1   Anforderungen an zu errichtende Gebäude mit normalen Innentemperaturen (zu § 3)
Anhang 2   Anforderungen an zu errichtende Gebäude mit niedrigen Innentemperaturen (zu § 4)
Anhang 3   Anforderungen bei Änderung von Außenbauteilen bestehender Gebäude (zu § 8 Abs. 1) und bei Errichtung von Gebäuden mit geringem Volumen (zu § 7)
Anhang 4   Anforderungen an die Dichtheit und den Mindestluftwechsel (zu § 5)
Anhang 5   Anforderungen zur Begrenzung der Wärmeabgabe von Wärmeverteilungs- und Warmwasserleitungen sowie Armaturen (zu § 12 Abs.5)

In der Energieeinsparverordnung werden für zu errichtende Gebäude Anforderungen an den baulichen Wärmeschutz **und** Anforderungen an die Anlagentechnik in einem Nachweisverfahren und einer Nachweisgröße zusammengefasst behandelt. Hierdurch ergibt sich im Vergleich zu früher ein noch größerer Gestaltungsspielraum bei der Festlegung von Einzelmaßnahmen zur Energieeinsparung. Gleichzeitig führt die Zusammenführung für den Nutzer zu einer größeren Transparenz in die Energieaufwendungen als bisher. Diese Transparenz wird durch die Ausweise über Energie- und Wärmebedarf und Energieverbrauchskennwerte gefördert. Sie sind so aufbereitet, dass auch Nichtfachleute die Ergebnisse des rechnerischen Nachweises nachvollziehen können. Die Anforderungen für zu errichtende Gebäude mit normalen Innentemperaturen werden in Abhängigkeit vom A/V_e-Verhältnis festgelegt, jedoch wird nicht mehr wie bisher der jährliche Heizwärmebedarf, sondern der **Jahres-Primärenergiebedarf Q_p** und der **spezifische auf die wärmeübertragende Umfassungsfläche bezogene Transmissionswärmeverlust H_T'** begrenzt, **Abbildung 2**. Die Höchstwerte des H_T'-Wertes werden in Abhängigkeit vom Fensterflächenanteil differenziert; es wird unterschieden zwischen Fensteranteilen größer oder kleiner 30 Prozent.

13

Der Jahres-Primärenergiebedarf ist nicht für Gebäude zu überprüfen, die beheizt werden:

a) ≥ 70 % durch Wärme aus Kraft-Wärme-Kopplung,
b) ≥ 70 % durch erneuerbare Energien mittels selbsttätig arbeitender Wärmeerzeuger,
c) überwiegend durch Einzelfeuerstätten für einzelne Räume oder Raumgruppen sowie sonstige Wärmeerzeuger, für die keine Regeln der Technik vorliegen.

Für diese Gebäude ist allein zu überprüfen, ob die Höchstwerte des H_T'- Wertes gemäß Tabelle 1, Spalte 5, **Abbildung 2**, eingehalten werden. Bei Gebäuden nach Absatz 3 darf 76 % des geforderten Höchstwertes nach Tabelle 1 nicht überschritten werden. Bei zu errichtenden Gebäuden mit einem beheizten Gebäudevolumen von weniger als 100 m³ sind, bei Einhaltung der Anforderungen des „Abschnittes 4 Heizungstechnische Anlagen, Warmwasser", die U-Wertanforderungen einzuhalten. Für Gebäude mit niedrigen Innentemperaturen ist in Abhängigkeit vom Kompaktheitsgrad nur der spezifische, auf die wärmeübertragende Umfassungsfläche bezogene Transmissionswärmeverlust nach DIN V 4108-6 nachzuweisen. Es gelten hier Werte nach Anhang 2, Tabelle 1. Auf diese Gebäude wird nicht weiter eingegangen, **Abbildung 3**.

Verhältnis A/V_e	Jahres-Primärenergiebedarf			Spezifischer, auf die wärmeübertragende Umfassungsfläche bezogener Transmissionswärmeverlust	
	Q_p" in kWh/(m² · a) bezogen auf die Gebäudenutzfläche		Q_p' in kWh/(m³ · a) bezogen auf das beheizte Gebäudevolumen	H_T' in W/(m² · K)	
	Wohngebäude außer solchen nach Spalte 3	Wohngebäude mit überwiegender Warmwasserbereitung aus elektrischem Strom	andere Gebäude	Nichtwohngebäude mit einem Fensterflächenanteil ≤ 30 % und Wohngebäude	Nichtwohngebäude mit einem Fensterflächenanteil > 30 %
1	2	3	4	5	6
≤0,2	66,00 + 2600/(100 + A_N)	88,00	14,72	1,05	1,55
0,3	73,53 + 2600/(100 + A_N)	95,53	17,13	0,80	1,15
0,4	81,06 + 2600/(100 + A_N)	103,06	19,54	0,68	0,95
0,5	88,58 + 2600/(100 + A_N)	110,58	21,95	0,60	0,83
0,6	96,11 + 2600/(100 + A_N)	118,11	24,36	0,55	0,75
0,7	103,64 + 2600/(100 + A_N)	125,64	26,77	0,51	0,69
0,8	111,17 + 2600/(100 + A_N)	133,17	29,18	0,49	0,65
0,9	118,70 + 2600/(100 + A_N)	140,70	31,59	0,47	0,62
1	126,23 + 2600/(100 + A_N)	148,23	34,00	0,45	0,59
≥1,05	130,00 + 2600/(100 + A_N)	152,00	35,21	0,44	0,58

Zwischenwerte zu den in Tabelle 1 festgelegten Höchstwerten sind nach folgenden Gleichungen zu ermitteln:

Spalte 2	Q_p" = 50,94 + 75,29 · A/V_e + 2600/(100 + A_N)	in kWh/(m² · a)
Spalte 3	Q_p" = 72,94 + 75,29 · A/V_e	in kWh/(m² · a)
Spalte 4	Q_p' = 9,9 + 24,1 · A/V_e	in kWh/(m³ · a)
Spalte 5	H_T' = 0,3 + 0,15 / (A/V_e)	in W/(m² · K)
Spalte 6	H_T' = 0,35 + 0,24 / (A/V_e)	in W/(m² · K)

Hinweis: Bei Gebäuden, die zu **80 Prozent oder mehr durch elektrische Speicherheizsysteme** beheizt werden, darf der **Primärenergiefaktor** bei den Nachweisen für den für Heizung und Lüftung bezogenen Strom auf die **Dauer von acht Jahren** ab dem In-Kraft-Treten der Verordnung abweichend von DIN V 4701 - 10 : 2001 - 02 mit **2,0** angesetzt werden. Soweit bei diesen Gebäuden eine dezentrale elektrische Warmwasserbereitung vorgesehen wird, darf die Regelung aus Satz 1 auch auf den von diesem System bezogenen Strom angewendet werden. Die o.a. Regelungen erstrecken sich nicht auf Angaben in den Ausweisen über Energie- und Wärmebedarf, Energieverbrauchswerten. Elektrische Speicherheizsysteme im Sinne des Satzes 1 sind Heizsysteme mit unterbrechbarem Strombezug in Verbindung mit einer lufttechnischen Anlage mit einer Wärmerückgewinnung, die nur in den Zeiten außerhalb des unterbrochenen Betriebes durch eine Widerstandsheizung Wärme in einem geeigneten Speichermedium speichern.

Werden **Ein- und Zweifamilienhäuser mit Niedertemperaturkesseln** ausgestattet, deren Systemtemperatur 55/45 °C überschreitet, erhöht sich bei **monolithischer Außenwandkonstruktion** der **Höchstwert des zulässigen Jahres-Primärenergiebedarfs** um **drei Prozent**. Diese Regelung gilt ab In-Kraft-Treten der Verordnung für die **Dauer von fünf Jahren**.

Abbildung 2: Höchstwerte des Jahres-Primärenergiebedarfs und des spezifischen Transmissionswärmeverlustes in Abhängigkeit von A/V_e, nach EnEV Anhang 1, Tabelle 1.

A Differenzierung der Nachweisfälle

Neu zu errichtende Gebäude

		ja	nein
1	normal beheizte **Wohngebäude** (länger als vier Monate beheizt, Innentemperatur $\geq$ 19 °C) **Warmwasserbereitung** bei Wohngebäuden erfolgt zu **mehr als 50 Prozent** über elektrischen Strom. Es sind Qp und HT' zu überprüfen.		
	Qp'' = 72,94 + 75,29 x (A/Ve)		
	HT' = 0,3 + 0,15 / (A/Ve)		
2	normal beheizte **Wohngebäude** (länger als vier Monate beheizt, Innentemperatur $\geq$ 19 °C) **Warmwasserbereitung** bei Wohngebäuden erfolgt zu **weniger als 50 Prozent** über elektrischen Strom es sind Qp und HT' zu überprüfen		
	Qp'' = 50,94 + 75,29 x (A/Ve) + 2.600 / (100 + AN)		
	HT' = 0,3 + 0,15 / (A/Ve)		
3	normal beheizte **Nichtwohngebäude** (länger als vier Monate beheizt, Innentemperatur $\geq$ 19 °C) es sind Qp und HT' zu überprüfen		
	Qp' = 9,9 + 24,1 x (A/Ve)		
	HT' = 0,3 + 0,15 / (A/Ve), bei Fensterflächenanteilen $\leq$ 30 %		
	HT' = 0,35 + 0,24 / (A/Ve), bei Fensterflächenanteilen > 30 %		
4	normal beheizte **Gebäude** (länger als vier Monate beheizt, Innentemperatur $\geq$ 19 °C) mit mindestens 70 % KWK oder regenerativen Energien (selbsttätig befeuerter Wärmeerzeuger) es ist nur HT' zu überprüfen		
	Wohngebäude: HT' = 0,3 + 0,15 / (A/Ve)		
	Nichtwohngebäude: HT' = 0,3 + 0,15 / (A/Ve), bei Fensterflächenanteilen $\leq$ 30 %		
	Nichtwohngebäude: HT' = 0,35 + 0,24 / (A/Ve), bei Fensterflächenanteilen > 30 %		
5	normal beheizte **Gebäude** (länger als vier Monate beheizt, Innentemperatur $\geq$ 19 °C) mit mindestens 50 % **Einzelfeuerstätten oder** mit Wärmeerzeugern, für die es **keine Regeln der Technik** gibt es ist nur HT' zu überprüfen, allerdings muss dieser um 24 Prozent unterschritten werden		
	Wohngebäude: HT' = 0,76·[0,3 + 0,15 / (A/Ve)]		
	Nichtwohngebäude: HT' = 0,76· [0,3 + 0,15 / (A/Ve)], bei Fensterflächenanteilen $\leq$ 30 %		
	Nichtwohngebäude: HT' = 0,76·[0,35 + 0,24 / (A/Ve)], bei Fensterflächenanteilen > 30 %		
6	das **Gebäude** weist **nicht mehr als 100 m³** beheiztes Gebäudevolumen auf es sind nur Wärmedurchgangskoeffizienten und Regelungen des § 11		
	zur Inbetriebnahme von Heizkesseln zu beachten		
7	**Ein- oder Zweifamilienwohnhäuser mit NT-Kessel** (mind. 55/45 °-Auslegung) und **monolithischer Außenwandkonstruktion** (bis 31.01.2007) es sind Qp und HT' zu überprüfen		
	Qp'' = 72,94 + 75,29 x (A/Ve) wobei Überschreitung um 3 Prozent zulässig		
	Qp'' = 50,94 + 75,29 x (A/Ve) + 2.600 / (100 + AN) wobei Überschreitung um 3 Prozent zulässig		
	HT' = 0,3 + 0,15 / (A/Ve)		

Abbildung 3: Übersicht der Nachweisfälle gemäß Energieeinsparverordnung für den Neubau.

A	Differenzierung der Nachweisfälle	ja	nein
8	**Gebäude mit elektrischen Speicherheizsystemen –** **Sonderregelung für die Berechnung des Primärenergiefaktors von fp = 3 auf fp = 2** es sind Qp und HT' zu überprüfen		
	Qp'' = 72,94 + 75,29 x (A/Ve)		
	Qp'' = 50,94 + 75,29 x (A/Ve) + 2.600 / (100 + AN)		
	Qp' = 9,9 + 24,1 x (A/Ve)		
	Wohngebäude: HT' = 0,3 + 0,15 / (A/Ve)		
	Nichtwohngebäude: HT' = 0,3 + 0,15 / (A/Ve), bei Fensterflächenanteilen ≤ 30 %		
	Nichtwohngebäude: HT' = 0,35 + 0,24 / (A/Ve), bei Fensterflächenanteilen > 30 %		
9	**niedrig beheizte Gebäude** (Innentemperatur ≥ 15 < 19 °C) es ist nur HT' zu überprüfen		
	HT' = 0,53 + 0,1 / (Ve/A)		
Altbauten			
1	**Bedingte Anforderungen, normal beheiztes Gebäude** (länger als vier Monate beheizt, Innentemperatur ≥ 19 °C)		
	Überprüfung von U-Werten bei Ersatz- und Erneuerungsmaßnahmen.		
2	**Ersatz- oder Erneuerungsmaßnahmen bei normal beheizten Gebäuden** (länger als vier Monate beheizt, Innentemperatur > 19 °C): Überprüfung der **„Öffnungsklausel"**, d.h. Anforderungen für neu zu errichtende Gebäude dürfen um 40 Prozent maximal überschritten werden, d.h. die Qp-Werte und die HT'-Werte sind gemäß Tabelle 1 Anhang 1 zu überprüfen.		
3	**Bedingte Anforderungen, niedrig beheiztes Gebäude** (Innentemperatur ≥ 15 < 19 °C):		
	Überprüfung von U-Werten bei Ersatz- und Erneuerungsmaßnahmen.		
4	**Ersatz- oder Erneuerungsmaßnahmen bei niedrig beheizten Gebäuden** (Innentemperatur ≥ 15 < 19 °C): Überprüfung der „Öffnungsklausel", d.h. Anforderungen für neu zu errichtende Gebäude dürfen um 40 Prozent maximal überschritten werden, d.h der HT'-Wert gemäß Tabelle 1 Anhang 2 ist zu überprüfen.		
Erweiterung bestehender Gebäude			
1	Erweiterung um mehr als **30 m³ und weniger als 100 m³ beheizten Gebäudevolumens**		
	es sind die U-Werte des Anhangs 3 Tabelle 1 zu überprüfen		
2	Erweiterung um **mehr als 100 m³ beheizten Gebäudevolumens**		
	es gelten für den Erweiterungsbau die Anforderungen für neu zu errichtende Gebäude,		
	d.h. es sind Qp und HT' zu überprüfen		
	Achtung: hier besteht oftmals das Problem, dass keine Regeln der Technik vorliegen, um die Anlagentechnik zu bewerten. In diesem Fall greift § 3 Absatz 3 Satz 3. In diesem Fall müssen die Anforderungen an den HT'-Wert um 24% unterschritten werden.		

Abbildung 4: Übersicht der Nachweisfälle gemäß Energieeinsparverordnung für den Neu- und Altbaubau - Fortsetzung von Abbildung 3.

Es bestehen eine Vielzahl von Nebenanforderungen, die im Rahmen des öffentlich-rechtlichen Nachweisverfahrens aber auch ggf. zivil-rechtlich zu überprüfen sind. Nachfolgend werden einige genannt:

o Anforderungen an den Mindestwärmeschutz nach DIN 4108-2,
o Anforderungen an den sommerlichen Wärmeschutz nach DIN 4108-2,
o Anforderungen an die Dichtheit und den Mindestluftwechsel. Hierbei ist zu unterscheiden zwischen den bauteilbezogenen Anforderungen an die Fugendurchlässigkeit von Fenstern, Fenstertüren, Dachflächenfenstern und der Gebäudedichtheit. Diese kann messtechnisch überprüft werden. Es gelten hier u.a. die DIN EN 12 207, DIN 4108-7 und DIN 4108-2.
o Anforderungen an Lüftungseinrichtungen, an die Inbetriebnahme von Heizkesseln sowie Verteilungseinrichtungen und Warmwasseranlagen, an die Aufrechterhaltung der energetischen Qualität,
o Erfordernis des Ausstellen von Energiebedarfsausweisen.

Der Jahres-Primärenergiebedarf stellt einen primärenergetisch bewerteten Endenergiebedarf dar. Hierbei werden die den Energieträgern vorgelagerten Prozessketten, d.h. der Energieaufwand für Energieumwandlung, Lagerung, Transport, und auch die Bereitstellung und der Verbrauch von elektrischer Hilfsenergie für Pumpen und Regelungseinrichtungen durch speziell ermittelte Anlagenaufwandszahlen e_p berücksichtigt. Die Anlagenaufwandszahlen werden nach DIN V 4701-10 ermittelt. Die Veränderung der Bilanzierungsgrenzen gegenüber der Wärmeschutzverordnung 1995 ist in **Abbildung 5** dargestellt.

Für den Nutzer ist der **Endenergiebedarf** oder **Heizenergiebedarf** von Interesse. Der Heizenergiebedarf beschreibt die berechnete Energiemenge, die dem Heizungssystem des Gebäudes zur Deckung des Heiz- und Trinkwarmwasserbedarfs zugeführt werden muss. Hierbei werden unter normierten Randbedingungen die zu erwartenden Verluste des Gebäudes und die der Anlagentechnik (Verluste, die bei der Erzeugzung, Verteilung, Speicherung und Übergabe der Wärme entstehen) ermittelt.

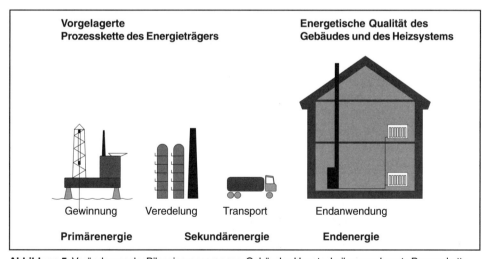

Abbildung 5: Veränderung der Bilanzierungsgrenzen, Gebäude - Haustechnik - vorgelagerte Prozesskette.

Für Gebäude, bei denen der Jahres-Primärenergiebedarf nachzuweisen ist, können zwei Fälle auftreten, **Abbildung 6**:

Fall A:
Wird für das Gebäude ein Anlagensystem vorgesehen, das eine **große Anlagenaufwandszahl** aufweist, z.B. durch Anordnung der Anlage und ihrer Komponenten im nicht beheizten Bereich, Anrechnung von zusätzlicher elektrischer Hilfsenergie für Pumpen usw., so ist dies durch eine entsprechende Verbesserung der Wärmedämmmaßnahmen, z.B. durch **große Wärmedämmschichtdicken** in den Außenbauteilen auszugleichen.

Fall B:
Wird demgegenüber für das Gebäude ein Anlagensystem vorgesehen, das eine **kleine Anlagenaufwandszahl** aufweist, z.B. durch Anordnung der Anlage und ihrer Komponenten im beheizten Bereich, Reduzierung von zusätzlicher elektrischer Hilfsenergie für Pumpen usw., so kann dies ebenfalls im Bereich des baulichen Wärmeschutzes ausgeglichen werden, d.h. es dürfen entsprechend **kleine Wärmedämmschichtdicken** in den Außenbauteilen realisiert werden.

Diese Verrechnungsmöglichkeit zwischen baulichen Wärmedämmmaßnahmen und energetischen Qualitäten der Heizungsanlage stellt ein ganz wesentliches Merkmal der Energieeinsparverordnung dar. Durch diese **ganzheitliche Betrachtung** der Anlagen- und Bautechnik können energetisch und letztlich auch beabsichtigte Lösungen wirtschaftlich optimiert werden.

Neben dem nicht in jedem Fall zu überprüfenden Jahres-Primärenergiebedarf als Hauptanforderungsgröße ist immer der spezifische, auf die wärmeübertragende Umfassungsfläche des Gebäudes bezogene Transmissionswärmeverlust H_T' als eine der vielen Nebenanforderungen nachzuweisen. Dieser kann mit einem mittleren Wärmedurchgangskoeffizienten verglichen werden, allerdings wird bei der Berechnung des spezifischen Transmissionswärmeverlustes H_T der energetische Effekt von Wärmebrücken mit berücksichtigt.

Der spezifische, auf die wärmeübertragende Umfassungsfläche des Gebäudes bezogene Transmissionswärmeverlust H_T' stellt somit einen aus energetischer Sicht geltenden

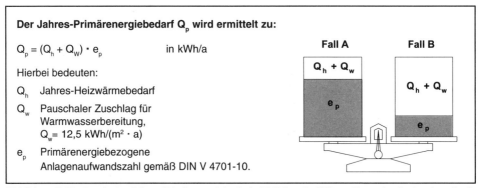

Der Jahres-Primärenergiebedarf Q_p wird ermittelt zu:

$$Q_p = (Q_h + Q_w) \cdot e_p \qquad \text{in kWh/a}$$

Hierbei bedeuten:

Q_h Jahres-Heizwärmebedarf

Q_w Pauschaler Zuschlag für Warmwasserbereitung, $Q_w = 12{,}5$ kWh/(m² · a)

e_p Primärenergiebezogene Anlagenaufwandszahl gemäß DIN V 4701-10.

Abbildung 6: Nachweis des Jahres-Primärenergiebedarfs: **Fall A**: guter Wärmedämmstandard und ungünstigere Anlagentechnik oder **Fall B**: gute Anlagentechnik und ungünstigerer Wärmedämmstandard.

„Mindest-Wärmedämmstandard" dar, der speziell bei Einsatz von anlagentechnisch opti-mierten Lösungen zum Tragen kommt. Der spezifische, auf die wärmeübertragende Um-fassungsfläche des Gebäudes bezogene Transmissionswärmeverlust H_T'
ermittelt sich zu:

$H_T' = H_T / A$ in W/(m² · K)

Hierbei bedeuten:

H_T spezifischer Transmissionswärmeverlust   in W/K

A   wärmeübertragende Umfassungsfläche   in m²

Berechnungsverfahren der Energieeinsparverordnung für zu errichtende Gebäude
Die Energieeinsparverordnung nennt zwei Berechnungsverfahren für den öffentlich-rechtlichen Nachweis:

a) das **Monatsbilanzverfahren** nach DIN EN 832 in Verbindung mit DIN V 4108-6 und DIN V 4701-10 und

b) das **Vereinfachte Verfahren für Wohngebäude** gemäß Berechnungsansatz der Energieeinsparverordnung in Verbindung mit DIN V 4701-10.

Das **Monatsbilanzverfahren** ist für **alle zu errichtenden Gebäude** mit normalen In-nentemperaturen im Geltungsbereich der Energieeinsparverordnung anwendbar. Auf-grund der Vielzahl von zu berücksichtigenden Einflussfaktoren wird es in der Praxis nur EDV-gestützt zur Anwendung kommen, siehe hierzu Kapitel 3.4.

Neben diesem in der Durchführung recht umfangreichen Verfahren hat der Verord-nungsgeber dem Anwender auch ein leichter zu handhabendes Berechnungsverfah-ren, das **Vereinfachte Verfahren für Wohngebäude**, als so genanntes „Handrechen-verfahren", zur Verfügung gestellt.

Dieses Nachweisverfahren ist nicht für jedes Gebäude anwendbar, sondern gilt nur für Gebäude, die „ganz oder deutlich überwiegend zum Wohnen genutzt" werden. Voraus-setzung für das Anwenden des Verfahrens ist weiterhin, dass der Fensterflächenanteil den Wert von 30 % nicht überschreitet und dass für den Bereich der Wärmebrücken die Planungs- und Ausführungsbeispiele nach DIN 4108 Bbl 2 angewendet werden kön-nen. Im Kapitel 3 werden die wesentlichen Unterschiede zwischen beiden Verfahren be-schrieben.

Beide Berechnungsverfahren berücksichtigen erstmalig bei der Berechnung des Trans-missionswärmeverlustes numerisch den energetischen Einfluss von Wärmebrücken und bei der Ermittlung des Lüftungswärmeverlustes den Dichtheitsgrad des Gebäudes.

Berücksichtigung des Einflusses von Wärmebrücken
Der Wärmedämmstandard eines Gebäudes wurde bisher nur durch die Wärmedurch-gangskoeffizienten, die **U-Werte** (alte Bezeichnung k-Werte) der Außenbauteile be-schrieben und zwar **ohne** numerische Berücksichtigung des Einflusses von Wärme-brückenwirkungen. Neben der Einhaltung der energetischen Anforderungen an den spezi-fischen, auf die wärmeübertragenden Umfassungsfläche bezogenen Transmissionswär-

meverlust wird in **§ 6 Mindestwärmeschutz, Wärmebrücken** darauf hingewiesen, dass bei zu errichtenden Gebäuden Bauteile, die gegen Außenluft, das Erdreich oder Gebäudeteile mit wesentlich niedrigeren Innentemperaturen grenzen, im Hinblick auf die Anforderungen des Mindestwärmeschutzes zu überprüfen sind. Diese Anforderungen sind bauteilbezogen z.B. in DIN 4108-2 beschrieben und immer einzuhalten.

Der U-Wert beschreibt die wärmetechnische Qualität des **„ungestörten"** Bauteilbereichs. Es wird hierbei auch von der so genannten Regelfläche gesprochen. Im Bereich von Anschlüssen und bei Durchdringungen von Bauteilen entstehen immer **Wärmebrücken**. Als typische Arten von Wärmebrücken sind für den Hochbau **stofflich und geometrisch bedingte Wärmebrücken** zu nennen. Beide Wärmebrückenarten können auch gemeinsam an einem Ort auftreten. In § 6 wird ausgeführt, dass bei zu errichtenden Gebäuden der Einfluss konstruktiver Wärmebrücken nach den Regeln der Technik und den im Einzelfall wirtschaftlich vertretbaren Maßnahmen so gering wie möglich gehalten wird. Der verbleibende Einfluss der Wärmebrücken ist bei der Ermittlung des spezifischen, auf die wärmeübertragende Umfassungsfläche bezogenen Transmissionswärmeverlustes nach einer der in Anhang 1 unter 2.5 beschriebenen Arten zu berücksichtigen. Es wird hier sinngemäß ausgeführt:

„...Wärmebrücken sind bei der Ermittlung des Jahres-Heizwärmebedarfs auf eine der folgenden Arten zu berücksichtigen:

a) Berücksichtigung durch Erhöhung der Wärmedurchgangskoeffizienten um
ΔU_{WB} = 0,10 W/(m² ·K) für die gesamte wärmeübertragende Umfassungsfläche,

b) bei Anwendung von Planungsbeispielen nach DIN 4108 Bbl 2
Berücksichtigung durch Erhöhung der Wärmedurchgangskoeffizienten um
ΔU_{WB} = 0,05 W/(m² ·K) für die gesamte wärmeübertragende Umfassungsfläche,

c) durch genauen Nachweis der Wärmebrücken nach DIN V 4108 - 6 in Verbindung mit weiteren anerkannten Regeln der Technik.

Soweit der Wärmebrückeneinfluss bei Außenbauteilen bereits bei der Bestimmung des Wärmedurchgangskoeffizienten U berücksichtigt worden ist, darf die wärmeübertragende Umfassungsfläche A bei der Berücksichtigung des Wärmebrückeneinflusses nach Buchstabe a), b), oder c) um die entsprechende Bauteilfläche vermindert werden."

Die Verwendung der unter den vorangegangenen Punkten a), b) und c) aufgeführten Möglichkeiten sind an die Nachweisverfahren gekoppelt. So darf beim Vereinfachten Verfahren **nur** die Möglichkeit b) angewendet werden.

Berücksichtigung der Gebäudedichtheit
In **§ 5 Dichtheit, Mindestluftwechsel** wird ausgeführt, dass „die wärmeübertragende Umfassungsfläche einschließlich der Fugen dauerhaft luftundurchlässig entsprechend dem Stand der Technik" abzudichten ist. Wie schon bei der Wärmeschutzverordnung 1995 werden auch Anforderungen an die Fugendurchlässigkeit von Funktionsfugen (außen liegender Fenster, Fenstertüren und Dachflächenfenster) gestellt. Die Fugendurch-

lässigkeit wird nach DIN EN 12 207-1: 2000-06 gemessen und im Anhang 4 in Abhängig der Anzahl der Vollgeschosse des Gebäudes angegeben, **Abbildung 7**.

Bei der Ermittlung des Jahres-Heizwärmebedarfs gemäß Energieeinsparverordnung darf erstmals der **Dichtheitsgrad des Gebäudes** numerisch berücksichtigt werden. Die Berücksichtigung erfolgt, in dem die Luftwechselrate „n" reduziert wird. Die Reduzierung darf jedoch nur angesetzt werden, wenn sichergestellt wird, dass bei der Überprüfung der Gebäudedichtheit die in Anhang 4 der Energieeinsparverordnung geforderten Grenzwerte eingehalten werden. Folgende Grenzwerte werden im Anhang 4 der Energieeinsparverordnung aufgeführt:

„ 2. Nachweis der Dichtheit des gesamten Gebäudes
Wird eine Überprüfung der Anforderungen nach § 5 Abs. 1 durchgeführt, so darf der nach DIN EN 13 829 : 2001-02 bei einer Druckdifferenz zwischen Innen und Außen von 50 Pa gemessene Volumenstrom – bezogen auf das beheizte Luftvolumen – bei Gebäuden :

- ohne raumlufttechnische Anlagen $3\ h^{-1}$ und
- mit raumlufttechnischen Anlagen $1,5\ h^{-1}$

nicht überschreiten."

Diese Grenzwerte sind auch in DIN 4108 - 7 aufgeführt. Im Hinblick auf die Berücksichtigung des Dichtheitsgrades des Gebäudes bei der Ermittlung des Lüftungswärmebedarfs durch die Reduzierung der Luftwechselrate „n", können folgende 2 Fälle unterschieden werden:

Fall 1: Gebäude **ohne** Dichtheitsnachweis $n = 0,7\ h^{-1}$,
Fall 2: Gebäude **mit** Dichtheitsnachweis $n = 0,6\ h^{-1}$.

Wird eine Reduzierung der Luftwechselrate vorgenommen, sind die o.a. Höchstwerte der Energieeinsparverordnung bei der Durchführung einer Messung zur Überprüfung der Gebäudedichtheit zwingend einzuhalten! Wird der jeweilig erforderliche Höchstwert überschritten, ergibt sich für den Fall, dass eine Reduzierung im Nachweis berücksichtigt wurde und die Anforderungen der Tabelle 1 exakt eingehalten wurden, d.h. eine „Reserve" nicht vorhanden ist, eine Überschreitung der geforderten Werte.

Mit der numerischen Berücksichtigung der energetischen Wirkung von Wärmebrücken und der Anrechnung des Dichtheitsgrades gibt der Verordnungsgeber den **Planenden** und **Ausführenden** einen Anreiz, den Maßnahmen zur Minimierung von Wärmebrücken und zur Sicherstellung der Gebäudedichtheit eine größere Aufmerksamkeit als bisher zu schenken. Dies ist besonders wichtig und auch zu begrüßen, da bei steigendem Wärme-

Zeile	Anzahl der Vollgeschosse des Gebäudes	Klasse der Fugendurchlässigkeit nach DIN EN 12 207-1: 2000-06
1	bis zu 2	2
2	mehr als 2	3

Abbildung 7: Klassen der Fugendurchlässigkeit von außen liegenden Fenstern, Fenstertüren und Dachflächenfenstern, nach EnEV Anhang 4 Tabelle 1.

dämmstandard die Wärmebrücken- und Lüftungswärmeverluste relativ zu den Transmissionswärmeverlusten über die Regelflächen stark anwachsen. Bei Gebäuden mit hohem Wärmedämmstandard können die Lüftungswärmeverluste die Transmissionswärmeverluste deutlich übersteigen.

In § 5 wird auch der erforderliche Mindestluftwechsel angesprochen. Es wird ausgeführt, dass „zu errichtende Gebäude so auszuführen sind, dass der zum Zwecke der Gesundheit und Beheizung erforderliche Mindestluftwechsel sichergestellt ist". Werden andere Lüftungseinrichtungen als Fenster, wie z.B. mechanisch betriebene Lüftungsanlagen verwendet, so gilt, dass diese Lüftungseinrichtungen einstellbar und leicht regulierbar sein müssen. Im geschlossenen Zustand müssen sie den Klassen der Fugendurchlässigkeit nach Abbildung 7 genügen. Von dieser Anforderung kann abgewichen werden, wenn als Lüftungseinrichtung selbsttätig regelnde Außenluftdurchlässe unter Verwendung einer geeigneten Führungsgröße (z.B. feuchtegesteuert) eingesetzt werden.

Berechnungsverfahren für Bestehende Gebäude
In der Energieeinsparverordnung werden wie in der Wärmeschutzverordnung 1995 auch Anforderungen für Gebäude im Bestand gestellt. In Kapitel 4 werden die Einzelanforderungen detailliert dargestellt. Gegenüber den Regelungen der Wärmeschutzverordnung 1995 wurden für einige Bauteilbereiche des Gebäudebestands die maximal zulässigen U-Werte (alte Bezeichnung k-Werte) weiter reduziert. Im Hinblick auf die möglichen Nachweisverfahren werden in § 8 Änderung von Gebäuden entsprechende Hinweise gegeben. Hierbei ist für den Planer und Handwerker unbedingt zu beachten, dass bei der Überprüfung der Anforderungen im Zusammenhang mit dem öffentlich-rechtlichen Nachweis zwei Wege beschritten werden können:

Nachweisfall A
Es ist in Abhängigkeit vom Umfang der erforderlichen Ersatz- oder Erneuerungsmaßnahme zu überprüfen, ob die im Anhang 3 Tabelle 1 genannten U-Werte eingehalten werden oder nicht. Die durchzuführenden Maßnahmen gelten nicht in jedem Fall, sondern nur unter bestimmten Bedingungen, d.h. es müssen mindestens 20 Prozent der Bauteilfläche bzw. Bauteilfläche (Fenster und Außenwand) gleicher Orientierung von der entsprechenden Maßnahme betroffen sein. Diese Nachweisart bestand auch schon bei der Wärmeschutzverordnung 1995.

Nachweisfall B
Alternativ gelten die Anforderungen auch als erfüllt, wenn das geänderte Gebäude insgesamt den jeweilgen Höchstwert nach Anhang 1 Tabelle 1 oder Anhang 2 Tabelle 1 um nicht mehr als 40 Prozent überschreitet. In diesem Fall dürfen die in Abhängigkeit vom Kompaktheitsgrad sich ergebenden Höchstwerte nicht um mehr als 40 Prozent überschritten werden. Dies bedeutet für Gebäude mit normalen Innentemperaturen, dass der Jahres-Primärenergiebedarf und der spezifische auf die wärmeübertragende Umfassungsfläche bezogene Transmissionswärmeverlust überprüft werden müssen. Dieser Nachweisfall wird u.U. dann eintreten, wenn die Heizungsanlage vollständig nach DIN V 4701 -10 energetisch bewertet werden kann.

Weiterhin bestehen **Nachrüstungsverpflichtungen** für Decken zu nicht ausgebauten aber begehbaren Dachgeschossen sowie für Heizungsanlagen. Wichtig dürfte zudem auch sein, dass in Abhängigkeit vom Umfang der Ersatz- und Erneuerungsmaßnahmen auch für Gebäude im Bestand ein Energiebedarfsausweis auszustellen ist.

In § 10 Aufrechterhaltung der energetischen Qualität wird darauf hingewiesen, dass Außenbauteile nicht so verändert werden dürfen, dass sich die energetische Qualität des Gebäudes verschlechtert. Das Gleiche gilt auch für heizungstechnische Anlagen und Warmwasseranlagen. In den §§ 11 und 12 werden in Zusammenhang mit Anhang 5 Regelungen und Anforderungen zu heizungstechnischen Anlagen und Warmwasseranlagen vorgenommen. Für die Praxis dürfte insbesondere im Anhang 5 die Tabelle 1 von Interesse sein. Hier werden die erforderlichen Wärmedämmmaßnahmen für Wärmeverteilungs- und Warmwasserleitungen sowie Armaturen genannt, **Abbildung 8**.

In einer Veröffenntlichung des DIBt wurde ergänzend hingewiesen, dass, sofern Wärmeverteilungs- und Warmwasserleitungen in Außenbauteilen angeordnet sind, diese zu 100 % nach den Angaben der Tabelle 1 zu dämmen sind.

Die Energieeinsparverordnung schreibt das Instrumentarium des Wärmebedarfsausweises auf die mit der Verordnung nachzuweisenden Anforderungen fort. Im Energiebedarfsausweis sind die wesentlichen Ergebnisse der Berechnungen, insbesondere die spezifischen Werte des Transmissions- und Lüftungswärmeverlustes und der Wärmegewinne, aber auch des Primär- und Endenergiebedarfs zusammengestellt. Im Ausweis muss darauf hingewiesen werden, dass die Ergebnisse unter normierten Randbedingungen ermittelt worden sind. Ein Beispiel ist in **Abbildung 9 und 10** dargestellt.

Der Energiebedarfsausweis ist den nach Landesrecht zuständigen Behörden auf Verlangen vorzulegen und Mietern, Käufern oder sonstigen Nutzungsberechtigten der Gebäude nach Aufforderung zur Einsichtnahme zugänglich zu machen. Es wird somit zukünftig ein realitätsnäherer Vergleich zwischen dem „rechnerisch, unter normierten Randbedingungen" ermittelten Endenergiebedarf und dem tatsächlichen Verbrauch ermöglicht.

Zeile	Art der Leitungen/Armaturen	Mindestdicke der Dämmschicht, bezogen auf eine Wärmeleitfähigkeit von 0,035 $W/(m \cdot K)$
1	Innendurchmesser bis 22 mm	20 mm
2	Innendurchmesser über 22 mm bis 35 mm	30 mm
3	Innendurchmesser über 35 mm bis 100 mm	gleich Innendurchmesser
4	Innendurchmesser über 100 mm	100 mm
5	Leitungen und Armaturen nach den Zeilen 1 bis 4 in Wand- und Deckendurchbrüchen, im Kreuzungsbereich von Leitungen, an Leitungsverbindungsstellen, bei zentralen Leitungsnetzverteilern	1/2 der Anforderungen der Zeilen 1 bis 4
6	Leitungen von Zentralheizungen nach den Zeilen 1 bis 4, die nach Inkrafttreten dieser Verordnung in Bauteilen zwischen beheizten Räumen verschiedener Nutzer verlegt werden.	1/2 der Anforderungen der Zeilen 1 bis 4
7	Leitungen der Zeile 6 im Fußbodenaufbau	6 mm

Abbildung 8: Wärmedämmung von Wärmeverteilungs- und Warmwasserleitungen sowie Armaturen, nach EnEV, Anhang 5, Tabelle 1.

Die möglichen Auswirkungen dieser Vergleiche sollten der Bauherr, die Planenden und auch die Ausführenden sorgfältig prüfen, da sich daraus sowohl öffentlich-rechtliche als auch privat-rechtliche Konsequenzen ergeben können. In § 13 werden mit Verweis auf die Allgemeine Verwaltungsvorschrift (AVV) der Bundesregierung die genaueren Randbedingungen beschrieben. Der Energie- und der Wärmebedarfsausweis ist grundsätzlich für alle Gebäude zu führen, für die die im Nachweis zu überprüfenden Nachweisinhalte berechnet werden. Bei Gebäuden mit geringem Volumen kann auf einen derartigen Nach-

Energiebedarfsausweis nach § 13 Energieeinsparverordnung
für ein Gebäude mit normalen Innentemperaturen

I. Objektbeschreibung

Gebäude / -teil

PLZ, Ort

Baujahr

Nutzungsart ☐ Wohngebäude ☐ andere Gebäude

Straße, Haus-Nr.

Jahr der baulichen Änderung

Geometrische Angaben

Wärmeübertragende Umfassungsfläche A   m²

Beheiztes Gebäudevolumen V_e m³

Verhältnis A/V_e m^{-1}

Bei Wohngebäuden:

"Gebäudenutzfläche" A_N m²

Wohnfläche (Angabe freigestellt)   m²

Beheizung und Warmwasserbereitung

Art der Beheizung

Art der Nutzung erneuerbarer Energien

Art der Warmwasserbereitung

Anteil erneuerbarer Energien   % am Heizwärmebedarf

II. Energiebedarf

Jahres-Primärenergiebedarf

Zulässiger Höchstwert

          kWh/(m²a)

Berechneter Wert

          kWh/(m²a)

Endenergiebedarf nach eingesetzten Energieträgern

	Energieträger 1	Energieträger 2
Endenergiebedarf absolut	kWh/a	kWh/a

Endenergiebedarf bezogen auf

		Energieträger 1	Energieträger 2
Nicht-Wohngebäude	das beheizte Gebäudevolumen	kWh/(m³a)	kWh/(m³a)
Wohngebäude	die Gebäudenutzfläche A_N	kWh/(m²a)	kWh/(m²a)
	die Wohnfläche (Angabe freigestellt)	kWh/(m²a)	kWh/(m²a)

Hinweis
- Die angegebenen Werte ds Jahres-Primärenergiebedarfs und des Endenergiebedarfs sind vornehmlich für die überschlägig vergleichende Beurteilung von Gebäuden und Gebäudeentwürfen vorgesehen. Sie wurden auf Grundlage von Planunterlagen ermittelt. Sie erlaube
- Vereinfachend gilt: 10kWh Endenergie entsprechen etwa 1 m³ Erdgas oder 1l Heizöl

Abbildung 9: Muster eines Energiebedarfsausweises, nach allgemeiner Verwaltungsvorschrift.

weis verzichtet werden. Die Energiebedarfsausweise für zu errichtende Gebäude mit normalen Innentemperaturen sind in 3 Abschnitte gegliedert:

o Objektbeschreibung
o Energiebedarf und
o weitere energiebezogene Merkmale.

Das in Abbildung 9 und 10 dargestellte Muster eines Energiebedarfsausweises zeigt die wesentlichen Inhalte. Dem Energiebedarfsausweis können nach [37] folgende Anlagen

---

III. Weitere energiebezogene Merkmale

Spezifischer, auf die wärmeübertragende Umfassungsfläche bezogener Transmissionswärmeverlust

Zulässiger Höchstwert W/(m² K)   Berechneter Wert W/(m² K)

Anlagentechnik

Anlagenaufwandszahl e_P ☐ Berechnungsblätter sind als Anlage beigefügt

☐ Die Wärmeabgabe der Wärme- und Warmwasserverteilungsleitungen wurdew nach Anhang 5 EnEV begrenzt

Berücksichtigung von Wärmebrücken

☐ pauschal mit 0,10 W/(m²K)   ☐ pauschal mit 0,05 W/(m²K) bei Verwendung von Planungsbeispielen nach DIN 4108 : 1998-08 Beibl. 2   ☐ mit differenziertem Nachweis

☐ Berechnungen sind als Anlage beigefügt

Dichtheit und Lüftung

☐ ohne Nachweis   ☐ mit Nachweis nach Anhang 4 Nr. 2 EnEV

☐ Messprotokoll ist als Anlage beigefügt

Der Mindestluftwechsel des Gebäudes erfolgt durch

☐ Fensterlüftung   ☐ mechanische Lüftung   ☐ andere Lüftungsart

Sommerlicher Wärmeschutz

☐ Nachweis nicht erforderlich, weil der Fensterflächenanteil 30% nicht überschreitet   ☐ für das Gebäude wurde ein Nachweis der Begrenzung des Sonneneintragskennwertes geführt   ☐ das Nichtwohngebäude ist mit Anlagen nach Anhang 1 Nr. 2.9.2 ausgestattet. Die innere Kühllast wird minimiert.

☐ Berechnungen zum sommerlichen Wärmeschutz sind als Anlage beigefügt

Einelnachweise, Ausnahmen und Befreiungen

☐ Einelnachweise nach § 15 (3) ENEV wurden geführt für   ☐ eine Ausnahme nach § 16 EnEV wurde zugelassen. Sie betrifft   ☐ eine Befreiung nach § 17 EnEV wurde erteilt. Sie umfasst

☐ Nachweise sind beigefügt   ☐ Bescheide sind beigefügt

Veranwortlich für die Angaben des Jahres-Heizwärmebedarfs

Name   Datum

Funktion/ Firma   Unterschrift

Anschrift   Stempel

Veranwortlich für die Angaben des Energiebedarfs

Name   Datum

Funktion/ Firma   Unterschrift

Anschrift   Stempel

Abbildung 10: Muster eines Energiebedarfsausweises, nach allgemeiner Verwaltungsvorschrift.

beizufügt werden, § 3 Absatz 2 AVV EnEV:

1. Dokumentation einer etwaig durchgeführten Dichtheitsprüfung mit Angabe der nach DIN EN 13 829 erzielten Messergebnisse und der Angabe der Einhaltung der geforderten Höchstwerte,
2. der Einzelberechnungen zum Wärmeschutz mit den geometrischen und thermischen Eigenschaften der Außenbauteile einschließlich der Berücksichtigung von Wärmebrücken,
3. die Berechnungsblätter für die Anlagentechnik nach DIN V 4701-10 Anhang A,
4. Dokumente über die energetischen Eigenschaften wesentlicher Bauteile, insbesondere der Anlagentechnik, wenn nicht von Standardwerten Gebrauch gemacht wird,
5. Nachweise nach § 15 Absatz 3 sowie erteilte Ausnahmen und Befreiungen nach §§ 16 und 17 EnEV,
6. Angaben und Erläuterungen zum Wesen und Verständnis der in den Energiebedarfsausweisen angegebenen Kennwerte.

Aus der Sicht der Verfasser wäre es wünschenswert, wenn folgende Ergänzungen dem Energiebedarfsausweis hinzugefügt werden könnten:

o Ergebnisprotokolle über, wenn möglich, durchzuführenden **hydraulischen Abgleich** der Lüftungs- und Heizungsanlage (Einregulierung),
o Hinweise zur bestimmungsgemäßen Benutzung des Gebäudes. Hierunter fallen z.B. Hinweise zum richtigen Lüften und Heizen, siehe [71],
o Hinweise zu bestimmten Wartungsintervallen von Lüftungs- und Heizungsanlagen.

3. Beispiele

Nachfolgend wird für ein frei stehendes Einfamilienhaus mit einem nicht beheizten Keller, **Abbildung 11**, der Berechnungsgang gemäß dem vereinfachten Verfahren für Wohngebäude beispielhaft vorgestellt. Hierbei sollen die Wechselwirkungen der Anlagentechnik einerseits und dem Einfluss der Gebäudedichtheit andererseits im Rahmen des Nachweisverfahrens auf die daraus resultierenden Wärmedurchgangskoeffizienten verdeutlicht werden, **Abbildung 17**. Es ergeben sich für den Planer neben der Veränderung der Wärmedurchgangskoeffizienten beim vereinfachten Verfahren für Wohngebäude zwei weitere Einflussmöglichkeiten:

o Veränderungen im Bereich der Anlagentechnik,
o Reduzierung der Luftwechselrate um 0,1 h^{-1} bei Nachweis der Gebäudedichtheit.

Es werden die Heizungsanlagen bzw. Anlagenkomponenten zur Bereitung von Warmwasser und die Luftwechselrate variiert. Es ergeben sich hier insgesamt vier Fälle:

Fall 1.1
Niedertemperaturkessel, Aufstellung des Kessels und des Speichers, sowie Verteilung der Heizwärme im unbeheizten Bereich, **ohne** Nachweis der Gebäudedichtheit.

Fall 1.2
Niedertemperaturkessel, Aufstellung des Kessels und des Speichers, sowie Verteilung der Heizwärme im unbeheizten Bereich, **mit** Nachweis der Gebäudedichtheit.

Fall 2.1
Brennwertkessel, Aufstellung des Kessels und des Speichers sowie Verteilung der Heizwärme im beheizten Bereich, **ohne** Nachweis der Gebäudedichtheit.

Fall 2.2
Brennwertkessel, Aufstellung des Kessels und des Speichers sowie Verteilung der Heizwärme im beheizten Bereich, **mit** Nachweis der Gebäudedichtheit.

Gebäudespezifische Daten
Wärmeübertragende Umfassungsfläche: A = 490,16 m²
Beheiztes Gebäudevolumen: V_e = 680,35 m³
Kompaktheitsgrad: A/V_e = 0,72 m⁻¹
Gebäudenutzfläche ($A_N = 0,32 \cdot V_e$): A_N = 217,71 m²

Höchstwert des Jahres-Primärenergiebedarfs Q_p''
Warmwasserbereitung über die Heizungsanlage
$Q_p'' = 113,33$ kWh/(m² · a)

Höchstwert des spezifischen, auf die wärmeübertragende Umfassungsfläche bezogenen Transmissionswärmeverlustes H_T'
$H_T' = 0,508$ W/(m²·K)

Spezifischer Transmissionswärmeverlust
$H_T = 163,916$ W/K
1. Zweischaliges Mauerwerk mit Kerndämmung: $\quad U_{AW}$ = 0,22 W/(m²·K)
   Wärmedämmstoff, d = 14 cm, λ = 0,040 W/(m·K)
2. Geneigtes Dach: $\quad U_D$ = 0,16 W/(m²·K)
   Wärmedämmstoff, d = 26 cm, λ = 0,040 W/(m·K)
3. Kellerinnenwand: $\quad U_{IW}$ = 0,40 W/(m²·K)
   Wärmedämmstoff, d = 06 cm, λ = 0,040 W/(m·K)
4. Kellerdecke: $\quad U_{KD}$ = 0,34 W/(m²·K)
   Wärmedämmstoff, d = 10 cm, λ = 0,040 W/(m·K)
5. Sohlplatte: $\quad U_G$ = 0,58 W/(m²·K)

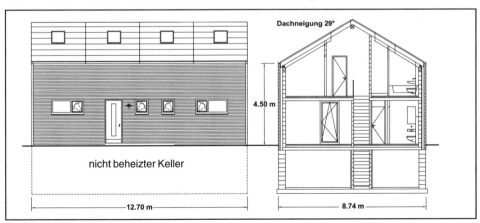

Abbildung 11: Ansicht und Schnitt des Einfamilienhauses.

6. Dachflächenfenster: $U_{DFF} = 1{,}6$ W/(m²·K), g = 0,58
7. Fenster (U-Wert im Mittel): $U_w = 0{,}8$ W/(m²·K), g = 0,60
   $U_g = 0{,}70$ W/(m²·K) Dreischeiben-Isolierverglasung
   $U_f = 0{,}77$ W/(m²·K) Ermittlung erfolgte gemäß DIN EN ISO 10 077-2, es darf hier nach DIBt Mitteilungen 1/2003 der Nennwert verwendet werden.
   $\Psi_g = 0{,}03$ W/(m·K) Wärmebrückenverlustkoeffizient für einen Kunststoffrandverbund
8. Haustür (Nord): $U_{HT} = 1{,}4$ W/(m² K)
9. Kellertür: $U_{KT} = 1{,}8$ W/(m² K)

Im Rahmen des Wärmeschutznachweises ist weiterhin zu überprüfen, ob für die einzelnen Bauteile die Anforderungen an den Mindestwärmeschutz, die in DIN 4108-2 aufgeführt werden, erfüllt sind. Es wird darauf hingewiesen, dass sich in DIN 4108-2 : 2003:07 die Anforderungen für einige Bauteile gegenüber der Fassung vom August 1981 geändert haben. Die Überprüfung mit den in DIN 4108-2 Tabelle 3 genannten Mindestwerten ergab, dass die Anforderungen erfüllt werden.

Bei der Ermittlung des spezifischen Transmissonswärmeverlustes wurden die Planungs-beispiele nach DIN 4108 Bbl 2 berücksichtigt und die Wärmedurchgangskoeffizienten um $\Delta U_{WB} = 0{,}05$ W/(m²·K) für die gesamte wärmeübertragende Umfassungsfläche erhöht. In den **Abbildungen 12 bis 15** sind beispielhaft einige Anschlusssituationen aufgeführt, die im Hinblick auf Gleichwertigkeit mit den Planungs- und Ausführungsbeispielen der DIN 4108 Bbl 2 überprüft wurden.

Spezifischer Lüftungswärmeverlust
Ohne Reduzierung der Luftwechselrate
$H_V = 129{,}27$ W/K

Mit Reduzierung der Luftwechselrate
$H_V = 110{,}90$ W/K

Solare Wärmegewinne
$Q_S = 3.555{,}08$ kWh/a

Interne Wärmegewinne
$Q_i = 4.789{,}62$ kWh/a

Vorhandener Jahres-Heizwärmebedarf
$Q_h = 66 (H_T + H_V) - 0{,}95 (Q_s + Q_i)$
$Q_h = 66 (163{,}916 + 129{,}27) - 0{,}95 (3.555{,}08 + 4.789{,}62)$
$Q_h = 19.350{,}276 - 7.927{,}12$
$Q_h = 11.423{,}156$ kWh/a

Bezogener Jahres-Heizwärmebedarf
$q_h = 11.423{,}156 / 217{,}71$
$q_h = 52{,}470$ kWh/(m² · a)

Festlegung der Heizungsanlage und des Energieträgers zur Ermittlung von e_p
Der bezogene Jahres-Heizwärmebedarf und die Gebäudenutzfläche betragen:

$q_h = 52{,}470$ kWh/(m² · a)
$A_N = 217{,}71$ m²

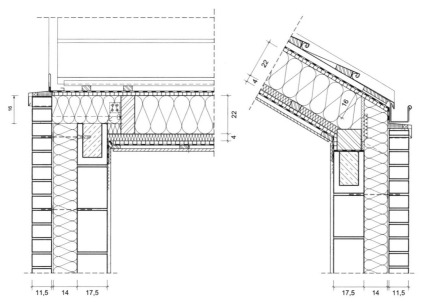

Abbildung 12: Maßnahme zur Minimierung der Wärmebrücke: Einbau einer Kronendämmung auf der Giebelwand.

Abbildung 13: Maßnahme zur Minimierung der Wärmebrücke: Einbau einer Kronendämmung auf der Traufwand.

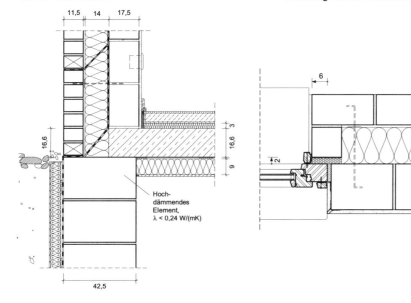

Hoch-
dämmendes
Element,
$\lambda < 0,24$ W/(mK)

Abbildung 14: Maßnahme zur Minimierung der Wärmebrücke: Einbau eines dämmenden Steins und Wärmedämmschicht unter der Kellerdecke.

Abbildung 15: Maßnahme zur Minimierung der Wärmebrücke: Einbau einer thermischen Trennung und Überbindemaß auf Blendrahmen.

Für das frei stehende Einfamilienhaus soll im nicht beheizten Keller gemäß Vornorm DIN 4701-10 Anhang C.5 der Anlagenstatus Anwendung finden: Niedertemperatur-Kessel mit gebäudezentraler Trinkwarmwassererwärmung. Es gelten die in **Abbildung 16** dargestellten Angaben.

Die Anlagenaufwandszahl kann dem Diagramm, aber auch der unter dem Diagramm angeordneten Tabelle in Vornorm DIN 4701-10 entnommen werden, **Abbildung 16**; sie beträgt: $e_p = 1,73$.

Vorhandener, bezogener Jahres-Primärenergiebedarf Q_p''

Das Wohnhaus soll eine zentrale Warmwasserbereitung über die Heizung erhalten. Für die Ermittlung des Energiebedarfs für Warmwasser darf wie für alle Wohngebäude ein Wert von 12,5 kWh/(m²·a) angesetzt werden. Somit ergibt sich für den vorhandenen Jahres-Primärenergiebedarf Q_p:

$$Q_p = (Q_h + Q_W) \cdot e_p$$
$$Q_p = (11.423,156 + 12,5 \cdot 217,71) \cdot 1,73$$
$$\mathbf{Q_p = 24.470,04 \ kWh/a}$$

Der **vorhandene spezifische, auf die wärmeübertragende Umfassungsfläche bezogene Transmissionswärmeverlust H_T'** nach Anhang 1 Tabelle 1 ergibt sich zu:
$H_T' = H_T/A$ \quad in W/(m² · K) \quad\quad $H_T' = 163,916/490,16$
$H_T' = 0,334$ \quad W/(m² · K)
Vergleich der vorhandenen Werte mit den Höchstwerten

Der vorhandene, bezogene Jahres-Primärenergiebedarf Q_p'' beträgt:
$Q_p'' = Q_p/A_N$ \quad in kWh/(m² · a) \quad\quad $Q_p'' = 24.470,04/217,71$
$Q_p'' = 112,397$ \quad kWh/(m² · a)

Der Höchstwert beträgt:
$Q_p'' = 113,330$ \quad kWh/(m² · a)

Der vorhandene Wert ist kleiner als der Höchstwert nach Anhang 1 Tabelle 1.
Die Hauptanforderung ist somit erfüllt!

Der vorhandene spezifische, auf die wärmeübertragende Umfassungsfläche bezogene Transmissionswärmeverlust H_T' beträgt:
$H_T' = 0,354$ W/(m² · K)

Der Höchstwert beträgt:
$H_T' = 0,508$ W/(m² · K)

Der vorhandene Wert ist kleiner als der Höchstwert nach Anhang 1 Tabelle 1.
Die Nebenanforderung ist somit erfüllt!

In diesem Beispiel könnte darauf verzichtet werden, die Gebäudedichtheit zu überprüfen. Unabhängig von der Reduzierung der Luftwechselrate wird aber empfohlen, zu einem möglichst frühen Zeitpunkt der Realisierung eine Gebäudedichtheitsmessung durchzuführen und zwar aus folgenden Gründen:

o Aufspüren von Orten mit gerichteten Luftströmungen (Zugluft),
o kostengünstige Nachbesserung von noch vorhandenen Undichtheiten,
o Rechtsstreitigkeiten kann begegnet werden,
o der gemessene Wert weist die überprüfte Qualität des Gebäudes aus und erhöht ggf. den Wiederverkaufswert (zertifizierte Immobilie).

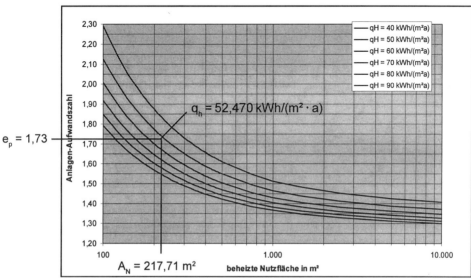

Heizung:	Übergabe	Radiatoren mit Thermostatventil 1K
	Speicherung	
	Verteilung	max. Vorlauf-/Rücklauftemp. 70°C/55°C, horiz. Verteilung im unbeheizten Bereich, vertikale Stränge innenliegend, geregelte Pumpe,
	Erzeugung	Niedertemperaturkessel im unbeheizten Bereich,
TWW:	Speicherung	indirekt beheizter Speicher im unbeheizten Bereich,
	Verteilung	horizontale Verteilung im unbeheizten Bereich, mit Zirkulation
	Erzeugung	zentral, Niedertemperaturkessel
Lüftung:	Übergabe	-
	Verteilung	-
	Erzeugung	-

A_N in m²	100	150	200	300	500	750	1000	1500	2500	5000	10000
q_h in kWh/(m²a)	Anlagenaufwandszahl e_P (primärenergiebezogen)										
40	2,29	2,01	1,87	1,73	1,61	1,55	1,51	1,48	1,45	1,43	1,41
50	2,13	1,89	1,77	1,65	1,55	1,49	1,47	1,44	1,41	1,39	1,37
60	2,01	1,80	1,70	1,59	1,50	1,46	1,43	1,41	1,38	1,36	1,35
70	1,92	1,74	1,65	1,55	1,47	1,43	1,40	1,38	1,36	1,34	1,33
80	1,85	1,69	1,60	1,52	1,44	1,40	1,38	1,36	1,34	1,33	1,31
90	1,79	1,64	1,57	1,49	1,42	1,39	1,37	1,35	1,33	1,31	1,30

Abbildung 16: Anlagenstatus und Tabelle zur Ermittlung der Anlagenaufwandszahl gemäß Diagrammverfahren nach Vornorm DIN 4701 - 10 Anhang C.5, mit Ablesebeispiel.

Nachfolgend werden in **Abbildung 17** die Auswirkungen auf die Wärmedurchgangskoeffizienten vorgestellt, wenn die auf Seite 8 genannten Heizungsanlagen und bzw. die Luftwechselrate bei Nachweis der Gebäudedichtheit variiert werden.

Wird gegenüber **Fall 1.1** im **Fall 1.2 die Gebäudedichtheit nachgewiesen,** ergeben sich folgende Veränderungen im Bereich der Dicken der Wärmedämmschichten:

o Außenwand: Veränderung der Dämmschichtdicke von 14 cm auf 10 cm
o Geneigtes Dach: Veränderung der Dämmschichtdicke von 26 cm auf 20 cm
o Kellerdecke: Veränderung der Dämmschichtdicke von 10 cm auf 8 cm

Wird anstelle eines **Niedertemperaturkessels im nicht beheizten Bereich** ein **Brennwertkessel im beheizten Bereich** aufgestellt und zusätzlich auf eine Zirkulationsleitung verzichtet ergeben sich im Fall 2.1 im Vergleich zum Fall 1.1 folgende Veränderungen:

o Außenwand: Veränderung der Dämmschichtdicke 14 cm auf 8 cm
o Geneigtes Dach: keine Veränderung
o Kellerdecke: Veränderung der Dämmschichtdicke von 10 cm auf 6 cm
o Fenster: Veränderung des U-Wertes von 0,8 W/(m^2·K) auf 1,8 W/(m^2·K)

Wird gegenüber **Fall 2.1** im **Fall 2.2 die Gebäudedichtheit nachgewiesen** können in Bezug auf die wärmeschutztechnischen Qualitäten keine Veränderungen mehr vorgenommen werden, da die Nebenanforderung bereits mit dem Dämmstandard im Fall 2.1 erreicht wurde. Die aus den o.a. Dicken der Wärmedämmschicht resultierenden U-Werte, **Abbildung 17**, können im Hinblick auf die Außenwand selbstverständlich auch mit anderen Konstruktionstypen realisiert werden.

Fall 1:
Niedertemperaturkessel (70/55 °C) und Verteilung im **unbeheizten Bereich**, Stränge außen liegend, Radiator Thermostatventil 1 K, Trinkwarmwasser mit indirekt beheiztem Speicher im **unbeheizten Bereich mit Zirkulationspumpe**, Fensterlüftung

Fall 1.1: Gebäudedichtheit **nicht** nachgewiesen.

Q_p'' = 113,33 kWh/(m²·a) $Q_{p,zul.}$ = **24.673,07 kWh/a**

U_{AW} = 0,22 W/(m²·K) (14/040) U_D = 0,16 W/(m²·K) (26/040) U_{IW} = 0,40 W/(m²·K) (6/040)
U_{KD} = 0,34 W/(m²·K) (10/040) U_G = 0,58 W/(m²·K) (6/040) U_{DFF} = 1,60 W/(m²·K) g = 0,58
U_w = 0,80 W/(m²·K) g = 0,60 U_{HT} = 1,38 W/(m²·K) U_{KT} = 1,76 W/(m²·K)

H_T = 163,637 W/K H_V = 129,27 W/K Q_S = 3.555,08 kWh/a Q_i = 4.789,62 kWh/a

Q_h = 11.404,74 kWh/a e_p = 1,73 $Q_{p,vorh.}''$ = 112,25 kWh/(m²·a) $\mathbf{Q_{p,vorh.}'' < Q_p''}$
$H_{T,vorh.}'$ = 0,334 W/(m²·K) H_T' = 0,508 W/(m²·K) $\mathbf{H_{T,vorh.}' < H_T'}$

Anforderungen erfüllt!

Fall 1.2: Gebäudedichtheit **nachgewiesen**.

Q_p'' = 113,33 kWh/(m²·a) $Q_{p,zul.}$ = **24.673,07 kWh/a**

U_{AW} = 0,27 W/(m²·K) (10/040) U_D = 0,20 W/(m²·K) (20/040) U_{IW} = 0,40 W/(m²·K) (6/040)
U_{KD} = 0,41 W/(m²·K) (08/040) U_G = 0,58 W/(m²·K) (6/040) U_{DFF} = 1,60 W/(m²·K) g = 0,58
U_w = 0,80 W/(m²·K) g = 0,60 U_{HT} = 1,38 W/(m²·K) U_{KT} = 1,76 W/(m²·K)

H_T = 181,826 W/K H_V = 110,90 W/K Q_S = 3.555,08 kWh/a Q_i = 4.789,62 kWh/a

Q_h = 11.392,246 kWh/a e_p = 1,73 $Q_{p,vorh.}''$ = 112,15 kWh/(m²·a) $\mathbf{Q_{p,vorh.}'' < Q_p''}$
$H_{T,vorh.}'$ = 0,371 W/(m²·K) H_T' = 0,508 W/(m²·K) $\mathbf{H_{T,vorh.}' < H_T'}$

Anforderungen erfüllt!

Fall 2:
Brennwertkessel (55/45 °C) und Verteilung im **beheizten Bereich**, ohne Zirkulation, Stränge innen liegend, Radiator Thermostatventil 1 K, Trinkwarmwasser mit indirekt beheiztem Speicher im beheizten Bereich **ohne Zirkulation**, Fensterlüftung

Fall 2.1: Gebäudedichtheit **nicht** nachgewiesen.

Q_p'' = 113,33 kWh/(m²·a) $Q_{p,zul.}$ = **24.673,07 kWh/a**

U_{AW} = 0,31 W/(m²·K) (8/040) U_D = 0,22 W/(m²·K) (18/040) U_{IW} = 0,40 W/(m²·K) (6/040)
U_{KD} = 0,51 W/(m²·K) (6/040) U_G = 0,58 W/(m²·K) (6/040) U_{DFF} = 1,60 W/(m²·K) g = 0,58
U_w = 1,83 W/(m²·K) g = 0,66 U_{HT} = 1,38 W/(m²·K) U_{KT} = 1,76 W/(m²·K)

H_T = 245,473 W/K H_V = 129,27 W/K Q_S = 3.868,14 kWh/a Q_i = 4.789,62 kWh/a

Q_h = 16.507,887 kWh/a e_p = 1,28 $Q_{p,vorh.}''$ = 113,06 kWh/(m²·a) $\mathbf{Q_{p,vorh.}'' < Q_p''}$
$H_{T,vorh.}'$ = 0,501 W/(m²·K) H_T' = 0,508 W/(m²·K) $\mathbf{H_{T,vorh.}' < H_T'}$

Anforderungen erfüllt!

Fall 2.2: Gebäudedichtheit **nachgewiesen**.

Q_p'' = 113,33 kWh/(m²·a) $Q_{p,zul.}$ = **24.673,07 kWh/a**

U_{AW} = 0,31 W/(m²·K) (8/040) U_D = 0,22 W/(m²·K) (18/040) U_{IW} = 0,40 W/(m²·K) (6/040)
U_{KD} = 0,51 W/(m²·K) (6/040) U_G = 0,58 W/(m²·K) (6/040) U_{DFF} = 1,60 W/(m²·K) g = 0,58
U_w = 1,83 W/(m²·K) g = 0,66 U_{HT} = 1,38 W/(m²·K) U_{KT} = 1,76 W/(m²·K)

H_T = 245,473 W/K H_V = 110,90 W/K Q_S = 3.868,14 kWh/a Q_i = 4.789,62 kWh/a

Q_h = 15.295,503 kWh/a e_p = 1,29 $Q_{p,vorh.}''$ = 106,76 kWh/(m²·a) $\mathbf{Q_{p,vorh.}'' < Q_p''}$
$H_{T,vorh.}'$ = 0,501 W/(m²·K) H_T' = 0,508 W/(m²·K) $\mathbf{H_{T,vorh.}' < H_T'}$

Anforderungen erfüllt!

Abbildung 17: Auswirkungen von unterschiedlichen Heizungsanlagen und der Reduzierung der Luftwechselrate auf die Größe der U-Werte der Bauteile der wärmeübertragenden Umfassungsfläche.

2.2 DIN 4108-2

1. Kurzbeschreibung

Die „DIN 4108-2 : 2003-07 Wärmeschutz und Energie-Einsparung in Gebäuden Teil 2: Mindestanforderungen an den Wärmeschutz" legt die Mindestanforderungen an die Wärmedämmung von Bauteilen und bei Wärmebrücken im Bereich der wärmeübertragenden Umfassungsfläche fest. Die Mindestanforderungen werden als Wärmedurchlasswiderstände textlich und tabellarisch angegeben (d/λ in $m^2 \cdot K/W$). Die Norm liefert weiterhin aus wärmeschutztechnischer Sicht allgemeine Hinweise für die Planung und Ausführung von Aufenthaltsräumen in Hochbauten (mit Innentemperaturen $\geq$ 19 °C). In DIN 4108-2 werden auch Anforderungen für Gebäude mit niedrigeren Innentemperaturen beschrieben. Sie enthält weiterhin auch Hinweise und Nachweisverfahren zum Wärmeschutz im Sommer.

2. Inhalte

In der DIN 4108-2 werden in knapper Form die Grundlagen des winterlichen und sommerlichen Wärmeschutzes beschrieben. In der Norm wird darauf hingewiesen, dass der Wärmedurchlasswiderstand und der Wärmedurchgangskoeffizient der Bauteile nach DIN EN ISO 6946 zu bestimmen sind und dabei die Werte der DIN V 4108-4 sowie die im Rahmen von Übereinstimmungsnachweisen festgelegten Werte zu berücksichtigen sind. Die DIN V 4108-4 beschreibt wie die DIN EN 12 524 wärme- und feuchteschutztechnische Kennwerte und nennt insbesondere für die Berechnung des Wärmedurchlasswiderstands eines Bauteils die für die Bauteilschichten erforderlichen „Bemessungswerte der Wärmeleitfähigkeiten", siehe Kapitel 2.4.

Für den Planer sind vor allem die Mindestwerte der Wärmedurchlasswiderstände nicht transparenter Bauteile wichtig. Die Anforderungen werden in Abhängigkeit der flächenbezogenen Gesamtmasse gestellt. Für **schwere Bauteile** mit einer flächenbezogenen Gesamtmasse von > 100 kg / m^2 gelten die in **Abbildung 18** angegebenen Werte.

Demgegenüber gelten für **leichte Bauteile**, sowie **Rahmen- und Skelettbauarten** (Bauteile mit einer flächenbezogenen Gesamtmasse < 100 kg / m^2) erhöhte Anforderungen. Es gilt ein Mindestwärmedurchlasswiderstand von R $\geq$ 1,75 $m^2 \cdot K$/W. Bei Rahmen- und Skelettbauarten gilt dieser Wert nur für den so genannten **Gefachbereich**. In diesen Fällen ist ein Gesamtwert von im Mittel R = 1,0 $m^2 \cdot K$/W einzuhalten.

Gleiches gilt für Rollladenkästen. Für den Deckel von Rollladenkästen ist der Wert von R = 0,55 $m^2 \cdot K$/W einzuhalten. Die Rahmen nicht transparenter Ausfachungen (z.B. integrierte Brüstungselemente in Fensteröffnungen) dürfen höchstens einen U-Wert gemäß der alten Rahmenmaterialgruppe 2.1 nach DIN V 4108-4 aufweisen. Dies sind Rahmen aus wärmegedämmten Metall- oder Betonprofilen, wenn der Wärmedurchgangskoeffizient des Rahmens mit 2,0 W/($m^2 \cdot K$)< U_R < 2,8 W/($m^2 \cdot K$) aufgrund von Prüfzeugnissen nachgewiesen worden ist. Die DIN V 4108 - 4 : 2002 - 02 führt keine Rahmenmaterialgruppen mehr auf, sondern nennt Bemessungswerte des Wärmedurchgangskoeffizienten. Der nicht transparente Teil der Ausfachungen von Fensterwänden und Fenstertüren, der mehr als 50 % der gesamten Ausfachungsfläche beträgt, muss mindestens die Anforderungen nach Abbildung 18 erfüllen. Bei kleineren Flächenanteilen (< 50 %) muss der Wärmedurchlasswiderstand R $\geq$ 1,0 $m^2 \cdot K$/W betragen.

Für Gebäude mit **niedrigen Innentemperaturen** - dies sind Gebäude mit Temperaturen von mindestens 12 °C und höchstens 19 °C - gelten ebenfalls die Werte in Abbildung 18. Ausgenommen hiervon sind Außenwände, Wände zu Aufenthaltsräumen gegen Boden-räume, zu Durchfahrten, zu offenen Hausfluren, zu Garagen und gegen Erdreich. Hier gilt der Wert von R = 0,55 m² · K/W. In der Praxis wird oft übersehen, dass für Gebäude mit niedrigen Innentemperaturen auch Anforderungen an den sommerlichen Wärmeschutz gel-ten. Nachfolgend werden einige Randbedingungen näher beschrieben, die bei der Er-mittlung der Wärmedurchlasswiderstände zu berücksichtigen sind:

o Der Wärmedurchlasswiderstand von **Bauteilen mit Wärmebrücken** wird nicht nach den Rechenverfahren berechnet, die bei Bauteilen mit einem eindimensionalen Wärmestrom gelten. Im Bereich von Wärmebrücken treten mehrdimenionale Wärmeströme auf. Der Wärmedurchlasswiderstand wird hier bei opaken Bauteilen nach DIN EN ISO 10 211 und bei transparenten Bauteilen nach DIN EN ISO 10 077 berechnet.

o Bei **Fenstern, Fenstertüren und Türen** von beheizten Räumen sind mindestens **Iso-lier- oder Doppelverglasung** anzuwenden.

Spalte		1	2
Zeile		Bauteile	Wärmedurchlasswiderstand R in m² · K/W
1		Außenwände; Wände von Aufenthaltsräumen gegen Bodenräume, Durchfahrten, offene Hausflure, Garagen, Erdreich	1,20
2		Wände zwischen fremdgenutzten Räumen; Wohnungstrennwände	0,07
3	Treppenraumwände	zu Treppenräumen mit wesentlich niedrigeren Innentemperaturen (z.B. indirekt beheizte Treppenräume); Innentemperatur $\theta_i \leq 10°C$, aber Treppenraum mindestens frostfrei	0,25
4		zu Treppenräumen mit Innentemperaturen $\theta_i > 10°C$ (z.B. Verwaltungsgebäuden, Geschäftshäusern, Unterrichtsgebäuden, Hotels, Gaststätten und Wohngebäuden)	0,07
5	Wohnungstrenndecken, Decken zwischen fremden Arbeits-räumen; Decken unter Räumen zwischen gedämmten Dach-schrägen und Abseitenwänden bei ausgebauten Dachräumen	allgemein	0,35
6		in zentralbeheizten Bürogebäuden	0,17
7	Unterer Abschluss nicht unterkellerter Aufenthaltsräume	unmittelbar an das Erdreich bis zu einer Raumtiefe von 5 m	
8		über einen nicht belüfteten Hohlraum an das Erdreich grenzend	
9	Decken unter nicht ausgebauten Dachräumen; Decken unter bekriechbaren oder noch niedrigeren Räumen; Decken unter belüfteten Räumen zwischen Dachschrägen und Abseitenwänden bei ausgebauten Dachräumen, wärmegedämmte Dachschrägen		0,90
10	Kellerdecken; Decke gegen abgeschlossene, unbeheizte Hausflure u.ä.		
11	11.1	Decken (auch Dächer), die Aufenthaltsräume gegen die Außenluft abgrenzen / nach unten, gegen Garagen (auch beheizte), Durchfahrten (auch verschließbare) und belüftete Kriechkeller [1]	1,75
	11.2	nach oben, z.B Dächer nach DIN 18530, Dächer und Decken unter Terrassen; Umkehrdächer nach 5.3.3. Für Umkehrdächer ist der berechnete Wärmedurchgangskoeffizient U nach DIN EN ISO 6946 mit den Korrekturwerten nach Tabelle 4 um ΔU zu berechnen.	1,20

[1] Erhöhter Wärmedurchlaßwiderstand wegen Fußkälte.

Abbildung 18: Mindestwerte für Wärmedurchlasswiderstände von Bauteilen, nach Tabelle 3 DIN 4108 - 2.

o Bei der Ermittlung des vorhandenen Wärmedurchlasswiderstands von Wänden ist zu beachten, dass der **Mindestwärmeschutz** an jeder Stelle erreicht werden muss. Unter baupraktischen Gesichtspunkten trifft diese Anforderung auf Konstruktionen zu, in denen Heizköpernischen, Installationskanäle oder wasserführende Leitungen angeordnet sind. Bei mehrschichtigen Außenwandkonstruktionen mit einer äußeren Wärmedämmschicht von mindestens 6 cm und einer Wärmeleitfähigkeit von 0,04 dürfte sich diese Anforderung im Bereich des Wandbildners sicher erfüllen lassen.

o In der Vergangenheit wurde bei der Ermittlung des Wärmedurchlasswiderstands für an das **Erdreich grenzende Bauteile** häufig das Erdreich oder Dränschichten mit angerechnet. Dies war **nicht** statthaft. Bei Bauteilen mit Abdichtungen werden bei der Berechnung des Wärmedurchlasswiderstands nur die raumseitigen Schichten bis zur Bauwerksabdichtung bzw. Dachabdichtung berücksichtigt. Ausgenommen hiervon sind **Umkehrdächer** unter Verwendung von Wärmedämmstoff aus extrudiertem Polystyrolschaumstoff. Es wird darauf verwiesen, dass die Dämmplatten einlagig auf ausreichend ebenem Untergrund zu verlegen sind und ein langfristiges Überstauen der Wärmedämmplatten ausgeschlossen wird. Bei der Berechnung des U-Wertes eines Umkehrdaches ist der errechnete Wärmedurchgangskoeffizient um einen Betrag ΔU in Abhängigkeit des prozentualen Anteils des Wärmedurchlasswiderstandes unterhalb der Abdichtung am Gesamtwärmedurchlasswiderstand nach **Abbildung 19** zu erhöhen. Für den Fall, dass die tragende Konstruktion des Umkehrdachs eine flächenbezogene Masse < 250 kg/m² aufweist, muss der Wärmedurchlasswiderstand unterhalb der Abdichtung mindestens 0,15 m² · K/W betragen.

Weiterhin gilt die Ausnahmeregelung für so genannte **Perimeterdämmungen** (hier Wärmedämmstoffe erdreichberührender Gebäudeflächen, außer unter Gebäudegründungen). Hier werden Regelungen für extrudierten Polystyrolschaumstoff und Schaumglas beschrieben. Es wird darauf hingewiesen, dass die Perimeterdämmung **nicht ständig im Wasser** liegen darf, und **langanhaltendes Stauwasser oder drückendes Wasser** im Bereich der Dämmschicht zu vermeiden sind. Weiterhin müssen die Dämmplatten **dicht gestoßen im Verband** verlegt werden und eben auf dem Untergrund aufliegen, eine Forderung, die aus baupraktischer Sicht selbstverständlich auch für andere, mit Wärmedämmstoff gedämmte Außenbauteile gilt bzw. gelten sollte (siehe hierzu z.B. auch DIN EN ISO 6946).

o Für **Fußböden und Bodenplatten**, die an das Erdreich grenzen, wird der Wärmeschutz aus den raumseitigen Schichten zur Abdichtung berechnet. Bei einer Perimeterdämmung geht ergänzend die Wärmedämmschicht außerhalb der Abdichtung bei der Ermittlung des Wärmedurchlasswiderstands ein. Hierbei sind im Einzelfall unbedingt auch die Regelungen der allgemeinen bauaufsichtlichen Zulassungen zu beachten (z.B. Zuschlagswerte, die bei der Ermittlung des U-Wertes zu berücksichtigen sind).

Anteil des Wärmedurchlasswiderstandes raumseitig der Abdichtung am Gesamtwärmedurchlasswiderstand	Zuschlagswert, ΔU W / (m² K)
unter 10 %	0,05
von 10 bis 50 %	0,03
über 50 %	0

Abbildung 19: Zuschlagswerte für Umkehrdächer, Tabelle 4 nach DIN 4108-2.

o Bei **Pfosten-Riegelkonstruktionen oder Fensterfassaden** (geschosshoch) sind mindestens **wärmetechnisch getrennte** Aluminiumprofile zu verwenden. Im Bereich der transparenten Bauteilflächen ist auch hier mindestens Isolier- oder Doppelverglasung auszuführen. Der Wärmedurchlasswiderstand im nicht transparenten Ausfachungsbereich muss mindestens einen R-Wert von R = 1,2 m² · K/W aufweisen.

In der vorliegenden Fassung zur DIN 4108-2 werden Rollladenkästen angesprochen. Aus Gründen des sommerlichen Wärmeschutzes ist ein Roll- oder Klappladen als äußere Verschattungsmaßnahme besonders wirksam. Maßnahmen, die aus Gründen der Begrenzung des sommerlichen Sonneneintrags geplant werden, haben im Hinblick auf den winterlichen bzw. den energiesparenden Wärmeschutz unter Umständen Nachteile. So führt z.B. eine Sonnenschutzverglasung mit einem g-Wert < 0,4 gleichzeitig zu einer entsprechenden Reduzierung der solaren Wärmegewinne. Vergleichbare Effekte treten im Zusammenhang mit dem Rollladen auf.

Diese negativen energetischen Auswirkungen bei der Berechnung der Transmissionswärmeverluste wurden bisher oftmals im Nachweis nicht berücksichtigt; es erfolgte automatisch eine Übermessung des Rollladenkastens, unabhängig vom Typ des Rollladenkastens.

Rollläden rufen einerseits durch ihren Flächenanteil und ihre thermische Qualität einen spezifischen Transmissionswärmeverlust und andererseits durch ihre „Anbindung" an den Baukörper einen zusätzlichen Wärmeverlust über die hier wirkenden Wärmebrückeneffekte (am Übergang zur Wand und zum Fenster) hervor. Im Auflagerbereich des Rollladenkastens ist im Bereich der Stirnseiten ein dreidimensionaler Wärmebrückeneffekt wirksam.

Aus energetischer Sicht ist der in **Abbildung 20** dargestellte Rollladen gegenüber dem aus **Abbildung 21** zu bevorzugen. In DIN 4108-2 werden im Hinblick auf wärmeschutztechnische Nachweise folgende 2 Fälle differenziert (**Abbildung 21**):

Fall 1   Fall 2

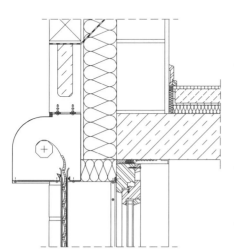 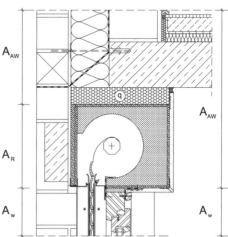

Abbildung 20: Energetisch optimierter Rollladen. Die Wärmedämmschicht der Außenwand verläuft ohne eine Reduzierung der Dicke.

Abbildung 21: Unterschiedliche Fälle zur Berücksichtigung des Rollladenkastens bei wärmeschutztechnischen Nachweisen.

Fall 1: Der Rollladen wird mit seinem U-Wert im Nachweis berücksichtigt. Dies bedeutet, dass die Fläche des Rollladens mit dem U-Wert multipliziert wird. In den Mitteilungen der Bauregelliste Ausgabe 28. Februar 2003 (1/2003) werden Hinweise zur Ermittlung der Wärmedurchlasswiderstände von Rollläden gegeben.

Fall 2: Der Rollladen wird mit seiner Fläche übermessen und entweder der Außenwandfläche (im Fall Einbau- oder Aufsatzrollladenkasten) oder dem Fenster (im Fall Vorsatzrollladenkasten) „zugeschlagen".

In beiden Fällen muss allerdings im Rahmen von öffentlich-rechtlichen Nachweisen nach Ansicht der Autoren der durch den Rollladenkasten hervorgerufene Wärmebrückeneffekt bei der Ermittlung des spezifischen Transmissionswärmeverlustes berücksichtigt werden. In DIN 4108 Bbl 2 sind Ψ-Werte aufgeführt, die entprechend einzuhalten sind.

Wärmebrücken können speziell bei besonders gut wärmegedämmten Gebäuden einen hohen zusätzlichen Wärmeverlust hervorrufen. Nach Energieeinsparverordnung ist der energetische Effekt von Wärmebrücken bei der Ermittlung des spezifischen Transmissionswärmeverlustes zu berücksichtigen. Bauteile nach DIN 4108 Bbl 2 gelten als ausreichend wärmegedämmt.

Die Berücksichtigung der DIN 4108 Beiblatt 2 bei der Detailausbildung im realen Einzelfall hat für den Anwender den Vorteil, dass gegenüber dem Fall, dass keine speziellen Maßnahmen zur Reduzierung des Wärmebrückenverlustes geplant werden, der pauschale Wert zur Berücksichtigung des energetischen Einflusses von Wärmebrücken nach DIN V 4108-6 von $\Delta U_{WB} = 0{,}10 \ W/(m^2 \cdot K)$ auf $\Delta U_{WB} = 0{,}05 \ W/(m^2 \cdot K)$ reduziert werden darf. Dies setzt aber eine energetische Gleichwertigkeit der geplanten Details mit den in DIN 4108 Bbl 2 aufgeführten Details voraus, siehe hierzu Kapitel 2.3.

Das Beiblatt 2 behandelt Anschlusspunkte mit zweidimensionalen Wärmebrückeneffekten. Dreidimensionale Wärmebrücken können aus energetischer Sicht wegen der begrenzten Flächenwirkung in der Regel vernachlässigt werden. Diese allgemeine Charakterisierung bedeutet, dass im Einzelfall eine genauere Untersuchung erforderlich werden kann. Hierbei sollte im Gesamtzusammenhang auch berücksichtigt werden, dass punktförmige Wärmebrückeneffekte von Drahtankern bei Überschreiten eines speziellen Grenzwertes nach DIN EN ISO 6946 zu berücksichtigen sind.

Ohne zusätzliche Wärmedämmmaßnahmen dürfen auskragende Balkonplatten, Attiken, frei stehende Stützen sowie Wände mit einer Wärmeleitfähigkeit von $\lambda > 0{,}5 \ W/(m \cdot K)$, die in den ungedämmten Bereich oder ins Freie ragen, nicht ausgeführt werden. In **Abbildung 22** ist eine Giebelwand in einem nicht beheizten Dachraum (Mauerwerk mit äußerem Wärmedämm-Verbundsystem) mit einer Wärmeleitfähigkeit von $\lambda > 0{,}5 \ W/(m \cdot K)$ dargestellt. Zur Minimierung der Wärmebrückenwirkung wird vorgeschlagen, auf der Innenseite der Giebelwand entweder eine Wärmedämmschicht anzuordnen oder ein hochdämmendes Element einzubauen.

Im Hinblick auf Maßnahmen zur Vermeidung von **Schimmelpilzbildung** wird Folgendes ausgeführt:

„Eine gleichmäßige Beheizung und ausreichende Belüftung der Räume sowie eine weitgehend ungehinderte Luftzirkulation an den Außenwandoberflächen werden vorausgesetzt."

Weiterhin wird die Bedeutung der DIN 4108 Bbl 2 hervorgehoben. Im Hinblick auf die Vermeidung einer Kapillarkondensation heißt es:

„6.2 Maßnahmen zur Vermeidung von Schimmelpilzbildung

Ecken von Außenbauteilen mit gleichartigem Aufbau, deren Einzelkomponenten die Anforderungen nach Tabelle 3 erfüllen, bedürfen keines gesonderten Nachweises. Alle konstruktiven, formbedingten und stoffbedingten Wärmebrücken, die beispielhaft in DIN 4108 Beiblatt 2 aufgeführt sind, sind ausreichend wärmegedämmt. Es muss kein zusätzlicher Nachweis geführt werden. ..."

Des Weiteren werden in DIN 4108-2 auch Anforderungen an die Luftdichtheit beschrieben:

„Bei Fugen in der wärmeübertragenden Umfassungsfläche des Gebäudes, insbesondere auch bei durchgehenden Fugen zwischen Bauteilen oder zwischen Ausfachungen und dem Tragwerk, ist dafür Sorge zu tragen, dass diese Fugen nach dem Stand der Technik dauerhaft und luftundurchlässig abgedichtet sind ...".

Weitere Hinweise hierzu befinden sich in Kapitel 2.7.

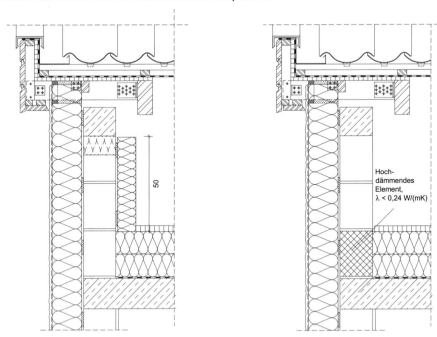

Abbildung 22: Einbindende Giebelwand in einen nicht beheizten Dachraum - Vorschlag zur Minimierung der Wärmebrückenwirkung. Lösungsvorschläge sind nicht in DIN 4108-2 dargestellt.

Sommerlicher Wärmeschutz

Im Inneren von Gebäuden dürfen keine unerträglich hohen Temperaturen auftreten. Nach EnEV § 3 Absatz 4 ist daher zur Sicherstellung eines sommerlichen Wärmeschutzes bei Gebäuden der Fensterflächenanteil zu begrenzen. Es braucht aus **öffentlich-rechtlicher Sicht** kein weiterer Nachweis geführt zu werden, wenn der Fensterflächenanteil (f) des gesamten Gebäudes von 30 % nicht überschritten wird. Hierbei ist darauf zu achten, dass die DIN 4108-2 höhere Anforderungen an den sommerlichen Wärmeschutz stellt. Es wird daher dem Anwender geraten auch bei Einhaltung der Anforderungen der EnEV ebenfalls die Anforderungen nach DIN 4108-2 zu überprüfen; diese können u.U. aus **zivil-rechtlicher Sicht** trotz der Unterschreitung der nach EnEV geforderten Werte eingefordert werden. Dieser Aspekt unterliegt einer rechtlichen Würdigung.

Der Fensterflächenanteil f ermittelt sich nach folgender Gleichung:

$$f = A_w / (A_w + A_{AW})$$

A_w Fläche Fenster
A_{AW} Fläche Außenwände (bei beheiztem Dachgeschoss auch Dachfläche)

Bei Überschreitung des zulässigen Fensterflächenanteils sind Maßnahmen zur Begrenzung des Sonneneintrags zu planen. Hierbei sind die **vorhandenen** und die **höchstzulässigen Sonneneintragskennwerte** zu überprüfen.

Der Sonneneintragskennwert hängt von folgenden Einflüssen ab:

o Gesamtenergiedurchlassgrad der Verglasung
o Wirksamkeit von Sonnenschutzvorrichtungen
o Anteil der Fensterflächen an der Fassade
o Verhältnis der Fensterfläche zur Grundfläche des Raumes
o Sommer- Klimaregion nach DIN V 4108 - 6 bzw. DIN 4108 - 2
o wirksame Wärmespeicherfähigkeit der raumumschließenden Flächen
o Lüftungsmöglichkeiten, insbesondere in der zweiten Nachthälfte
o Fensterneigung und Orientierung.

Es kann auf einen Nachweis verzichtet werden, wenn der auf die Grundfläche bezogene **Fensterflächenanteil** unter den in **Abbildung 23** angegebenen Grenzen liegt. Der Fensterflächenanteil f_{AG} ergibt sich hierbei aus dem Verhältnis der **Fensterfläche** (lichte Rohbauöffnungen) zur **Nettogrundfläche** des betrachteten Raumes oder der Raumgruppe.

Der Nachweis wird geführt, in dem der **höchstzulässige** mit dem **vorhandenen** Sonneneintrag eines Raumes oder eines Raumbereiches verglichen wird. Hierbei dürfen die

Zeile	Neigung der Fenster gegenüber der Horizontalen	Orientierung der Fenster	Grundflächen bezogener Fensterflächenanteil f_{AG} in %
1	Über 60° bis 90°	Nord-West über Süd bis Nord-Ost	10
2		alle anderen Nordorientierungen	15
3	von 0° bis 60°	alle Orientierungen	7

Abbildung 23: Auszug aus Tabelle 7, DIN 4108-2, graue Schraffur für Beispiel 2.

zu ermittelnden höchstzulässigen Werte nicht überschritten werden. Der vorhandene Sonneneintragskennwert S_{vorh} wird berechnet zu:

$$S_{vorh} = (\Sigma_j \cdot (A_{w, j} \cdot g_{total, j})) / A_G$$

Hierbei bedeuten:

A_w Fensterfläche (lichte Rohbauöffnungen) in m²

g_{total} Gesamtenergiedurchlassgrad der Verglasung, einschließlich Sonnenschutzvorrichtungen, $g_{total} = g \cdot F_c$

    g Gesamtenergiedurchlassgrad der Verglasung nach DIN EN 410

    F_c Abminderungsfaktor für Sonnenschutzvorrichtungen

          Innen liegende Sonnenschutzvorrichtungen: **von 0,9 bis 0,75**

          Außen liegende Sonnenschutzvorrichtungen: **von 0,5 bis 0,25**

A_G Nettogrundfläche des Raumes oder des Raumbereichs in m²

Σ_j Summe **aller Fenster** des Raumes oder des Raumbereichs.

Die Zuschlagswerte zur Bestimmung des max. zul. Sonneneintragskennwertes sind in **Abbildung 29** tabellarisch aufgeführt. Um **regionale Unterschiede** der sommerlichen Klimaverhältnisse zu berücksichtigen, wird beim Nachweis eine Differenzierung der Grenzwertanforderungen nach **drei Klimaregionen für Deutschland** vorgenommen.

3.   Verweis auf Regelungen in der Energieeinsparverordnung

In der Energieeinsparverordnung wird nicht direkt auf die DIN 4108-2 hingewiesen. In „§ 6 Mindestwärmeschutz, Wärmebrücken" wird allerdings im Zusammenhang mit zu errichtenden Gebäuden hingewiesen, dass Bauteile, die gegen die Außenluft, das Erdreich oder Gebäudeteile mit wesentlich niedrigeren Innentemperaturen grenzen, die Anforderungen des Mindestwärmeschutzes nach den anerkannten Regeln der Technik einhalten müssen. Nach Auffassung der Autoren stellt die DIN 4108-2 eine derartige Regel dar. Weiterhin werden in § 3 Absatz 4 auf Aspekte des sommerlicher Wärmeschutzes und im Anhang 1 Absatz 2.9 namentlich die DIN 4108-2 erwähnt.

4.   Beispiele

Nachfolgend werden Beispielrechnungen für die Anwendung von Korrekturwerten für ein so genanntes Umkehrdach bzw. die Nachweisführung des sommerlichen Wärmeschutzes vorgestellt.

Beispiel 1: Berechnung des Wärmedurchgangskoeffizienten eines Flachdaches als so genanntes Umkehrdach

Schichtenfolge / Stoffdaten, **Abbildung 24**:

	Wärmeübergangswiderstand innen	$R_{si} = 0,100$ m² · K/W
1	Stahlbetondecke, d = 0,18 m	$\lambda = 2,100$ W/(m · K)
2	Wärmedämmstoff, 0,16 m	$\lambda = 0,040$ W/(m · K)
	Wärmeübergangswiderstand außen	$R_{se} = 0,040$ m² · K/W

Es wird ein schrittweises Vorgehen bei der Ermittlung des U-Wertes empfohlen.

1. Schritt:
Ermittlung des Wärmedurchlasswiderstandes raumseitig der Abdichtung
$R_1 = d/\lambda$ in m² · K/W $R_1 = 0,18/2,1$ $R_1 = 0,086$ m² · K/W

2. Schritt: Ermittlung des Wärmedurchlasswiderstandes außerhalb der Abdichtung
$R_2 = d/\lambda$ in m² · K/W $R_2 = 0,16/0,04$ $R_2 = 4,000$ m² · K/W

3. Schritt:
Ermittlung des Anteils des raumseitigen Wärmedurchlasswiderstandes am Gesamtdurchlasswiderstand

Gesamtdurchlasswiderstand
$R = R_1 + R_2$ in m² · K/W $R = 0,086 + 4$ $R = 4,086$ m² · K/W
$R_1 = 0,086$ m² · K/W   zu $R = 4,086$ m² · K/W   => 2 Prozent

Der Anteil des raumseitigen Wärmedurchlasswiderstandes beträgt rd. 2 Prozent. Der Zu-
schlagswert für das vorhandene Umkehrdach ermittelt sich nach DIN 4108-2 Tabelle 4 zu,
Abbildung 19: $\Delta U = 0,05$ W/(m² · K)

4. Schritt:
Ermittlung des „korrigierten" U-Wertes

$R_T = 0,10 + 0,086 + 4,000 + 0,04$ $R_T = 4,226$ m² · K/W
$U_0 = 1/R_T$ $U_0 = 0,237$ W/(m² · K)
$U = U_0 + \Delta U$ $U = 0,237 + 0,05$ $U = 0,287$ W/(m² · K)

Endergebnis: U = 0,29 W/(m² · K)

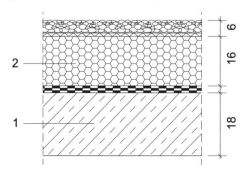

Abbildung 24: Prinzipdarstellung eines Umkehrdachs.

Beispiel 2: Nachweis des sommerlichen Wärmeschutzes
Für einen Wohnraum, der nach Süden orientiert ist, **Abbildung 25 und 26**, soll der som-
merliche Wärmeschutz nachgewiesen werden. Das Gebäude befindet sich in Braunschweig.
Es werden die mittleren monatlichen Außentemperaturen der Region 5 Referenzort Braun-
schweig gemäß DIN V 4108-6 zugrundegelegt, **Abbildung 27**. Das Gebäude ist somit in
Sommer-Klimaregion B einzuordnen, **Abbildung 28**.

Es wird auch hier ein schrittweises Vorgehen beim Nachweis empfohlen.

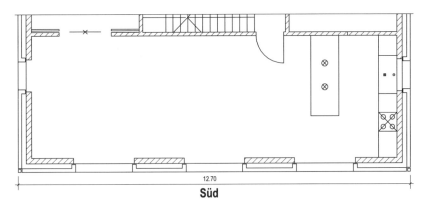

Süd

Abbildung 25: Erdgeschoss-Grundriss des nach Süden orientierten Wohnraums.

1. Schritt: Ermittlung des zulässigen, auf die Grundfläche bezogenen Fensterflächenanteils $f_{AG,zul}$

Der zulässige Wert des Fensterflächenanteils nach Süden beträgt nach Tabelle 7, DIN 4108 -2, **Abbildung 23**: $f_{AG,zul}$ = **10%**.

2. Schritt: Ermittlung des vorhandenen, auf die Grundfläche bezogenen Fensterflächenanteils $f_{AG,vorh}$

A_w Fensterfläche des Raumes: A_w = 20,0 m²

A_{AG} Grundfläche des Raumes: A_{AG}= 11,8 · 3,9 A_{AG} = 46,0 m²

$f_{AG,vorh}$= A_w / A_{AG} $f_{AG,vorh}$= 20,0 / 46,0 $f_{AG,vorh}$= 43% $f_{AG,vorh}$> $f_{AG,zul}$

Abbildung 26: Südansicht des Gebäudes aus Abbildung 25.

Der **vorhandene Fensterflächenanteil** $f_{AG,vorh}$ des untersuchenten Wohnraumes nach Süden ist **größer** als der **maximal zulässige Fensterflächenanteil** $f_{AG,zul}$, d.h. es muss ein Nachweis geführt werden! Anmerkung: Nach Energieeinsparverordnung wäre dieser Nachweis nicht erforderlich.

3. Schritt: Ermittlung des höchstzulässigen Sonneneintragskennwertes S_{max}

Es gilt: $S_{max} = \Sigma S_x$

$\Sigma \Delta S_x$ Anteilige Sonneneintragskennwerte sind hier:

Klimaregion B, **Abbildungen 27 und 28**: $\qquad\qquad\qquad S_{x,1}$ = +0,030

schwere Bauart, **Abbildung 29**:

$f_{gew} = (A_w + 0,3 \cdot A_{AW} + 0,1 \cdot A_D)/A_G$

$f_{gew} = (20,0 + 0,3 \cdot 37,8 + 0,1 \cdot 52,0)/46,0$; $f_{gew} = 0,794$

$S_{X,2} = 0,115 \cdot f_{gew}$; $S_{X,2} = 0,115 \cdot 0,794$; $\qquad\qquad S_{X,2}$ = +0,091

Nachtlüftung schwere Bauart: $\qquad\qquad\qquad\qquad\quad S_{x,3}$ = +0,030

$\qquad\qquad\qquad\qquad\qquad\qquad\qquad\qquad\qquad\qquad\quad \Sigma S_x$ = **+0,151**

Der maximal zulässige Höchstwert für den Sonneneintragskennwert (ΣS_x) ergibt sich somit zu: ΣS_x = **0,151**

4. Schritt: Ermittlung des vorhandenen Sonneneintragskennwertes S_{vorh}

$S_{vorh} = (\Sigma_j \cdot (A_{w,j} \cdot g_{total,j})) / A_G$

A_w Süden: 15,0 m²; Osten / Westen: 5,0 m²; $\qquad\qquad A_w$ = 20,0 m²

g_{total} Gesamtenergiedurchlassgrad der Verglasung: $\qquad g$ = 0,58

keine Sonnenschutzvorrichtungen: $\qquad\qquad\qquad\quad F_c$ = 1

$g_{total} = g \cdot F_c$; $g_{total} = 0,58 \cdot 1$ $\qquad\qquad\qquad\qquad g_{total}$ = 0,58

A_G Nettogrundfläche: Länge: 11,8 m; Tiefe: 3,9 m; $\qquad A_G$ = 46,0 m²

S_{vorh} = (20,0 · 0,58) / 46,0 $\qquad\qquad\qquad\qquad\qquad S_{vorh}$ = **0,25**

5. Schritt: Vergleich zwischen max. zul. mit dem vorh. Sonneneintragskennwert

S_{zul} = 0,151 < S_{vorh} = 0,25

Der **vorhandene Sonneneintragskennwert** ist **größer** als der **maximal zulässige Höchstwert**. Somit sind die Anforderungen für den untersuchten Raum **nicht erfüllt!**

	Jan	Feb	Mrz	Apr	Mai	Jun	**Jul**	Aug	Sep	Okt	Nov	Dez
θ in °C	0,4	1,0	4,0	7,9	12,7	15,8	**17,1**	17,0	13,0	9,8	9,4	1,7

Abbildung 27: Mittlere Außenlufttemperaturen nach DIN V 4108-6 für den Standort Braunschweig.

Sommer-Klimaregion	Merkmal der Region	Grenzwert der Innentemperatur °C	Höchstwert der mittleren monatlichen Außentemperatur θ in °C
A	sommerkühl	25	$\theta \leq 16,5$
B	gemäßigt	26	$16,5 < \theta < 18$
C	sommerheiß	27	$\theta \geq 18$

Abbildung 28: Klassifizierungen von Klimaregionen nach DIN 4108-2, graue Schraffur für Beispiel 2.

6. Schritt: **Festlegung von Verbesserungsmaßnahmen und erneute Überprüfung**

Gewählt: Feste Installation von Sonnenschutzvorrichtungen.

Außen liegende Jalousien; $F_c = 0,4$ gemäß Tabelle 8

$$g_{total} = g \cdot F_c; \qquad g_{total} = 0,58 \cdot 0,4; \qquad g_{total} = 0,232$$

Ermittlung des vorhandenen Sonneneintragskennwertes S_{vorh}

$$S_{vorh} = (\Sigma_j \cdot (A_{w,j} \cdot g_{total,j})) / A_G$$
$$S_{vorh} = (20,0 \cdot 0,232) / 46,0$$
$$\mathbf{S_{vorh} = 0,10}$$

Der Höchstwert S_{max}, der nicht überschritten werden darf, hat sich durch die gewählte Sonnenschutzvorrichtung nicht geändert.

Weiterhin gilt: $\qquad$ **$S_{zul} = 0,151$** $\qquad\qquad$ **$S_{zul} < S_{max}$**

Die Anforderungen sind somit für den untersuchten Raum erfüllt!

Die Anordnung einer äußeren Verschattungsmaßnahme wirkt sich nachteilig im Hinblick auf den Transmissionswärmeverlust aus. Hierbei kommen die Wärmeverluste über die „Regelfläche" des Rollladenkastens und auch die Wärmebrückenwirkung zum Tragen. Bei Einbau eines Rollladenkastens ist weiterhin auch zu beachten, dass im Bereich der Rollladenführungsschiene Wärmebrückeneffekte im Anschluss an das Fenster bzw. die Außenwand auftreten können. Sollte DIN 4108 Beiblatt 2 für den rechnerischen Nachweis verwendet werden, sind für den seitlichen Anschluss der Rollladenführungsschiene die Darstellungen ohne Rollladen zugrunde zu legen.

Zeile	Gebäudelage bzw. Bauart, Fensterneigung und Orientierung	Anteiliger Sonneneintragskennwert S_x
1.1	Gebäude in Klimaregion A	0,04
1.2	Gebäude in Klimaregion B	0,03
1.3	Gebäude in Klimaregion C	0,015
2.1	leichte Bauart: ohne Nachweis von C_{wirk}/A_G	$0,06 \cdot f_{gew}$ [1]
2.2	mittlere Bauart: 50 Wh/(m²K) $\leq C_{wirk}/A_G \leq$ 130 Wh/(m²K)	$0,10 \cdot f_{gew}$ [1]
2.3	schwere Bauart: $C_{wirk}/A_G >$ 130 Wh/(m²K)	$0,115 \cdot f_{gew}$ [1]
3	**Erhöhte Nachtlüftung** während der zweiten Nachthälfte n $\geq$ 1,5h^{-1} [2]	
	bei leichter und mittlerer Bauart	+0,02
	bei schwerer Bauart	+0,03
4	**Sonnenschutzverglasung**, g $\leq$ 0,4	+0,03
5	**Fensterneigung:** 0° $\leq$ Neigung $\leq$ 60° gegenüber der Horizontalen. (f_{neig}: geneigte Fensterfläche dividiert durch die Nettogrundfläche)	$-0,12 f_{neig}$
6	Nord-, Nordost- und Nordwest-orientierte Fenster soweit die Neigung gegenüber der Horizontalen > 60° ist sowie Fenster, die dauernd vom Gebäude selbst verschattet sind	$+0,10 f_{nord}$

[1] f_{gew}: gewichtete Außenflächen bezogen auf die Nettogrundfläche; die Gewichtsfaktoren berücksichtigen die Relation zwischen dem sommerlichen Wärmedurchgang üblicher Außenbauteile

$f_{gew} = A_w + 0,3 A_{AW} + 0,1 A_D) / A_G$

mit $\quad A_w$: Fensterfläche einschließlich Dachfenster

$\qquad A_{AW}$: Außenwandfläche (Außenmaße)

$\qquad A_D$: wärmeübertragende Dach- und Deckenfläche nach oben oder unten gegen Außenluft, Erdreich und unbeheizte Dach und Kellerräume (Außenmaße)

$\qquad A_G$ Nettogrundfläche (lichte Maße)

[2] Bei Ein- und Zweifamilienhäusern kann in der Regel von einer erhöhten Nachtlüftung ausgegangen werden.

Abbildung 29: Anteilige Sonneneintragskennwerte nach Tabelle 9 DIN 4108-2, graue Schraffur für Beispiel 2.

2.3 DIN 4108 Bbl 2

1. Kurzbeschreibung

Die „*DIN 4108 Bbl 2 : 2004-01 Wärmeschutz und Energie-Einsparung in Gebäuden, Wärmebrücken Planungs- und Ausführungsbeispiele*" enthält Planungs- und Ausführungsbeispiele zur Minimierung von Wärmebrückenwirkungen.

2. Inhalte

In DIN 4108 Bbl 2 werden 94 Anschlusssituationen als Prinzipdarstellungen abgebildet. Hierbei handelt es sich u.a. um folgende Anschlusssituationen:

o Bodenplatte an Kellerwand,
o Kellerdecke an Keller- und Außenwand,
o Mittelwand an Kellerdecke,
o Sohlplatte an Außenwand,
o Fensteranschlüsse (unten, seitlich und oben) an Außenwand,
o Rollladenkasten an Außenwand,
o Terrassentüranschluss an Stahlbetondecke,
o Balkon an Außenwand,
o Geschossdecke an Außenwand,
o Geneigtes Dach an Außenwand (Ortgang und Traufe),
o Flachdach an Außenwand (Attika),
o Dachfenster an geneigtes Dach,
o Gaubenanschluss,
o Innenwand an geneigtes Dach.

Für diese Anschlusssituationen werden 5 Außenwand-Konstruktionstypen vorgestellt:

o Monolithisches Mauerwerk,
o Außen gedämmtes Mauerwerk (Außenwand mit Wärmedämm-Verbundsystem),
o Sichtmauerwerk mit Kerndämmung,
o Mehrschichtige, kerngedämmte Stahlbetonkonstruktion,
o Außenwand in Holzbauart.

Für Dachkonstruktionen werden Pfetten- bzw. Sparrendachkonstruktionen sowie der Einbau der Wärmedämmschicht zwischen und auf den Sparren (Aufsparrendämmsystem). behandelt. Nicht für alle Konstruktionstypen wurde jeder Anschlusspunkt abgebildet. Die o.a. Anschlusspunkte werden in einer Übersichtsmatrix aufgeführt.

Mit Hilfe dieser Matrix kann der Anwender überprüfen, ob eine nicht dargestellte, aber im speziellen Einzelfall vorhandene Anschlusssituation, in stofflicher und geometrischer Hinsicht „grundsätzlich ähnlich ist". Hiervon sind vor allem Anschlusspunkte in Holzleichtbaukonstruktion betroffen.

Im Gegensatz zur Ausgabe der DIN 4108 Bbl 2 vom August 1998 umfasst die Ausgabe von 2003 nicht nur eine Erhöhung der Detailanzahl, sondern sie ist in vielen Darstellungen auch durch Vermaßungen spezifiziert worden. Es wurden hierbei die aus wärmeschutztechnischer Sicht wesentlichen Bauteilschichten vermaßt. In stofflicher Hinsicht wurden den „maßgeblichen" Baustoffen Wärmeleitfähigkeiten zugeordnet.

Folgende Bemessungswerte der Wärmeleitfähigkeit werden hierbei angegeben (Abweichungen der Wärmeleitfähigkeiten der nachfolgend aufgeführten Baustoffe um ± 5% sind zulässig):

o Wärmedämmstoff		0,04 W/(m·K)
o Monolithisches Mauerwerk	≤	0,21 W/(m·K)
o Mehrschichtige Außenwand		
a) Innenschale		0,21 bis 1,1 W/(m·K)
b) Außenschale	≥	1,1 W/(m·K)

Bei der pauschalen Berücksichtigung des Wärmebrückeneinflusses aus energetischer Sicht mit dem Wert von $\Delta U_{WB} = 0,05$ W/(m²·K) im **öffentlich-rechtlichen Nachweis** gemäß EnEV sind die **vom Planer im konkreten Einzelfall vorgesehenen Anschlussplanungen mit den Planungs- und Ausführungsbeispielen der DIN 4108 Bbl 2 abzugleichen.** Mit Hilfe der geometrischen und stofflichen Angaben ist der Anwender in der Lage, die Anschlusspunkte energetisch nachzuvollziehen und diese für energetische Vergleiche heranzuziehen. In diesem Zusammenhang können 4 Fälle unterschieden werden:

Fall 1
Der Planer wendet exakt die Planungs- und Ausführungsbeispiele der DIN 4108 Bbl 2 an. In diesem Fall sind die dargestellten Prinzipdarstellungen energetisch für die weitere Detailplanung und die Ausführung zu berücksichtigen. In diesem Zusammenhang sei ausdrücklich darauf hingewiesen, dass die Darstellungen in DIN 4108 Bbl 2 lediglich Prinzipien darstellen und **keine** ausführungsreifen Details. Prinzipdarstellungen, welche die Anforderungen der DIN 4108 Bbl 2 sicher erfüllen, sind in den **Abbildungen 30 - 36** dargestellt.

Fall 2
Es kann der Fall eintreten, dass der Planer die Vorgaben des Beiblattes in stofflicher **oder** geometrischer Hinsicht verschlechtert. In diesem Fall kann die Gleichwertigkeit jedoch auch erreicht werden, in dem der im Beiblatt 2 dargestellte Wärmedurchlasswiderstand einer Bauteilschicht durch eine andere Schichtdicke oder Wärmeleitfähigkeit ersetzt wird.

Beispiel: Geometrische Veränderung (Reduzierung der Dämmschichtdicke)
In zahlreichen Sockeldarstellungen wird zur Minimierung der stofflich-geometrischen Wärmebrückenwirkung eine Perimeterdämmschicht mit 5 cm vermaßt. Dies ergibt einen Wärmedurchlasswiderstand von:

$R_1 = 0,05/0,04$ $R_1 = 1,250$ m²·K/W

Alternativ könnte die Gleichwertigkeit auch mit einer geringeren Schichtdicke, aber besseren Wärmeleitfähigkeit des Dämmstoffes nachgewiesen werden. Hierbei ist darauf zu achten, dass es für diesen Anwendungszweck einen entsprechenden Wärmedämmstoff geringerer Wärmeleitfähigkeit gibt (hier sind ggf. auch die Regelungen etwaiger bauaufsichtlicher Zulassungen zu berücksichtigen). So ergibt sich z.B. hier:

$R_2 = 0,04/0,03$ $R_2 = 1,333$ m²·K/W

Die geringere Wärmedämmschichtdicke weist bei einer verbesserten Wärmeleitfähigkeit sogar eine geringfügig bessere Qualität auf; damit ist die Gleichwertigkeit nachgewiesen.

Fall 3

Es kann der Fall eintreten, dass der Planer die Vorgaben des Beiblattes in stofflicher **und** geometrischer Hinsicht energetisch verschlechtert. In diesem Fall muss die Gleichwertigkeit über den längenbezogenen Wärmedurchgangskoeffizienten geführt werden. Das kann entweder bedeuten, dass für Bauteilsituationen, die **nicht** in entsprechenden Nachschlagewerken [Hauser,Horschler,Pohl] dargestellt sind, Wärmebrückenberechnungen durchgeführt werden müssen. Durch eine geschickte Modifikation von stofflichen und geometrischen Gegebenheiten der Bauteilsituation kann dann der Fall eintreten, dass der bei den Details angegebene Ψ-Wert sogar unterschritten wird. Hier ist in hohem Maße die Kreativität des Planers gefordert, da bei diesem Optimierungsprozess selbstverständlich noch weitere baukonstruktive Einflussfaktoren (wie z.B. die des Feuchteschutzes oder tragwerkstechnische Belange) zu berücksichtigen sind.

Bei der Durchführung von Wärmebrückenberechnungen sind spezielle Randbedingungen zu berücksichtigen. Diese sind in DIN 4108-2, DIN EN ISO 6946, DIN ISO 10 211, DIN EN ISO 10 077 und nun auch in DIN 4108 Beiblatt 2 beschrieben. Speziell das Beiblatt 2 liefert wichtige Hinweise zu den Systemgrenzen zwischen den einzelnen Bauteilen, die u.a. für die Berechnung der Transmissionswärmeverluste über die Regelflächen (Kapitel 2.13) von Bedeutung sind.

Der Gleichwertigkeitsnachweis ist auf den angegebenen Ψ-Wert vorzunehmen. Der aus feuchteschutztechnischer Sicht (Vermeidung einer Schimmelpilzbildung an der Bauteiloberfläche) nachzuweisende Temperaturfaktor f_{Rsi} kann ebenfalls mittels der in dieser Norm beschriebenen geometrischen Randbedingungen geführt werden, wobei hierzu bereits die wesentlichen Randbedingungen in DIN ISO 10 211 beschrieben sind.

In den **Abbildungen 30 und 31** ist für den Fensteranschluss an zweischaliges Mauerwerk ein energetischer Gleichwertigkeitsnachweis dargestellt. Das Konstruktionsprinzip nach DIN 4108 Bbl 2 zeigt, dass der Fensterblendrahmen unmittelbar vor der Innenschale angeordnet werden soll und eine Wärmedämmschicht auf den Blendrahmen mit einer Dicke von 1 cm und einer Breite von 3 cm überbinden soll. Diese Lage bedingt, dass die Außenschale nach innen geführt werden muss. Speziell bei großen Dämmschichtdicken der Kerndämmung führt diese Lösung zu einem hohen Aufwand im Bereich der Außenschale, die hier als Sichtmauerwerk auszuführen ist. Bei geringen Dämmschichtdicken führt diese Lösung u.U. zu nicht mauerwerksgerechten Verblendsteinlängen. Aus diesem Grund wird in der Praxis sehr häufig das Fenster unmittelbar an die Außenschale geführt.

Fall 4

Es kann der Fall eintreten, dass der Planer die Vorgaben des Beiblattes in stofflicher **und** geometrischer Hinsicht energetisch verschlechtert. In diesem Fall muss, wie in Fall 3, die Gleichwertigkeit über den längenbezogenen Wärmedurchgangskoeffizienten geführt werden. Es ist aber nicht zwangsläufig erforderlich, dass der Planer hierzu Wärmebrückenberechnungen durchführt, da es zahlreiche Veröffentlichungen gibt, in denen entweder die Gleichwertigkeit bereits überprüft wurde [45] oder in denen der Ψ-Wert abgelesen werden kann [32,76]. Dies setzt aber voraus, dass das Detail aus energetischer Sicht im speziellen Einzelfall dem in entsprechenden Nachschlagewerken dargestellten in stofflicher und geometrischer Sicht entspricht.

3. Verweis auf Regelungen in der Energieeinsparverordnung

In der Energieeinsparverordnung wird in „§ 6 Mindestwärmeschutz, Wärmebrücken" ausgeführt, dass zu errichtende Gebäude so auszuführen sind, dass der Einfluss konstruktiver Wärmebrücken auf den Jahres-Heizwärmebedarf nach den Regeln der Technik und den im jeweiligen Einzelfall wirtschaftlich vertretbaren Maßnahmen so gering wie möglich gehalten wird.

Der verbleibende Einfluss der Wärmebrücke ist bei der Ermittlung des spezifischen, auf die wärmeübertragende Umfassungsfläche bezogenen Transmissionswärmeverlustes und des Jahres-Primärenergiebedarfs zu berücksichtigen. Beim **vereinfachten Verfahren für Wohngebäude** gemäß Energieeinsparverordnung sind die Inhalte dieses Beiblatts zwingend im Rahmen des öffentlich-rechtlichen Nachweises zu verwenden, siehe hierzu auch Anhang 1 Tabelle 2. Es muss die beabsichtigte Planung im Bereich von Anschlusspunkten mit den Planungs- und Ausführungsbeispielen der DIN 4108 Bbl 2 verglichen werden und bei Abweichungen in stofflicher und/oder geometrischer Hinsicht die Gleichwertigkeit sichergestellt sein.

4. Beispiele

Beim öffentlich-rechtlichen Nachweis kann sich für den Anwender im Einzelfall die Verpflichtung ergeben, die dem Entwurf zugrunde gelegten speziellen Anschlusssituationen zu modifizieren; bei wesentlichen Abweichungen müssten für vom Beiblatt 2 abweichende Detaillösungen die „Gleichwertigkeit" mit Hilfe von Wärmebrückenberechnungen überprüft werden.

Vorgehensweise bei der Überprüfung der Gleichwertigkeit

1. Schritt

Feststellen bzw. Heraussuchen der Prinzipdarstellung der DIN 4108 Bbl 2, welche im speziellen Einzelfall durch ein konkretes Planungsdetail modifiziert werden soll. Ablesen des im Beiblatt 2 genannten längenbezogenen Wärmedurchgangskoeffizienten.

2. Schritt

Eingabe der Geometrien und Stoffdaten des speziellen Planungsdetails, das mit Hilfe eines Wärmebrückenprogramms berechnet werden soll. Hierbei sind die entsprechenden Temperaturkorrekturfaktoren des verwendeten Bilanzverfahrens zu verwenden. Für erdreichberührte Bauteile darf vereinfachend für die Faktoren F_{bw} und F_{bf} 0,6 angesetzt werden. Weitere Hinweise befinden sich im Kapitel 7 der DIN 4108 Bbl 2.

3. Schritt

Ermittlung des längenbezogenen Wärmedurchgangskoeffizienten für den speziellen Einzelfall des Planungsdetails. Hierbei sind beim Anordnen der Hilfsebenen die Angaben der DIN EN ISO 10211 zu berücksichtigen.

4. Schritt

Vergleich der Ergebnisse aus Schritt 1 und 3.

In **Abbildung 30 und 31** ist für die Anschlusssituation - Fenster an zweischaliges Mauerwerk mit Kerndämmung - das Ergebnis einer derartigen Untersuchung dargestellt.

49

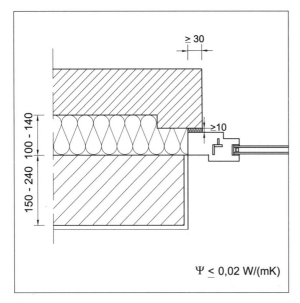

Thermische Randdaten:

Innenschale: 1,10 W/(m·K)
Wärmedämmstoff: 0,04 W/(m·K)
Außenschale: 0,87 W/(m·K)
Innenputz: 0,70 W/(m·K)
Dichtband: 0,06 W/(m·K)
Fenster: 1,4 W/(m²·K)

$\Psi \leq 0,02$ W/(mK)

Abbildung 30: Bild B.50 nach DIN 4108 Bbl 2: Fensterlaibung - kerngedämmtes Mauerwerk.

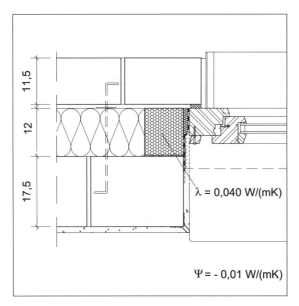

$\lambda = 0,040$ W/(mK)

$\Psi = -0,01$ W/(mK)

Thermische Randdaten:

Innenschale: 1,10 W/(m·K)
Wärmedämmstoff: 0,04 W/(m·K)
Außenschale: 0,87 W/(m·K)
Innenputz: 0,70 W/(m·K)
Dichtband: 0,06 W/(m·K)
Fenster: 1,4 W/(m²·K)

Abbildung 31: Vereinfachung und baupraktische Anpassung des Beispiels Bild B.50 durch Ausbildung eines stumpfen Mauerwerkanschlags.

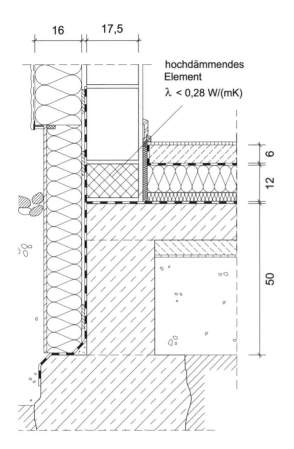

Abbildung 32: Modifizierter Anschluss gegenüber DIN 4108 Bbl 2: Außenwand mit Wärmedämm-Verbundsystem an Sohlplatte. Vorschlag zur Minimierung der Wärmebrückenwirkung: Einbau eines hochdämmenden Elements, Verzicht auf Sockelschiene im Bereich des Wärmedämm-Verbundsystems und Randdämmstreifen im Erdreich.

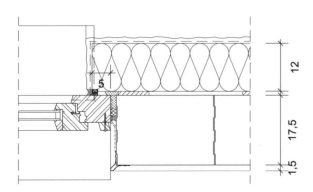

Abbildung 33: Anschluss: Fenster an Außenwand mit Wärmedämm-Verbundsystem. Maßnahme zur Minimierung der Wärmebrückenwirkung: Überbindemaß mit Wärmedämmstoff von 5 cm auf dem Blendrahmen. In DIN 4108 Bbl 2 ist ein Überbindemaß von 3 cm dargestellt.

51

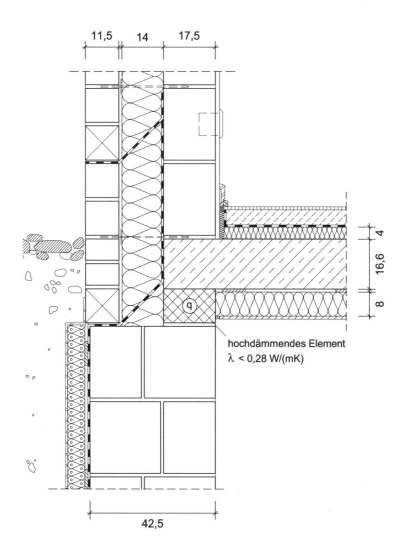

Abbildung 34: Anschluss: Außen- bzw. Kellerwand an Kellerdecke, Keller nicht beheizt. Maßnahmen zur Minimierung der Wärmebrückenwirkung: Einbau eines hochdämmenden Elementes unterhalb der Keller-decke und Überbindemaß mit Wärmedämmstoff des hochdämmenden Steins. Modifizierung des Anschlusspunktes nach DIN 4108 Bbl 2.

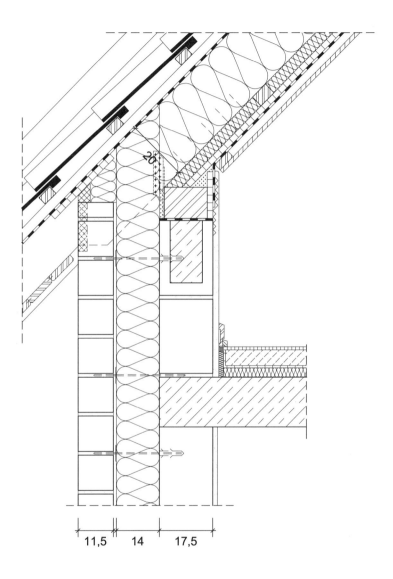

11,5 14 17,5

Abbildung 35: Anschluss: Außenwand an geneigtes Dach. Maßnahmen zur Minimierung der Wärmebrückenwirkung: Einbau einer Wärmedämmschicht im Übergang zwischen Dach und Wand. Sicherstellung eines „geschlossenen Dämmzugs". Modifizierung des Anschlusspunktes nach DIN 4108 Bbl 2.

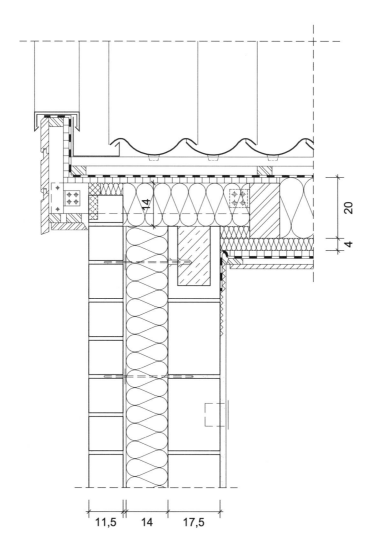

Abbildung 36: Anschluss: Außenwand an geneigtes Dach. Maßnahmen zur Minimierung der Wärmebrückenwirkung: Einbau einer Wärmedämmschicht auf der Mauerkrone. Sicherstellung eines „geschlossenen Dämmzugs". Modifizierung des Anschlusspunktes nach DIN 4108 Bbl 2.

2.4 DIN V 4108-4

1. Kurzbeschreibung

Die DIN V 4108-4 : 2002-02 enthält wärmeschutz- und feuchteschutztechnische Bemessungswerte von im Bauwesen üblichen Baustoffen. Unter anderem werden für die nachfolgend aufgeführten Produkte die Bemessungswerte angegeben:

o werkmäßig hergestellte Wärmedämmstoffe
o Fenster
o Verglasungen
o Mauerwerk
o weitere im Hochbau verwendete Baustoffe mit Ausnahme von Wärmedämmstoffe, die in Haustechnik und in betriebstechnischen Anlagen Anwendung finden.

2. Inhalte

Die in DIN V 4108-4 aufgeführten wärmeschutztechnischen Bemessungswerte können im Rahmen von öffentlich-rechtlichen Nachweisen verwendet werden. Neben den hier angegebenen Werten können weitere Bemessungswerte der DIN EN 12 524 oder aus allgemeinen bauaufsichtlichen Zulassungen, Zustimmungen im Einzelfall oder Bemessungswerte für Bauprodukte nach europäischen technischen Zulassungen entnommen, bzw. nach bauaufsichtlichen Festlegungen ermittelt werden. Eine weitere Beschreibung der Stoffdaten soll an dieser Stelle nicht erfolgen. Im Hinblick auf die Ermittlung von Bemessungswerten für Fenster und Verglasungen liefert die DIN V 4108-4 ein alternatives Berechnungsverfahren zur DIN EN ISO 10 077-1, bei dem keine Flächenermittlungen für Rahmen und Verglasung vorgenommen werden müssen. Dieses Verfahren darf nach Bauregelliste (Ausgabe März 2003) auch für öffentlich-rechtliche Nachweise angewendet werden.

Folgende Besonderheiten sind zu berücksichtigen:

o es ist der Bemessungswert des Wärmedurchgangskoeffizienten für Fenster, Fenstertüren sowie Dachflächenfenster festzulegen. Der Bemessungswert wird durch die Summierung des **Nennwertes des Fensters** und der **Korrekturwerte** ermittelt.

U_f- Wert für Einzelprofile		$U_{f,BW}$- Bemessungswert
	W/(m²K)	
	< 0,9	0,8
$\geq 0,9$	< 1,1	1,0
$\geq 1,1$	< 1,3	1,2
$\geq 1,3$	< 1,6	1,4
$\geq 1,6$	< 2,0	1,8
$\geq 2,0$	< 2,4	2,2
$\geq 2,4$	< 2,8	2,6
$\geq 2,8$	< 3,2	3,0
$\geq 3,2$	< 3,6	3,4
$\geq 3,6$	< 4,0	3,8
	$\geq 4,0$	7,0

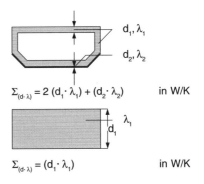

$$\Sigma_{(d \cdot \lambda)} = 2\,(d_1 \cdot \lambda_1) + (d_2 \cdot \lambda_2) \qquad \text{in W/K}$$

$$\Sigma_{(d \cdot \lambda)} = (d_1 \cdot \lambda_1) \qquad \text{in W/K}$$

Abbildung 37: Zuordnung der U_f-Werte von Einzelprofilen zum $U_{f,BW}$-Bemessungswert für Rahmen, graue Schraffur für Beispiel 2.

Abbildung 38: Berechnung eines wärmetechnisch verbesserten Randverbunds. Es gilt nach Anhang C der DIN V 4108-4: $\Sigma(d \cdot \lambda) \leq 0,007$ W/K .

Der Nennwert des Fensters ist alternativ zu bestimmen durch:

o aus Tabelle 6 der DIN V 4108-4 oder

o genaue Berechnung nach DIN EN ISO 10 077-1 ggf. mit E DIN EN ISO 10 077-2 oder

o Messung nach DIN EN ISO 12 567-1. In den DIBt Mitteilungen 1/2003 wird ergänzend darauf verwiesen, dass, sofern noch U_F- oder k_F-Werte nach DIN 52 618 verwendet werden, diese wie folgt zu korrigieren sind: $U_w = U_F$ (oder k_F)+ 0,2.

Wird das Nachweisverfahren nach Tabelle 6 der DIN V 4108-4 geführt, muss der Nennwert des Rahmens und der der Verglasung ermittelt werden. Die Ermittlung des Nennwertes des Wärmedurchgangskoeffizienten des Rahmens U_f erfolgt alternativ aufgrund:

o von Messungen nach E DIN EN 12 412-2 oder

o Berechnungen nach E DIN EN ISO 10 077-2 oder

o Ermittlung nach DIN EN ISO 10 077-1 : 2000-11, Anhang D.

Der Bemessungswert $U_{f,BW}$ für Rahmen wird ermittelt, indem eine Zuordnung in spezielle Gruppen aus dem Nennwert mit Hilfe einer Pauschalisierungstabelle vorgenommen wird, **Abbildung 37**. In den DIBt Mitteilungen 1/2003 wird ergänzend darauf verwiesen, dass, sofern noch U_R- oder k_R-Werte verwendet werden, diese wie folgt zu korrigieren sind: $U_f = U_R + 0,2$.

Der Nennwert der Verglasung ist zu bestimmen durch:

o Berechnung nach DIN EN 673 oder

o Messung nach DIN EN 674.

In den DIBt Mitteilungen 1/2003 wird ergänzend darauf verwiesen, dass, sofern noch U_V- oder k_V-Werte verwendet werden, diese gleich dem Nennwert U_g gesetzt werden können. Der Gesamtenergiedurchlassgrad g nach DIN 67 507 kann als Bemessungswert g für den Gesamtenergiedurchlassgrad weiter verwendet werden, wenn er um 0,02 erhöht wird. Wärmeschutztechnisch verbesserte Randverbundmaterialien sind nach **Abbildung 38** zu ermitteln.

In Kenntnis des Bemessungswertes des Rahmens und des Nennwertes der Verglasung kann mit Hilfe der in **Abbildung 39** dargestellten Tabelle der Nennwert des Fensters ermittelt werden. Dieser ist im Rahmen des öffentlich-rechtlichen Nachweises noch durch Korrekturwerte auf einen Bemessungswert umzurechnen, **Abbildung 40**. Wird im Rahmen von

$U_{f,BW}$ in W/(m²K)		0,8	1,0	1,2	1,4	1,8	2,2	2,6	3,0	3,4	3,8	7,0
Art der	U_g	U_w										
Verglasung	W/(m²K)	W/(m²K)										
	2,0	1,8	1,8	1,9	2,0	2,1	2,2	2,4	2,5	2,6	2,7	3,6
	1,9	1,7	1,8	1,8	1,9	2,0	2,1	2,3	2,4	2,5	2,7	3,5
	1,8	1,6	1,7	1,8	1,8	1,9	2,1	2,2	2,4	2,5	2,6	3,4
	1,7	1,6	1,6	1,7	1,8	1,9	2,0	2,2	2,3	2,4	2,5	3,3
Zweischeiben-Isolier-Verglasung	1,6	1,5	1,6	1,6	1,7	1,8	1,9	2,1	2,2	2,3	2,5	3,3
	1,5	1,4	1,5	1,6	1,6	1,7	1,9	2,0	2,1	2,3	2,4	3,2
	1,4	1,4	1,4	1,5	1,5	1,7	1,8	2,0	2,1	2,2	2,3	3,1
	1,3	1,3	1,4	1,4	1,5	1,6	1,7	1,9	2,0	2,1	2,2	3,1
	1,2	1,3	1,3	1,3	1,4	1,6	1,7	1,8	1,9	2,1	2,2	3,0
	1,1	1,2	1,2	1,3	1,3	1,5	1,6	1,7	1,9	2,0	2,1	2,9
	1,0	1,1	1,1	1,2	1,3	1,4	1,5	1,7	1,8	1,9	2,0	2,9

Abbildung 39: Nennwerte U_w von Fenstern und Fenstertüren in Abhängigkeit vom Nennwert U_g für die Verglasung und vom Bemessungswert des Wärmedurchgangskoeffizienten des Rahmens $U_{f,BW}$, nach Tabelle 6 der DIN V 4108-4, graue Schraffur für Beispiel 2.

wärmeschutztechnischen Ersatz- oder Erneuerungsmaßnahmen nur die Verglasung ausgetauscht, sind auf den U-Wert der Verglasung noch Korrekturwerte einzurechnen.
Viele Berechnungsprogramme für den öffentlich-rechtlichen Nachweis verwenden Baustoff-
bibliotheken, wobei leider oftmals nicht eindeutig für den Anwender erkennbar ist, ob die
hier aufgeführten Werte tatsächlich Bemessungswerte der Wärmleitfähigkeit im Sinne der
DIN V 4108-4 sind. Es wird Planern und Ausführenden empfohlen, die stofflichen Werte
und die weitergehenden Regelungen in Zweifelsfällen bei der jeweiligen Baustoffindustrie
zu erfragen.

Bei Baustoffen, bei denen über europäische Messnormen, wie z.B. DIN EN 13 163 der so
genannte λ-declared-Wert ermittelt wurde, ist bei Verwendung dieser Werte in öffentlich-
rechtlichen Nachweisen ein entsprechender Abminderungsfaktor (1,2) zu berücksichtigen,
der die Umrechnung in einen Bemessungswert der Wärmleitfähigkeit ermöglicht. Alternativ kann der Bemessungswert eines Wärmedämmstoffes auch über allgemeine Bauaufsichtliche Zulassungen (ABZ) bestimmt werden. Wärmedämmstoffe aus expandiertem
PS-Hartschaum werden bereits seit dem 1.1.2003 einer speziellen Überprüfung, mit Fremd-
und Eigenüberwachung, unterzogen. Die Ergebnisse dieser Überprüfung werden im Rahmen von (ABZ) veröffentlicht. In diesem Fall trägt das Produkt die Kennzeichnung CE und
Ü. Der Vorteil für den Planer besteht darin, dass wie bisher entsprechende Wärme-
leitfähigkeitsgruppen des Dämmstoffes z.B. WLG 040 und 035 angegeben werden. Eine
Abminderung durch den o.a. Faktor entfällt hier. Die Verwendung von Baustoffen oder
speziellen Systemen, die über (ABZ) geregelt werden, bedeutet für den Anwender, dass
der Auftraggeber hiervon informiert werden muss. Weitere Hinweise hierzu finden sich
auch in [39].

3. Verweis auf Regelungen in der Energieeinsparverordnung

In der Energieeinsparverordnung wird nicht direkt auf die DIN V 4108-4 hingewiesen. Die
Rechgengänge der DIN EN ISO 6946 erfordern die Verwendung von Bemessungswerten
der Wärmeleitfähigkeit bei der Berechnung von Wärmedurchlasswiderständen. Diese
werden in DIN V 4108-4 und auch DIN EN 12 524 genannt. Weiterhin werden sie in den
Mitteilungen des deutschen Insituts für Bautechnik vom 28.02.2003 in Anlage 8.4 und 8.5
(2002/3) Richtlinie über Fenster und Fenstertüren genannt.

Bezeichnung des Korrekturwertes	Korrekturwert ΔU_w W/(m²K)	Grundlage
Glasbeiwert	+ 0,1	Bei Verwendung einer Verglasung ohne Fremdüberwachung
	0,0	Bei Verwendung einer Verglasung mit Fremdüberwachung
Korrekturwert für wärmetechnisch verbesserten Randverbund des Glases [ab]	- 0,1	Randverbund erfüllt die Anforderungen nach Anhang C
	0,0	Randverbund erfüllt die Anforderungen nach Anhang C nicht
Korrekturen für Sprossen [a]		
o aufgesetzte Sprossen	0,0	Abweichungen in den Berechnungsannahmen und bei der Messung
o Sprossen im Scheibenzwischenraum (einfaches Sprossenkreuz)	+ 0,1	
o Sprossen im Scheibenzwischenraum (mehrfache Sprossenkreuze)	+ 0,2	
o glasteilende Sprossen	+ 0,3	

[a] Korrektur entfällt, wenn bereits bei Berechnung oder Messung berücksichtigt.

[b] Anforderung nach Anhang C erfüllt, wenn der Abstandhalter das Kriterium $\Sigma(d \cdot \lambda) \leq 0,007$ W/K erfüllt.

Abbildung 40: Korrekturwerte $\Sigma \Delta U_w$ zur Berechnung der Bemessungswerte von Fenstern und Fenstertüren, nach Tabelle 8 der DIN V 4108-4. Randdaten für Beispiel 2 und 3.

4. Beispiele

Beispiel 1: Ermittlung des Wärmedurchgangskoeffizienten einer Außenwand

Nachfolgend soll für eine monolithische Wand aus einem Beton-Vollblockstein der U-Wert unter Verwendung eines Leichtmörtels (LM 21) und alternativ für ein Mauerwerk mit Normalmörtel ermittelt werden. Der Bemessungswert der Wärmeleitfähigkeit des Beton-Vollblocksteins beträgt 0,16 W/(m·K). Innen- und Außenputz weisen einen Bemessungswert der Wärmeleitfähigkeit von 0,7 W/(m·K) auf. Die Dicke der Wand beträgt 36,5 cm, Innenputz 1,5 cm, Außenputz 3 cm.

Fall 1: Leichtmörtel (LM21)
Bemessungswert der Wärmeleitfähigkeit gem. DIN V 4108-4 Zeile 4.5.3
$\lambda = 0,16$ W/(m·K)

$R_{T1} = 0,13 + 0,015/0,7 + 0,365/0,16 + 0,03/0,7 + 0,04$ in m²·K/W
$R_{T1} = 0,13 + 0,021 + 2,281 + 0,043 + 0,04$ in m²·K/W
$R_{T1} = 2,515$ m²·K/W

$U = 1/R_T$
$U_1 = 0,40$ W(m²·K) als Endergebnis

Fall 2: Normalmörtel
Bemessungswert der Wärmeleitfähigkeit gem. DIN V 4108-4 Zeile 4.5.3
$\lambda = 0,21$ W/(m·K)

$R_{T2} = 0,13 + 0,015/0,7 + 0,365/0,21 + 0,03/0,7 + 0,04$ in m²·K/W
$R_{T2} = 0,13 + 0,021 + 1,738 + 0,043 + 0,04$ in m²·K/W
$R_{T2} = 1,972$ m²·K/W

$U = 1/R_T$
$U_2 = 0,51$ W(m²·K) als Endergebnis

Für die Ausschreibung und Überwachung von Bauleistungen ist auf eine eindeutige Beschreibung der Stoffdaten, wie auch schon in der Vergangenheit, zu achten. Bei speziellen porosierten Hochlochziegeln kann der Fall eintreten, dass die Wärmleitfähigkeiten über eine allgemeine bauaufsichtliche Zulassung geregelt werden.

Beispiel 2: Ermittlung des Wärmedurchgangskoeffizienten eines Fensters

Nennwert Verglasung (Bundesanzeigerwert, ggf. DIN EN 673): $U_g = 1,5$ W/(m²·K)
Nennwert Holzrahmen (Weichholz): $U_f = 1,8$ W/(m²·K)
Bemessungswert Rahmen gemäß Abbildung 37: $U_{f,BW} = 1,8$ W/(m²·K)

Nennwert Fenster gemäß Abbildung 39: $U_w = 1,7$ W/(m²·K)

Dieser Nennwert ist auf einen Bemessungswert zu korrigieren.

Korrekturwerte zur Ermittlung der $U_{w,BW}$- Bemessungswerte:
Glasbeiwert:
Verwendung einer Verglasung mit Überwachung nach Anhang B: $\Delta U_w = 0{,}0$ W/(m² · K)

Randverbund:
Randverbund erfüllt die Anforderungen nach Anhang C nicht: $\Delta U_w = 0{,}0$ W/(m² · K)

Sprossen:
Keine Sprossen $\Delta U_w = 0{,}0$ W/(m² · K)

Summe der Korrekturwerte: $\Delta U_w = 0{,}0$ W/(m² · K)

Es ergibt sich somit ein Bemessungswert für das Fenster unabhängig von den geometrischen Randdaten des Rahmens bzw. der Verglasung:

$U_{w,BW} = 1{,}7$ W/(m² · K)

Beispiel 3: Energetische Optimierung des Wärmedurchgangskoeffizienten
Nennwert Verglasung (Bundesanzeigerwert, ggf DIN EN 673): $U_g = 1{,}1$ W/(m² · K)
Nennwert Holzrahmen (Weichholz): $U_f = 1{,}8$ W/(m² · K)
Bemessungswert Rahmen gemäß Abbildung 37: $U_{f,BW} = 1{,}8$ W/(m² · K)

Nennwert Fenster gemäß Abbildung 39:   **$U_w = 1{,}5$ W/(m² · K)**

Korrekturwerte zur Ermittlung der $U_{w,BW}$- Bemessungswerte:

Glasbeiwert:
Verwendung einer Verglasung mit Überwachung nach Anhang B: $\Delta U_w = 0{,}0$ W/(m² · K)

Randverbund:
Randverbund erfüllt die Anforderungen nach Anhang C nicht: $\Delta U_w = 0{,}0$ W/(m² · K)

Sprossen:
Keine Sprossen $\Delta U_w = 0{,}0$ W/(m² · K)

Summe der Korrekturwerte: $\Delta U_w = 0{,}0$ W/(m² · K)

Es ergibt sich somit ein Bemessungswert für das Fenster unabhängig von den geometrischen Randdaten der Rahmens bzw. der Verglasung:

$U_{w,BW} = 1{,}5$ W/(m² · K)

2.5 DIN V 4108 - 6

1. Kurzbeschreibung

Die „DIN V 4108-6 : 2003-06 Wärmeschutz und Energie-Einsparung in GebäudenTeil 6: Berechnung des Jahresheizwärme- und des Jahresheizenergiebedarfs" beschreibt das Verfahren zur Berechnung des jährlichen Heizwärme- und Heizenergiebedarfs nach DIN EN 832 unter Berücksichtigung der in Deutschland vorhandenen Randbedingungen. Das Verfahren ist anwendbar auf Wohngebäude und Gebäude, die auf bestimmte Innentemperaturen beheizt werden müssen.

Die speziellen Randdaten für den **öffentlich-rechtlichen Nachweis** werden im **Anhang D** dieser Norm genannt. Auf die DIN EN 832 wird hier nicht detailliert weiter eingegangen. Diese Norm beschreibt über die DIN V 4108-6 hinausgehende Berechnungsgänge, z.B. die Berechnung von Trombewänden. In der vorliegenden Fassung zur DIN V 4108-6 wurden Korrekturen zu Berechnungsansätzen bei an Erdreich grenzenden Bauteilen eingearbeitet. Weiterhin wurden Hinweise zu Rollläden aus DIN 4108-2, zur Berechnung von Bauteilen mit integrierten Heizflächen und Änderungen zur Berechnung des Nettoluftvolumens von Wohngebäuden mit bis zu 3 Vollgeschossen aufgenommen.

2. Inhalte

In der DIN V 4108-6 werden die Berechnungsverfahren des Jahres-Heizwärmebedarfs beschrieben. Dieser kann alternativ nach dem Periodenbilanz- oder dem Monatsbilanzverfahren bestimmt werden. Der Jahres-Heizwärmebedarf wird benötigt, um den **Jahres-Heizenergiebedarf Q** eines Gebäudes zu ermitteln.

Der **Jahres-Heizenergiebedarf Q** (auch als Endenergiebedarf bezeichnet) eines Gebäudes gibt die berechnete Energiemenge an, die der Heizung, Lüftung sowie der Anlage für die Warmwasserbereitung zur Verfügung gestellt werden muss, um eine bestimmte Innentemperatur und die Erwärmung des Warmwassers über das ganze Jahr zu gewährleisten. Hierbei sind auch Hilfsenergien der Anlagentechnik für Pumpen, Regelungseinrichtungen usw. erfasst. Der Jahres-Heizenergiebedarf kann für Vergleichsbetrachtungen mit dem tatsächlichen Verbrauch des Gebäudes herangezogen werden. Bei derartigen Vergleichen ist zu beachten, dass die Rechenansätze der Energieeinsparverordnung normierten Randbedingungen berücksichtigen, wie z.B. Zugrundelegung eines Referenzklimas, definiertes Nutzerverhalten, mittlere Innentemperatur, aus dem Volumen abgeleitete Gebäudenutzfläche. Diese Rechenansätze können im Einzelfall dazu führen, dass der unter normierten Randbedingungen ermittelte Endenergiebedarf erheblich vom tatsächlichen Energieverbrauch abweicht.

Der Heizenergiebedarf wird nach DIN EN 832 wie folgt berechnet:

$$Q = Q_h + Q_w + Q_t - Q_r$$

Hierbei bedeuten:

Q_h Jahres-Heizwärmebedarf

Q_w Energiebedarf für Warmwasserbereitung

Q_t Gesamter Wärmeverlust durch das Heizsystem nach DIN EN 832

Q_r Energiebetrag aus regenerativer Quelle

60

Zur Ermittlung des **Jahres-Primärenergiebedarfs Q_p** - Hauptnachweisgröße der Energieeinsparverordnung - wird der Jahres-Heizenergiebedarf primärenergetisch bewertet. Der Jahres-Primärenergiebedarf beschreibt die Energiemenge, die zur Deckung des Jahres-Heizwärmebedarfs für das Gebäude und des Jahres-Heizwärmebedarfs für die Warmwasserbereitung benötigt wird, unter Berücksichtigung der zusätzlichen Energiemenge, die durch die vorgelagerten Prozessketten außerhalb der „Systemgrenze" des Gebäudes bei der Gewinnung, Umwandlung und Verteilung der jeweiligen Energieträger entstehen. Der Jahres-Primärenergiebedarf Q_p wird wie folgt ermittelt:

$$Q_p = (Q_h + Q_w) \cdot e_p \qquad \text{in kWh/a}$$

Hierbei bedeuten:
Q_h Jahres-Heizwärmebedarf,
Q_w Energiebedarf für Warmwasserbereitung,
e_p Primärenergiebezogene Anlagenaufwandszahl gemäß DIN V 4701-10.

Der **Jahres-Heizwärmebedarf** kann alternativ nach dem **Periodenbilanz-** oder dem **Monatsbilanzverfahren** berechnet werden. Bei beiden Verfahren wird für einen bestimmten Zeitraum eine **Bilanz** der **Wärmeverluste** (Transmissions- und Lüftungswärmeverlust) und der **Wärmegewinne** (Summe der solaren und internen Wärmegewinne multipliziert mit dem Ausnutzungsgrad) aufgestellt.

Periodenbilanzverfahren
Das Periodenbilanzverfahren entspricht weitestgehend dem so genannten vereinfachten Verfahren für Wohngebäude, das in der Energieeinsparverordnung beschrieben wird. Ein wesentlicher Unterschied besteht jedoch bei der Berücksichtigung von Wärmebrücken. Beim öffentlich-rechtlichen Nachweis nach vereinfachtem Verfahren für Wohngebäude darf nur der Nachweis über die DIN 4108 Bbl 2 geführt werden.

Für das Periodenbilanzverfahren wird als Zeitraum die **winterliche Heizzeit** oder das **gesamte Jahr** gewählt. Der Heizwärmebedarf wird nach dem Periodenbilanzverfahren für den Zeitraum t_{HP} wie folgt ermittelt:

$$Q_h = Q_{l,HP} - \eta_{HP} \cdot Q_{g,HP}$$

Hierbei bedeuten:
$Q_{l,HP}$ Summe der Wärmeverluste in der Heizperiode
$Q_{g,HP}$ Summe der Wärmegewinne in der Heizperiode
η_{HP} Ausnutzungsgrad

Die Summe der **Wärmeverluste in der Heizperiode** ermittelt sich zu:

$$Q_{l,HP} = F_{Gt} (H_T + H_V)$$

Hierbei bedeuten:
F_{Gt} Faktor ($F_{Gt} = 0,024 \cdot Gt_{x/y}$), wobei $Gt_{x/y}$ die Heizgradtagzahl ist. Für den Referenzfall Deutschland unter Zugrundelegung eines mittleren Jahres-Heizenergiebedarfs beträgt $Gt_{19/10} = 2900$ Kd.

H_T Spezifische Transmissionswärmeverluste $H_T = (F_{x,i} \cdot U_i \cdot A_i) + H_{WB}$
Hierbei bedeuten:
$F_{x,i}$ Temperatur-Korrekturfaktor
U_i Wärmedurchgangskoeffizient, nach DIN EN ISO 6946 und 10 077
A_i Bauteilfläche der wärmeübertragenden Umfassungsfläche
H_{WB} Wärmebrückenzuschlag. Folgende Fälle können gewählt werden:
    Fall a) Berücksichtigung durch Erhöhung der Wärmedurchgangskoeffizienten um
    $\Delta U_{WB} = 0,10$ W/(m² · K) für die gesamte wärmeübertragende Umfassungsfläche,
    Fall b) bei Anwendung der Planungs- und Ausführungsbeispiele nach DIN 4108
    Bbl 2: Berücksichtigung durch Erhöhung der Wärmedurchgangskoeffizienten um
    $\Delta U_{WB} = 0,05$ W/(m² · K) für die gesamte wärmeübertragende Umfassungsfläche,
    Fall c) durch genauen Nachweis der Wärmebrücken nach DIN V 4108-6 in Ver-
    bindung mit weiteren anerkannten Regeln der Technik

H_V Spezifische Lüftungswärmeverluste $H_V = \rho_L \cdot c_{pL} \cdot n \cdot V$
Hierbei bedeuten:
ρ_L Dichte und c_{pL} spezifische Wärmekapazität der Luft
n   Luftwechselrate
V   austauschfähiges Nettoluftvolumen

Die Summe der **Wärmegewinne in der Heizperiode** ermittelt sich zu:

$$Q_{g,HP} = \Sigma Q_{S,HP} + Q_{i,HP}$$

Hierbei bedeuten:
$Q_{S,HP}$ Solare Wärmegewinne $Q_{S,HP} = \Sigma (I_s t)_{j,HP} \Sigma [F_{F,i} \cdot F_{S,i} \cdot F_{C,i} \cdot g_i \cdot A_i]$
    Hierbei bedeuten:
    I_s solare Einstrahlung für verschiedene Orientierungen
    F_F Abminderungsfaktor infolge des Fensterrahmens; im Normalfall 0,7
    F_S Verschattungsfaktor
    F_C Abminderungsfaktor für Sonnenschutz, nur zu berücksichtigen, wenn permanen-
        ter Sonnenschutz vorhanden ist
    g   wirksamer Gesamtenergiedurchlassgrad, $g = F_W \cdot g_{senkrecht}$
    F_W Abminderungsfaktor infolge nicht senkrechten Strahlungseinfalls
        (im Normalfall ist $F_W = 0,9$)
    A   Fensterfläche
    t   Zeit der Heizperiode, die bestimmt werden muss, im Fall der Randbedingungen
        nach Anhang D beträgt der Wert t z.B. 185 d
    i   Bauteil
    j   Orientierung
$Q_{i,HP}$ Interne Wärmegewinne $Q_{i,HP} = 0,024 \cdot q_i \cdot A_N \cdot t_{HP}$ (1 Wd = 0,024 kWh)

Hierbei bedeuten:
    q_i nutzflächenbezogene, interne Brutto-Wärmeströme oder nach Anhang D
        $22 \cdot A_N$, mit $A_N = 0,32 \cdot V$
    t_{HP} Zeit der Heizperiode, die bestimmt werden muss, im Fall der Randbedingungen
        nach Anhang D beträgt der Wert t z.B. 185 d

Es ist zu berücksichtigen, dass die Heizgradtagzahlen vom Wärmedämmniveau des Gebäudes abhängen. Die Rechengänge zur Ermittlung der Wärmeverluste $Q_{l,HP}$ und der Wärmegewinne $Q_{g,HP}$ sind eingeschränkt, wenn Gebäude geplant werden, die deutlich vom angesetzten Wärmedämmniveau oder von den üblichen Solarwärmegewinnen abweichen.

Monatsbilanzverfahren

Die speziellen Randbedingungen, die beim Monatsbilanzverfahren für den öffentlich-rechtlichen Nachweis zu berücksichtigen sind, werden ebenfalls im Anhang D beschrieben. Für das Monatsbilanzverfahren wird im Gegensatz zum Periodenbilanzverfahrten ein **monatlicher Zeitraum** zugrunde gelegt. Der monatliche Heizwärmebedarf wird wie folgt ermittelt:

$$Q_{h,M} = Q_{l,M} - \eta_M \cdot Q_{g,M}$$

Hierbei bedeuten:
$Q_{l,M}$ Summe der monatlichen Wärmeverluste
$Q_{g,M}$ Summe der monatlichen Wärmegewinne
η_{HP} monatlicher Ausnutzungsgrad

Die Summe der **monatlichen Wärmeverluste** ermittelt sich zu:

$$Q_{l,HP} = 0{,}024 \cdot H_M \cdot (\theta_i - \theta_{e,M}) \cdot t_M$$

0,024   0,024 in kWh = 1 Wd,
H_M spezifischer Wärmeverlust. Bei Berechnung der Wärmeverluste über das Erdreich nach DIN EN ISO 13370 ist diese Verlustgröße monatsabhängig. In H_M enthalten ist die Summe der Verluste (H_T und H_V).
$\theta_i - \theta_{e,M}$ Differenz zwischen Innen- und Außenlufttemperatur
t_M Anzahl der Tage des jeweiligen Monats

Die Summe der **Wärmegewinne im Monatsmittel** ermittelt sich zu:

$$Q_{g,M} = 0{,}024 \cdot (\Phi_{S,M} + \Phi_{i,M}) \cdot t_M$$

Hierbei bedeuten:
$\Phi_{S,M}$ mittlerer monatlicher solarer Wärmestrom
$\Phi_{i,M}$ Wärmestrom aus internen Wärmequellen
t_M Anzahl der Tage des betreffenden Monats

Der mittlere monatliche solare Wärmestrom $\Phi_{S,M}$ ermittelt sich wie folgt:

$$\Phi_{S,M} = \Sigma\ I_{s,M,j} \Sigma F_F \cdot F_S \cdot F_C \cdot g_i \cdot A_i$$

Hierbei bedeuten:
i   Bauteil
j   Orientierung (j = Süd; Ost; West; Nord)

Der mittlere interne Wärmegewinn $\Phi_{i,M}$ ermittelt sich wie folgt:

$$\Phi_{i,M} = q_{i,M} \cdot A_N$$

Hierbei bedeuten:

q_i nutzflächenbezogene, interne Brutto-Wärmeströme oder nach Anhang D
     $22 \cdot A_N$, wobei $A_N = 0{,}32 \cdot V$
A_N Bezugsfläche, Gebäudenutzfläche

Der DIN V 4108-6 : 2003-06 sind Anhänge beigefügt. In den Anhängen werden folgende Inhalte beschrieben:

Anhang A   Meteorologische Daten
Anhang B   Vereinfachter Nachweis des Gesamtenergiedurchlassgrades der Verglasung einschließlich Sonnenschutzvorrichtung
Anhang C   Einfluss der Heizunterbrechung (Nachtabschaltung und Nachtabsenkung)
Anhang D   Berechnungsverfahren für den öffentlich-rechtlichen Nachweis
Anhang E   Ermittlung der Wärmeverluste über das Erdreich
Anhang F   Beispiel „Heizenergiebedarfsermittlung"

3. Verweis auf Regelungen in der Energieeinsparverordnung

In der DIN V 4108-6 werden die Rechengänge zur Ermittlung des Jahres-Heizwärmebedarfs nach dem Periodenbilanz- und dem Monatsbilanzverfahren beschrieben.

Das vollständige Periodenbilanzverfahren findet sich nicht als Nachweisverfahren für den öffentlich-rechtlichen Nachweis in der Energieeinsparverordnung; es wurde vereinfacht und verkürzt. Die Vereinfachungen sind im Anhang D in der Tabelle D.1 „Zu ermittelnde Größen und Randbedingungen im vereinfachten Verfahren" beschrieben. Diese Randbedingungen wurden modifiziert in der Energieeinsparverordnung im Anhang 1 Absatz 3 „Vereinfachtes Verfahren für Wohngebäude" aufgenommen.

Der zum Nachweis des Jahres-Primärenergiebedarfs zu bestimmende Jahres-Heizwärmebedarf Q_h ist beim Monatsbilanzverfahren nach DIN EN 832 unter den in DIN V 4108-6 Anhang D genannten Randbedingungen zu ermitteln. Die in DIN V 4108-6 angegebenen Vereinfachungen im Hinblick auf die Ermittlung des Jahres-Heizwärmebedarfs Q_h als auch im Hinblick auf die Berechnung des spezifischen Transmissionswärmeverlustes für den Berechnungsgang nach DIN EN 832 dürfen angewandt werden.

4. Beispiel

Ein detailliertes Rechenbeispiel zur Anwendung der DIN V 4108-6 findet sich in **Kapitel 3** „Berechnungsverfahren der Energieeinsparverordnung für zu errichtende Gebäude" und wird daher hier nicht weiter beschrieben.

2.6 DIN 4108-7

1. Kurzbeschreibung

Die „DIN 4108-7 : 2001-08 Wärmeschutz und Energie-Einsparung in Gebäuden - Teil 7: Luftdichtheit von Gebäuden, Anforderungen, Planungs- und Ausführungsempfehlungen sowie -beispiele" enthält prinziphafte Planungs- und Ausführungsempfehlungen sowie Ausführungsbeispiele, einschließlich geeigneter Materialien zur Einhaltung der Anforderungen nach Wärmeschutzverordnung und der Normenreihe DIN 4108. Sie gibt somit Hilfestellung bei der Festlegung von planerischen Maßnahmen zur Sicherstellung der Luftdichtheit. Weiterhin liefert sie eine Möglichkeit, die Ausführung im Hinblick auf Maßnahmen zur Sicherstellung der Luftdichtheit einzuschätzen.

2. Inhalte

In der DIN 4108-7 werden, neben der Klärung von Begriffen im Zusammenhang mit der Luftdichtheit, Grenzwerte genannt, die bei der Überprüfung der Gebäudedichtheit einzuhalten sind:

„4.4 Anforderungen an die Luftdichtheit
Werden Messungen der Luftdichtheit von Gebäuden oder Gebäudeteilen durchgeführt, so darf der nach DIN EN 13 829 : 2001-02, Verfahren A, gemessene Luftvolumenstrom bei einer Druckdifferenz zwischen innen und außen von 50 Pa

- bei Gebäuden ohne raumlufttechnische Anlagen:
  · bezogen auf das Raumluftvolumen 3 h⁻¹ nicht überschreiten bzw.
  · bezogen auf die Netto-Grundfläche 7,8 m³/(m² · h) nicht überschreiten

- bei Gebäuden mit raumlufttechnischen Anlagen (auch Abluftanlagen):
  · bezogen auf das Raumluftvolumen 1,5 h⁻¹ nicht überschreiten oder
  · bezogen auf die Netto-Grundfläche 3,9 m³/(m² · h) nicht überschreiten."

Die auf das Raumluftvolumen bezogenen Höchstwerte gelten allgemein. Bei Gebäuden oder Gebäudeteilen mit einer lichten Geschosshöhe von 2,6 m oder kleiner dürfen auch die auf die Netto-Grundfläche bezogenen Werte zugrunde gelegt werden.

Die o.a. Höchstwerte verfolgen das Ziel, den Energieverlust über unkontrollierte Lüftungswärmeverluste normativ zu begrenzen. Es wird jedoch in der DIN 4108-7 darauf hingewiesen, dass die Einhaltung der Höchstwerte nicht ausschließen, dass andere mit Undichtheiten verbundene Problemstellungen auftreten. Neben einer Beeinträchtigung der Behaglichkeit über Zuglufterscheinungen ist in diesem Zusammenhang auch die Möglichkeit einer Auffeuchtung im Bauteilinneren über den so genannten konvektiven Wasserdampftransport zu nennen.

Zur Sicherstellung der Luftdichtheit werden in der DIN 4108-7 weiterhin „Materialien für Luftdichtheitsschichten und Anschlüsse" genannt. Neben einigen Planungsempfehlungen werden in einem Kapitel Prinzipskizzen von Regelquerschnitten (z.B. Überlappungen von Folien), Anschlusssituationen der luftdichten Schicht zwischen unterschiedlichen Bauteilen (z.B. luftdichte Schicht des geneigten Daches (Folie) an Mauerwerk) und Abdichtungsmaßnahmen im Bereich von Durchdringungen (z.B. Lüftungsrohr durch luftdichte Schicht des geneigten Daches) dargestellt.

3.   Verweis auf Regelungen in der Energieeinsparverordnung
Die DIN 4108-7 wird in der Energieeinsparverordnung nicht genannt. Da der Gebäude-dichtheit in der Energieeinsparverordnung ein großer Stellenwert u.a. in § 5 Dichtheit, Mindestluftwechsel eingeräumt wird, helfen die Angaben dieser Norm, Planung und Aus-führung zu beurteilen.

In § 5 wird ausgeführt, dass zu errichtende Gebäude so auszuführen sind, dass die wär-meübertragende Umfassungsfläche einschließlich der Fugen dauerhaft luftundurch-lässig entsprechend dem Stand der Technik abgedichtet ist. Dieser pauschalen Forde-rung entsprechend werden Gebäude, die einen gewissen Gebäudedichtheitsgrad auf-weisen, bei der Ermittlung des Lüftungswärmeverlustes durch einen Bonus berücksich-tigt. Die Berücksichtigung erfolgt, in dem die Luftwechselrate „n" reduziert wird. Die Redu-zierung darf jedoch nur angesetzt werden, wenn sichergestellt wird, dass bei der Überprü-fung der Gebäudedichtheit die in Anhang 4 der Energieeinsparverordnung geforderten Grenzwerte eingehalten werden. Folgende Grenzwerte werden im Anhang 4 der Energie-einsparverordnung aufgeführt:

„ 2. Nachweis der Dichtheit des gesamten Gebäudes
Wird eine Überprüfung der Anforderungen nach § 5 Abs. 1 durchgeführt, so darf der nach DIN EN 13 829 : 2001 - 02 bei einer Druckdifferenz zwischen Innen und Außen von 50 Pa gemessene Volumenstrom – bezogen auf das beheizte Luftvolumen – bei Gebäuden:

- ohne raumlufttechnische Anlagen $3 \ h^{-1}$ und
- mit raumlufttechnischen Anlagen $1,5 \ h^{-1}$

nicht überschreiten."

Im Hinblick auf die Berücksichtigung des Dichtheitsgrades des Gebäudes bei der Ermitt-lung des Lüftungswärmebedarfs durch die Reduzierung der Luftwechselrate „n", können folgende 2 Fälle unterschieden werden:

Fall 1: Gebäude ohne Dichtheitsnachweis $n = 0,7 \ h^{-1}$,
Fall 2: Gebäude mit Dichtheitsnachweis $n = 0,6 \ h^{-1}$.

Wird eine Reduzierung der Luftwechselrate im Nachweis vorgenommen, sind die o.a. Grenzwerte der Energieeinsparverordnung einzuhalten, d.h. es ist in diesem Fall eine Mes-sung zur Überprüfung der Gebäudedichtheit zwingend durchzuführen. Wird der jeweilig erforderliche Grenzwert überschritten, ergibt sich für den Fall, dass eine Reduzierung im Nachweis berücksichtigt wurde, und die Anforderungen des Anhangs 1 Tabelle 1 der En-ergieeinsparverordnung exakt eingehalten wurden, d.h. eine „Reserve" für den Jahres-Primärenergiebedarf nicht vorhanden ist, eine Überschreitung der geforderten Höchst-werte.

4.   Beispiele
Nachfolgend werden einige Beispiele gegeben, die als Prinzipskizzen in der Norm dar-gestellt sind. Die Darstellungen wurden zeichnerisch modifiziert.

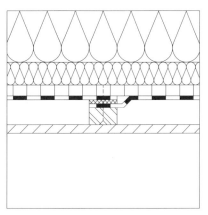 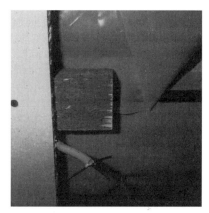

Abbildung 41 und 42: Stoß einer Dichtbahn. Sicherstellung der Luftdichtheit durch ein Dichtband und mechanische Sicherung. Die Holzwerkstoffplatte ist nicht in DIN 4108-7 dargestellt.

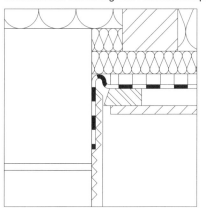 

Abbildung 43 und 44: Anschluss einer Dichtbahn an eine Wand. Sicherstellung der Luftdichtheit durch Überlappung der Dichtbahn auf dem Mauerwerk, Einbau eines Putzträgers und Einputzen.

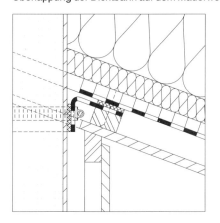 

Abbildung 45 und 46: Durchdringung der Dichtbahn durch ein Lüftungsrohr. Sicherstellung der Luftdichtheit durch eine Folienmanschette.

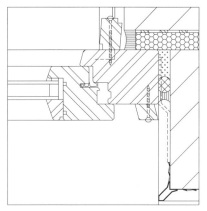 

Abbildung 47 und 48: Fenster an Wand. Sicherstellung der **Luftdichtheit** mit Baudichtstoff und Hinterfüll-material. Die Mauerwerksleibungen sind zur Gewährleistung eines ebenen, geschlossenen Untergrunds ggf. vorzuputzen.

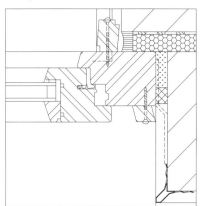 

Abbildung 49 und 50: Fenster an Wand. Sicherstellung der **Luftdichtheit** mit vorkomprimiertem Dicht-band. Die Mauerwerksleibungen sind zur Gewährleistung eines ebenen, geschlossenen Untergrunds ggf. vorzuputzen. Diese Lösung ist in DIN 4108-7 in veränderter Art und Weise dargestellt.

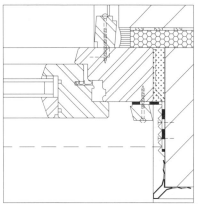 

Abbildung 51 und 52: Fenster an Wand. Sicherstellung der **Luftdichtheit** mit selbstklebendem Dicht-band, das „überputzt" werden kann. Das Dichtband sollte auf dem Blendrahmen mechanisch gesichert werden. Modifizierter Anschluss nach DIN 4108-7.

2.7 DIN V 4701-10

1. Kurzbeschreibung

Die „DIN V 4701-10 : 2001-02, Energetische Bewertung heiz- und raumlufttechnischer Anlagen, Teil 10: Heizung, Trinkwarmwassererwärmung, Lüftung" liefert ein Rechenverfahren zur Bewertung der Anlagentechnik in Gebäuden. Die in der DIN V 4701-10 angegebene Berechnungsvorschrift ist ein Jahresenergiebilanzverfahren zur **Bestimmung des Jahres-Primärenergiebedarfs** eines Gebäudes, dessen Jahres-Heizwärmebedarf bereits bekannt ist. Es bewertet die anlagentechnischen Energieverluste der Heizung, Lüftung und Warmwasserbereitung inklusive der Hilfsenergien. Die DIN V 4701-10 gilt für zu **errichtende Gebäude**, also **nicht für den Gebäudebestand**.

Die angegebenen Kenndaten, Näherungsformeln und vor allem Standardwerte - für unbekannte reale Bedingungen - wurden für eine Bewertung von Wohngebäuden mit einer Nutzfläche A_N zwischen 100 und 10 000 m² abgeleitet. Für die Berechnung von Nichtwohngebäuden sind - nach Meinung der Autoren - grundsätzlich die realen Leitungslängen, Speichergrößen und Auslastungsgrade für Wärmeerzeuger in das ausführliche Verfahren einzusetzen. Die Anwendung von Standardwerten auch für Nichtwohngebäude wurde vom Verordnungsgeber nicht eindeutig geregelt. Im Sinne der Verordnung ist sie nicht untersagt, in den Augen der Autoren verfälscht sie die Realität jedoch im unerträglichen Maße. Über den Einsatzbereich sagt die DIN V 4701-10:

„... Das Verfahren dieser Norm dient der Bestimmung des Energiebedarfs zu einem frühen Planungsstand, nicht jedoch der Vorausberechnung des Energieverbrauchs. Vorausgesetzt wird die Dimensionierung aller Anlagenkomponenten nach dem Stand der Technik und vollständig einregulierte Anlagen (z.B. hydraulischer Abgleich). Die nach diesem Verfahren ermittelten Jahres-Energiebedarfswerte können nicht zur Dimensionierung einzelner Komponenten herangezogen werden.

Dieses Verfahren ist aufgrund der berücksichtigten Einflüsse geeignet, die entsprechenden Nachweise im Rahmen öffentlich-rechtlicher Bestimmungen zur Energieeinsparung zu führen."

2. Inhalte

Die Bilanz nach DIN V 4701-10 bewertet die Anlagentechnik, ihre Wärmeverluste, Hilfsenergien sowie die primärenergetische Umwandlung von Energien.

Ansatz der Primärenergiebewertung

Der Jahres-Primärenergiebedarf Q_p wird im allgemeinen Ansatz aus dem Heizwärmebedarf Q_h und dem Nutzwärmebedarf für Trinkwarmwasserbereitung Q_{tw} wie folgt ermittelt:

$$Q_p = (Q_h + Q_W) \cdot e_p$$

Hierbei bedeuten:
Q_h Jahres-Heizwärmebedarf, in [kWh/a]
Q_W Nutzwärme der Trinkwarmwasserbereitung, in [kWh/a]
e_p primärenergiebezogene Anlagenaufwandszahl, in [-]

Anstelle der absoluten Kennzahlen in „kWh/a" können auch die auf die Nutzfläche A_N bezogenen Energiemengen in „kWh/(m² a)" verwendet werden.

$$q_p = (q_h + q_{tw}) \cdot e_p$$

mit:

q_h bezogener Jahresheizwärmebedarf, in [kWh/(m²a)]
q_w bezogene Nutzwärme der Trinkwarmwasserbereitung, in [kWh/(m²a)]
e_p primärenergiebezogene Anlagenaufwandszahl, in [-]

Die **Anlagenaufwandszahl e_p** ist in diesen Gleichungen stets **die gesuchte Größe**. Sie wird mit Hilfe der DIN V 4701-10 wie folgt bestimmt:

$$e_P = \frac{q_P}{q_h + q_{tw}} = \frac{q_{P,H} + q_{P,L} + q_{P,TW}}{q_h + q_{tw}}$$

Es ist also nötig, mit der DIN V 4701-10 die Jahresprimärenergie explizit zu bestimmen. Der Jahresprimärenergiebedarf q_P errechnet sich aus der Summe der Einzelwerte für den Primärenergiebedarf der Heizung (H), Lüftung (L) und Trinkwarmwasserbereitung (TW). Nur wenn der Jahresprimärenergiebedarf bekannt ist, kann auch die Anlagenaufwandszahl bestimmt werden.

Bilanziert wird entgegen des eigentlichen Energieflusses, beginnend mit dem Nutzen in mehreren Stufen. In diesen Stufen werden **Verlustkennwerte** ermittelt. Diese bilden zusammen mit dem Nutzen die Jahresendenergie, aus der die Jahresprimärenergie bestimmt wird. Verdeutlicht wird dieser Ablauf schematisch in **Abbildung 53**.

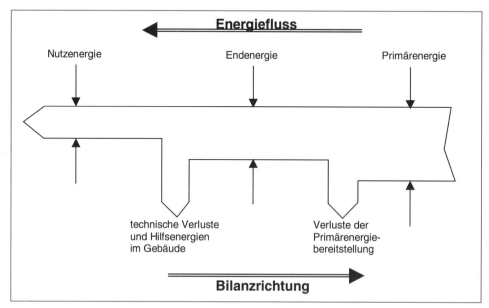

Abbildung 53: Bilanzrichtung und Energiefluss.

In der DIN V 4701-10 werden sind Energiekennwerte einerseits auf die Nutzfläche A_N bezogen - zum Beispiel die Trinkwarmwassernutzwärme q_{tw} = 12,5 kWh/(m²a), andererseits wird auch mit Hilfe dimensionsloser Kennzahlen bilanziert - wie zum Beispiel mit den Primärenergiefaktoren f_p.

Allgemeine Randbedingungen
Allgemeine Randbedingung, an die die Anwendung der DIN V 4701-10 geknüpft ist, fasst **Abbildung 54** zusammen. Die Berücksichtigung des eingeschränkten Heizbetriebes (Abschaltung oder Absenkung des Heizbetriebes für Nacht- und/oder Wochenendzeiten) ist nicht möglich. Auch die Klimatisierung eines Gebäudes kann nicht energetisch erfasst werden.

Für alle Berechnungsschritte wird die tatsächliche Anlagenausführung nach den geltenden Regeln der Technik vorausgesetzt. Das bedeutet, dass Qualitätssicherungsmaßnahmen der Planung und Ausführung - wie ein hydraulisch abgeglichenes Rohrnetz, richtig dimensionierte Heizkörper, Wärmeerzeuger und Pumpen etc. - nicht gesondert bei der Energiebilanzierung berücksichtigt werden können. Sie werden vorausgesetzt. Die DIN V 4701-10 lässt es zu, dass Kennzahlen auch mit Hilfe anderer Berechnungsverfahren (z.B. auch anderer EU-Länder) bestimmt werden, sofern sichergestellt ist, dass diese Nachweisverfahren gleichwertige Ergebnisse unter vergleichbaren Randbedingungen liefern.

Aufbau der Norm
Nach einem Vorwort und einer Einleitung werden in den ersten drei Abschnitten sowohl der Anwendungsbereich der Vornorm geklärt als auch normative Verweise auf andere Berechnungsvorschriften gegeben und Definitionen, Symbole sowie die Indizierung erläutert.

Kenngröße	Randbedingungen
Innentemperatur der Gebäude	Die Gebäude müssen "normale" (nach EnEV über 19 °C) Innentemperaturen aufweisen. Gerechnet wird in der DIN V 4701-10 bei der Bestimmung von Kennwerten (z.B. Verteilverlusten) jedoch mit einer Temperatur von 20 °C für die beheizte Zone.
Heizperiode	185 d/a für die Anwendung der tabellierten Standardwerte (Anhang C.1 bis C.4) und der graphischen Auftragungen (C.5 und Beiblatt 1); beliebig für die ausführliche Rechnung nach Abschnitt 5. Im Rahmen des EnEV- Nachweises wird immer mit 185 d/a gerechnet.
Heizgrenztemperatur	10 °C
Gradtagzahl	69,6 kKh/a die Anwendung der tabellierten Standardwerte (Anhang C.1 bis C.4) und der graphischen Auftragungen (C.5 und Beiblatt 1); beliebig für die ausführliche Rechnung nach Abschnitt 5.
Warmwassernutzwärme	Ausschließlich 12,5 kWh/(m²a) für die Anwendung der graphischen Auftragungen (C.5 und Beiblatt 1); sonst entweder 12,5 kWh/(m²a) für Wohngebäude und 0 kWh/(m²a) für Nicht-Wohngebäude
Bezugsfläche	Als Bezugsfläche ist wie in der EnEV die aus dem äußeren Hüllvolumen V_e abgeleitete Fläche A_N zu verwenden.
Jahres-Heizwärmebedarf	Die Anwendung beschränkt sich auf Gebäude mit einem Jahresheizwärmebedarf von etwa 30 bis 90 kWh/(m²a) - berechnet ohne Berücksichtigung einer Wärmerückgewinnung für die Lüftung.

Abbildung 54: Randbedingungen DIN V 4701-10.

Der vierte Abschnitt dient der Erläuterung der allgemeinen Methodik des Rechenverfahrens. Es gibt eine Anleitung, wie die Vornorm mit den Rechenverfahren zur Bestimmung des Jahres-Heizwärmebedarfes - dem vereinfachten Berechungsverfahren der EnEV bzw. dem Monatsbilanzverfahren der DIN V 4108-6 - zu verknüpfen ist. Die Handrechenblätter für den Berechnungsablauf werden vorgestellt.

Die Ermittlung der energetischen Kenngrößen für Warmwasser-, Lüftungs- und Heizungsanlagen wird in **Abschnitt 5** der Vornorm beschrieben. Neben den **ausführlichen Berechnungsformeln** werden jeweils auch typische Standardwerte definiert, die an Stelle nicht bekannter realer Randbedingungen verwendet werden können.

In den Anhängen A und B der Vornorm sind die Vordrucke für Berechnungsblätter zur Anlagenbewertung sowie deren Anwendung anhand eines Berechnungsbeispiels abgedruckt.

Der **Anhang C** enthält die beiden **vereinfachten Rechenwege** der Vornorm. In den **Tabellen** (C.1 bis C.4) werden unter Anwendung der in Kapitel 5 der Norm angegebenen allgemeinen Formeln und der definierten Standardwerte energetische Einzelkennwerte für den (angeblich) energetisch unteren Durchschnitt der heutigen Technik angegeben. Die graphischen Auftragungen (C.5) bieten als weitere Vereinfachung Schaubilder der Anlagenaufwandszahl für 6 typische Anlagentechniken.

Der informative Anhang D gibt einen Formalismus zur Bestimmung weiterer Kenngrößen der Anlagentechnik.

Bewertungsverfahren der DIN V 4701-10
Zur Bewertung der Anlagentechnik lässt die DIN V 4701-10 innerhalb ihres Bilanzverfahrens drei unterschiedlich detaillierte Wege zu:

o das ausführliche Rechnen mit Formeln nach Abschnitt 5,
o das Rechnen mit Tabellenwerten nach Anhang C.1 bis C.4 und
o die Verwendung von graphischen Auftragungen nach Anhang C.5 (und Beiblatt 1).

Die wesentlichen Merkmale der Verfahren sind in **Abbildung 55** dargestellt.

Übernahme von Werten aus anderen Normen
Als Eingangsgrößen für die anlagentechnische Bewertung mit der DIN V 4701-10 dienen:

o der Jahres-Heizwärmebedarf Q_h nach dem Monatsbilanzverfahren der DIN V 4108 Teil 6 oder dem vereinfachten Bilanzverfahren des Anhangs 1 der EnEV,
o die Nutzfläche A_N und ggf. die Gradtagszahl F_{GT}.

Die Übernahme der Schnittstellengrößen ist in Abschnitt 4 der DIN V 4701-10 geregelt. Dieser gibt an, dass die Nutzfläche A_N aus der EnEV oder der DIN V 4108-6 übernommen werden kann. Der Jahres-Heizwärmebedarf q_h des untersuchten Gebäudes muss nur korrigiert werden, wenn er mit dem Monatsbilanzverfahren der DIN V 4108-6 berechnet wurde und bei der Bestimmung des Lüftungswärmeverlustes bereits eine Lüftungsanlage mit Wärmerückgewinnung berücksichtigt wurde. Die Korrektur macht dies rückgängig und die Wärmerückgewinnung wird anschließend zusammen mit der restlichen Anla-

Bewertungsverfahren		Erläuterung
Bewertung der Anlage	ausführliche Berechnung nach Abschnitt 5 der DIN V 4701-10	Abschnitt 5 der DIN V 4701-10 bietet die ausführliche Rechengrundlage für nahezu jede am Markt übliche Anlagentechnik. Als Eingangsgrößen dienen der auf die Nutzfläche bezogene Jahresheizwärmebedarf q_h und die Nutzfläche A_N sowie die Länge der Heizzeit und die Gradtagszahl. Die beiden zuletzt genannten Größen sind flexibel einsetzbar, für den EnEV-Nachweis müssen sie jedoch fest mit 185 d/a und 69,6 kKh/a verwendet werden. Die Berechnungsgrundlagen gelten für den Wohn- und den Nicht-Wohnbau.

Eine eventuell bereits im Jahresheizwärmebedarf verrechnete Wärmerückgewinnung für die Lüftungsanlage kann energetisch richtig bewertet werden. Innere Fremdwärmegewinne aus der Anlagentechnik können bestimmt werden, der Nutzungsgrad für Fremdwärmegewinne aus der Anlagentechnik ist jedoch ein fester Wert, ebenfalls der Nutzwärmebedarf für die Warmwasserbereitung.

Alle anlagentechnischen Verluste werden anhand von Formeln ermittelt. Die Bewertung umfasst die Wärmeverluste der Wärmeübergabe, Verteilung, Speicherung, Erzeugung, die Hilfsenergien und die primärenergetische Umwandlung. Eine Heizunterbrechung oder -absenkung kann nicht im Verfahren berücksichtigt werden.

Das Ergebnis ist der auf die Nutzfläche gezogene Jahresprimärenergiebedarf bzw. die Anlagenaufwandszahl e_P - das Verhältnis von Jahresprimärenergiebedarf zum Nutzen (Jahresheizwärmebedarf plus Standardwarmwassernutzen). |
| | tabellierte Standardwerte nach Anhang C.1 - C.4 der DIN V 4701-10 | Voraussetzungen für die Anwendung der Tabellen des Anhangs C.1 bis C.4 der DIN V 4701-10 sind die fest definierte Länge der Heizzeit (185 d/a) und die feste Gradtagszahl. Es ist uneingeschränkt anwendbar für die Bewertung von Wohngebäuden. Für die Bewertung von Nichtwohngebäuden sind die gegebenen Kennwerte kritisch zu beurteilen und korrekterweise nicht anwendbar bzw. gültig.

Als Eingangsgrößen dienen der auf die Nutzfläche bezogene Jahresheizwärmebedarf q_h, jedoch ohne Berücksichtigung einer Wärmerückgewinnung nach DIN V 4108-6 berechnet, sowie die Nutzfläche A_N. Der Nutzungsgrad für Fremdwärmegewinne aus der Anlagentechnik ist ein fester Wert, ebenfalls der Nutzwärmebedarf für die Warmwasserbereitung.

Die Kennwerte zur Bewertung der Anlagentechnik sind in Tabellenform gegeben. Grundlage für die Tabellen sind die Formeln der ausführlichen Berechnung, in denen jedoch ein Teil der Variablen mit Standardwerten für Wohngebäude belegt wurde, um ein Abbild des heute üblichen Standards zu bieten. Mit den Tabellenwerten soll der untere Durchschnitt des energetischen Niveaus widergespiegelt werden.

Eine Heizunterbrechung oder -absenkung kann auch hier nicht im Verfahren berücksichtigt werden. Das Ergebnis ist auch hier der auf die Nutzfläche gezogene Jahresprimärenergiebedarf bzw. die Anlagenaufwandszahl e_P.

Die Kennwerte des Tabellenverfahrens sind teilweise oder vollständig ersetzbar mit ausführlich berechneten Kennwerten nach Abschnitt 4 der Vornorm. Es besteht eine **fließende** Grenze zwischen der ausführlichen Berechnung und dem Rechnen mit Standardwerten. |
| | Graphiken für bestimmte Anlagensysteme nach Anhang C.5

(sowie Beiblatt 1 der DIN V 4701-10) | Voraussetzung für die Anwendung einer graphischen Auftragung nach Anhang C.5 oder Beiblatt 1 der DIN V 4701-10 ist die fest definierte Länge der Heizzeit (185 d/a) und eine feste Gradtagszahl. Die Graphiken sind nur anwendbar für Wohngebäude, da die Trinkwarmwasserbereitung berücksichtigt ist.

Als Eingangsgröße dient der auf die Nutzfläche bezogene Jahresheizwärmebedarf q_h, der jedoch ohne Berücksichtigung einer Wärmerückgewinnung berechnet werden muss, und die Nutzfläche A_N.

Aus Kurvenscharen für jeweils eine definierte Anlagenkonfigurationen der Warmwasserbereitung, Heizung und Lüftung können der auf die Nutzfläche bezogene Jahresprimärenergiebedarf q_P und andere Kenngrößen abgelesen werden. Eine Heizunterbrechung oder -absenkung ist nicht in den Werten berücksichtigt. |

Abbildung 55: Eigenschaften der Bewertungsverfahren.

gentechnik bewertet. Wird der Jahres-Heizwärmebedarf aus dem vereinfachten Verfahren des Anhangs 1 der EnEV übernommen, so muss grundsätzlich keine Korrektur vorgenommen werden, da dieses Verfahren eine Bewertung von Wärmerückgewinnung nicht zulässt. Das Korrekturverfahren ist mit rechnerischem Aufwand verbunden, daher ist es für die praktische Anwendung empfehlenswert, die Bewertung einer Wärmerückgewinnung für die Lüftung erst zusammen mit der Anlagentechnik durchzuführen.

Anlagentechnik in der Primärenergiebilanz
Die DIN V 4701-10 gibt zur Ermittlung der Energiekennwerte der Anlagentechnik die folgende festgelegte Reihenfolge vor:

a) Nutzen, Verluste und Hilfsenergien der **Trinkwarmwasserbereitung**,
b) Nutzen, Verluste und Hilfsenergien der **Lüftungsanlage**,
c) Nutzen, Verluste und Hilfsenergien der **Heizungsanlage**.

Auf diese Weise können die Wärmeverluste der Warmwasserbereitung der Heizungsanlage teilweise als Gewinne gutgeschrieben werden, sofern sie innerhalb des beheizten Bereiches anfallen. Diese Vorgehensweise ist nötig, weil der aus der EnEV oder der DIN V 4108-10 übernommene Jahres-Heizwärmebedarf q_h noch keine Gewinne der Anlagentechnik enthält. Er wird um die Gewinne aus der Trinkwarmwasserbereitung (Wärmegutschrift) vermindert, wenn diese - indirekt - zur Beheizung beitragen.

Auch eine Lüftungsanlage deckt einen Anteil des Jahres-Heizwärmebedarfes - sofern sie mit einer Wärmerückgewinnung oder anderen Einrichtungen zur Luftvorwärmung versehen ist. Um diesen Anteil wird der Jahres-Heizwärmebedarf ebenfalls vermindert, bevor mit dem verbleibenden restlichen Jahres-Heizwärmebedarf die Heizungsanlage bewertet wird. Innerhalb jeder der drei nacheinander einzeln bilanzierten Obergruppen der Anlagentechnik Warmwasserbereitung, Lüftung und Heizung wird in folgende Prozess-Schritte unterschieden:

o Wärmeübergabe,
o Wärmeverteilung,
o Wärmespeicherung,
o Wärmeerzeugung und
o Primärenergieumwandlung,

wobei für den Bereich Lüftung keine Wärmespeichersysteme berücksichtigt werden. Für jeden Prozess-Schritt werden Wärmeenergien und Hilfsenergien bilanziert. Diese werden in Form von:

o auf die Nutzfläche bezogenen Jahresenergiemengen in kWh/(m²a) bzw.
o dimensionslosen Kennzahlen (Wärmeerzeugung, Primärenergieumwandlung)

angegeben.

Sind alle Einzelkennwerte für die Heizung, Lüftung und Trinkwarmwasserbereitung bekannt, können anhand der vorgegebenen Handrechenblätter der Jahres-Endenergiebedarf der Wärmeenergien und der Hilfsenergien sowie der Jahres-Primärenergiebedarf sowie die Anlagenaufwandszahl errechnet werden.

Ein Ablaufschema für die Bilanzierung zeigt **Abbildung 56**. Die serielle Betrachtung der einzelnen Prozesse ist deutlich erkennbar.

Die **Primärenergiefaktoren** für die Endenergiebereitstellung enthalten sämtliche Faktoren der Primärenergieerzeugung mit den Vorketten für die Förderung, Aufbereitung, Umwandlung, den Transport und die Verteilung der betrachteten Energieträger. Die DIN V 4701-10 gibt Werte für Heizöl, Erdgas, Flüssiggas, Braun- und Steinkohle sowie Holz an. Weiterhin können Systeme der Nah- und Fernwärme und Strom bewertet werden. Für ein konkretes Versorgungsgebiet kann der Primärenergiefaktor auch anhand von Formeln bestimmt werden.

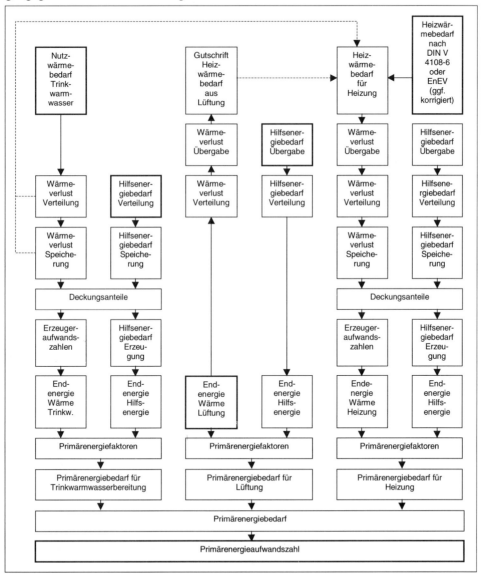

Abbildung 56: Flussdiagramm für den Ablauf der Bilanz nach DIN V 4701-10.

Alle Jahresend- und Jahres-Primärenergien in der DIN V 4701-10 werden auf den Heizwert H_U bezogen angegeben. Das heißt, wenn sie in einen Brennstoff umgerechnet werden sollen, ist mit dem Heizwert zu multiplizieren.

Bewertung der Trinkwarmwasserbereitung
Die Bilanzierung der Anlagentechnik beginnt mit der Bestimmung der Energiekennwerte für die Trinkwarmwasserbereitung.

In der Bilanzierung wird ein Standardnutzen für Trinkwarmwasser vorausgesetzt. Dieser beträgt 12,5 kWh/(m²a) für Wohngebäude. Für Nichtwohngebäude muss keine Trinkwarmwasserbereitung berücksichtigt werden. Die auf die Nutzfläche bezogenen Energieverluste der Wärmeverteilleitungen und Wärmespeicher des Trinkwarmwassernetzes werden bestimmt. Bei der Berechnung wird der Anteil der Verluste getrennt ermittelt, der im beheizten Bereich des Gebäudes anfällt und teilweise für die Heizung nutzbar ist. Diese Verluste werden mit einem konstanten Nutzungsgrad für Fremdwärme von 0,85 bewertet, das heißt 85 % des Wärmeverlustes können als Heizwärme verwendet werden. Die nutzbaren Gewinne werden als die so genannten Gutschriften der Trinkwarmwasserbereitung für die Heizung in der Bilanz ausgewiesen. Alle bis zu diesem Punkt bestimmten Kennwerte sind auf die Nutzfläche bezogenen Energien in kWh/(m²a).

Für die einzelnen Wärmeerzeuger der Trinkwarmwasserbereitung inklusive Solaranlagen werden Deckungsanteile, Erzeugeraufwandszahlen und Primärenergiefaktoren bestimmt. Ein Deckungsanteil charakterisiert dabei den Teil der benötigten Jahresenergiemenge, den der Erzeuger bereitstellen kann. Die Erzeugeraufwandszahl ist das Verhältnis von Energieinput zu Energieoutput des Wärmeerzeugers, also ein Maß der energetischen Güte der Energieumwandlung. Deckungsanteile, Erzeugeraufwandszahlen und Primärenergiefaktoren sind dimensionslose Kenngrößen.

Alle Hilfsenergien, die auf dem Weg von der Nutzenübergabe zur Energieerzeugung anfallen, werden als nutzflächenbezogene Größen bestimmt. Sie werden einzeln für die Übergabe, die Verteilung, die Speicherung und die Erzeugung ausgewiesen. Der Beitrag der Hilfsenergien an der Deckung des Heizwärmebedarfs wird vernachlässigt.

Bewertung der Lüftung
Für eine korrekte Bewertung der Lüftungstechnik setzt die DIN V 4701-10 voraus, dass bei der Bestimmung des Jahres-Heizwärmebedarfes nicht schon eine Wärmerückgewinnung eingerechnet wurde, damit es nicht zu einer Doppelbilanzierung kommt. In Abhängigkeit vom Jahres-Heizwärmebedarf, dem geplanten Luftwechsel und anderer Einflussgrößen werden nun die Wärmeenergien bestimmt, die jeweils die Wärmerückgewinnung, eine Wärmepumpe und ein Heizregister aufbringen können, sofern diese Komponenten vorhanden sind.

Die Wärmeverluste der Wärmeübergabe und Wärmeverteilung werden bestimmt, sie müssen von den Wärmelieferanten (Wärmerückgewinnung, Wärmepumpe und Heizregister) ebenfalls abgedeckt werden. Letztendlich wird der Nutzen bestimmt, den die Lüftungsanlage zur Raumheizung beitragen kann. Dies ist die Gutschrift der Lüftung für die Heizung.

Für die Wärmeerzeuger der Lüftung werden der Hilfsenergiebedarf, die Erzeugeraufwandszahlen und Primärenergiefaktoren ermittelt.

Bewertung der Heizung

Die Bewertung der Heizung beginnt mit der Bestimmung des eigentlichen Jahres-Heizwärmebedarfes, den die Heizungsanlage noch decken muss. Der aus der DIN V 4108-6 oder dem Anhang 1 der EnEV übernommene Jahres-Heizwärmebedarf wird vermindert um die Gutschriften der Trinkwarmwasserbereitung und der Lüftung. Unter Gutschriften versteht die DIN V 4701-10 die Energiebeträge, mit denen die Anlagen der Trinkwarmwasserbereitung bzw. die Lüftungsanlage zur Raumheizung beitragen. Eine Gutschrift stellt in diesem Sinne einen inneren Wärmegewinn dar, der jedoch erst im Rahmen der DIN V 4701-10 bilanziert wird. Für die Lüftungsanlage ergeben sich Gutschriften, wenn eine Heizfunktion oder Wärmerückgewinnung vorhanden ist. Die Trinkwarmwasserbereitung trägt durch die Wärmeabgabe von Leitungen und Speichern im beheizten Bereich des Gebäudes zur Raumheizung bei.

Als nutzflächenbezogene Verlustkennwerte der Heizung werden nacheinander Energieverluste der Wärmeübergabe, Wärmeverteilung und Wärmespeicherung bestimmt. Anschließend werden wie bei der Trinkwarmwasserbereitung Deckungsanteile, Aufwandszahlen und Primärenergiefaktoren der Wärmeerzeuger ermittelt.

Der nutzflächenbezogene Hilfsenergiebedarf für die einzelnen Prozess-Schritte der Übergabe, Verteilung, Speicherung und Erzeugung wird bestimmt.

Handrechenblätter

Die Norm bietet für die Berechnung einen Satz von Handrechenblättern an, in denen die Einzelkenngrößen eingetragen und ausgewertet werden können. Einzelkenngrößen werden entweder mit den Formeln des Abschnittes 5 ausführlich berechnet - dann können auch herstellerspezifische und projektspezifische Daten verwendet werden - oder es wird auf Standardwerte zurückgegriffen.

In **den Abbildungen 57- 60** werden die 4 Bewertungsblätter abgebildet.

Anlagenbewertung nach DIN 4701 Teil 10
für ein Gebäude mit normalen Innentemperaturen

Bezeichnung des Gebäudes oder des Gebäudeteils: _____

Ort: _____   Straße u. Hausnummer: _____

Gemarkung: _____   Flurstücknummer: _____

I. Eingaben

A_N = [m²] t_{HP} = [Tage]

TRINKWASSER-ERWÄRMUNG	HEIZUNG	LÜFTUNG

| absoluter Bedarf | Q_{tw} = [kWh/a] | Q_h = [kWh/a] | |
| bezogener Bedarf | q_{tw} = [kWh/m²a] | q_h = [kWh/m²a] | |

II. Systembeschreibung

Übergabe			
Verteilung			
Speicherung			

Erzeugung	Erzeuger 1	Erzeuger 2	Erzeuger 3	Erzeuger 1	Erzeuger 2	Erzeuger 3	Erzeuger WÜT	Erzeuger L/L-WP	Erzeuger Heizregister
Deckungsanteil									
Erzeuger									

III. Ergebnisse

Deckung von Q_h $q_{h,TW}$ = [kWh/m²a] $q_{h,H}$ = [kWh/m²a] $q_{h,L}$ = [kWh/m²a]

ENERGIETRÄGER	ENDENERGIE	PRIMÄRENERGIE
Wärme-energie (WE) 1.	$Q_{WE1,E}$ [kWh/a]	$Q_{WE,1,P}$ [kWh/a]
2.	$Q_{WE2,E}$ [kWh/a]	$Q_{WE,2,P}$ [kWh/a]
3.	$Q_{WE3,E}$ [kWh/a]	$Q_{WE,3,P}$ [kWh/a]
Hilfsenergie (HE): Strom	$Q_{HE,E}$ [kWh/a]	$Q_{HE,P}$ [kWh/a]

Jahres-Endenergiebedarf	$Q_E = \Sigma Q_{WE,E} + Q_{HE,E}$	Q_E = [kWh/a]
Jahres-Primärenergiebedarf	$Q_P = \Sigma Q_{WE,P} + Q_{HE,P}$	Q_P = [kWh/a]
bezogener Jahres-Primärenergiebedarf	$q_P = Q_P / A_N$	q_P = [kWh/m²a]
Anlagen-Aufwandszahl	$e_P = Q_P/(Q_h + Q_{tw})$	e_P = [-]

Abbildung 57: Handrechenblatt Übersicht Anlagentechnik.

TRINKWASSERERWÄRMUNG

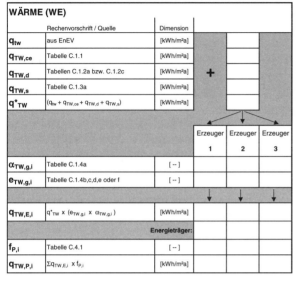

Vorgaben

	Strang Nr.	
	Rechenvorschrift	Dimension
q_{tw}	aus EnEV	kWh/m²a
A_N		m²
Q_{tw}	q_{tw} x A_N	kWh/a

WÄRME (WE)

	Rechenvorschrift / Quelle	Dimension			
q_{tw}	aus EnEV	[kWh/m²a]			
$q_{TW,ce}$	Tabelle C.1.1	[kWh/m²a]			
$q_{TW,d}$	Tabellen C.1.2a bzw. C.1.2c	[kWh/m²a]	**+**		
$q_{TW,s}$	Tabelle C.1.3a	[kWh/m²a]			
q^{*}_{TW}	$(q_{tw} + q_{TW,ce} + q_{TW,d} + q_{TW,s})$	[kWh/m²a]			

Heizwärmegutschriften

$q_{h,TW,d}$	Tabelle C.1.2a	kWh/m²a
$q_{h,TW,s}$	Tabelle C.1.3a	kWh/m²a
$q_{h,TW}$	$q_{h,TW,d} + q_{h,TW,s}$	kWh/m²a

			Erzeuger 1	Erzeuger 2	Erzeuger 3
$\alpha_{TW,g,i}$	Tabelle C.1.4a	[--]			
$e_{TW,g,i}$	Tabelle C.1.4b,c,d,e oder f	[--]			
$q_{TW,E,i}$	q^{*}_{TW} x $(e_{TW,g,i}$ x $\alpha_{TW,g,i})$	[kWh/m²a]			
	Energieträger:				
$f_{P,i}$	Tabelle C.4.1	[--]			
$q_{TW,P,i}$	$\Sigma q_{TW,E,i}$ x $f_{P,i}$	[kWh/m²a]			

Endenergie

$q_{TW,E}$	$\Sigma q_{TW,E,i}$	kWh/m²a

Primärenergie

$q_{TW,P}$	$\Sigma q_{TW,P,i}$	kWh/m²a

HILFSENERGIE (HE)

	Rechenvorschrift / Quelle	Dimension			
$q_{TW,ce,HE}$	Tabelle C.1.1	[kWh/m²a]			
$q_{TW,d,HE}$	Tabelle C.1.2b	[kWh/m²a]	**+**		
$q_{TW,s,HE}$	Tabelle C.1.3b	[kWh/m²a]			

			Erzeuger 1	Erzeuger 2	Erzeuger 3
$\alpha_{TW,g,i}$	Tabelle C.1.4a	[--]			
$q_{TW,g,HE,i}$	Tabelle C.1.4b,c,d,e oder f	[kWh/m²a]			
α_i x q_i	$q_{TW,g,HE,i}$ x $\alpha_{TW,g,i}$	[kWh/m²a]			
$q_{TW,HE,E}$	$q_{TW,ce,HE}+q_{TW,d,HE}+q_{TW,s,HE}+\Sigma(\alpha_i$ x $q_i)$	[kWh/m²a]			
	Energieträger:				
f_P	Tabelle C.4.1	[--]			
$q_{TW,HE,P}$	$q_{TW,HE,E}$ x f_P	[kWh/m²a]			

Endenergie

$q_{TW,HE,E}$		kWh/m²a

Primärenergie

$q_{TW,HE,P}$		kWh/m²a

Endenergie:	$Q_{TW,WE,E}$	1.	$\Sigma q_{TW,WE1,E}$ x A_N	kWh/a
		2.	$\Sigma q_{TW,WE2,E}$ x A_N	kWh/a
		3.	$\Sigma q_{TW,WE3,E}$ x A_N	kWh/a
	$Q_{TW,HE,E}$	Strom	$\Sigma q_{TW,HE,E}$ x A_N	kWh/a
Primärenergie:	$Q_{TW,P}$		$(q_{TW,P}+ q_{TW,HE,P})$ x A_N	kWh/a

Abbildung 58: Handrechenblatt Trinkwarmwasserbereitung.

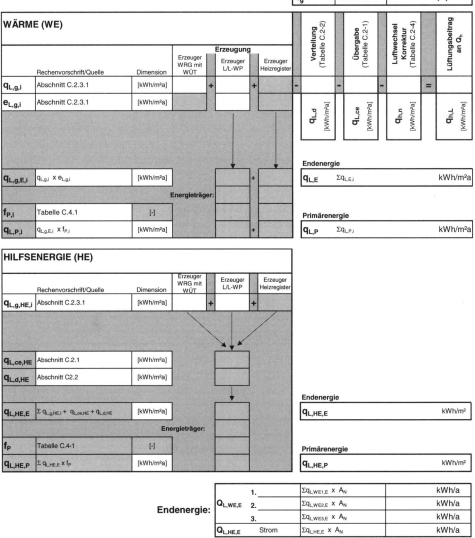

Abbildung 59: Handrechenblatt Lüftung.

HEIZUNG

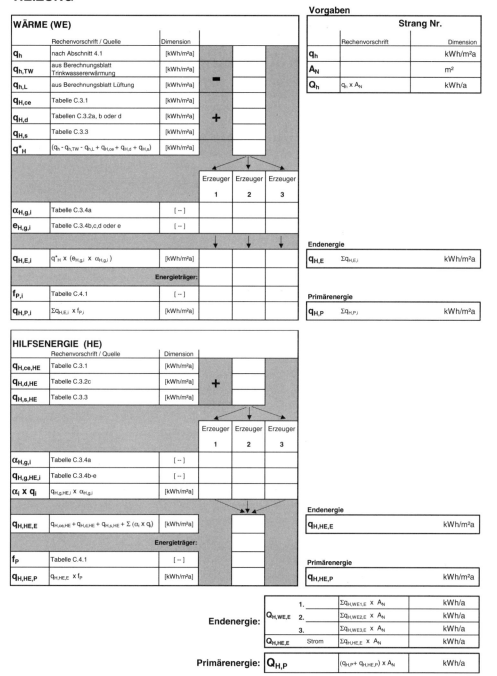

Abbildung 60: Handrechenblatt Heizung.

Formelzeichen und Indices

Die in der DIN V 4701-10 verwendeten Formelzeichen sind – aufgrund des komplexen Formelapparates – sehr vielfältig. In **Abbildung 61** werden die wichtigsten Formelzeichen und wichtigsten Indizes wiedergegeben.

Formelzeichen, Bedeutung, Einheit	
Q	Wärmemenge, absolut, in kWh/a
q	Wärmemenge, auf AN bezogen, in kWh/(m²a)
e	Aufwandszahl
f	Faktor
α	Deckungsanteil
Indizes – Energieart	
WE (oder ohne)	Wärmenergie
HE	Hilfsenergie
Indizes – Bilanzebene	
h oder tw	Nutzenergie
E (oder ohne)	Endenergie
P	Primärenergie
Indizes - Prozessbereich	
H (oder ohne)	Heizung
L	Lüftung
TW	Trinkwarmwasserbereitung
Indizes - Prozessschritt	
ce	Übergabe (control and emission)
d	Verteilung (distribution)
s	Speicherung (storage)
g	Erzeugung (generation)

Abbildung 61: Formelzeichen und Indizes.

Ein Beispiel der Indizierung ist das folgende, die Darstellung der auf die Nutzfläche bezogenen Primärenergie für die Hilfsenergie der Verteilung des Trinkwarmwassers.

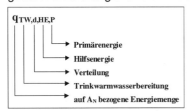

$q_{TW,d,HE,P}$

→ Primärenergie
→ Hilfsenergie
→ Verteilung
→ Trinkwarmwasserbereitung
→ auf A_N bezogene Energiemenge

Abbildung 62: Beispiel für Energiekennwert.

Kennwerte in der DIN V 4701-10

In **Abbildungen 63 - 65** werden wichtige Kennwerte der DIN V 4701-10 wiedergegeben.

Wärmeverluste der Anlagentechnik		
Wärmeübergabe	$q_{ce,H}$ = 1...5 kWh/(m²a)	
	$q_{ce,L}$ = 2...10 kWh/(m²a)	
Wärmeverteilung	$q_{d,TW}$ = 3...15 kWh/(m²a)	mit Zirkulation, incl. Gutschriften
	$q_{d,TW}$ = 1...7 kWh/(m²a)	ohne Zirkulation, incl. Gutschriften
	$q_{d,H}$ = 1...5 kWh/(m²a)	reine Verluste
Wärmespeicherung	$q_{s,TW}$ = 1...5 kWh/(m²a)	incl. Gutschriften
	$q_{s,TW}$ = 1...2 kWh/(m²a)	reine Verluste

Abbildung 63: Wärmeverluste - Kennwerte.

Deckungsanteile und Erzeugeraufwandszahlen		
Aufwandszahlen der Wärmeerzeuger	$e_g = 0,19...0,37$	Wärmepumpe
	$e_g = 0,98...1,17$	BW-Kessel
	$e_g = 0,93...1,15$	BW-Kessel (BDH-Werte)
	$e_g = 1,08...1,21$	NT-Kessel
	$e_g = 1,13...1,82$	Standardkessel
	$e_g = 1,01...1,14$	Fernwärme
	$e_g = 1,0$	elektrisch direkt oder Speicherheizung
Deckungsanteile Solar	$\alpha_{Solar,TW} = 0,4 ... 0,6$	
	$\alpha_{Solar,H} = 0,1 ... 0,2$	
Deckungsanteile Wärmepumpe	$\alpha_{TW} = 0,95...1,00$	
	$\alpha_H = 0,80 ... 1,00$	

Abbildung 64: Deckungsanteile und Erzeugeraufwandszahlen - Kennwerte.

Primärenergiefaktoren			
Gas, Öl	1,1	Holz	0,2
Strom	3,0	Nah- und Fernwärme mit KWK aus fossilen Brennstoffen	0,7
Solar	0,0	wie vor aus regenerativen Brennstoffen	0,0

Abbildung 65: Primärenergiefaktoren – Kennwerte.

Fortschreibung der Norm

Die DIN V 4701-10 ist eine Vornorm, die während der Erstellung dieses Manuskriptes redaktionell überarbeitet wurde. Die Struktur der Berechnung wird dabei nicht verändert, es werden lediglich die Berechnungsgrundlagen für einzelne Kennwerte überarbeitet.

3. Verweis auf Regelungen in der Energieeinsparverordnung

Die Energieeinsparverordnung verweist auf die DIN V 4701-10 als einzige Norm zur Bewertung der Anlagentechnik in Anhang 1 Punkt 2.1.1. (Allgemeines Berechnungsverfahren), 2.1.2. (Ausnahmeparagraph für Speicherheizungen), 2.2. (Trinkwarmwassernutzen in Wohngebäuden) und 3. (vereinfachtes Verfahren für Wohngebäude).

4. Beispiel

Ein Beispiel ist im Kapitel 3 zu finden.

2.8 DIN V 4701-10, Beiblatt 1

1. Kurzbeschreibung

Das Beiblatt 1 zur DIN V 4701-10 „Diagramme und Planungshilfen für ausgewählte Anlagensysteme mit Standardkomponenten" in der Fassung vom Februar 2002 enthält Diagramme und Tabellen, mit deren Hilfe sehr einfach der End- und Primärenergieaufwand sowie die Anlagenaufwandszahl für ausgewählte Anlagensysteme bestimmt werden können.

Das Beiblatt richtet sich an Bauherren und Planer in einem frühen Planungsstadium, wenn weder der Gebäudeentwurf noch das Anlagensystem vollständig feststehen. In diesem frühen Planungsstadium müssen Entscheidungen hinsichtlich der energetischen Qualität der verwendeten Anlagentechnik getroffen werden, vor allem, damit den zu führenden Nachweisen eine wirtschaftliche Kombination aus baulichen und anlagentechnischen Energiesparmaßnahmen zugrunde gelegt werden kann.

Alle Diagramme gelten für **Wohngebäude** mit einem Bedarf an erwärmtem Trinkwasser von 12,5 kWh Nutzwärme je m² Nutzfläche A_N und Jahr. Der Wert des Jahres-Heizwärmebedarfs Q_h des Gebäudes, als wichtige Eingangsgröße für die Anwendung der Diagramme, darf den energetischen Einfluss einer Lüftungsanlage mit Wärmerückgewinnung nicht berücksichtigen. Dies entspricht dem Regelverfahren nach Bild 4.3.2 der DIN V 4701-10. Die Darstellung orientiert sich daran, auch dem Nicht-Fachmann einen Überblick über die Effizienz von unterschiedlichen, gebräuchlichen Anlagenkonfigurationen zur Heizung, Lüftung und Trinkwassererwärmung zu geben.

2. Inhalte

Im Beiblatt 1 zu DIN V 4701-10 werden **71** Anlagensysteme in den so genannten **Beiblättern** abgebildet. Die in **Abbildung 66** beschriebenen Konfigurationen werden dabei abgedeckt. Jedes in diesem Beiblatt dargestellte Anlagensystem ist auf einer Doppelseite abgebildet, deren Aufbau für alle Systeme stets identisch ist. Es sind jeweils dieselben energetischen Kennzahlen abgebildet: der auf die Nutzfläche bezogene Jahres-Primärenergiebedarf q_P, der auf die Nutzfläche bezogene Jahres-Endenergiebedarf für Wärme $q_{WE,E}$ sowie Hilfsenergien $q_{HE,E}$ und die Anlagenaufwandszahl e_P. Das Layout der Vorder- und Rückseite ist in **Abbildung 67** und **68** dargestellt. Der Sortierung der Anlagen wurde eine spezielle Systematik zugrunde gelegt, die das Auffinden nach Kriterien,

Kriterium	vorhandene Anlagenbeiblätter
Wärmeerzeuger der Heizung	15 mit Niedertemperaturkessel
	33 mit Brennwertkessel
	11 mit Wärmepumpe
	4 mit Elektrischer Direkt-/Speicherheizung
	8 mit Fern- und Nahwärmeanschluss
Trinkwarmwasserbereitung	56 mit zentraler Versorgung
	15 mit dezentraler elektrische Versorgung
Lüftungsanlage	44 ohne Lüftungsanlage
	27 mit Lüftungsanlage
Solaranlage	55 ohne Solaranlage
	16 mit Solaranlage

Abbildung 66: Zusammensetzung der Anlagenbeiblätter.

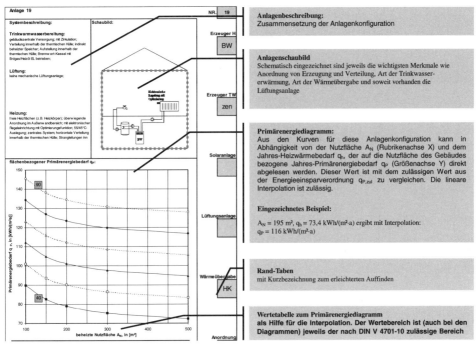

Abbildung 67: Vorderseite der Beiblätter.

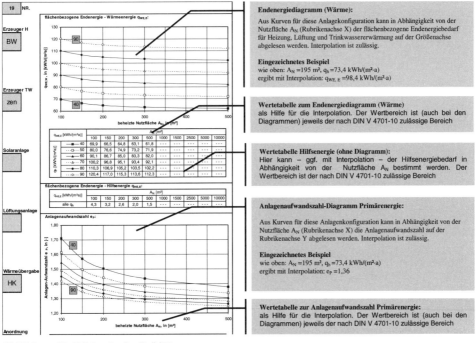

Abbildung 68: Rückseite der Beiblätter.

die der Anwender selbst festlegt, erleichtern soll. Die 6 wesentlichen, in diesem Beiblatt variierten anlagentechnischen Merkmale sind auf sechs **Rand-Taben** zusammengefasst (z.B.: „Wärmeerzeugung Heizung"). Die Anlagenbeiblätter tragen in jeder dieser Rand-Taben ein **Kürzel**, mit der das betreffende Merkmal erkennbar wird (z.B. „NT" für Niedertemperaturkessel). Die Bedeutung der jeweiligen Kürzel ist Bild 3 zu entnehmen.

Beispiel: Hat sich der Anwender bereits darauf festgelegt, zur Wärmeerzeugung bei der Heizung „Fern- oder Nahwärme" einzusetzen, so findet er leicht alle hierzu in diesem Beiblatt enthaltenen Anlagen, indem er beim Durchblättern das Augenmerk auf die oberste Rand-Tabe „Wärmeerzeugung H" richtet und Blätter sucht, die hier das Kürzel „FW" tragen. Die Anlagenbeiblätter sind grundsätzlich unter Verwendung von Standardkennwerten für Produkte und Systeme mit den Formeln der DIN V 4701-10 berechnet.

Die lineare **Interpolation** zwischen den tabellierten Werten ist generell **zulässig**. Hingegen ist eine **Extrapolation** über den Wertebereich hinaus **nicht zulässig**. Für den öffentlich-rechtlichen Nachweis sind stets die aus den Tabellen interpolierten Werte zu verwenden - nicht aus Diagrammen abgelesene.

3. Verweis auf Regelungen in der Energieeinsparverordnung

In der Energieeinsparverordnung gibt es keine expliziten Verweise auf das Beiblatt 1. Es gilt aber im Zusammenhang mit der in der EnEV zitierten Vornorm DIN V 4701-10 automatisch im öffentlich-rechtlichen Nachweis.

4. Beispiele

Eine beispielhafte Anwendung des Beiblattes 1 wird anhand der nachfolgenden Bilder und zugehörigem Text demonstriert, **Abbildung 70 und 71**. Grundlage ist ein bekannter auf die Nutzfläche A_N bezogener Heizwärmebedarf q_h und die Nutzfläche A_N selbst. Im Beispiel sollen folgende Werte gelten:

$A_N = 280 \text{ m}^2$ und $q_h = 57 \text{ kWh/(m}^2\text{a)}$.

Die gesuchten Kennwerte werden durch lineare Interpolation in der entsprechenden Tabelle ermittelt. Dabei ist sowohl zwischen den Zeilen als auch zwischen den Spalten zu interpolieren.

Interpolation: der gesuchte Wert „y" (dies kann q_p, $q_{WE,E}$, $q_{HE,E}$ oder e_p sein), der zwischen den vier Werten innerhalb des jeweils schwarz markierten Bereiches liegt, ergibt sich folgendermaßen:

mit:

$$y = y_{ob,li} + f_{AN} \cdot (y_{ob,re} - y_{ob,li}) + f_{qh} \cdot (y_{un,li} - y_{ob,li}) + f_{AN} \cdot f_{qh} \cdot (y_{ob,li} - y_{un,li} + y_{un,re} - y_{ob,re})$$

$$f_{AN} = (A_{N,kleiner} - A_N)/(A_{N,kleiner} - A_{N,größer}) \text{ und}$$

$$f_{qh} = (q_{h,kleiner} - q_h)/(q_{h,kleiner} - q_{h,größer}).$$

Dabei sind A_N und q_h die beiden Größen, für die der Wert y gesucht wird. Die mit „ob,li", „un,li", „ob,re" und „un,re" indizierten Größen y in der Formel stehen im schwarz markierten Bereich jeweils oben links, unten links, oben rechts oder unten rechts. Die mit „kleiner" und „größer" gekennzeichneten Nutzflächen A_N bzw. Heizwärmebedarfswerte q_h sind als nächst-kleinere bzw. -größere tabellierte Werte zu verstehen.

Es wird im Folgenden beispielhaft die auf die Nutzfläche bezogene Jahres-Primärenergie q_P bestimmt. Die Rechnung (Interpolation) kann in **Abbildung 69** nachvollzogen werden.

$A_{N,kleiner}$	200 m²
A_N	280 m²
$A_{N,größer}$	300 m²

$$f_{AN} = \frac{A_{N,kleiner} - A_N}{A_{N,kleiner} - A_{N,größer}} = \frac{200 - 280}{200 - 300} = 0,8$$

$q_{h,kleiner}$	50 m²
q_h	57 m²
$q_{h,größer}$	60 m²

$$f_{qh} = \frac{q_{h,kleiner} - q_h}{q_{h,kleiner} - q_{h,größer}} = \frac{50 - 57}{50 - 60} = 0,7$$

f_{AN}	0,8
f_{qh}	0,7
$y_{ob,li}$	93,5 kWh/(m²a)
$y_{ob,re}$	89,3 kWh/(m²a)
$y_{un,li}$	104,4 kWh/(m²a)
$y_{un,re}$	100,2 kWh/(m²a)

$$\begin{aligned}
y &= y_{ob,li} + f_{AN} \cdot (y_{ob,re} - y_{ob,li}) + f_{qh} \cdot (y_{un,li} - y_{ob,li}) \\
&\quad + f_{AN} \cdot f_{qh} \cdot (y_{ob,li} - y_{un,li} + y_{un,re} - y_{ob,re}) \\
&= 93,5 + 0,8 \cdot (89,3 - 93,5) + 0,7 \cdot (104,4 - 93,5) \\
&\quad + 0,8 \cdot 0,7 \cdot (93,5 - 104,4 + 100,2 - 89,3) \\
&= \underline{97,8}
\end{aligned}$$

Abbildung 69: Beispielrechnung.

Die anderen Werte werden analog durch Interpolation bestimmt. Es ergeben sich:
o $q_{WE,E}$ = 81,4 kWh/(m²a),
o $q_{HE,E}$ = 2,7 kWh/(m²a) und
o e_P = 1,41 (Wert nicht für den Nachweis zugelassen).

Der Wert e_P darf im öffentlich-rechtlichen Nachweis nicht durch Interpolation aus den Tabellen ermittelt werden. Er muss, da die Interpolations-Ungenauigkeiten oft sehr hoch sind, aus dem Wert q_P errechnet werden:

$$e_P = \frac{q_P}{q_h + q_{tw}} = \frac{97,8}{57 + 12,5} = 1,407 \,.$$

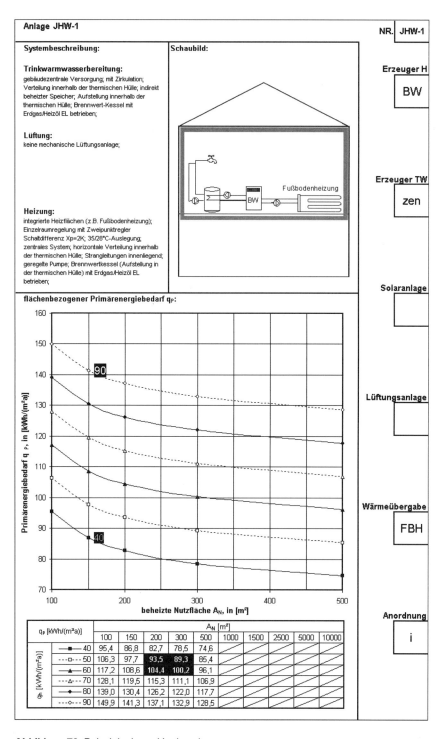

Abbildung 70: Beispielanlage - Vorderseite.

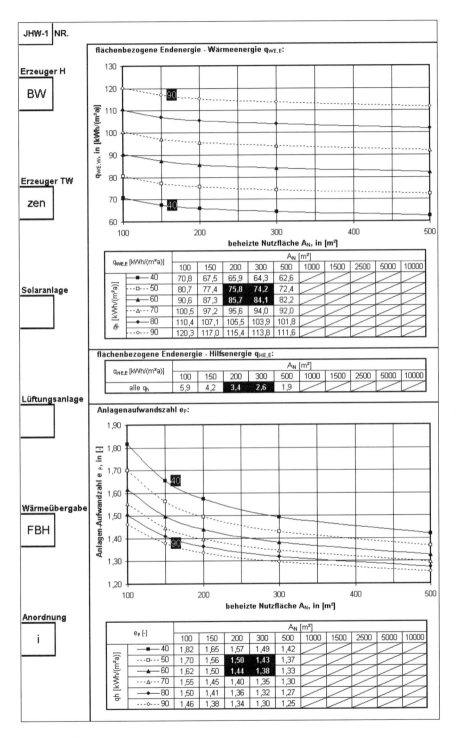

Abbildung 71: Beispielanlage - Vorderseite.

2.9 DIN EN ISO 6946

1. Kurzbeschreibung

Die *„DIN EN ISO 6946 : 2003-10 Bauteile, Wärmedurchlasswiderstand und Wärmedurchgangskoeffizient, Berechnungsverfahren"* legt das Verfahren zur Berechnung der Wärmedurchlasswiderstände und der Wärmedurchgangskoeffizienten von Bauteilen fest. Die Berechnungsverfahren gelten nicht für Türen, Fenster und andere verglaste Einheiten (hier gilt: DIN EN ISO 10 077 bzw. DIN V 4108-4), an das Erdreich grenzende Bauteile (hier gilt u.a.: DIN EN ISO 13 370). Das Verfahren gilt für Bauteile aus thermisch homogenen Schichten, die Luftschichten enthalten können und auch für Bauteile mit inhomogenen Schichten. Dies sind z.B. Bauteile, wie geneigte Dächer aus Holzkonstruktionen, die aus Bauteilschichten bestehen, die in Richtung des Wärmestroms unterschiedliche Wärmeleitfähigkeiten aufweisen. Die Norm gilt nicht für wärmedämmende Schichten, die von einer metallischen Schicht durchdrungen sind. Die DIN EN ISO 6946 wurde im März 2003 durch einen Änderungsentwurf ergänzt.

2. Inhalte

In der DIN EN ISO 6946 werden die wärmeschutztechnischen Grundlagen zur Berechnung von Wärmedurchlasswiderständen, Wärmeübergangswiderständen, Wärmedurchgangswiderständen und Wärmedurchgangskoeffizienten beschrieben. Für nicht ebene Oberflächen oder für spezielle Randbedingungen werden Verfahren zur gesonderten Berechnung von Wärmeübergangswiderständen beschrieben. Der Wärmedurchgangskoeffizient (U-Wert) eines nicht transparenten Bauteils ermittelt sich aus dem Kehrwert des Wärmedurchgangswiderstands R_T. Es gilt:

$$U = 1/R_T \qquad \text{in } W/(m^2 \cdot K)$$

Der Wärmedurchgangswiderstand R_T setzt sich zusammen aus der Summe der Einzelwiderstände. Es gilt:

$$R_T = R_{si} + R_1 + R_2 + \ldots + R_n + R_{se} \qquad \text{in } m^2 \cdot K/W$$

Hierbei bedeuten:

R_{si}	Wärmeübergangswiderstand innen	in $m^2 \cdot K/W$
$R_1, R_2, \ldots R_n$	Wärmedurchlasswiderstand der einzelnen Schichten	in $m^2 \cdot K/W$
R_{se}	Wärmeübergangswiderstand außen	in $m^2 \cdot K/W$

Die Wärmeübergangswiderstände sind in **Abbildung 72** angegeben. Für nicht ebene Oberflächen oder für spezielle Randbedingungen können die Wärmeübergangswiderstände auch gesondert ermittelt werden. Allgemein gilt, dass je größer der Wärmedurchlasswiderstand eines Außenbauteils ist, desto kleiner ist der entsprechende Wärmedurchgang. Der Wärmedurchlasswiderstand ermittelt sich aus dem Quotienten aus der Dicke der Bauteilschicht (d) und dem Bemessungswert der Wärmeleitfähigkeit des Baustoffes (λ). Es gilt:

	Richtung des Wärmestromes		
	Aufwärts	Horizontal	Abwärts
R_{si}	0,10	0,13	0,17
R_{se}	0,04	0,04	0,04

Anmerkung: Die Werte für „horizontal" gelten für Richtungen des Wärmestroms $\pm$ 30° zur horizontalen Ebene.

Abbildung 72: Wärmeübergangswiderstände, in $m^2 \cdot K/W$ nach DIN EN ISO 6946.

$R = d/\lambda$ in $m^2 \cdot K/W$

Werte von **Wärmedurchlasswiderständen** müssen im Rechengang auf mindestens **drei Dezimalstellen** berechnet werden.

Der Wärmedurchgangskoeffizient ist ggf. nach Anhang D der DIN EN ISO 6946 zu korrigieren. Ist jedoch die Gesamtkorrektur geringer als 3% des jeweiligen U-Wertes, braucht nicht korrigiert zu werden. Der korrigierte Wärmedurchgangskoeffizient U_c wird wie folgt bestimmt:

$U_c = U + \Delta U$

ΔU ergibt sich nach:

$\Delta U = \Delta U_g + \Delta U_f + \Delta U_r$ in $W/(m^2 \cdot K)$

Hierbei bedeuten:

ΔU_g Korrektur für Luftspalte
ΔU_f Korrektur für mechanische Befestigungselemente
ΔU_r Korrektur für Umkehrdächer

Der Wärmedurchgangskoeffizient ist als Endergebnis auf **zwei Dezimalstellen** zu runden. Weiterhin müssen die zugrunde gelegten Eingangsdaten (Dicken der Stoffschichten, Bemessungswerte der Wärmeleitfähigkeiten, Korrekturstufen usw.) angegeben werden. Es wird daher dringend geraten, dem Rechengang eine **zeichnerische Darstellung** des jeweiligen Außenbauteils beizufügen, damit auch andere Personen, die mit diesen Angaben arbeiten müssen, die speziellen Randbedingungen nachvollziehen können.

Bei so genannten belüfteten Bauteilen befindet sich zwischen äußerer Bekleidung (z.B. Holzschalung oder Dachdeckung) und Wärmedämmschicht eine Luftschicht, welche den Raum oberhalb der Wärmedämmschicht über natürliche Antriebskräfte z.B. aus feuchteschutztechnischer Sicht belüften soll. Über die Wirkungsweise unter realen Bedingungen dieser Mechanismen wird hier nicht weiter eingegangen. Auch aus energetischer Sicht ist die Strömungsgeschwindigkeit, die im Luftspalt vorhanden ist, von Bedeutung. Je nach (strömungstechnischem) Zustand der Luftschicht dürfen pauschal unterschiedliche Werte in Abhängigkeit von der Dicke der Luftschicht in Ansatz gebracht werden, **Abbildung 73**.

Neben der Berücksichtigung von pauschalen Werten zur numerischen Berücksichtigung des Wärmedurchlasswiderstandes von Luftschichten wird auch ein spezielles Berechnungsverfahren zur Bemessung dieser Werte im Anhang B angegeben. Auf dieses Berechnungsverfahren wird an dieser Stelle nicht weiter eingegangen. Auf einen speziellen Nachweis nach Anhang B darf verzichtet werden, wenn:

o die Luftschicht von zwei Flächen begrenzt ist, die parallel zueinander und senkrecht zum Wärmestrom verlaufen und einen Emissionsgrad von mindestens 0,8 besitzen.
o die Luftschichtdicke in Richtung der Wärmestromrichtung von weniger als dem 0,1-fachen eines der anderen beiden Maße und höchstens von 0,3 m besitzt. Bei größeren Dicken als 0,3 m sind die Wärmeströme nach DIN EN ISO 13 789 zu ermitteln.
o die Luftschicht keinen Luftaustausch mit dem Innenraum aufweist.

Es werden in DIN EN ISO 6946 drei Zustände von Luftschichten differenziert:

o Ruhende Luftschichten
o Schwach belüftete Luftschichten
o Stark belüftete Luftschichten

o Ruhende Luftschichten

Eine Luftschicht gilt als ruhend, wenn der Luftraum von der Umgebung abgeschlossen ist. In Tabelle 2 der DIN EN ISO 6946, **Abbildung 73**, sind Bemessungswerte des Wärmedurchlasswiderstandes angegeben. Die Werte für „horizontal" gelten für Richtungen des Wärmestroms ± 30° zur horizontalen Ebene. Eine Luftschicht mit kleinen Öffnungen zur Außenumgebung, die keine Dämmschicht zwischen sich und der Außenumgebung besitzt, ist auch als ruhende Luftschicht zu betrachten, wenn diese Öffnungen so angeordnet sind, dass ein Luftstrom durch die Schicht nicht möglich ist und die Öffnungen folgende Größen nicht überschreiten:

o 500 mm^2 je Meter Länge für vertikale Luftschichten,
o 500 mm^2 je m^2 Oberfläche für horizontale Luftschichten.

Entwässerungsöffnungen in Form von offenen vertikalen Fugen in der Außenschale eines zweischaligen Mauerwerks werden nicht als Lüftungsöffnungen angesehen.

o Schwach belüftete Luftschichten

Als schwach belüftet gilt eine Luftschicht, wenn der Luftaustausch mit der Außenumgebung durch Öffnungen folgendermaßen begrenzt wird:

o über 500 mm^2 bis 1500 mm^2 je m Länge für vertikale Luftschichten,
o über 500 mm^2 bis 1500 mm^2 je m^2 Oberfläche für horizontale Luftschichten.

Der Bemessungswert einer schwach belüfteten Luftschicht beträgt die Hälfte des entsprechenden Wertes nach Tabelle 2, **Abbildung 73.** Wenn der Wärmedurchlasswiderstand der Schicht zwischen Luftschicht und Außenumgebung 0,15 m$^2 \cdot$ K/W überschreitet, muss mit einem Höchstwert von 0,15 m$^2 \cdot$ K /W gerechnet werden.

Dicke der Luftschicht mm	Richtung des Wärmestromes		
	Aufwärts	Horizontal	Abwärts
0	0,00	0,00	0,00
5	0,11	0,11	0,11
7	0,13	0,13	0,13
10	0,15	0,15	0,15
15	0,16	0,17	0,17
25	0,16	0,18	0,19
50	0,16	0,18	0,21
100	0,16	0,18	0,22
300	0,16	0,18	0,23
Anmerkung: Zwischenwerte können mittels linearer Interpolation ermittelt werden.			

Abbildung 73: Wärmedurchlasswiderstand in m$^2 \cdot$ K/W von ruhenden Luftschichten - Oberflächen mit hohem Emissionsgrad nach DIN EN ISO 6946.

o Stark belüftete Luftschichten

Eine stark belüftete Luftschicht ist gegeben, wenn die Öffnungen zwischen Luftschicht und Außenumgebung folgende Größen überschreiten:

o 1500 mm² je m Länge für vertikale Luftschichten,
o 1500 mm² je m² Oberfläche für horizontale Luftschichten.

Der Wärmedurchlasswiderstand eines Bauteils mit einer stark belüfteten Luftschicht ist zu bestimmen, indem der Wärmedurchlasswiderstand der Luftschicht und aller anderen Schichten zwischen Luftschicht und Außenumgebung vernachlässigt wird. Für den äußeren Wärmeübergangswiderstand wird ein Wert verwendet, der dem bei ruhender Luft entspricht (d.h. gleich dem inneren Wärmeübergangswiderstand desselben Bauteils ist). In diesem o.a. Zusammenhang ist anzumerken, dass der strömungstechnische Zustand Einfluss auf die anzurechnenden Längen bei der Flächenermittlung hat. Da die Außenmaße zu berücksichtigen sind, ist nach Auffassung des Verfassers bei stark belüfteten Konstruktionen nur bis zu letzten wärmeschutztechnisch anrechenbaren Schicht zu rechnen. Dies bedeutet, dass bei einer stark belüfteten Luftschicht die äußere Bekleidung nicht beim Außenmaß berücksichtigt wird, sondern lediglich die Schichten bis zur Luftschicht bzw. die Schichten innerhalb der Bauwerksabdichtung, siehe auch Ausführung in DIN 4108-2. Demgegenüber könnte bei einer ruhenden, bzw. schwach belüfteten Luftschicht die äußere Bauteilschicht beim Wärmedurchgangswiderstand und endsprechend mit den Außenabmessungen auch bei der Flächenermittlung mit berücksichtigt werden.

Wärmedurchlasswiderstand unbeheizter Räume

In DIN EN ISO 6946 wird auch ein vereinfachter Rechenansatz zur Ermittlung des Wärmedurchlasswiderstands unbeheizter Räume angegeben. Ein unbeheizter Raum im Sinne dieser Norm ist z.B. ein Dachraum, der mit einer Dachkonstruktion mit einer ebenen Decke und einem geneigten Dach versehen ist. In diesem Beispiel kann der Dachraum so betrachtet werden, als wäre er eine wärmetechnisch homogene Schicht mit einem entsprechenden Wärmedurchlasswiderstand. Dieser Wärmedurchlasswiderstand R_u von Dachräumen ermittelt sich in Abhängigkeit von der Qualität der Dacheindeckung, Tabelle 3, **Abbildung 74**.

	Beschreibung des Daches	R_u $m^2 \cdot K/W$
1	Ziegeldach ohne Pappe, Schalung oder Ähnlichem	0,06
2	Plattendach oder Ziegeldach mit Pappe oder Schalung oder Ähnlichem unter Ziegeln	0,2
3	Wie 2, jedoch mit Aluminiumverkleidung oder einer anderen Oberfläche mit geringerem Emissionsgrad an der Dachunterseite	0,3
4	Dach mit Schalung und Pappe	0,3
Anmerkung: Die Werte in Tabelle 3 enthalten den Wärmedurchlasswiderstand des belüfteten Raums und der (Schräg)-Dachkonstruktion. Sie enthalten nicht den äußeren Wärmeübergangswiderstand (R_{se}).		

Abbildung 74: Wärmedurchlasswiderstand von Dachräumen nach DIN EN ISO 6946.

Bauteile mit inhomogenen Schichten

In der DIN 4108-5 : 8/1982 wurde ein Berechnungsverfahren zur Ermittlung eines mittleren k-Wertes von Bauteilen mit nebeneinander liegenden Bereichen angegeben. Hierbei wurde in Abhängigkeit von den jeweiligen Flächenanteilen der jeweiligen Bereiche ein mittlerer k-Wert für das Bauteil als Ganzes angegeben. Hierbei wurde der mittlere Wärmedurchgangskoeffizient, der sich z.B. bei einem geneigten Dach mit einer zwischen den Sparren (Rippe) befindlichen Wärmedämmschicht (Gefach) ergab, so berechnet, dass der Wärmedurchgangskoeffizient für die Rippe bzw. für das Gefach mit dem jeweiligen Flächenverhältniswert multipliziert wurde. Es ergab sich ganz allgemein:

$$k_m = k_1 \cdot (A_1/A) + k_2 \cdot (A_2/A) + \ldots k_n \cdot (A_n/A)$$

Es wurde hierbei vereinfachend davon ausgegangen, dass lediglich eine eindimensionale Wärmestromrichtung, d.h. senkrecht zur Bauteilfläche gegeben ist. Bei Bauteilen mit inhomogenen Schichten treten jedoch mehrdimensionale Wärmeströme auf, die exakt nur mit Hilfe von Wärmebrückenberechnungen für den stationären Zustand erfasst werden können.

In DIN EN ISO 6946 wird ein Näherungsverfahren für derartige Bauteile mit inhomogenen Schichten angegeben. Das vorliegende Verfahren erweitert das Berechnungsverfahren nach DIN 4108-5, indem das arithmetische Mittel aus einem oberen Wärmedurchgangswiderstand R'_T (Teilergebnis der Berechnung in Anlehnung an das Verfahren der DIN 4108-5) und einem unteren Wärmedurchgangswiderstand R''_T (mittlere Wärmeleitfähigkeit für die Summe der in der betrachteten Fläche vorhandenen Bauteilschichten) berechnet wird.

Bauteile mit keilförmigen Schichten

Bei Bauteilen mit einer keilförmigen Schicht (z.B. so genannte Gefälledachsysteme), ändert sich der Wärmedurchlasswiderstand über die Fläche des Bauteils. Der Wärmedurchgangskoeffizient ist durch das Integral über die Fläche des betreffenden Bauteils definiert. Die Berechnung ist für jedes Teil (z.B. Dach) mit der Neigung und/oder Form nach Abschnitt C.2 der DIN EN ISO 6946 gesondert durchzuführen. Es gelten hier je nach Neigung und /oder Form des Flachdaches unterschiedliche Rechenansätze. Für **Umkehrdächer** wird ein neues Korrekturverfahren für den Einfluss des Unterspülens bei Umkehrdächern aus extr. Polystyrol-Hartschaum durch Niederschlagswasser vorgestellt. Einzelheiten hierzu sollten auch mit dem Systemhersteller geklärt werden.

Stoffdaten

Bemessungswerte der Wärmeleitfähigkeit sind u.a. in DIN V 4108-4 und in DIN EN 12 524 aufgeführt. Bemessungswerte, die hier nicht aufgeführt sind, können zur Zeit noch dem Bundesanzeiger entnommen werden. Weiterhin finden sich auch Angaben in den allgemeinen bauaufsichtlichen Zulassungen.

Die DIN 6946 enthält zahlreiche Anhänge:

Anhang A (normativ) Wärmeübergangswiderstand
Anhang B (normativ) Wärmedurchlasswiderstand von unbelüfteten Lufträumen
Anhang C (normativ) Berechnung des Wärmedurchgangskoeffizienten von Bauteilen und keilförmigen Schichten
Anhang D (normativ) Korrekturen des Wärmedurchgangskoeffizienten
Anhang E (informativ) Beispiele von Korrekturen für Luftspalte
Anhang ZA (normativ) Normative Verweisungen auf internationale Publikationen mit ihren entsprechenden europäischen Publikationen

3. Verweis auf Regelungen in der Energieeinsparverordnung

In der Energieeinsparverordnung wird im Anhang 1 Tabelle 2 im Zusammenhang mit der Nennung der Randbedingungen, die zur Ermittlung des Jahres-Heizwärmebedarfs gemäß **Vereinfachten Verfahren für Wohngebäude** zu beachten sind, auf die DIN EN ISO 6946 verwiesen. Weiterhin wird diese Norm im Anhang 3 Tabelle 1 im Zusammenhang mit den Höchstwerten der Wärmedurchgangskoeffizienten bei **erstmaligem Einbau, Ersatz und Erneuerung von Bauteilen** bei der Berechnung der Wärmedurchgangskoeffizienten opaker Bauteile genannt.

4. Beispiele
Beispiel 1: Bauteil aus homogenen Schichten
Hier: Zweischalige Außenwand mit Kerndämmung

Schichtenfolge / Stoffdaten, **Abbildung 75**:

	Wärmeübergangswiderstand innen	$R_{si} = 0{,}130 \ m^2 \cdot K/W$
1.	0,015 m Kalkgipsputz,	$\lambda = 0{,}700 \ W/(m \cdot K)$
2.	0,175 m porosierter Hochlochziegel,	$\lambda = 0{,}240 \ W/(m \cdot K)$
3.	0,140 m Wärmedämmstoff,	$\lambda = 0{,}040 \ W/(m \cdot K)$
4.	0,010 m ruhende Luftschicht,	$R = 0{,}150 \ m^2 \cdot K/W$
5.	0,115 m Ziegelmauerwerk	$\lambda = 0{,}870 \ W/(m \cdot K)$
	Wärmeübergangswiderstand außen	$R_{se} = 0{,}040 \ m^2 \cdot K/W$

Zwischen den Mauerwerksschalen befinden sich gemäß DIN 1053-1 Drahtanker aus nicht rostendem Stahl, $\lambda = 17{,}00 \ W/(m \cdot K)$

$R_T = 0{,}13 + 0{,}015/0{,}700 + 0{,}175/0{,}24 + 0{,}140/0{,}040 + 0{,}15 + 0{,}115/0{,}87 + 0{,}04$
$R_T = 0{,}13 + 0{,}021 + 0{,}729 + 4{,}000 + 0{,}15 + 0{,}132 + 0{,}04$
$R_T = 4{,}702 \ m^2 \cdot K/W$
$U_{AW} = 1/4{,}702 \ m^2 \cdot K/W$
$U_{AW} = 0{,}213 \ W/(m^2 \cdot K)$

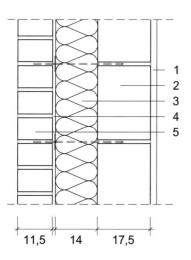

| 11,5 | 14 | 17,5 |

Abbildung 75: Regelquerschnitt der Außenwand.

Der Wärmedurchgangskoeffizient ist ggf. nach Anhang D der DIN EN ISO 6946 zu korrigieren. Ist die Gesamtkorrektur geringer als 3% des jeweiligen U-Wertes, braucht nicht korrigiert zu werden. Im vorliegenden Fall ergibt sich der Grenzwert, der nicht überschritten werden darf, zu $0{,}03 \cdot 0{,}213 = 0{,}006$ W/(m²·K).

Die Korrektur für mechanische Befestigungsteile wird nach DIN EN ISO 6946 Anhang D berechnet. Es gilt:

$$\Delta U_f = \alpha \cdot \lambda_f \cdot n_f \cdot A_f \qquad \text{in W/(m}^2 \cdot \text{K)}$$

Hierbei bedeuten:
α Koeffizient in m⁻¹, für die Anwendung der Norm ist α für Drahtanker mit 6 anzusetzen
λ_f Wärmeleitfähigkeit des Befestigungselements in W/(m·K)
n_f Anzahl der Befestigungselemente je m²
A_f Fläche des Befestigungselements in m²

Im vorliegenden Fall ergeben sich die nachfolgend aufgeführten Ergebnisse:
$\alpha = 6$ m⁻¹   Koeffizient für Mauerwerksanker bei zweischaligem Mauerwerk
$\lambda_f = 17$ W/(m · K)   Wärmeleitfähigkeit des Drahtankers, nicht rostender Stahl
                nach DIN EN 12 524
$n_f = 5$ Drahtanker/m²   nach DIN 1053-1 Tabelle 11
$A_f = 0{,}00002$ m²   Durchmesser Drahtanker 5 mm

$$\Delta U_f = 6 \cdot 17 \cdot 5 \cdot 0{,}00002$$
$$\Delta U_f = 0{,}010 \text{ W/(m}^2 \cdot \text{K)}$$

Der vorhandene Korrekturwert von $\Delta U_f = 0{,}010$ W/(m² · K) ist größer als der maximal zulässige $\Delta U = 0{,}006$ W/(m² · K), bezogen auf den vorhandenen U-Wert mit $U_{AW} = 0{,}213$ W/(m² · K). Dies bedeutet, dass **eine Korrektur** aufgrund des Einflusses von Mauerwerksankern vorgenommen werden muss. Es ergibt sich:

U_{AW} $= 0{,}213$ W/(m² · K)   ohne Korrektur
ΔU_f $= 0{,}010$ W/(m² · K)   Korrekturwert infolge mechanischer Befestigung
$U_{AW,c}$ $= 0{,}213 + 0{,}010$ W/(m² · K)
$U_{AW,c}$ $= 0{,}223$ W/(m² · K)

Zur Vermeidung von durchgehenden Fugen im Bereich der Wärmedämmschicht wird eine durchgehende, zweilagige Wärmedämmschicht mit versetzten Stößen gewählt (siehe hierzu auch DIN 1053). Die Fugendicke zwischen den Wärmedämmstoffplatten soll nicht mehr als 5 mm betragen. Eine Korrektur für Luftspalte gemäß DIN EN ISO 6946 Anhang D.2 ist daher nicht vorzusehen, **Abbildung 78**, Korrekturen für Luftspalte. Eine weitere Korrektur wird hier daher nicht vorgenommen. Die Ausführung muss dementsprechend vorgenommen werden, bzw. es sind Veränderungen im Wärmeschutznachweis fortzuschreiben! Es ergibt sich somit:

U_{AW} $= 0{,}223$ W/(m² · K)   ohne Korrektur
ΔU_f $= 0{,}000$ W/(m² · K)   Korrekturwert
$U_{AW,c} = 0{,}22$ W/(m² · K)   mit Korrektur auf zwei Dezimalstellen gerundet

Bei der o.a. Berechnung ist eine Ungenauigkeit enthalten. Bei korrekter Anwendung der DIN 1053-1 müssen in den Regelflächen (Anzahl der Drahtanker in Abhängigkeit vom Schalenabstand und dem Durchmesser des Drahtankers) und im Bereich aller freier Ränder, wie z.B. Öffnungen, Gebäudeecken, Dehnungsfugen und oberes Ende der Außenschale Drahtanker eingebaut werden. Im Bereich der freien Ränder sind je m Randlänge zusätzlich 3 Drahtanker anzuordnen.

Im vorliegenden Fall ergibt sich über diese Regelung für das im Kapitel 3 dargestellte Einfamilienhaus eine Erhöhung der Anzahl von 5 auf rechnerisch 8,3 Drahtanker pro Quadratmeter. Es ergibt sich somit folgendes Ergebnis:

ΔU_f = 6 · 17 · **8,3** · 0,00002

ΔU_f = 0,017 W/(m² · K)

U_{AW} = 0,213 W/(m² · K)   ohne Korrektur

ΔU_f = 0,017 W/(m² · K)   Korrekturwert infolge mechanischer Befestigung

$U_{AW,c}$ = 0,213 + 0,017   W/(m² · K)

U_{AW} = 0,23 W/(m² · K)   mit Korrektur für Drahtanker als Endergebnis auf zwei Dezimalstellen gerundet

Beispiel 2:   Bauteil aus inhomogenen Schichten
Hier: Geneigtes Dach mit Zwischen- und Untersparrendämmung

Schichtenfolge / Stoffdaten, **Abbildung 76**:

	Wärmeübergangswiderstand innen	R_{si}	= 0,100 m² · K/W
1	0,012 m Gipskartonplatte,	λ	= 0,210 W/(m · K)
2	Luftschicht 24mm,	R	= 0,160 m² · K/W [1)
3	0,022 m Holzwerkstoffplatte, z.B. OSB-Platte,	λ	= 0,170 W/(m · K)
4	Dachlatten 6/4, im Mittel Abstand, e = 0,50 m,		
	lichter Abstand der Dachlatten 0,44 m,	λ	= 0,130 W/(m · K)
4.1	0,04 m Wärmedämmstoff zwischen den Latten,	λ	= 0,040 W/(m · K)
5	Sparren 8/22, im Mittel Abstand, e = 0,90 m,		
	lichter Abstand Sparren 0,82 m,	λ	= 0,130 W/(m · K)
5.1	0,22 m Wärmedämmstoff zwischen den Sparren,	λ	= 0,040 W/(m · K)
6	0,016 m, Holzwerkstoffplatte, z.B. OSB-Platte,	λ	= 0,170 W/(m · K)
	Wärmeübergangswiderstand außen	R_{se}	= 0,100 m² · K/W[2)

[1) Die Luftschicht zwischen Gipskartonplatte und Holzwerkstoffplatte ist nach DIN EN ISO 6946 nicht belüftet. In Abhängigkeit von der Dicke der Luftschicht von 0,024 m ergibt sich nach Tabelle 2 ein Wärmedurchlasswiderstand von R = 0,16 m² · K/W.

[2) Das in **Abbildung 76** dargestellte geneigte Dach mit einer äußeren, hinterlüfteten Dacheindeckung ist stark belüftet. Der Wärmeübergangswiderstand außen beträgt daher R_{se} = 0,10 m² · K/W.

Ermittlung des oberen Grenzwertes des Wärmedurchgangswiderstandes (R'_T)
Wärmedurchgangswiderstände von Bereich zu Bereich für jeden Abschnitt:
$1/R'_T = f_a/R_{Ta} + f_b/R_{Tb} + ... f_q/R_{Tq}$. Es bestehen 4 Bereiche, **Abbildung 76**.

Bereich a: Wärmedämmstoff zwischen den Sparren und den Dachlatten
$0{,}82 \cdot 0{,}44 = 0{,}361$ $\qquad f_a = 0{,}361/0{,}45$ $\qquad f_a = 0{,}802$
$R_{Ta} = R_{si} + R_{a1} + R_{a2} + R_{a3} + R_{a4} + R_{a5} + R_{a6} + R_{se}$
$R_{Ta} = 0{,}10 + 0{,}012/0{,}21 + 0{,}16 + 0{,}022/0{,}17 + 0{,}04/0{,}04 + 0{,}22/0{,}04 + 0{,}016/0{,}17 + 0{,}10$
$R_{Ta} = 7{,}141 \ m^2 \cdot K/W$

Bereich b: Sparren, Wärmedämmstoff zwischen den Dachlatten
$0{,}08 \cdot 0{,}44 = 0{,}035$ $\qquad f_b = 0{,}035/0{,}45$ $\qquad f_b = 0{,}078$
$R_{Tb} = R_{si} + R_{b1} + R_{b2} + R_{b3} + R_{b4} + R_{b5} + R_{b6} + R_{se}$
$R_{Tb} = 0{,}10 + 0{,}012/0{,}21 + 0{,}16 + 0{,}022/0{,}17 + 0{,}04/0{,}04 + 0{,}22/0{,}13 + 0{,}016/0{,}17 + 0{,}10$
$R_{Tb} = 3{,}333 \ m^2 \cdot K/W$

Bereich c: Wärmedämmstoff zwischen den Sparren, Holz im Bereich
der Dachlatten $0{,}82 \cdot 0{,}06 = 0{,}049$ $\qquad f_c = 0{,}049/0{,}45$ $\qquad f_c = 0{,}109$
$R_{Tc} = R_{si} + R_{c1} + R_{c2} + R_{c3} + R_{c4} + R_{c5} + R_{c6} + R_{se}$
$R_{Tc} = 0{,}10 + 0{,}012/0{,}21 + 0{,}16 + 0{,}022/0{,}17 + 0{,}04/0{,}13 + 0{,}22/0{,}04 + 0{,}016/0{,}17 + 0{,}10$
$R_{Tc} = 6{,}448 \ m^2 \cdot K/W$

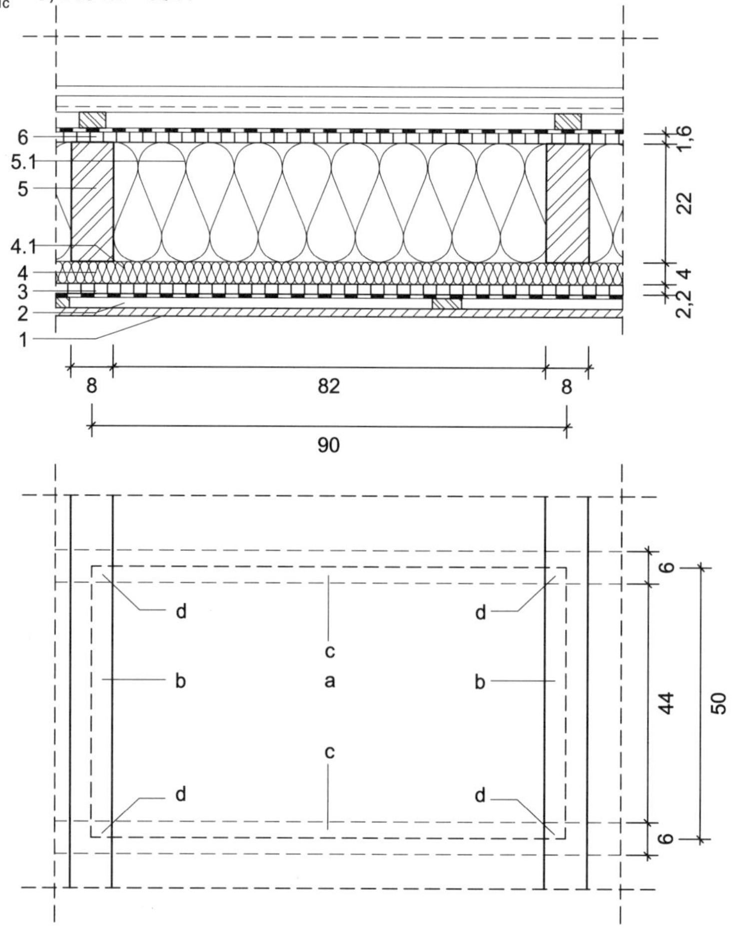

Abbildung 76: Regelquerschnitt des geneigten Daches und Aufsicht.

Bereich d: Holz im Bereich der Sparren und der Dachlatten

$0,08 \cdot 0,06 = 0,005 \qquad f_d = 0,005/0,45 \qquad f_d = 0,011$

$R_{Td} = R_{si} + R_{d1} + R_{d2} + R_{d3} + R_{d4} + R_{d5} + R_{d6} + R_{se}$

$R_{Td} = 0,10 + 0,012/0,21 + 0,16 + 0,022/0,17 + 0,04/0,13 + 0,22/0,13 + 0,016/0,17 + 0,10$

$R_{Td} = 2,641 \ m^2 \cdot K/W$

$1/R'_T = f_a/R_{Ta} + f_b/R_{Tb} + f_c/R_{Tc} + f_d/R_{Td}$

$1/R'_T = 0,802/7,141 + 0,078/3,333 + 0,109/6,448 + 0,011/2,641$

$1/R'_T = 0,155$

$R'_T = 6,380 \ m^2 \cdot K/W$

Ermittlung des unteren Grenzwertes des Wärmedurchgangswiderstandes (R''_T)

Es wird ein Wärmedurchlasswiderstand R_j für jede thermisch homogene Schicht unter der Annahme eines eindimensionalen Wärmestromes senkrecht zu den Oberflächen des Bauteils bestimmt: $1/R_j = f_a/R_{aj} + f_b/R_{bj} + ... f_q/R_{qj}$

Es bestehen 6 Schichtebenen:

Schichtebene 1:

$1/R_1 = f_{abcd1}/R_{abcd1} \qquad 1/R_1 = 1/(0,012/0,21) \qquad\qquad 1/R_1 = 17,50 \ W/(m^2 \cdot K)$

Schichtebene 2:

$1/R_2 = f_{abcd2}/R_{abcd2} \qquad 1/R_2 = 1/0,16 \qquad\qquad 1/R_2 = 6,250 \ W/(m^2 \cdot K)$

Schichtebene 3:

$1/R_3 = f_{abcd3}/R_{abcd3} \qquad 1/R_3 = 1/(0,022/0,17) \qquad\qquad 1/R_3 = 7,727 \ W/(m^2 \cdot K)$

Schichtebene 4: $\qquad 1/R_4 = f_{ab4}/R_{ab4} + f_{cd4}/R_{cd4}$

$1/R_4 = (0,396/0,45)/(0,04/0,04) + (0,054/0,45)/(0,04/0,13) \qquad 1/R_4 = 1,270 \ W/(m^2 \cdot K)$

Schichtebene 5: $\qquad 1/R_5 = f_{ac5}/R_{ac5} + f_{bd5}/R_{bd5}$

$1/R_5 = (0,41/0,45)/(0,22/0,04) + (0,04/0,45)/(0,22/0,13) \qquad 1/R_5 = 0,219 \ W/(m^2 \cdot K)$

Schichtebene 6:

$1/R_6 = f_{abcd6}/R_{abcd6} \qquad 1/R_6 = 1/(0,016/0,17) \qquad\qquad 1/R_6 = 10,625 \ W/(m^2 \cdot K)$

$R''_T = R_{si} + R_1 + R_2 + ... R_n + R_{se}$

$R''_T = 0,10 + 1/17,50 + 1/6,250 + 1/7,727 + 1/1,270 + 1/0,219 + 1/10,625 + 0,10$

$R''_T = 6,011 \ m^2 \cdot K/W$

Ermittlung des Wärmedurchlasswiderstandes:

$R_T = (R'_T + R''_T)/2 \qquad R_T = (6,380 + 6,011)/2 \qquad R_T = 6,196 \quad m^2 \cdot K/W$

Ermittlung des Wärmedurchgangskoeffizienten:

$U_D = 1/R_T \qquad U_D = 1/6,196 \qquad U_D = 0,161$

$U_D = 0,16 \ W/(m^2 \cdot K)$ \qquad als Endergebnis

Beispiel 3: Veränderung des U-Wertes am Beispiel des Einbaus von Wärmedämmschichten im geneigten Dach

Wärmedämmschichten sind vollflächig, hohlraumfrei und möglichst ohne Fugen einzubauen. Diese Notwendigkeit wird durch die Regelungen der DIN EN ISO 6946 beschrieben. Die DIN EN ISO 6946 sieht in Abhängigkeit von der Einbauqualität der Wärmedämmschicht Korrekturen für mögliche Luftspalte vor. Die Korrektur berechnet sich nach folgender Gleichung:

$$\Delta U_g = \Delta U'' \cdot (R_1/R_T)^2 \quad \text{in W/(m}^2 \cdot \text{K)}$$

Hierbei bedeuten:

$\Delta U''$ Korrektur für Luftspalte nach Tabelle D.1, **Abbildung 78**

R_1 Wärmedurchlasswiderstand der Spalte enthaltenden Schicht,

R_T Wärmedurchgangswiderstand des Bauteils.

In einem geneigten Dach, mit Belüftung oberhalb der Wärmedämmschicht, befinden sich Fugen zwischen Wärmedämmschicht und Sparren infolge von Schwindprozessen des Schnittholzes und aufgrund ungenauen Zuschnitts der Wärmedämmschicht, **Abbildung 77**. Nach Tabelle D.1, **Abbildung 78**, sind die Fugen der Korrekturstufe 2 zuzuordnen, da Luftspalte die Dämmung durchdringen und eine Luftzirkulation auf der warmen Seite der Dämmung möglich ist. Die Korrekturstufe beträgt in diesem Fall: $\Delta U'' = 0,04$ W/(m² · K). Der U-Wert ohne Korrektur beträgt $U_D = 0,237$ W/(m² · K). Der Grenzwert, der nicht überschritten werden darf, ermittelt sich zu: $0,237 \cdot 0,03 = 0,007$ W/(m² · K). Die Korrektur wird nach folgender Gleichung berechnet:

$$\Delta U_g = \Delta U'' \cdot (R_1/R_T)^2$$
$$R_1 = 0,16/0,035 \qquad\qquad R_1 = 4,571 \ m^2 \cdot K/W \quad R_T = 4,219 \ m^2 \cdot K/W$$
$$\Delta U_g = 0,04 \cdot (4,571/4,219)^2 \qquad \Delta U_g = 0,047 \ W/(m^2 \cdot K)$$

Der Korrekturwert von $\Delta U_g = 0,047$ W/(m² · K) ist größer als der ermittelte Grenzwert von 0,007 W/(m² · K). Es muss daher eine Korrektur infolge der Luftspalte vorgenommen werden.

$$U_{D,c} = 0,237 + 0,047 \ W/(m^2 \cdot K)$$
$$\mathbf{U_{D,c} = 0,28 \ W/(m^2 \cdot K) \quad als \ korrigiertes \ Endergebnis}$$

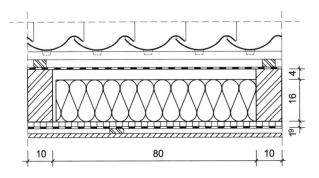

Abbildung 77: Regelquerschnitt des geneigten Daches mit Luftspalte zwischen Dämmstoff und Sparren.

Stufe	$\Delta U''$ $(W/(m^2 \cdot K))$	Beschreibung der Luftspalte
0	0,00	Die Dämmung ist so angebracht, dass keine Luftzirkulation auf der warmen Seite der Dämmung möglich ist. Keine die gesamte Dämmschicht durchdringende Luftspalte vorhanden.
1	0,01	Die Dämmung ist so angebracht, dass keine Luftzirkulation auf der warmen Seite der Dämmung möglich ist. Luftspalte können die Dämmschicht durchdringen.
2	0,04	Mögliche Luftzirkulation auf der warmen Seite der Dämmung. Luftspalte können die Dämmung durchdringen.

Abbildung 78: Korrekturen für Luftspalten nach DIN EN ISO 6946, graue Schraffur für Beispiel 3.

Bezogen auf den Transmissionswärmeverlust eines geneigten Daches ergibt sich für ein Einfamilienwohnhaus folgendes Ergebnis:

$H_{T,D} = 0,24 \cdot 172 \cdot 66$ $H_{T,D} = 2.742$ kWh/a $H_{T,D,c} = 0,28 \cdot 172 \cdot 66$

$H_{T,D,c} = 3.179$ kWh/a $H_{QT,D-T,D,c} = 437$ kWh/a

Bezogen auf den Transmissionswärmeverlust des geneigten Daches ohne Fugenkorrekturstufe ergibt sich eine Erhöhung von 437 kWh/a oder rund 16 %!

Beispiel 4: **Ermittlung des U-Wertes von Bauteilen mit keilförmigen Dämmschichten Flachdach mit so genanntem Gefälledachsystem**

Schichtenfolge / Stoffdaten, **Abbildung 79**:
Wärmeübergangswiderstand innen $R_{si}= 0,100$ m² · K/W
1. 0,18 m Stahlbeton, $\lambda = 2,100$ W/(m · K)
2. Wärmedämmstoff am tiefsten Punkt d = 0,08 m, $\lambda = 0,040$ W/(m · K)
3. Wärmedämmstoff am höchsten Punkt d = 0,12 m, $\lambda = 0,040$ W/(m · K)
   Wärmeübergangswiderstand außen $R_{se}= 0,040$ m² · K/W

Am Beispiel einer Dachterrasse, bestehend aus zwei rechteckigen Flächen gleicher Größe und gleicher Schichtenfolge (Wärmeleitfähigkeiten und Schichthöhen), soll der Rechengang der DIN EN ISO 6946 verdeutlicht werden. Die Längsseiten der Rechtecke stoßen mit der kleinsten Wärmedämmschichtdicke in der Mitte aneinander. Die Dicke der Wärmedämmschicht am höchsten Punkt beträgt d = 0,12 m, am tiefsten Punkt d = 0,08 m. Die Neigung

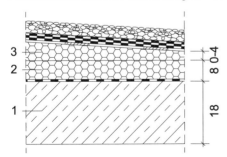

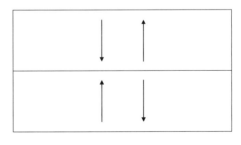

Abbildung 79: Regelquerschnitt des Flachdaches. **Abbildung 80:** Gefälledachrichtung.

der Wärmedämmschicht soll 5 Prozent nicht überschreiten. Für den Fall einer rechteckigen Fläche gilt für die Ermittlung von U:

$$U = (1/R_1) \ln [1 + (R_1/R_0)] \qquad \text{in } W/(m^2 \cdot K)$$

Dabei bedeuten:

R_1 maximaler Wärmedurchlasswiderstand der keilförmigen Schicht

R_0 Bemessungswert des Wärmedurchgangswiderstands des restlichen Teils einschließlich der Wärmeübergangswiderstände des Bauteils

ln natürlicher Logarithmus

Ergebnisse:

$R_1 = d_1/\lambda_1 \qquad \text{in } m^2 \cdot K/W$

$R_1 = 0{,}04/0{,}04$

$R_1 = 1{,}000 \qquad m^2 \cdot K/W$

$R_0 = R_{si} + R_1 + R_2 + \dots + R_n + R_{se} \qquad \text{in } m^2 \cdot K/W$

$R_0 = 0{,}10 + 0{,}18/2{,}1 + 0{,}08/0{,}04 + 0{,}04$

$R_0 = 2{,}226 \qquad m^2 \cdot K/W$

$$U = (1/R_1) \ln [1 + (R_1/R_0)] \qquad \text{in } W/(m^2 \cdot K)$$

$U = (1/1{,}000) \ln [1 + (1{,}000/2{,}226)]$

$U = 1 \ln (1 + 0{,}449)$

U = 0,37 W/(m² · K) als Endergebnis

2.10 DIN EN ISO 10077-1

1. Kurzbeschreibung

Die „DIN EN ISO 10 077-1 : 2000-11, Wärmetechnisches Verhalten von Fenstern, Türen und Abschlüssen - Berechnung des Wärmedurchgangskoeffizienten - Teil 1: Vereinfachtes Verfahren" legt ein Verfahren zur Ermittlung des Wärmedurchgangskoeffizienten von Fenstern und Türen fest, die aus einer Verglasung oder einer opaken Füllung in einem Rahmen mit Abschlüssen (Rollläden, Jalousien Klappläden usw.) oder ohne Abschlüsse bestehen. Vorhangfassaden und Ganzglasfassaden, die nicht in einem Rahmen montiert sind, werden in dieser Norm nicht behandelt. Dachflächenfenster sind wegen ihrer komplexen geometrischen Rahmenabschnitte ebenfalls nicht enthalten. Hier können nach Energieeinsparverordnung bei Verwendung des vereinfachten Verfahrens für Wohngebäude technische Produktspezifikationen benutzt werden.

In informativen Anhängen sind Standardwerte für Verglasungen, Rahmen und Abschlüsse angegeben. Die Wirkung von Wärmebrücken im Bereich der Leibung oder des Baukörperanschlusses und der übrigen Gebäudehülle sind von der Berechnung ausgenommen.

Die Berechnung berücksichtigt nicht:
- Einflüsse aus der Sonneneinstrahlung,
- Wärmeübertragung infolge Luftdurchlässigkeit,
- das Tauverhalten,
- belüftete Zwischenräume in Kastenfenstern und Verbundfenstern.

2. Inhalte

In DIN EN ISO 10 077-1 werden die Rechengänge eines Wärmedurchgangskoeffizienten von Fenstern, Fenster- und Haustüren beschrieben. Der Wärmedurchgangskoeffizient eines transparenten Bauteils wurde in der Vergangenheit nach DIN 4108 Teil 4 Tabelle 3 August 1981, berechnet. Bisher wurde der Wärmedurchgangskoeffizient eines Fensters in Abhängigkeit vom Wärmedurchgangskoeffizienten des verwendeten Glases (k_V-Wert nach Bundesanzeiger) für unterschiedliche Fensterrahmen (Rahmenmaterialgruppe 1 bis 2.3) unabhängig von der Größe des Fensters errechnet.

Ein geometrieunabhängiges Verfahren wird in der DIN V 4108-4, Abschnitt 2.4, beschrieben. Nach DIN EN ISO 10 077 wird der Wärmedurchgang auf die einzelnen Elemente des Fensters bezogen berechnet, d.h. es werden die wärmeschutztechnischen Qualitäten der einzelnen Elemente Rahmen, Glas, Glasrandverbund **und** die jeweiligen Flächen bzw. geometrischen Erstreckungen berücksichtigt. Dabei sind die in **Abbildung 81** dargestellten geometrischen Daten zu ermitteln.

Es sind dies:
o Fläche des Fensters A_w,
o Fläche des Verglasung A_g,
o Fläche des Rahmens A_f,
o Länge des Glasrandverbunds l_g.

Für folgende Fenstertypen werden Berechnungsgleichungen genannt:

o   Fenster mit Einscheiben- und Mehrscheibenverglasung,
o   Fenster mit opaker Füllung,
o   Kastenfenster und
o   Verbundfenster.

Weiterhin werden Berechnungsgleichungen angegeben für:

o   Einscheibenverglasung und
o   Mehrscheibenverglasung.

Für Fenster und Türen mit geschlossenen Abschlüssen, wie z.B. Roll- oder Fensterläden, wird ein Rechenverfahren zur Ermittlung des U-Wertes genannt.

Der Wärmedurchgangskoeffizient des Rahmens U_f kann alternativ nach verschiedenen Arten ermittelt werden.

1.   Ermittlung mit Hilfe von Standardwerten der DIN EN ISO 10 077-1, **Abbilung 82**,
2.   Berechnung mit Hilfe der Angaben DIN EN ISO 10 077-2. Hierzu ist ein spezielles Rechenprogramm erforderlich.
3.   Durchführung von Messungen nach E DIN EN 12 412-2.

Im Anhang D werden für verschiedene Rahmenmaterialien U-Werte angegeben, wie z.B. für Rahmen aus Kunststoff bzw. Kunststoff mit Metallkern, Holz (Hart- und Weichholz) sowie Metall. Für Holzrahmen ist ein Kurvendiagramm angegeben, in dem in Abhängigkeit von der Dicke des Rahmens und für Rahmen aus Weich- und Hartholz der jeweilige U_f-Wert abgelesen werden kann, **Abbildung 82**. Bei Kunststoffrahmen mit Metallaussteifungen werden für PVC-Hohlprofile in Abhängigkeit der geometrischen Qualitäten in den Hohlkammern und der Anzahl der Hohlkammern U_f-Werte angegeben. Bei zwei Hohlkammern

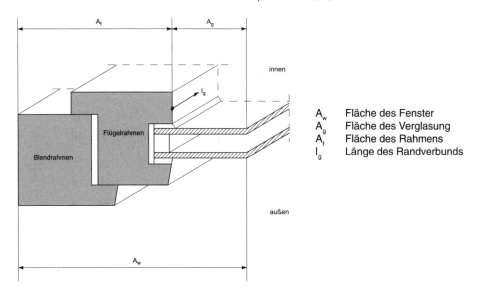

Abbildung 81: Systemschnitt Fenster nach DIN EN ISO 10 077 - 1.

(einer äußeren mit einer Hohlraumdicke von ≥ 5 mm und einer um den Metallkern) ergibt sich ein U_f-Wert von 2,2 W/(m² · K). Bei drei Hohlkammern (einer äußeren und inneren mit je einer Hohlraumdicke von ≥ 5 mm und einer um den Metallkern) ergibt sich ein U_f-Wert von 2,0 W/(m² · K).

Achtung: Nach Veröffentlichung der DIBt Mitteilungen 1/2003 [6] ist der nach den drei Arten ermittelte U_f-Wert auf einen Bemessungswert umzurechnen, siehe Abbildung 33.

Der **Wärmedurchgangskoeffizient der Verglasung U_g** wird nach DIN EN 673, DIN EN 674 oder DIN EN 675 bestimmt. Sofern noch Wärmedurchgangskoeffizienten U_v oder k_v nach bestehenden Übereinstimmungszertifikaten verwendet werden, können diese gleich dem Nennwert des U_g-Wertes gesetzt werden. Es wird den Anwendern geraten, bei konkreten Planungen den jeweiligen Stand der Technik über das DIBt zu erfragen.

Die Werte für U_f und U_g schließen eine wärmeschutztechnische Wechselwirkung zwischen Rahmen und Füllelement aus. Dieser Einfluss der Wärmeübertragung über den Randverbund wird durch den **längenbezogenen Wärmedurchgangskoeffizienten Ψ** berücksichtigt, der entweder in dieser Norm tabellarisch oder nach dem numerischen Verfahren nach Entwurf DIN EN ISO 10 077-2 berechnet oder gemessen wird. Sind keine Mess- oder Bemessungswerte vorhanden, die als Eingangswerte verwendet werden können, dürfen die Werte der informativen Anhänge B bis H verwendet werden.

Der längenbezogene Wärmedurchgangskoeffizienten Ψ ist von einer Vielzahl von Einflüssen abhängig. Dies sind u.a.:
o   Wärmeleitfähigkeit des Materials bzw. der Materialien im Scheibenrandverbund,
o   thermische Qualität des Rahmens und der Scheibe,
o   geometrische Einfassung des Randverbunds im Flügelrahmen. In diesem Zusammenhang wirken sich die Einbindetiefe in den Flügelrahmen, die Dicke des Fensterfalzes und die thermischen Qualitäten aus.

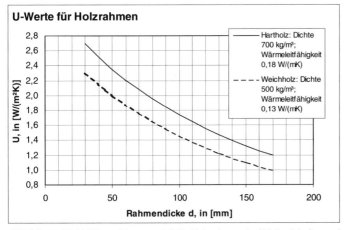

Abbildung 82: U-Werte (Nennwerte) für Holzrahmen in Abhängigkeit von der Dicke und der Rohdichte des Rahmens, nach DIN EN ISO 10 077-1.

Der längenbezogene Wärmebrückenverlustkoeffizient (Ψ-Wert) des Randverbunds kann entweder aus der DIN EN ISO 10 077-1, Tabelle E.1 entnommen werden oder mit Hilfe eines Wärmebrückenprogramms berechnet werden. Es können differenziert werden:

o   Randverbund aus Aluminium,

o   Randverbund aus Edelstahl,

o   Randverbund aus Kunststoff.

Der U-Wert eines Fensters ermittelt sich nach folgender Gleichung:

$$U_w = (A_g \cdot U_g + A_f \cdot U_f + l_g \cdot \Psi_g) / (A_g + A_f) \qquad \text{in W/(m}^2 \cdot \text{K)}$$

Hierbei bedeuten:

U_g U-Wert der Verglasung,

U_f U-Wert des Rahmens, nach DIBt Mitteilugen 1/2003 ist U_f-Wert auf einen Bemessungswert umzurechnen

Ψ_g längenbezogener Wärmedurchgangskoeffizient des Randverbunds,

A_g Fläche der Verglasung,

A_f Fläche des Rahmens,

l_g Länge des Randverbunds.

Aus diesem Rechenansatz wird deutlich, dass bei unterschiedlich großen Öffnungen und bei sonst gleichen Stoffdaten zukünftig für jedes Fenster ein eigener U-Wert zu berechnen ist. Da zum Zeitpunkt der Genehmigungsphase in der Regel die Dimensionierung der Rahmen, die Öffnungsmaße usw. noch nicht bekannt sind, ergibt sich auch hier die Notwendigkeit, den **Wärmeschutznachweis fortzuschreiben**.

Für zusammengesetzte Bauteile, wie z.B. nicht transparente Brüstungselemente in Fenstern oder Haustüren, kann ebenfalls der U-Wert nach DIN EN ISO 10 077-1 ermittelt werden. Der U-Wert ermittelt sich nach folgender Gleichung:

$$U_D = (A_g \cdot U_g + A_p \cdot U_p + A_f \cdot U_f + l_g \cdot \Psi_g + l_p \cdot \Psi_p) / (A_g + A_p + A_f) \qquad \text{in W/(m}^2 \cdot \text{K)}$$

Hierbei bedeuten:

U_g U-Wert der Verglasung,

U_p U-Wert der opaken Füllung,

U_f U-Wert des Rahmens,

Ψ_g längenbezogener Wärmedurchgangskoeffizient des Randverbunds,

Ψ_p längenbezogener Wärmedurchgangskoeffizient der Füllung,

A_g Fläche des Verglasung,

A_p Fläche der opaken Füllung,

A_f Fläche des Rahmens,

l_g Länge des Randverbunds für die Verglasung,

l_p Länge des Randverbunds für die opake Füllung.

In der DIN EN ISO 10 077-1 befinden sich weiterhin im Anhang F Tabellen zur pauschalen Ermittlung des U-Wertes eines Fensters. Voraussetzung für die Anwendung dieser Tabellen ist, dass der Rahmen einen Flächenanteil von 20 oder 30 Prozent aufweist. Bei Abweichung von den o.a. Flächenanteilen des Rahmens ist der U_w-Wert nach den Gleichungen der DIN EN ISO 10 077-1 zu ermitteln.

Die wärmeschutztechnische Qualität eines Fensters kann verbessert werden, in dem das Fenster einen äußeren „Deckel" erhält. Der Wärmedurchgangskoeffizient (U_{WS}) eines Fensters mit geschlossenem Abschluss wird wie folgt berechnet:

$$U_{WS} = 1 / [(1/U_W) + \Delta R] \qquad \text{in W/(m}^2 \cdot \text{K)}$$

Hierbei bedeuten:

U_W Wärmedurchgangskoeffizient des Fensters
ΔR zusätzlicher Wärmedurchlasswiederstand durch die Luftschicht zwischen dem äußeren Abschluss und dem Fenster einerseits und der thermischen Qualität des äußeren Abschlusses selbst

Der zusätzliche Wärmedurchlasswiederstand ΔR kann entweder ermittelt werden, wenn spezielle Werte für den Wärmedurchlasswiderstand des äußeren Abschlusses vorliegen oder es werden unter Zugrundelegung speziell gemessener oder berechneter Wärmedurchlasswiderstände von äußeren Abschlüssen und den speziellen strömungstechnischen Qualitäten im oberen, seitlichen und unteren Abschlussbereich die thermischen Qualitäten berechnet. In Anhang G der 10 077-1 werden typische Werte tabellarisch in Verbindung mit Anhang H angegeben.

Von großem Interesse ist die Frage, wie der U_{WS}-Wert im Nachweis berücksichtigt werden darf. Hierzu finden sich in der DIN EN ISO 10 077-1 keine weiteren Hinweise. In DIN EN ISO 13 789 wird in Absatz 4.3 ausgeführt, dass bei der Berechnung des zweidimensionalen Leitwertes bei Bauteilen mit schwankenden Wärmedurchgangskoeffizienten, wie z.B. bei Fenstern mit Fensterläden, die nachts geschlossen werden, sowohl der Höchst- als auch der Mindestwert zu berücksichtigen seien. Im Zweifelsfall wird es vermutlich dem ingenieurmäßigen Ermessen des Planers überlassen, hier eine angemessene Berücksichtigung vorzunehmen. Für den öffentlich-rechtlichen Nachweis werden für derartige Berechnungen in der DIN EN ISO 10 077-1 keine näheren Angaben getroffen.

Der wärmeschutztechnische „Deckeleffekt" eines äußeren Abschlusses vor einem Fenster ist neben seiner vorhandenen thermischen Qualität in ganz erheblichem Maße vom Nutzerverhalten abhängig. Dies müsste bei Anrechnung eines Dämmeffektes entsprechend dem Nutzer auch mitgeteilt werden.

Es könnte im günstigsten Fall aus Sicht der Verfasser eine Art Mittelwertbildung vorgenommen werden, wobei hierdurch für die Heizperiode näherungsweise rechnerisch erfasst werden soll, dass der äußere Abschluss regelmäßig in den Nachtstunden (im Mittel 12 Stunden) geschlossen auf dem berechneten Fenster wirkt. Inwieweit eine derartige Vorgehensweise nutzungsspezifisch angemessen ist, kann nicht verbindlich gesagt werden. Bei der Ermittlung des Transmissionswärmeverlustes im Bereich eines Rollladenkastens ist nach DIN 4108-2 (Kapitel 2.2) zu verfahren. Bei heute üblichen Außenwandkonstruktionen stellt der Rollladenkasten i.d.R. mit einem Wärmedurchgangskoeffizient von z.B. 0,6 W/(m²·K) zunächst eine Verschlechterung dar. Hierbei ist darauf zu achten, dass die Bauteilanforderungen der DIN 4108-2 nicht unterschritten werden dürfen. Es gelten:

o $R \geq 1{,}0$ m² · K/W für das gesamte Bauteil,
o $R \geq 0{,}55$ m² · K/W für den Deckel.

Im Hinblick auf den öffentlich-rechtlichen Nachweis müssen auch Wärmebrückeneffekte berücksichtigt werden. Hierbei ist darauf zu achten, dass in der DIN 4108 Bbl 2 konkrete Planungs- und Ausführungsbeispiele dargestellt sind. Leider befindet sich zum seitlichen Anschluss der Rollladenführungsschiene an die Fenster und Außenwand keine weitere Darstellung; es gelten hier die Anschlussdarstellungen ohne Rollladenführungsschiene. In der Praxis werden oft energetisch sehr ungünstige Lösungen realisiert. Bei Berücksichtigung eines äußeren Abschlusses können folgende Effekte auftreten:

o der U-Wert des Rollladenkastens kann eine thermische Verschlechterung im Vergleich zum U-Wert der Außenwand bedeuten,

o der Rollladenkasten und die Rollladenführungsschiene können unter Umständen in Abhängigkeit von der Einbausituation zu zusätzlichen Wärmebrückenverlusten führen,

o der Rollladenpanzer kann je nach thermischer Qualität und strömungstechnischer Beschaffenheit in der Einbausituation den U-Wert des Fensters u.U. nennenswert günstig beeinflussen,

o aus Gründen des sommerlichen Wärmeschutzes führt ein außen liegender Rollladen zu günstigen Werten zur Reduzierung des Sonneneintrags,

o die Gebäudedichtheit kann je nach Einbausituation des Rollladenkastens und dem Vorhandensein eines Rollladengurtes negativ beeinflusst werden.

Für die Bewertung von Fenstern speziell im Gebäudebestand wird auch ein Rechenansatz für Kastenfenster gegeben. Der U_W-Wert eines Kastenfensters ergibt sich zu:

$$U_W = 1 / [(1/U_{W1}) - R_{si} + R_s - R_{se} + (1/U_{W2})] \text{ in W/(m}^2 \cdot \text{K)}$$

Hierbei bedeuten:

U_{W1} ; U_{W2} Wärmedurchgangskoeffizient der Einzelfenster,
R_{si} ; R_{se} Wärmeübergangswiderstände zwischen den Fenstern, diese können in der Regel mit R_{si} = 0,13 m² · K/W und 0,04 m² · K/W angenommen werden,
R_s Wärmedurchlasswiderstand der Luftschicht zwischen den Verglasungen der beiden Fenster, **Abbildung 83**.

Das Verfahren gilt nur, wenn ein übermäßiger Luftaustausch mit Außenluft in den Zwischenraum der beiden Fenster ausgeschlossen werden kann. Diese Anforderung gilt als erfüllt, wenn zwischen dem äußeren Flügelrahmen am Übergang zum Blendrahmen im Bereich der Falze eine Fuge von höchstens 3 mm vorhanden ist.

Dicke des Luftraums	einseitige Beschichtung mit normalem Emissionsgrad von:				Beide Seiten unbeschichtet
mm	0,1	0,2	0,4	0,8	
6	0,211	0,190	0,163	0,132	0,127
9	0,298	0,259	0,211	0,162	0,154
12	0,376	0,316	0,247	0,182	0,173
15	0,446	0,363	0,276	0,197	0,186
50	0,406	0,335	0,260	0,189	0,179
100	0,376	0,315	0,247	0,182	0,173
300	0,333	0,284	0,228	0,171	0,163

Abbildung 83: Wärmedurchlasswiderstände R_s von unbelüfteten Luftzwischenräumen in m² · K/W für Kastenfenster, nach DIN EN ISO 10 077-1.

Bei der Ermittlung des U-Wertes eines Kastenfensters wirkt sich einerseits die Dicke des Luftraums (Wärmedurchlasswiderstand der ruhenden Luftschicht) und andererseits der Emissonsgrad der Verglasung aus. Das Emissionsvermögen gibt das Verhältnis der von einem Körper abgestrahlten Energiemenge zu derjenigen Energiemenge an, die von einem „schwarzen Körper" unter gleichen Randbedingungen abgestrahlt wird. Bei unbeschichteten Verglasungen ergeben sich große Emissonsgrade (> 0,8); bei heute üblichen Verglasungen ergeben sich sehr kleine Emissionsgrade (< 0,1).

Zum Berechnungsende ist ein Bericht zu erstellen, der folgende Inhalte aufweisen muss:

o Eine technische Zeichnung mit Angabe der Querschnitte der verschiedenen Rahmenteile (z.B. im Maßstab 1:1). Hierbei sind die stofflichen und geometrischen Angaben vorzunehmen.

o Eine Zeichnung der raumseitigen Ansicht des gesamten Fensters oder der gesamten Tür mit den folgenden Angaben:
 - verglaste Fläche A_g und/oder der opaken Füllung A_p,
 - Flächenanteil des Rahmens A_f und die
 - Umfangslänge der Verglasung l_g und/oder der opaken Füllungen l_p.

o Stoffwerte für die Berechnung mit Nennung der jeweiligen Quelle.
 Folgende Fälle werden hierbei unterschieden:

Fall A) Falls informative Anhänge dieser Norm verwendet werden, ist auf diese im Bericht entsprechend hinzuweisen.

Fall B) Falls andere Quellen als unter Fall A) genannt für die Ermittlung der U_g-, U_f- und Ψ-Werte verwendet werden, sind diese anzugeben.

Fall C) Wenn Verglasungen eingesetzt werden, die nicht durch Tabellenwerte in Anhang C abgedeckt sind, muss eine detaillierte Berechnung nach DIN 673 erfolgen.

Fall D) Falls Mess- oder Rechenwerte für einen der drei Parameter verwendet werden, sind einschlägige Normen anzugeben. Es ist zu bestätigen, dass die so ermittelten Werte mit den Definitionen in dieser Norm übereinstimmen.

o Das Endergebnis des U-Wertes ist mit zwei wertanzeigenden Ziffern anzugeben.

In den Anhängen werden folgende Inhalte beschrieben:

Anhang A   (normativ) Raumseitige und außenseitige Wärmeübergangswiderstände
Anhang B   (informativ) Wärmeleitfähigkeit von Glas
Anhang C   (informativ) Wärmedurchlasswiderstand von Luftschichten zwischen Verglasungen und Wärmedurchgangskoeffizient von Zweischeiben- sowie Dreischeiben-Isolierverglasungen
Anhang D   (informativ) Wärmedurchgangskoeffizient von Rahmen
Anhang E   (informativ) Längenbezogener Wärmedurchgangskoeffizient des Glas-Rahmen-Verbindungsbereiches
Anhang F   (informativ) Wärmedurchgangskoeffizient von Fenstern
Anhang G   (informativ) Zusätzlicher Wärmedurchlasswiderstand für Fenster mit geschlossenen Abschlüssen
Anhang H   (informativ) Durchlässigkeit von Abschlüssen
Anhang ZA (informativ) A-Abweichungen

3. Verweis auf Regelungen in der Energieeinsparverordnung

In der Energieeinsparverordnung wird im Anhang 1 Tabelle 2 im Zusammenhang mit der Nennung der Randbedingungen, die bei der Ermittlung des Jahres-Heizwärmebedarfs gemäß vereinfachtem Verfahren für Wohngebäude zu berücksichtigen sind, auf die DIN EN ISO 10 077-1 verwiesen. Weiterhin wird diese Norm im Anhang 3 Tabelle 1 im Zusammenhang mit den Höchstwerten der Wärmedurchgangskoeffizienten bei erstmaligem Einbau, Ersatz und Erneuerung von Bauteilen für die Berechnung der Wärmedurchgangskoeffizienten opaker Bauteile genannt. Die Norm wird u.a. in der DIN V 4108-6, DIN V 4108-4 und in den DIBt Mitteilungen 1/2003 aufgeführt.

4. Beispiele

Beispiel 1: Ermittlung von U-Werten für unterschiedliche Fensterformate

Nachfolgend wird ein Beispiel zur Berechnung von U_w-Werten für zwei Fenster vorgestellt. Hierbei wird untersucht, wie sich in Abhängigkeit des Flächenanteils des Rahmens der Wärmedurchgangskoeffizient des Fensters verändert. Folgende Geometrien, Wärmedurchgangskoeffizienten und Wärmebrückenverlustkoeffizienten werden zugrunde gelegt: Blend- und Flügelrahmen für beide Fälle b = 0,15 m,

Fenster 1 = 1,925 · 2,605, **Abbildung 84**,   Fenster 2 = 0,855 · 0,900, **Abbildung 85**.

Randdaten der U-Wert-Ermittlung:

U_g = 1,20 W/(m² · K)   Ermittlung erfolgte für ein
Zweischeiben-Isolierglas mit einer Argonfüllung, normaler Emissionsgrad < 0,05, Scheibenmaße 4 -15 - 4, Gaskonzentration > 90 %

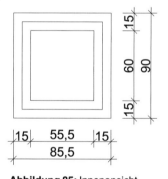

Abbildung 85: Innenansicht eines einflügeligen Fensters.

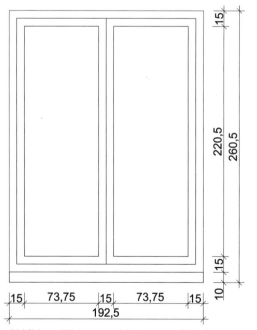

Abbildung 84: Innenansicht einer zweiflügeligen Fenstertür.

$U_f = 1,84 \; W/(m^2 \cdot K)$ Ermittlung erfolgte gemäß DIN EN ISO 10 077-2 mit Hilfe einer Finite-Elemente-Berechnung für ein Hartholz, nach DIBt Mitteilungen 1/2003 ist hier mit $U_{f,BW}$ 1,8 $W/(m^2 \cdot K)$ zu rechnen

$\Psi_g = 0,06 \; W/(m \cdot K)$ Wärmebrückenverlustkoeffizient nach DIN EN ISO 10077-1 für Aluminiumrandverbund

$\Psi_g = 0,04 \; W/(m \cdot K)$ Wärmebrückenverlustkoeffizient nach Herstellerangabe, für einen Kunststoffrandverbund

Ergebnis für Fenster 1 mit Aluminiumrandverbund im Bereich der Scheiben
$U_{W1} = (3,255 \cdot 1,2 + 1,760 \cdot 1,8 + 11,772 \cdot 0,06) / 5,015$
$U_{W1} = 1,55 \quad W/(m^2 \cdot K)$
$U_{W1} = 1,6 \quad W/(m^2 \cdot K)$ U-Wert, Angabe mit zwei wertangebenden Ziffern

Ergebnis für Fenster 1 mit Kunststoffrandverbund im Bereich der Scheiben
$U_{W1} = (3,255 \cdot 1,2 + 1,760 \cdot 1,8 + 11,772 \cdot 0,04) / 5,015$
$U_{W1} = 1,50 \quad W/(m^2 \cdot K)$
$U_{W1} = 1,5 \quad W/(m^2 \cdot K)$ U-Wert, Angabe mit zwei wertangebenden Ziffern

Ergebnis für Fenster 2 mit Aluminiumrandverbund im Bereich der Scheiben
$U_{W2} = (0,333 \cdot 1,2 + 0,437 \cdot 1,8 + 2,31 \cdot 0,06) / 0,77$
$U_{W2} = 1,72 \quad W/(m^2 \cdot K)$
$U_{W2} = 1,7 \quad W/(m^2 \cdot K)$ U-Wert, Angabe mit zwei wertangebenden Ziffern

Ergebnis für Fenster 2 mit Kunststoffrandverbund im Bereich der Scheiben
$U_{W2} = (0,333 \cdot 1,2 + 0,437 \cdot 1,8 + 2,31 \cdot 0,04) / 0,77$
$U_{W2} = 1,66 \quad W/(m^2 \cdot K)$
$U_{W2} = 1,7 \quad W/(m^2 \cdot K)$ U-Wert, Angabe mit zwei wertangebenden Ziffern

Aus den Beispielen wird deutlich, dass je größer der Rahmenanteil ist, desto ungünstiger wird der U_W-Wert des Fensters. Glasteilende Fensterrahmensprossen sind daher aus energetischer Sicht abzulehnen. Der Bauherr sollte hierauf hingewiesen werden, da sich durch Sprossen der U-Wert des Fensters erheblich verschlechtern kann. Dieser Verlust müsste dann durch andere energiesparende Maßnahmen ausgeglichen werden.

Nach DIN V 4108-4 hätte sich ein Nennwert des Wärmedurchgangskoeffizienten unabhängig von der Größe von $U_W = 1,5 \; W/(m^2 \cdot K)$ ergeben. Dieser Wert wäre ggf. noch zu korrigieren. Bei keiner weiteren Korrektur entspräche der Nennwert dem Bemessungswert. Bei einer Optimierung des Randverbunds unter Einhaltung der Kriterien nach Anhang C könnte noch eine Reduzierung des U-Wertes um $\Delta U_W = 0,1 \; W/(m^2 \cdot K)$ erzielt werden. In diesem Fall beträgt der Bemssungswert nach DIN V 4108-4 des Fensters:

$U_{W,BW} = 1,5 - 0,1$
$U_{W,BW} = 1,4 \; W/(m^2 \cdot K)$

Es wird deutlich, dass das gewählte Berechnungsverfahren neben den stofflichen und geometrischen Randbedingungen, ebenfalls einen Einfluss auf das Ergebnis hat und aus diesem Grund stets das verwendete Berechnunsgverfahren anzugeben ist.

Beispiel 2:   Ermittlung eines U-Wertes für eine Haustür
Blend- und Flügelrahmen b = 0,15 m, Haustür = 1,135 · 2,605,
Daten des Glasausschnitts: 0,25 · 1,80, **Abbildung 86**.

Randdaten der U-Wert-Ermittlung
U_g = 1,20 W/(m² · K)   Ermittlung erfolgte für ein
                                 Zweischeiben-Isolierglas mit einer Argonfüllung, normaler
                                 Emissionsgrad < 0,05, Scheibenmaße 4-15-4,
                                 Gaskonzentration ≥ 90 %
U_f = 1,84 W/(m² · K)   Ermittlung erfolgte gemäß DIN EN ISO 10 077-2 mit Hilfe
                                 einer Finite-Elemente-Berechnung für ein Hartholz, nach DIBt
                                 Mitteilungen 1/2003 ist hier mit $U_{f,BW}$ 1,8 W/(m² · K) zu rechnen
Ψ_g = 0,06 W/(m · K)   Wärmebrückenverlustkoeffizient nach DIN EN ISO 10 077-1
                                 für Aluminiumrandverbund
U_p = 0,603 W/(m² · K)   Wärmedurchgangskoeffizient für opake, wärmegedämmte
                                 Füllung
U_D = (0,450 · 1,2 + 1,399 · 1,8+ 1,03 · 0,603 + 4,10 · 0,06) / 2,879
U_D = 1,36   W/(m² · K)

U_D = 1,4   W/(m² · K)   U-Wert, Angabe mit zwei wertangebenden Ziffern

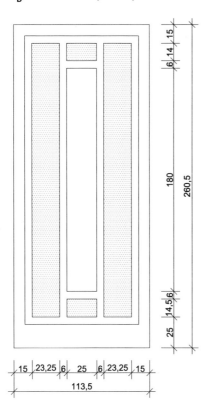

Abbildung 86: Innenansicht einer Haustür.

Beispiel 3:   Ermittlung eines U-Wertes für ein Fenster mit einem Rollladen

U_w 1,5 W/(m² · K)   ohne äußeren Abschluss

ΔR 0,19 m² · K/W   nach Anhang G, Tabelle G.1. Grundlagen hierfür sind:
                              o mittlere Luftdurchlässigkeit
                              o Rolladenpanzer aus Kunststoff mit Dämmstoff

U_{WS} = 1 / [(1/U_w) + ΔR]   in W/(m² · K)

U_{WS} = 1 / [(1/1,5) + 0,19]   W/(m² · K)

U_{WS} = 1,17 W/(m² · K)

U_{WS} = 1,2 W/(m² · K)

Vorschlag für Berücksichtigung eines mittleren U-Wertes (U_m) im Nachweis

U_m = (U_w + U_{WS})/2   in W/(m² · K)

U_m = (1,5 + 1,2)/2 W/(m² · K)

U_m = 1,4 W/(m² · K)

Anmerkung: Der o.a. mittlere U-Wert für das Fenster stützt sich auf keine Regel der Technik und stellt lediglich einen Vorschlag dar, wie bei einem Fenster mit herabgelassenen Rollladen im Mittel gerechnet werden könnte. Die DIN EN ISO 10 077-1 enthält leider keine Hinweise, wie der Dämmeffekt eines Rollladens für öffentlich-rechtliche Nachweise zu berücksichtigen ist.

2.11 DIN EN ISO 10 077-2

1. Kurzbeschreibung

Der „Norm-Entwurf DIN EN ISO 10 077-2 : 1999-02 Wärmetechnisches Verhalten von Fenstern, Türen und Abschlüssen - Berechnung des Wärmedurchgangskoeffizienten - Teil 2: Numerisches Verfahren für Rahmen" legt ein Verfahren und Werkstoffkennwerte zur Berechnung von Wärmedurchgangskoeffizienten von Rahmenprofilen und längenbezogenen Wärmedurchgangskoeffizienten von Randeinflüssen aufgrund von Glas- oder anderen Füllelementen fest.

Dieses Verfahren kann zur Bestimmung des Wärmestroms und der Oberflächentemperaturen von Rahmenprofilen verwendet werden. Unter Rahmen wird in dieser Norm verstanden: Flügelrahmen, Schiebeflügel, Pfosten, Kämpfer und Gittersysteme von Fenstern und Türen. Das Verfahren kann zur Bewertung des Wärmedurchlasswiderstandes von Abschlussprofilen und der thermischen Eigenschaften von Rollläden verwendet werden. Die Regelungen der Norm berücksichtigen nicht die Einflüsse der Sonneneinstrahlung und Wärmeübertragung infolge Luftdurchlässigkeit sowie dreidimensionaler Wärmeübertragung, wie z.B. engbegrenzte metallische Verbindungen.

2. Inhalte

In DIN EN ISO 10 077-1 wird das Verfahren zur Berechnung des Wärmedurchgangskoeffizienten von Fenstern und Türen beschrieben. Dem Anhang D können hierzu pauschale Wärmedurchgangskoeffizienten für den Rahmen bzw. dem Anhang E Werte für den längenbezogenen Wärmedurchgangskoeffizienten des Glas-Rand-Verbindungsbereiches entnommen werden. Für Profile, die nicht im Teil 1 erfasst sind, kann der U-Wert des Rahmens und auch der längenbezogene Wärmedurchgangskoeffizient des Glas-Rand-Verbindungsbereiches nach dem in Teil 2 beschriebenen Verfahren berechnet werden. Die Berechnung erfolgt mit einem zweidimensionalen numerischen Verfahren nach DIN EN ISO 10 211.

In DIN EN ISO 10 077-2 werden die Randbedingungen, die bei der Durchführung derartiger Berechnungen zu beachten sind, beschrieben. Es erfolgen Angaben zur rechnerischen Behandlung von Hohlräumen (z.B. bei Kunststoff-Profilen). Es werden Angaben für Wärmeleitfähigkeiten (λ-Werte) ausgewählter Werkstoffe für das Fenster und Angaben für die zu berücksichtigenden Wärmeübergangswiderstände vorgenommen. Schließlich werden die Rechenverfahren selbst vorgestellt.

Der **Wärmedurchgangskoeffizient U_f** des Profils ergibt sich:

$$U_f = [L^{2D} - (U_p \cdot l_p)] / l_f \qquad \text{in } W/(m^2 \cdot K)$$

Hierbei bedeuten:

U_f	der Wärmedurchgangskoeffizient des Profils	in $W/(m^2 \cdot K)$
U_p	der Wärmedurchgangskoeffizient der Füllung	in $W/(m^2 \cdot K)$
l_f	die projektierte Breite des Rahmenprofils	in m
l_p	die sichtbare Breite der Füllung	in m
L^{2D}	der zweidimensionale thermische Leitwert	in $W/(m \cdot K)$

Der zweidimensionale thermische Leitwert (L^{2D}) wird berechnet über die längenbezogene Wärmestromdichte $q_{l,tot}$ durch Rahmen und Füllung, dividiert durch die Temperaturdifferenz ΔT zwischen Raum- und Außentemperatur:

$$L^{2D} = q_{l,tot} / \Delta T.$$

Anmerkung: Die längenbezogene Wärmestromdichte $q_{l,tot}$ durch Rahmen und Füllung wird mit Hilfe eines speziellen Wärmebrückenprogramms ermittelt.

Der **längenbezogene Wärmedurchgangskoeffizient** Ψ ermittelt sich zu:

$$\Psi = L^{2D} - (U_f \cdot l_f) - (U_g \cdot l_g) \qquad \text{in W/(m} \cdot \text{K)}$$

Hierbei bedeuten:

L^{2D}	der zweidimensionale thermische Leitwert	in W/(m · K)
U_f	der Wärmedurchgangskoeffizient des Profils	in W/(m² · K)
U_g	der Wärmedurchgangskoeffizient der Verglasung	in W/(m² · K)
l_f	die projektierte Breite des Rahmenprofils	in m
l_g	die sichtbare Breite der Verglasung	in m

Der Wärmedurchgangskoeffizient der Verglasung (U_g-Wert) gilt lediglich für die Mittelfläche der Verglasung. Bei diesem Wert wird jedoch nicht die Wechselwirkung von Rahmen und Verglasung berücksichtigt. Der Wärmedurchgangskoeffizient des Profils (U_f-Wert) gilt für den Fall ohne Verglasung.

Aus diesem Grund ist der zusätzliche Wärmestrom, der durch den Einfluss des Randverschlusses der Verglasung bzw. durch die Glasabstandshalter hervorgerufen wird, im Nachweis zu berücksichtigen. Der energetische Einfluss wird durch den so genannten längenbezogenen Wärmedurchgangskoeffizienten (Ψ-Wert) beschrieben.

Zur Berechnung des zweidimensionalen Leitwertes des Profils aus Rahmen und Verglasung, einschließlich des Einflusses der Abstandshalter, wird das Rahmenprofil mit einer projektierten Rahmenbreite und dem Wärmedurchgangskoeffizienten U_f durch eine Verglasung mit einem Wärmedurchgangskoeffizienten U_g und der Länge l_g vervollständigt.

3. Verweis auf Regelungen in der Energieeinsparverordnung

In der Energieeinsparverordnung wird auf die Vornorm DIN EN ISO 10 077-2 nicht verwiesen. Es werden jedoch im Teil 1 der DIN EN ISO 10 077 und u.a. auch in der DIN V 4108-6 Verweise auf den Teil 2 vorgenommen. Weiterhin wird die DIN EN ISO 10 077-2 in den Mitteilungen des deutschen Insituts für Bautechnik vom 28.02.2003 in Anlage 8.5 (2002/3) Richtlinie über Fenster und Fenstertüren genannt.

4. Beispiel

Nachfolgend wird die Ermittlung eines U-Wertes für ein Rahmenprofil beispielhaft vorgestellt, **Abbildung 87**. Die Ermittlung erfolgt in mehreren Schritten.

1. Schritt

Zur Ermittlung der längenbezogenen Wärmestromdichte werden in einem Wärmebrückenprogramm die **geometrischen Daten** des zu berechnenden Rahmenprofils eingegeben. Hierbei ist zu beachten, dass der Rahmen durch eine Füllung aus Dämmstoff ergänzt wird. Die sichtbare Länge der Füllung beträgt 190 mm, die Einbindung der Füllung in den Rahmen darf 15 mm nicht überschreiten und die Dicke der Füllung muss der Glasdicke entsprechen. Die geometrischen Daten sind in **Abbildung 87** dargestellt.

2. Schritt

Es werden die jeweiligen **Stoffdaten** des Rahmenprofils definiert und die klimatischen Randdaten für die Berechnung festgelegt. Hierbei ist darauf zu achten, dass die Füllung die Wärmeleitfähigkeit von $\lambda = 0,04$ W/(m · K) nicht überschreiten darf. Es wurden folgende Stoffdaten zugrunde gelegt:

o Füllung $\qquad \lambda = 0,04$ W/(m · K) $\qquad$ o $\qquad$ Hartholz $\qquad \lambda = 0,18$ W/(m · K)
o Abdichtung $\qquad \lambda = 0,25$ W/(m · K)

3. Schritt

Es wird die Wärmestromdichte und der zweidimensionale thermische Leitwert berechnet. Die bezogene Wärmestromdichte wird mit 1 Kelvin Temperaturdifferenz ermittelt, d.h. die Wärmestromdichte wird durch die Temperaturdifferenz dividiert. In diesem Fall ergibt sich der zweidimensionale thermische Leitwert: $L^{2D} = 0,56$ W/(m · K).

4. Schritt

Der **Wärmedurchgangskoeffizient U_f** des Profils ergibt sich zu:

$U_f = [L^{2D} - (U_p \cdot l_p)] / l_f \qquad$ in W/(m^2 · K)

Folgende Daten werden berücksichtigt:

$L^{2D} = 0,56$ W/(m · K) $\qquad U_p = 1,493$ W/(m^2 · K) $\qquad l_p = 0,19$ m $l_f = 0,15$ m

$U_f = [0,56 - (1,493 \cdot 0,19)] / 0,15 \qquad\qquad U_f = 1,84$ W/(m^2 · K)

Es ergibt sich somit ein U_f-Wert von 1,84 W/(m^2·K) für das zugrunde gelegte Rahmenprofil. Dieser Wert ist zu einem Bemessungswert ($U_{f,BW}$) nach DIN V 4108-4 (Abbildung 33) umzurechnen. Es ergibt sich hier ein $U_{f,BW}$-Wert von 1,4 W/(m^2·K). In DIN EN ISO 10 077-1 Anhang D ergibt sich ein U_f--Wert von etwa 2,2 W/(m^2·K). Über das Fensterinsitut in Rosenheim (ift) können berechnete U_f-Werte abgerufen werden.

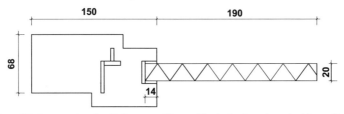

Abbildung 87: Geometrien des Rahmenprofils aus Hartholz, Angaben der Vermaßung in mm.

2.12 DIN EN ISO 13 370

1.   Kurzbeschreibung

Die „DIN EN ISO 13 370 : 1998 - 12 Wärmetechnisches Verhalten von Gebäuden. Wärmeübertragung über das Erdreich Berechnungsverfahren" gibt ein Verfahren zur Berechnung von Wärmedurchgangskoeffizienten und des Wärmedurchgangs durch Bauteile an, die sich im wärmetechnischen Kontakt mit dem Erdreich befinden. Einbezogen sind Bodenplatten auf dem Erdreich, aufgeständerte Bodenplatten und Kellergeschosse. Sie gilt für Bauwerksteile oder Teile davon, die unterhalb einer waagerechten Ebene der angrenzenden Wände des Gebäudes liegen:

-       für Bodenplatten auf dem Erdreich und aufgeständerte Bodenplatten in Höhe der raumseitigen Bodenplattenoberfläche,
-       für Kellergeschosse in Höhe der Oberfläche des umgebenden Erdreichs.

Das Verfahren darf nicht beim vereinfachten Verfahren für Wohngebäude gemäß Energieeinsparverordnung angewendet werden.

2.   Inhalte

Die Ermittlung von Wärmedurchgangskoeffizienten erfolgt für Bauteile, die an Außenluft grenzen für **opake Bauteile** nach DIN EN ISO 6946 und für **transparente Bauteile** nach DIN EN ISO 10 077. Der spezifische Transmissionswärmeverlust ergibt sich für diese Bauteile aus dem Produkt der Fläche mit dem jeweiligen Wärmedurchgangskoeffizienten.

Bei der Ermittlung des spezifischen Transmissionswärmeverlustes für Bauteile, die sich in **wärmetechnischem Kontakt mit dem Erdreich** befinden, ist der Wärmeabfluss von innen über das Erdreich an die Außenluft rechnerisch zu erfassen. Hierbei treten mehrdimensionale Wärmeströme auf, die über geeignete Wärmebrückenprogramme berechnet werden können. Es werden zusätzlich auch Wärmeverluste über konstruktive Wärmebrückensituationen erfasst. Zur Vereinfachung der Berechnung des spezifischen Transmissionswärmeverlustes für an Erdreich grenzende Bauteile können zwei Verfahren gewählt werden:

1. Verfahren

Bei der Ermittlung des spezifischen Transmissionswärmeverlustes werden pauschale Temperatur-Korrekturfaktoren berücksichtigt. Diese sind in der DIN EN ISO 13370 nicht aufgeführt, sondern sind z.B. der DIN V 4108-6 zu entnehmen. Bei Verwendung von Temperatur-Korrekturfaktoren darf eine zusätzliche Berechnung des Wärmestroms über das Erdreich nach DIN EN ISO 13 370 **nicht** durchgeführt werden.

2. Verfahren

Bei der Ermittlung des spezifischen Transmissionswärmeverlustes wird ein Näherungsverfahren zur Berechnung des mehrdimensionalen Wärmestroms nach DIN EN 13 370 berücksichtigt. Sinngemäß darf hier eine Gewichtung über Temperatur-Korrekturfaktoren **nicht** durchgeführt werden.

Aus Gründen der Vereinfachung sollten Temperatur-Korrekturfaktoren verwendet werden. Es ist hierzu noch anzumerken, dass es für die Berechnung des Wärmedurchgangskoeffizienten eines an das Erdreich grenzenden Bauteils keine normative Regelung für den äußeren Wärmeübergangswiderstand gibt. In der Energieeinsparverordnung wird im Anhang 1 Tabelle 2 Fußnote 1 lediglich für das vereinfachte Verfahren für Wohngebäude darauf hingewiesen, dass der äußere Wärmeübergangswiderstand gleich null zu setzen ist. Beim Monatsbilanzverfahren können im Gegensatz zum vereinfachten Verfahren auch die Rechengänge der DIN EN ISO 13 370 verwendet werden.

Die Wärmeübertragung über das Erdreich an die Außenluft ist abhängig von:

o dem charakteristischen Bodenplattenmaß B' (Verhältnis von Grundfläche zum halben Umfang der Bodenplatte),
o der Wärmeleitfähigkeit des Erdreichs,
o der wirksamen Gesamtdicke der jeweiligen Bauteile,
o dem Wärmedurchgangskoeffizienten U der beteiligten Bauteile unter Berücksichtigung des Einflusses von Maßnahmen zur Minimierung der Wärmebrückenwirkung und den speziellen geometrischen und stofflichen Bedingungen der Bauteile.

Es werden je nach Bauteilsituation unterschiedliche Rechenansätze in der DIN EN ISO 13 370 verwendet. Folgende Bauteilsituationen werden differenziert:

o Bodenplatte auf dem Erdreich, ungedämmt oder mit vollflächiger Dämmung,
o Bodenplatte auf Erdreich mit Randdämmung,
o Aufgeständerte Bodenplatten,
o Beheizte Keller und unbeheizte oder teilweise beheizte Keller.

Nachfolgend wird die Ermittlung der monatlich korrigierten Temperatur-Korrekturfaktoren nach DIN EN ISO 13 370 am Beispiel einer Bodenplatte auf dem Erdreich vorgestellt. Hierbei kann folgende Schrittfolge gewählt werden:

Schritt 1: Ermittlung der Randdaten
o Umfang der Bodenplatte,
o Schichtenfolge der Bodenplatte und der Außenwand,
o Flankierende Wärmedämmmaßnahme im Bereich der Bodenplatte,
o Feststellung der Bodenkategorie, Wärmeleitfähigkeit des Erdreichs.

Schritt 2: Ermittlung des charakteristischen Bodenplattenmaßes B'
Das charakteristische Bodenplattenmaß ist als Quotient aus der Fläche und dem halben Umfang der Bodenplatte definiert:

$$B' = A_G/(0{,}5 \cdot P) \qquad \text{in m}$$

Hierbei bedeuten:
A_G gesamte Grundfläche des Gebäudes,
P exponierter Umfang der Bodenplatte, P ist die Gesamtlänge der Außenwand, die das beheizte Gebäude von der äußeren Umgebung trennt. Bei einem Einfamilienhaus ist P der Gesamtumfang des Gebäudes; bei einem Reihenmittelhaus ist P die Länge der Außenwand, die den beheizten Raum von der äußeren Umgebung abgrenzt, wobei die Wandlängen zu den Nachbarhäusern (die beheizt sind) nicht berücksichtigt werden.

Schritt 3: Ermittlung der wirksamen Gesamtdicke der Bodenplatte d_t
Die wirksame Gesamtdicke der Bodenplatte (d_t) ermittelt sich zu:

$$d_t = \omega + \lambda \cdot (R_{si} + R_f + R_{se}) \text{ in m}$$

Hierbei bedeuten:

ω Gesamtdicke der Umfassungswände auf der Bodenplatte, einschließlich sämtlicher Schichten,

λ wärmetechnische Eigenschaft des Erdreichs,
    Die wärmetechnische Eigenschaft des Erdreichs kann wahlweise wie folgt angenommen werden:
    o anhand von nationalen Vorschriften oder anderen technischen Regeln,
    o anhand der tatsächlichen Lage entsprechend der Tiefe und des Feuchtegehalts des Erdreichs,
    o anhand von Kategorien; **Abbildung 88**,
    o anhand folgenden Wertes: $\lambda = 2,0$ W/(m · K),

R_{si} Wärmeübergangswiderstand innen nach DIN EN ISO 6946,

R_f Wärmedurchlasswiderstand der einzelnen Schichten, dabei berücksichtigt R_f den Wärmedurchlasswiderstand der Dämmschichten auf bzw. unter der Bodenplatte sowie die Schichten, welche gemäß der DIN 4108-2 zu berücksichtigen sind,

R_{se} Wärmeübergangswiderstand außen nach DIN EN ISO 6946.

Schritt 4:   Ermittlung des Grundwertes des Wärmedurchgangskoeffizienten der Bodenplatte U_o
Der Grundwert einer Bodenplatte auf dem Erdreich ist nach DIN EN ISO 13 370 in Abhängigkeit des Verhältnisses von d_t und **B'** zu berechnen.

Schritt 4.1: Grundwert für eine ungedämmte oder leicht gedämmte Bodenplatte
    Voraussetzung: $d_t < B'$
Es gilt:
$$U_o = 2\lambda/(\pi \cdot B' + d_t) \cdot \ln\left[(\pi \cdot B'/d_t) + 1\right] \quad \text{in W/(m}^2 \cdot \text{K)}$$

Hierbei bedeuten:

λ wärmetechnische Eigenschaft des Erdreichs,

B'   charakteristisches Bodenplattenmaß,

d_t wirksame Gesamtdicke der Bodenplatte.

Kategorie	Beschreibung	Wärmeleitfähigkeit λ in W/(m · K)
1	Ton oder Schluff	1,5
2	Sand oder Kies	2
3	homogener Felsen	3,5

Abbildung 88: Wärmetechnische Eigenschaften des Erdreichs, nach DIN EN ISO 13 370.

Schritt 4.2: Grundwert für eine gut gedämmte Bodenplatte
Voraussetzung: $d_t \geq B'$

Es gilt:

$U_o = \lambda / (0{,}457 \cdot B' + d_t)$ in W/(m² · K)

Hierbei bedeuten:

λ wärmetechnische Eigenschaft des Erdreichs,
B' charakteristisches Bodenplattenmaß,
d_t wirksame Gesamtdicke der Bodenplatte.

Schritt 5: Ermittlung des Korrekturwertes $\Delta\Psi$ für eine ggf. vorhandene Randdämmung

Schritt 5.1: Ermittlung des zusätzlichen Wärmedurchlasswiderstandes der Randdämmung R'

Der zusätzliche Wärmedurchlasswiderstand der Randdämmung (R') wird nach folgender Gleichung ermittelt:

$R' = R_n - d_n/\lambda$ in m² · K/W

Hierbei bedeuten:

R' zusätzlicher Wärmedurchlasswiderstand der Randdämmung.
R' beschreibt die Differenz zwischen dem Wärmedurchlasswiderstand der Randdämmung und dem des Erdreichs bzw. der Bodenplatte,
R_n Wärmedurchlasswiderstand der waagerechten oder senkrechten Randdämmung bzw. Gründung, nach DIN EN ISO 6946,
d_n Dicke der Randdämmung bzw. der Gründung,
λ wärmetechnische Eigenschaft des Erdreichs.

Schritt 5.2: Ermittlung der zusätzlichen wirksamen Dicke d' der Randdämmung

Die zusätzliche wirksame Dicke d', die sich aus der Randdämmung ergibt, wird wie folgt ermittelt:

$d' = R' \cdot \lambda$ in m

Hierbei bedeuten:

R' zusätzlicher Wärmedurchlasswiderstand der Randdämmung,
λ wärmetechnische Eigenschaft des Erdreichs

Schritt 5.3: Ermittlung des Korrekturwertes ($\Delta\Psi$) in Abhängigkeit von der Lage

Zur Ermittlung des Korrekturwertes ($\Delta\Psi$), dem Wärmebrückenverlustkoeffizienten, wird unterschieden, ob eine **waagerechte** oder **senkrechte** Randdämmung um die Bodenplatte angeordnet wird.

Schritt 5.3.1: Ermittlung des Korrekturwertes ($\Delta\Psi$) für eine waagerecht auf dem Umfang der Bodenplatte angeordnete Dämmung

Es gilt:

$\Delta\Psi = -\lambda/\pi \cdot [\ln \cdot ((D/d_t) + 1) - \ln \cdot ((D/(d_t + d')) + 1]$ in W/(m · K)

Hierbei bedeuten:

λ wärmetechnische Eigenschaft des Erdreichs,

D   Breite der waagerechten Randdämmung,

d_t wirksame Gesamtdicke der Bodenplatte, die bei der Ermittlung des U_o- Wertes festgelegt wird,

d'   zusätzliche wirksame Dicke, die sich aus der waagerechten Randdämmung ergibt. Die waagerechte Randdämmung kann sich sowohl unterhalb bzw. oberhalb der Bodenplatte, als auch außerhalb des Gebäudes befinden.

Schritt 5.3.2: Ermittlung des Korrekturwertes ($\Delta\Psi$) für eine senkrecht entlang des Umfangs der Bodenplatte angeordnete Dämmung

Es gilt:

$$\Delta\Psi = - \lambda/\pi \cdot [\ln \cdot ((2 \cdot D/d_t) + 1) - \ln \cdot ((2 \cdot D/(d_t + d')) + 1)] \text{ in } W/(m \cdot K)$$

Hierbei bedeuten:

λ wärmetechnische Eigenschaft des Erdreichs,

D   Höhe der senkrechten Randdämmung bzw. Gründung unterhalb der Erdreichoberkante,

d_t wirksame Gesamtdicke der Bodenplatte, die bei der Ermittlung des U_o- Wertes festgelegt wird,

d'   zusätzliche wirksame Dicke, die sich aus der senkrechten Randdämmung ergibt.

Die senkrechte Randdämmung kann sich sowohl **raumseitig** als auch **außerhalb** der Gründungsmauer des Gebäudes befinden.

Anmerkungen zur Ermittlung des Korrekturwertes $\Delta\Psi$:

Bestehen einzelne Teile der Gründung aus mehrteiliger Randdämmung, d.h. sowohl senkrecht als auch waagerecht, wird der $\Delta\Psi$ getrennt berechnet. Benutzt wird nur der Wert, der zur größten Reduzierung der Wärmeverluste führt. Gründungen aus Baustoffen geringer Dichte, deren Wärmeleitfähigkeit geringer ist als die des Erdreichs, werden auch als senkrechte Randdämmung behandelt.

Schritt 6: Ermittlung des harmonischen thermischen Leitwerts L_{pe}

Bei der Ermittlung des harmonischen thermischen Leitwerts (L_{pe}) wird unterschieden, ob eine Randdämmung um die Bodenplatte vorhanden ist, und ob die ggf. vorhandene Randdämmung **waagerecht** oder **senkrecht** um die Bodenplatte angeordnet wird.

Schritt 6.1: Ermittlung des harmonischen thermischen Leitwerts L_{pe} für eine Bodenplatte ohne Randdämmung

Es gilt:

$$L_{pe} = 0,37 \cdot P \cdot \lambda \cdot \ln ((\delta / d_t) + 1)) \text{ in } W/K$$

Hierbei bedeuten:

d_t wirksame Gesamtdicke der Bodenplatte, die bei der Ermittlung des U_o- Wertes festgelegt wird,

P   Umfang der Bodenplatte,

δ periodische Eindringtiefe,

λ wärmetechnische Eigenschaft des Erdreichs.

Schritt 6.2: **Ermittlung des harmonischen thermischen Leitwerts L_{pe} für eine waagerecht auf dem Umfang der Bodenplatte angeordnete Randdämmung**

Es gilt:

$L_{pe} = 0,37 \cdot P \cdot \lambda \cdot ((1 - e^{-D/\delta}) \cdot \ln(\delta / (d_t + d') + 1) + e^{-D/\delta} \cdot \ln((\delta / d_t) + 1))$ in W/K

Hierbei bedeuten:

D   Breite der waagerechten Randdämmung,

d_t wirksame Gesamtdicke der Bodenplatte, die bei der Ermittlung des U_o- Wertes festgelegt wird,

d'   zusätzliche wirksame Dicke, die sich aus der waagerechten Randdämmung ergibt,

P   Umfang der Bodenplatte,

e   Eulersche Zahl,

δ periodische Eindringtiefe,

λ wärmetechnische Eigenschaft des Erdreichs.

Schritt 6.3: **Ermittlung des harmonischen thermischen Leitwerts L_{pe} für eine senkecht entlang des Umfangs der Bodenplatte angeordnete Randdämmung**

Es gilt:

$L_{pe} = 0,37 \cdot P \cdot \lambda \cdot ((1 - e^{-2 \cdot D/\delta}) \cdot \ln(\delta / (d_t + d') + 1) + e^{-2 \cdot D/\delta} \cdot \ln((\delta / d_t) + 1))$ in W/K

Hierbei bedeuten:

D   Höhe der senkrechten Randdämmung bzw. Gründung unterhalb der Erdreichoberkante.

Schritt 7: Ermittlung des stationären thermischen Leitwerts (L_s) für Bodenplatten auf dem Erdreich

Bei der Ermittlung des stationären thermischen Leitwerts (L_s) wird unterschieden, ob eine Randdämmung um die Bodenplatte angeordnet wird oder diese fehlt.

Schritt 7.1: **Ermittlung des stationären thermischen Leitwerts (L_s) für Bodenplatten auf dem Erdreich ohne Randdämmung**

Es gilt:

$L_s = A_G \cdot U_o$ in W/K

Hierbei bedeuten:

A_G Fläche der Bodenplatte,

U_o Grundwert des Wärmedurchgangskoeffizienten der Bodenplatte.

Schritt 7.2: **Ermittlung des stationären thermischen Leitwerts (L_s) für Bodenplatten auf dem Erdreich mit Randdämmung**

Es gilt:

$L_s = A_G \cdot U_o + P \cdot \Delta\Psi$ in W/K

Hierbei bedeuten:

A_G Fläche der Bodenplatte,

U_o Grundwert des Wärmedurchgangskoeffizienten der Bodenplatte,

P Umfang der Bodenplatte,

$\Delta\Psi$ Korrekturwert infolge der Randdämmung (Wärmebrückenverlustkoeffizient).

Schritt 8: Ermittlung des Transmissionswärmeverlustes $\Phi_{x,M}$ des Bauteils im Monat M

Es gilt:

$$\Phi_{x,M} = L_s \cdot (\overline{\theta}_i - \overline{\theta}_e) + L_{pe} \cdot \hat{\theta}_e \cdot \cos (2 \cdot \pi \cdot (m - \tau + \beta) / 12) \text{ in W}$$

Hierbei bedeuten:

L_s stationärer thermischer Leitwert,

$\overline{\theta}_i$ Innentemperatur,

$\overline{\theta}_e$ Jahresmittel der Außentemperatur,

L_{pe} harmonischer thermischer Leitwert,

$\hat{\theta}_e$ Amplitude der Monatsmitteltemperaturen über den Jahresverlauf,

cos   ermittelt über das Bogenmaß,

m   die Monatsnummer: für Januar m = 1; für Dezember m = 12,

τ die Zeitkonstante des Monats mit der niedrigsten Außentemperatur,

ß   Phasenverschiebung in Monaten

    ß = 1: Bodenplatte auf Erdreich ohne Randdämmung

          Bodenplatte auf Erdreich mit raumseitiger waagerechter Randdämmung

          Keller (beheizt oder unbeheizt)

    ß = 2: Bodenplatte auf Erdreich mit senkrechter oder außen liegender Randdämmung

    ß = 0: aufgeständerte Bodenplatte

Schritt 9: Ermittlung des Korrekturfaktor $F_{G,M}$ im Monat M

Es gilt:

$$F_{G,M} = \Phi_{G,M} / (U_G \cdot A_G \cdot (\theta_i - \theta_{e,M}))$$

Hierbei bedeuten:

$\Phi_{G,M}$ Transmissionswärmeverlust des Bauteils,

U_G Wärmedurchgangskoeffizient der Bodenplatte nach der Schichtenfolge,

A_G Fläche der Bodenplatte,

θ_i Innentemperatur,

$\theta_{e,M}$ Außentemperatur pro Monat,

Die Ergebnisse der Temperatur-Korrekturfaktoren können nur in den Berechnungsschritten des Monatsbilanzverfahrens verwendet werden. Im vereinfachten Verfahren für Wohngebäude gilt der Faktor 0,6.

3. Verweis auf Regelungen in der Energieeinsparverordnung

In der Energieeinsparverordnung wird auf die DIN EN ISO 13 370 nicht hingewiesen. Allerdings wird in der DIN V 4108 - 6 im Anhang E auf die DIN EN ISO 13 370 verwiesen und es werden Auszüge aus der DIN EN ISO 13 370 vorgestellt, um die Temperatur-Korrekturfaktoren ermitteln zu können.

4. Beispiel

Ermittlung der monatlich korrigierten Temperatur-Korrekturfaktoren nach DIN EN ISO 13 370 am Beispiel einer Bodenplatte auf dem Erdreich für ein Einfamilienhaus:

Schritt 1: Ermittlung der Randdaten

o nicht unterkellertes Einfamilienhaus mit einer Breite von 8,74 m und einer Länge von 12,70 m, **Abbildung 89**,

o Bodenplatte auf dem Erdreich,

o auf die Bodenplatte soll 10 cm Wärmedämmstoff der WLG 040 und 6 cm Estrich aufgebracht werden,

o Feuchtigkeitssperre auf der Stahlbetonsohlplatte,

o die Außenwände haben eine Gesamtdicke von 0,455 m, **Abbildung 90**,

o gegründet wird auf Erdreich der Kategorie 2; $\lambda = 2{,}0$ W/(m · K),

o senkrechte Randdämmung bis 50 cm unter OK Erdreich aus 6 cm extrudiertem Polystyrol-Hartschaum der WLG 035, **Abbildung 90**.

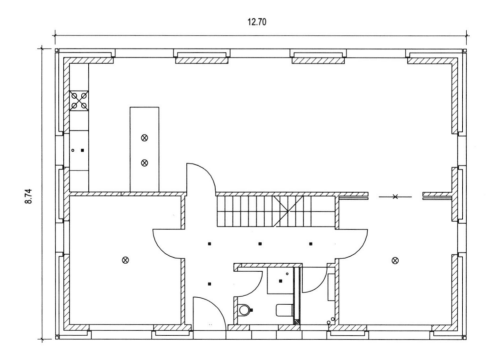

Abbildung 89: Geometrische Daten des Einfamilienhauses.

Schritt 2: Ermittlung des charakteristischen Bodenplattenmaßes B'

Es gilt:

$B' = A_G/(0,5 \cdot P)$ in m

o Exponierter Umfang der Bodenplatte:
  $P = (12,7 + 8,74) \cdot 2$
  $P = 42,88$ m
o Gesamte Grundfläche des Gebäudes:
  $A_G = 12,7 \cdot 8,74$
  $A_G = 110,998$ m²

$B' = 110,998/(0,5 \cdot 42,88)$
$B' = 5,18$ m

Schritt 3: Ermittlung der wirksamen Gesamtdicke der Bodenplatte d_t

Es gilt:

$d_t = \omega + \lambda \cdot (R_{si} + R_f + R_{se})$ in m

o Gesamtdicke der Umfassungswände: $\omega = 0,455$ m,
o wärmetechnische Eigenschaft des Erdreichs: $\lambda = 2,0$ W/(m · K),
o Wärmedurchlasswiderstand der Bodenplatte:
  $R_f = 0,06/1,40 + 0,10/0,04;$ $R_f = 2,543$ m² · K/W,
o Wärmeübergangswiderstände: $R_{si} = 0,17$ m² · K/W; $R_{se} = 0,04$ m² · K/W

$d_t = 0,455 + 2 (0,17 + 2,543 + 0,04)$
$d_t = 5,96$ m

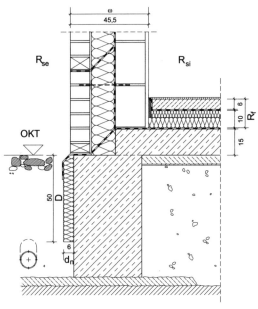

Abbildung 90: Anschluss Außenwand, Bodenplatte an Streifenfundament.

Schritt 4: **Ermittlung des Grundwertes des Wärmedurchgangskoeffizienten der Bodenplatte U$_o$**

Schritt 4.2: Grundwert für eine gut gedämmte Bodenplatte

Voraussetzung: d$_t$ > B'

Die wirksame Gesamtdicke der Bodenplatte ist größer als das charakteristische Bodenplattenmaß (d$_t$ > B'). Es gilt daher:

$U_o = \lambda / (0{,}457 \cdot B' + d_t)$
$U_o = 2 / (0{,}457 \cdot 5{,}18 + 5{,}96)$
$U_o = 0{,}24$ W/(m² · K)

Schritt 5: **Ermittlung des Korrekturwertes $\Delta\Psi$ für eine ggf. vorhandene Randdämmung**

Schritt 5.1: Ermittlung des zusätzlichen Wärmedurchlasswiderstandes der Randdämmung R'

Es gilt:
$R' = R_n - d_n / \lambda$ in m² · K/W

o Wärmedurchlasswiderstand der senkrechten Randdämmung:
  $R_n = 0{,}06 / 0{,}035$
  $R_n = 1{,}714$ m² · K/W,
o Dicke der Randdämmung: $d_n = 0{,}06$ m,
o wärmetechnische Eigenschaft des Erdreichs: $\lambda = 2{,}0$ W/(m · K),

$R' = 1{,}714 - 0{,}06 / 2{,}0$
$R' = 1{,}684$ m² · K/W

Schritt 5.2: Ermittlung der zusätzlichen wirksamen Dicke d' der Randdämmung

Es gilt:
$d' = R' \cdot \lambda$ in m

o zusätzlicher Wärmedurchlasswiderstand der Randdämmung: $R' = 1{,}684$ m² · K/W,
o wärmetechnische Eigenschaft des Erdreichs: $\lambda = 2{,}0$ W/(m · K)

$d' = 1{,}684 \cdot 2{,}0$
$d' = 3{,}368$ m

Schritt 5.3: **Ermittlung des Korrekturwertes ($\Delta\Psi$) in Abhängigkeit von der Lage**

Schritt 5.3.2: Ermittlung des Korrekturwertes ($\Delta\Psi$) für eine senkrecht entlang des Umfangs der Bodenplatte angeordnete Dämmung

Es gilt: $\Delta\Psi = -\lambda/\pi \cdot [\ln \cdot ((2 \cdot D/d_t) + 1) - \ln \cdot ((2 \cdot D/(d_t + d')) + 1)]$ in W/(m · K)

o wärmetechnische Eigenschaft des Erdreichs: $\lambda = 2{,}0$ W/(m · K),
o Höhe der senkrechten Randdämmung unterhalb der Erdreichoberkante: D = 0,5 m,
o wirksame Gesamtdicke der Bodenplatte: $d_t = 5{,}96$ m,
o zusätzliche wirksame Dicke, die sich aus der Randdämmung ergibt: d' = 3,368 m

$\Delta\Psi = -2{,}0/3{,}14 \cdot [\ln \cdot ((2 \cdot 0{,}5 / 5{,}96) + 1) - \ln \cdot (2 \cdot 0{,}5 / (5{,}96 + 3{,}368)) + 1]$
$\Delta\Psi = -0{,}034$ W/(m · K)

Schritt 6: **Ermittlung des harmonischen thermischen Leitwerts L_{pe}**
Schritt 6.3: **Ermittlung des harmonischen thermischen Leitwerts L_{pe} für eine senkecht entlang des Umfangs der Bodenplatte angeordnete Randdämmung**

Es gilt:

$L_{pe} = 0,37 \cdot P \cdot \lambda \cdot ((1 - e^{-2 \cdot D / \delta}) \cdot \ln (\delta / (d_t + d') + 1) + e^{-2 \cdot D / \delta} \cdot \ln ((\delta / d_t) + 1))$ in W/K

o wärmetechnische Eigenschaft des Erdreichs: $\lambda = 2,0$ W/(m · K),
o Höhe der senkrechten Randdämmung unterhalb der Erdreichoberkante: D = 0,5 m,
o wirksame Gesamtdicke der Bodenplatte: d_t = 5,96 m,
o zusätzliche wirksame Dicke, die sich aus der Randdämmung ergibt: d'= 3,368 m,
o periodische Eindringtiefe für eine Wärmeleitfähigkeit des Erdreichs von
   $\lambda = 2,0$ W/(m · K): δ = 3,2 m,
o Umfang der Bodenplatte: P = 42,88 m

$L_{pe} = 0,37 \cdot 42,88 \cdot 2,0 \cdot ((1 - e^{(-2 \cdot 0,5 / 3,2)} \cdot \ln (3,2 / (5,96 + 3,368) + 1) + e^{(-2 \cdot 0,5 / 3,2)} \cdot \ln ((3,2$
$/ 5,96) + 1))$
$L_{pe} = 12,487$ W/K

Schritt 7: **Ermittlung des stationären thermischen Leitwerts (L_s) für Bodenplatten auf dem Erdreich**
Schritt 7.2: **Ermittlung des stationären thermischen Leitwerts (L_s) für Bodenplatten auf dem Erdreich mit Randdämmung**

Es gilt:
$L_s = A_G \cdot U_o + P \cdot \Delta\Psi$ in W/K

o Fläche der Bodenplatte: A_G = 110,998 m²,
o Grundwert des Wärmedurchgangskoeffizienten der Bodenplatte:
   U_o = 0,240 W/(m² · K),
o Umfang der Bodenplatte: P = 42,88 m,
o zusätzliche wirksame Dicke, die sich aus der Randdämmung ergibt: d'= 3,368 m,
o Korrekturwert infolge der Randdämmung: $\Delta\Psi$ = -0,034 W/(m · K)

$L_s = 110,998 \cdot 0,240 + 42,88 \cdot (-0,034)$
$L_s = 25,206$ W/K

Schritt 8: **Ermittlung des Transmissionswärmeverlustes** $\Phi_{x,M}$ **des Bauteils im Monat M**

Es gilt:

$$\Phi_{x,M} = L_s \cdot (\theta_i - \theta_e) + L_{pe} \cdot \hat{\theta}_e \cdot \cos(2 \cdot \pi \cdot (m - \tau + ß) / 12) \qquad \text{in W}$$

Beispielhaft erfolgt die Ermittlung des Transmissionswärmeverlustes $\Phi_{x,Jan}$ des Bauteils im Monat Januar:

Es gilt:

$$\Phi_{x,Jan} = L_s \cdot (\overline{\theta}_i - \overline{\theta}_e) + L_{pe} \cdot \hat{\theta}_e \cdot \cos(2 \cdot \pi \cdot (m - \tau + ß) / 12) \qquad \text{in W}$$

o stationärer thermischer Leitwert: L_s = 25,206 W/K,
o Innentemperatur: $\overline{\theta}_i$ = 19 °C,
o Jahresmittel der Außentemperatur nach DIN V 4108 - 6: $\overline{\theta}_e$ = 8,9 °C,
o harmonischer thermischer Leitwert: L_{pe} = 12,487 W/K,
o Amplitude der Monatsmitteltemperaturen über den Jahresverlauf nach DIN V 4108 - 6, $\hat{\theta}_e$ = 10 °C,
o die Monatsnummer: für Januar m = 1,
o die Zeitkonstante des Monats mit der niedrigsten Außentemperatur nach DIN V 4108-6: τ = 1,
o Phasenverschiebung in Monaten für eine Bodenplatte auf Erdreich mit senkrechter Randdämmung: ß = 2.

$$\Phi_{x,Jan} = 25,206 \cdot (19 - 8,9) + 12,487 \cdot 10 \cdot \cos(2 \cdot \pi \cdot (1 - 1 + 2) / 12)$$
$$\Phi_{x,Jan} = 317,017 \text{ W}$$

In **Abbildung 91** sind die monatlichen Transmissionswärmeverluste $\Phi_{x,M}$ des Bauteils Bodenplatte aufgeführt:

Monat	Jan	Feb	Mrz	Apr	Mai	Jun	Jul	Aug	Sep	Okt	Nov	Dez
$\Phi_{x,M}$	317,019	254,581	192,144	146,437	129,707	146,437	192,145	254,583	317,020	362,727	379,456	362,725

Abbildung 91: Monatlicher Transmissionswärmeverlust $\Phi_{x,M}$ des Bauteils Bodenplatte.

Schritt 9: Ermittlung des Korrekturfaktors $F_{G,M}$ im Monat M

Es gilt:

$$F_{G,M} = \Phi_{G,M} / ((U_G \cdot A_G \cdot (\theta_i - \theta_{e,M}))$$

Beispielhaft erfolgt die Ermittlung des Korrekturfaktors $F_{G,Jan}$ für die Bodenplatte im Monat Januar:

Es gilt:

$$F_{G,Jan} = \Phi_{G,Jan} / ((U_G \cdot A_G \cdot (\theta_i - \theta_{e,M}))$$

o Transmissionswärmeverlust der Bodenplatte im Januar: $\Phi_{x,J} = 317{,}017$ W,
o Wärmedurchgangskoeffizient der Bodenplatte nach der Schichtenfolge:
  $U_G = 0{,}369$ W/(m² · K),
o Fläche der Bodenplatte: $A_G = 110{,}998$ m²,
o Innentemperatur: $\theta_i = 19$ °C,
o Außentemperatur im Monat Januar gemäß Tabelle D.5 der DIN V 4108-6:
  $\theta_{e,J} = -1{,}3$ °C.

$$F_{G,mR,J} = 317{,}017 / ((0{,}369 \cdot 110{,}998 \cdot (19 - 1{,}3)$$
$$F_{G,mR,J} = 0{,}381$$

In **Abbildung 92** sind die monatlichen Korrekturfaktoren $F_{G,M}$ des Bauteils Bodenplatte aufgeführt:

Monat	Jan	Feb	Mrz	Apr	Mai	Jun	Jul	Aug	Sep	Okt	Nov	Dez
$F_{G,oR,M}$	0,381	0,338	0,315	0,376	0,519	1,083	4,691	8,880	1,683	0,895	0,648	0,500

Abbildung 92: Monatlicher Korrekturfaktor $F_{G,M}$ des Bauteils Bodenplatte.

Die Ergebnisse der Temperatur-Korrekturfaktoren können in den Berechnungsschritten des Monatsbilanzverfahrens verwendet werden.

2.13 DIN EN ISO 13 789

1.   Kurzbeschreibung

Die „DIN EN ISO 13 789 : 1999 - 10 Wärmetechnisches Verhalten von Gebäuden. Spezifischer Transmissionswärmeverlust. Berechnungsverfahren" legt ein Verfahren zur Berechnung des spezifischen Transmissionswärmeverlustkoeffizienten von beheizten Gebäuden in ihrer Gesamtheit und von Teilen beheizter Gebäude fest.

Der spezifische Transmissionswärmeverlust wird als Quotient aus dem Wärmestrom, der den beheizten Raum nach außen verlässt, und der Temperaturdifferenz zwischen Innenraum und äußerer Umgebung beschrieben. Weiterhin enthält diese Norm auch ein stationäres Verfahren zur Berechnung der Temperatur in unbeheizten Räumen, die an beheizte Gebäude angrenzen und es werden Beispiele von Verfahren zur Bestimmung von Gebäudemaßen angegeben.

2.   Inhalte

In dieser Norm werden Rechengleichungen und Randbedingungen zur Bestimmung des spezifischen Transmissionswärmeverlustkoeffizienten von beheizten Gebäuden beschrieben. Das Ergebnis kann verwendet werden, um den Jahres-Heizwärmebedarf nach DIN V 4108-6 zu berechnen.

Wenn der nachfolgende Rechengang bei der Ermittlung des Jahres-Heizwärmebedarfs angewendet wird, dürfen die **pauschalen Temperatur-Korrekturfaktoren** der DIN V 4108-6 nicht mehr berücksichitigt werden. Der Rechengang darf nur beim Monatsbilanzverfahren angewendet werden. Weiterhin ist in einem Bericht zum Nachweis darauf hinzuweisen, dass dieser Rechengang verwendet wurde.

Ermittlung des spezifischen Transmissionswärmeverlustkoeffizient H_T
Der spezifische Transmissionswärmeverlustkoeffizient H_T wird berechnet zu:

$$H_T = L_D + L_s + H_U \quad \text{in W/K}$$

Dabei bedeuten:
L_D Leitwert zwischen dem beheizten Raum und außen über die Gebäudehülle in W/K
L_s stationärer Leitwert zum Erdreich
H_U spezifischer Transmissonswärmeverlustkoeffizient über unbeheizte Räume in W/K

In der Praxis wird dieser Rechengang für spezielle Einzelfälle vorbehalten bleiben; er wird daher hier nicht weiter beschrieben.

Ermittlung der Bauteilflächen
Im Zusammenhang mit der Ermittlung der Wärmeverluste muss definiert werden, welche Art der Flächen- und Geometrieermittlung gewählt wird. Die DIN EN ISO 13 789 nennt für die Ermittlung der Bauteilflächen drei unterschiedliche Arten. Die Flächen- und Geometrieermittlung kann erfolgen über die Innenabmessungen, die Außenabmessungen oder die inneren Gesamtabmessungen.

3. Verweis auf Regelungen in der Energieeinsparverordnung

Im Anhang 1 der Energieeinsparverordnung wird im Abschnitt „1.3 Definition der Bezugsgrößen" ausgeführt, dass die wärmeübertragende Umfassungsfläche nach Anhang B der DIN EN ISO 13 789 mit den „Außenabmessungen" zu berechnen ist. Es wird beschrieben, dass die zu berücksichtigenden Flächen, die äußere Begrenzung einer abgeschlossenen beheizten Zone seien.

4. Beispiele

In DIN EN ISO 13789 wird ausgeführt: „Die bei der Berechnung zu berücksichtigenden Bauteile sind die äußeren Begrenzungen des beheizten Bereichs." Hierbei wird nicht zweifelsfrei deutlich, bis zu welcher Bauteilschicht die äußeren Begrenzungen zu berechnen sind. Es könnten vom Prinzip zwei Fälle unterschieden werden.

Fall 1: Das „Außenmaß" wird **geometrisch** definiert. In diesem Fall würde jeweils bis zur Außenkante des wärmeübertragenden Bauteils zu rechnen sein. Es würde somit bis zur äußersten Gebäudekante zu rechnen sein.

Fall 2: Das „Außenmaß" wird **wärmeschutztechnisch** im Zusammenhang mit der U-Wertermittlung definiert. In diesem Fall würde bis zur Außenkante der für die U-Wertermittlung nach den anerkannten Regeln der Bautechnik relevanten Bauteilschicht zu rechnen sein. Der Fall 2 entspricht einer Außenmaßregelung, wie sie auch in der DIN 4108 Bbl 2 dargestellt und für wärmeschutztechnische Berechnungen nach EnEV maßgeblich ist.

Beispiele zu Fall 2: Berechnung von Außenwandflächen

Mauerwerkskonstruktion mit äußerem Wärmedämm-Verbundsystem
Nach allgemeiner bauaufsichtlicher Zulassung wird der Wärmedurchgangskoeffizient ohne den Außenputz berechnet. Das Außenmaß ergibt sich demnach bis zur äußeren Wärmedämmschicht.

Monolithisches Mauerwerk
Nach DIN V 4108-4 darf bei der Ermittlung des Wärmedurchgangskoeffizienten ein äußerer Wärmedämmputz z.B. mit einem Bemessungswert der Wärmeleitfähigkeit von $\lambda = 0,060$ W/(m ·K) angesetzt werden. Es gilt als Außenmaß die Oberfläche dieser Schicht.

Mauerwerk mit äußerer, hinterlüfteter Bekleidung und stark belüftetem Luftspalt
Bei der Ermittlung des Wärmedurchgangskoeffizienten eines Bauteils mit einer äußeren, hinterlüfteten Bekleidung mit einem stark belüfteten Luftspalt nach DIN EN ISO 6946, wird lediglich bis zur Außenkante der Wärmedämmschicht gerechnet. Dies bedeutet, dass die äußere Bekleidung nicht bei der Festlegung des Außenmaßes zu berücksichtigen ist. Demgegenüber wäre die äußere Bekleidung bei ruhenden und schwach belüfteten Luftschichten mit in die Flächenberechnung einzubeziehen.

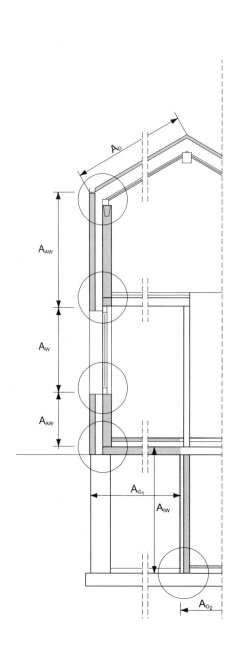
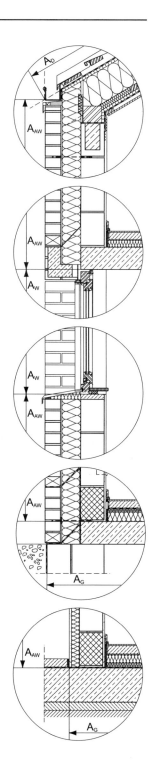

Abbildung 93: Bauteilgrenzen bei der Flächenermittlung.

Die Grenzen zwischen erdberührten Bauteilen, die eine Wärmeübertragung über das Erdreich einschließen, aber auch von Bauteilen über dem Erdboden, die direkte Wärmeverluste durch Wärmeabgabe an die Umgebung oder an unbeheizte Räume aufweisen, werden nach DIN EN ISO 13 370 wie folgt festgelegt:

o   es gilt die Höhe der Innenoberfläche des Erdgeschossbodens bei Böden auf dem Erdreich, Kriechböden und unbeheizten Kellern.

o   es gilt das äußere Erdbodenniveau bei beheizten Kellern.

In diesem Zusammenhang ist zu klären, was unter der Höhe der „Innenoberfläche des Erdgeschossbodens" zu verstehen ist, ein Begriff, der in der Baupraxis nicht geläufig ist. Es könnte dies sein:

a)   OKFF, d.h. die Oberkante des so genannten Fertigfußbodens,
b)   OKRD, d.h. die Oberkante der so genannten Rohdecke bzw. der Aufstandsbereich der Außenwand.

Aus den Rechenansätzen der DIN EN ISO 13 370 ist die Bauteilsituation unter b) zu verstehen, d.h. die Fläche der Außenwand wird unabhängig von der Lage der Wärmedämmschicht (nur auf der Kellerdecke oder auch unter der Kellerdecke bzw. Sohlplatte) von der **Oberkante der Kellerdecke** bzw. Sohlplatte bis zur wärmeschutztechnisch letzten anzurechnenden Bauteilschicht des Daches ermittelt. Hier besteht ein gewisser Widerspruch zur Forderung, dass die Außenabmessungen zu berücksichtigen seien.

Die Festlegung der Systemgrenzen wirkt sich auch auf die Berechnung von Wärmebrücken aus. Aus diesem Grund wurden in der Neufassung der DIN 4108 Bbl 2 als Hilfestellung für die unterschiedlichen Bauteilsituationen in Piktogrammen die Systemgrenzen festgelegt; diese entsprechen der Systematik in Abbildung 93.

Für die Ermittlung der einzelnen Bauteilflächen nach DIN EN ISO 13 789 wird die Gebäudehülle mittels ebener und plattenförmiger Bauteile modelliert. Dies bedeutet unter Berücksichtigung der Verwendung von Gebäudeaußenmaßen, dass Wärmebrückensituationen, wie:

o Gebäudeaußenecken,
o einbindende Geschossdecken,
o Brüstungselemente (Attiken),
o auskragende Balkone,

bei der Ermittlung der Flächen übermessen werden.

3 Berechnungsverfahren der EnEV für zu errichtende Wohngebäude

Für Wohngebäude, die ganz oder deutlich überwiegend zum Wohnen genutzt werden, können alternativ das vereinfachte Verfahren für Wohngebäude oder das Monatsbilanzverfahren verwendet werden. Das Monatsbilanzverfahren beinhaltet zusätzliche Rechenschritte und auch eine Reihe von Einflussmöglichkeiten für den Planer, um das Berechnungsergebnis günstig zu beeinflussen, bzw. Möglichkeiten zur Energieeinsparung. In den nachfolgenden Abschnitten werden für das in **Abbildung 94 und 95** dargestellte Einfamilienwohnhaus die Auswirkungen aufgezeigt.

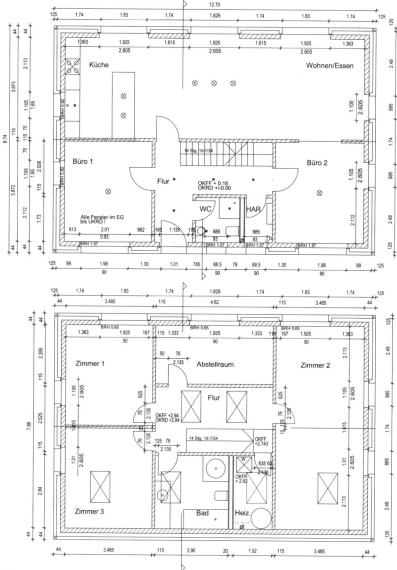

Abbildung 94: Grundrisse des Einfamilienhauses.

Abbildung 95: Ansichten und Schnitt.

3.1 Berechnungsschritte des vereinfachten Verfahrens für Wohngebäude

Im Gegensatz zum Monatsbilanzverfahren werden die Rechengleichungen für den Wärmeschutz- und Primärenergienachweis für das vereinfachte Verfahren für Wohngebäude vollständig in der Energieeinsparverordnung aufgeführt. Folgende schrittweise Berechnung wird empfohlen:

Schritt A: Prüfung der Anwendbarkeit des Berechnungsverfahrens

Prüfung, ob die Voraussetzungen für das Anwenden des vereinfachten Verfahrens gegeben sind.
- Dies bedeutet, dass das Gebäude ganz oder deutlich überwiegend zum Wohnen genutzt wird. Hierzu reicht es nach [37] nicht aus, dass der Wohnflächenanteil nur „um einige Promille über 50 % liegt". Eine genaue Angabe in Prozent erfolgt jedoch auch in [37] nicht. Die Wohnutzung sollte im Gebäude „dominieren".
- Es ist zu überprüfen, ob die Forderung erfüllt wird, dass der Fensterflächenanteil 30 % nicht überschreitet. Es ist hierbei auch der sommerliche Wärmeschutz zu überprüfen, siehe auch Hinweise in DIN 4108-2.
- Es sind die Angaben der Planungs- und Ausführungsbeispiele der DIN 4108 Bbl 2 in Planung und Ausführung einzuhalten, bzw. ist bei abweichenden Ausführungen die Gleichwertigkeit nachzuweisen.

Schritt B: Ermittlung der gebäudespezifischen Daten und der Höchstwerte für Q_p'' und H_T'

B.1 Ermittlung der geometrischen Daten des Gebäudes
Ermittlung der wärmeübertragenden Umfassungsfläche A und des hiervon umschlossenen, beheizten Gebäudevolumens V_e. Es gelten die Gebäudeaußenmaße. Hinweise zur Ermittlung der geometrischen Daten befinden sich im Kapitel 2.13.

B.2 Ermittlung der Höchstwerte
In Abhängigkeit vom A/V_e-Verhältnis des Gebäudes wird der Höchstwert des auf die Gebäudenutzfläche bezogenen Jahres-Primärenergiebedarfs Q_p'' und des spezifischen, auf die wärmeübertragende Umfassungsfläche bezogenen Transmissionswärmeverlustes H_T' ermittelt. Hierbei ist auch festzulegen, ob es sich um ein Wohngebäude mit überwiegender Warmwasserbereitung aus elektrischem Strom (üblicherweise dezentrale Systeme) handelt, oder ob die Warmwasserbereitung überwiegend nicht über Strom (in der Regel zentrales System) erfolgen soll.

Schritt C: Ermittlung der vorhandenen Werte für: Q_h, q_h, e_p, Q_p'' und H_T'
C.1 Ermittlung des spezifischen Transmissionswärmeverlustes H_T
Ermittlung der U-Werte für die jeweiligen Bauteile und Berechnung des Transmissionswärmeverlustes. Der Einfluss der Wärmebrücke ist nach DIN 4108 Bbl 2 zu begrenzen und eine Erhöhung der Wärmedurchgangskoeffizienten um $\Delta U_{WB} = 0{,}05$ W/(m² · K) ist vorzunehmen. Der spezifische Transmissionswärmeverlust H_T in W/K wird ermittelt zu:

$$H_T = \Sigma \, (F_{xi} \cdot U_i \cdot A_i) + 0{,}05 \cdot A \qquad \text{in W/K}$$

Hierbei bedeuten:

F_{xi} Temperatur-Korrekturfaktoren der einzelnen Bauteile, **Abbildung 96**. Gegenüber den Angaben in der Wärmeschutzverordnung 1995 haben sich z. B. bei den Bauteilen Dach und unterer Gebäudeabschluss Änderungen ergeben.

U_i Wärmedurchgangskoeffizienten der einzelnen Bauteile der wärmeübertragenden Umfassungsfläche. Diese sind nach DIN EN ISO 6946 für opake Bauteile sowie für transparente Bauteile nach DIN EN ISO 10 077 bzw. alternativ nach DIN V 4108-4 zu ermitteln. Bei an Erdreich grenzenden Bauteilen beträgt der äußere Wärmeübergangswiderstand null. Es sind die Anforderungen an den Mindestwärmeschutz und die in der DIN 4108 Bbl 2 dargestellten wärmeschutztechnischen Qualitäten einzuhalten.

A_i Bauteilflächen. Die zur Durchführung der Berechnungen erforderlichen wärmeübertragenden Umfassungsflächen A_i eines Gebäudes sind nach Anhang B der DIN EN ISO 13 789, Fall „Außenabmessung", zu ermitteln, Kapitel 2.13.

$0{,}05 \cdot A$ Pauschaler Ansatz zur numerischen Berücksichtigung der Wärmebrücken.

Bei der Ermittlung des Transmissionswärmeverlustes sind Wärmebrücken über einen Wärmebrückenzuschlag ΔU_{WB} numerisch zu berücksichtigen. Dieser ΔU_{WB}-Wert ist mit $0{,}05$ W/(m²·K) rechnerisch anzusetzen und für die gesamte wärmeübertragende Umfassungsfläche zu berücksichtigen. Dieser rechnerische Ansatz kann nur erfolgen, wenn die spezielle Detailplanung mit den Planungs- und Ausführungsbeispielen nach DIN 4108 Bbl 2 in stofflicher und geometrischer Hinsicht überprüft und bei Abweichungen die Gleichwertigkeit nachgewiesen wird. Beispielhaft ist dieser Nachweis in Kapitel 2.3 dargestellt. Eine genauere Erfassung über längenbezogene Wärmedurchgangskoeffizienten Ψ Fall c) oder die Berücksichtigung gemäß Fall a) sind im vereinfachten Verfahren für Wohngebäude nicht zulässig.

Temperatur-Korrekturfaktoren F_{xi}		
Wärmestrom nach außen über Bauteil i	F_{xi}	**Reduktionsfaktor**
Außenwand, Fenster	F_{AW}, F_W	1,0
Dach (als Systemgrenze)	F_D	1,0
Oberste Geschossdecke (Dachraum nicht ausgebaut)	F_D	0,8
Abseitenwand (Drempelwand)	F_u	0,8
Wände/ Decken zu unbeheizten Räumen	F_u	0,5
Unterer Gebäudeabschluss: - Kellerdecke/-wände zum unbeheizten Keller - Fußboden auf Erdreich - Flächen des beheizten Kellers gegen Erdreich	F_G	0,6

Abbildung 96: Temperatur-Korrekturfaktoren gemäß Energieeinsparverordnung, Anhang 1, Tabelle 3 für das vereinfachte Verfahren für Wohngebäude.

Wenn der spezifische Transmissionswärmeverlust bekannt ist, kann bereits bei diesem Rechenschritt der vorhandene H_T'-Wert mit dem höchstzulässigen H_T'-Wert verglichen werden. Dieses Vorgehen bietet den Vorteil, dass zu einem frühen Berarbeitungsstand der energetische Mindestdämmstandard (Anforderungen gemäß Anhang 1 Tabelle 1 Spalte 5) überprüft werden kann. Sind diese Anforderungen nicht erfüllt, müssen wärmedämmtechnische Nachbesserungen erfolgen.

C.2 Ermittlung des spezifischen Lüftungswärmeverlustes H_V

Der spezifische Lüftungswärmeverlust H_V wird in Abhängigkeit vom Nachweis der Gebäudedichtheit wie folgt ermittelt:

Fall 1: ohne Nachweis der Gebäudedichtheit: $H_V = 0{,}190 \cdot V_e$ in W/K
Fall 2: mit Nachweis der Gebäudedichtheit: $H_V = 0{,}163 \cdot V_e$ in W/K

Hierbei bedeuten:

V_e Beheiztes Gebäudevolumen, das von der wärmeübertragenden Umfassungsfläche A umschlossen wird (Bruttoluftvolumen).

0,190 Produkt aus Luftwechselrate $n = 0{,}7\ h^{-1}$, thermische Daten für Luft (0,34) und Umrechnungsfaktor (0,8) zur näherungsweisen Umrechnung von Brutto- auf Nettoluftvolumen.

0,163 Produkt aus Luftwechselrate $n = 0{,}6\ h^{-1}$, thermische Daten für Luft (0,34) und Umrechnungsfaktor (0,8) zur näherungsweisen Umrechnung von Brutto- auf Nettoluftvolumen.

Für den Fall, dass die Gebäudedichtheit nachgewiesen wird, dürfen die folgenden Werte nicht überschritten werden:

o Gebäude ohne raumlufttechnische Anlagen $3\ h^{-1}$ und
o Gebäude mit raumlufttechnischen Anlagen $1{,}5\ h^{-1}$.

Auch ohne die Einrechnung der Reduzierung der Luftwechselrate sind bei Durchführung von Messungen zur Überprüfung der Gebäudedichtheit diese Grenzwerte, aufgeführt in DIN 4108-7, einzuhalten, Kapitel 2.6.

C.3 Ermittlung der solaren Wärmegewinne

Die solaren Wärmegewinne Q_S in kWh/a ermitteln sich zu:

$$Q_S = \Sigma\,(I_S)_{j,HP}\ \Sigma\,0{,}567 \cdot g_i \cdot A_i \qquad \text{in kWh/a}$$

Hierbei bedeuten:

$\Sigma(I_S)_{j,HP}$ Summe der solaren Einstrahlungen je nach Orientierung.
Es gelten Werte für I in kWh/($m^2 \cdot a$):

I_S für Südost bis Südwest: 270
I_S für Nordwest bis Nordost: 100
I_S für übrige Richtungen: 155
I_S für Dachflächenfenster mit Neigung < 30°: 225
Dachflächenfenster mit Neigungen $\geq 30°$ sind hinsichtlich der Orientierung wie senkrechte Fenster zu behandeln.

g_i Der Gesamtenergiedurchlassgrad g_i (für senkrechte Einstrahlung) ist technischen Produktspezifikationen zu entnehmen oder nach DIN EN 410 zu ermitteln. Den Nachweis führt in der Regel der Glashersteller.

A_j Die Fläche der Fenster A_j mit der Orientierung j (Süd, West, Ost, Nord und horizontal) ist nach den lichten Öffnungsmaßen zu ermitteln. Hierbei sind diejenigen Maße zu verwenden, die auch schon bei der Fensterflächenermittlung A_W verwendet wurden.

Besondere energiegewinnende Systeme, wie z. B. Wintergärten oder transparente Wärmedämmung, dürfen nicht berücksichtigt werden. Soll die energetische Wirkung von Wintergärten oder transparenter Wärmedämmung beim öffentlich-rechtlichen Wärmeschutznachweis berücksichtigt werden, muss das Monatsbilanzverfahren angewendet werden.

C.4   Berechnung der internen Wärmegewinne
Die internen Wärmegewinne Q_i in kWh/a ermitteln sich zu:

$$Q_i = 22 \cdot A_N \quad \text{in kWh/a}$$

Hierbei bedeuten:
A_N Gebäudenutzfläche. Sie wird wie folgt ermittelt: $A_N = 0,32 \cdot V_e$
22   pauschaler Wert für die internen Wärmegewinne

C.5   Berechnung des vorhandenen Jahres-Heizwärmebedarfs Q_h
Der Jahres-Heizwärmebedarf Q_h ermittelt sich zu:

$$Q_h = 66 (H_T + H_V) - 0,95 (Q_S + Q_i) \quad \text{in kWh/a}$$

Hierbei bedeuten:
H_T spezifischer Transmissionswärmeverlust
H_V spezifischer Lüftungswärmeverlust
Q_S solare Wärmegewinne
Q_i interne Wärmegewinne

C.6   Ermittlung des bezogenen Jahres-Heizwärmebedarfs q_h
Der bezogene Jahres-Heizwärmebedarf ermittelt sich wie folgt:

$$q_h = Q_h / A_N \quad \text{in kWh/(m}^2 \cdot \text{a)}$$

Q_h Jahres-Heizwärmebedarf   in kWh/a
A_N Gebäudenutzfläche   in m^2

C.7   Ermittlung der primärenergiebezogenen Anlagenaufwandszahl
In Abhängigkeit von der Gebäudenutzfläche A_N und vom bezogenen Jahres-Heizwärmebedarf q_h ist die primärenergiebezogene Anlagenaufwandszahl e_p zu ermitteln. Zur Ermittlung der Anlagenaufwandszahl stehen nach DIN V 4701-10 drei Möglichkeiten alternativ zur Verfügung, Kapitel 2.7 und 2.8:

a)   Diagrammverfahren auch unter Verwendung des Beiblatts 1,
b)   Tabellenverfahren,
c)   detailliertes Verfahren.

C.8 Ermittlung des vorhandenen bezogenen Jahres-Primärenergiebedarfs Q_p' und des vorhandenen spezifischen, auf die wärmeübertragende Umfassungsfläche bezogenen Transmissionswärmeverlustes H_T'

Der vorhandene Jahres-Primärenergiebedarf Q_p wird ermittelt zu:

$$Q_p'' = (q_h + Q_w) \cdot e_p \qquad \text{in kWh/(m}^2 \cdot \text{a)}$$

Hierbei bedeuten:

q_h bezogener Jahres-Heizwärmebedarf in kWh/(m$^2 \cdot$ a)
Q_w pauschaler Zuschlag für Warmwasserbereitung, Q_w = 12,5 kWh/(m$^2 \cdot$ a)
e_p primärenergiebezogene Anlagenaufwandszahl gemäß DIN V 4701-10

Der vorhandene spezifische, auf die wärmeübertragende Umfassungsfläche bezogene Transmissionswärmeverlust H_T' ermittelt sich zu:
$H_T' = H_T / A$ in W/(m$^2 \cdot$ K)

Schritt D: Vergleich der vorhandenen Werte mit den Höchstwerten
D.1   Sind die vorhandenen Werte **kleiner** als die Höchstwerte, so sind die Anforderungen erfüllt. Für den Fall, dass die Luftwechselrate „n" reduziert wurde, ist die Gebäudedichtheit messtechnisch (siehe Schritt C.2) noch zu überprüfen. Wird der Grenzwert für die Gebäudedichtheit nicht überschritten, so erfolgt zum Abschluss das Ausstellen des Energiebedarfsausweises, siehe Schritt F6.

D.2   Sind die vorhandenen Werte größer als die Höchstwerte, so sind die Anforderungen nicht erfüllt. Es ergeben sich folgende Möglichkeiten energetischer Verbesserung:
o Wahl einer besseren Anlagentechnik mit der Folge einer kleineren Anlagenaufwandszahl, z.B. Verlagerung der Komponenten der Heizungsanlage aus dem unbeheizten Bereich in den beheizten Bereich, Einsatz einer Lüftungsanlage,
o Verbesserung der U-Werte, speziell bei Fenstern ergeben sich aus dem gewählten Nachweisverfahren Möglichkeiten der Optimierung,
o Reduzierung der Luftwechselrate um 0,1 h^{-1} bei Nachweis der Gebäudedichtheit. Bei Unterschreitung der Höchstwerte ist wie in Schritt D.1 zu verfahren.

Schritt E: Nachweis der Gebäudedichtheit
Bei Reduzierung der Luftwechselrate ist die Gebäudedichtheit zwingend nachzuweisen.

Schritt F: Ausstellen des Energiebedarfsausweises
Die inhaltlichen Bestandteile des Energiebedarfsausweises wurden in Kapitel 2.1 bereits beschrieben.

3.2 Berechnungsbeispiel nach vereinfachtem Verfahren für Wohngebäude

Ort:	Bauherr:	Angaben zum Wohngebäude: Einfamilienhaus mit beheiztem Kellertreppenhaus
Straße:	Architekt:	

Gebäudedaten

Summe der Bauteilflächen A	490,140	m²
beheiztes Gebäudevolumen V_e	680,358	m³
Gebäudenutzfläche $A_N = V_e$ x 0,32	217,715	m²
Kompaktheitsgrad A/V_e	0,720	m⁻¹

Prüfung der Anwendbarkeit des Vereinfachten Verfahrens für Wohngebäude

Das Gebäude wird ganz oder deutlich überwiegend zum **Wohnen** genutzt.	erfüllt
Es werden die Angaben der Planungs- und Ausführungsbeispiele der **DIN 4108 Bbl 2** eingehalten und bei abweichender Ausführung die Gleichwertigkeit nachgewiesen. Der pauschale Wert von ΔU_{WB} = 0,05W/(m² K) darf angesezt werden.	erfüllt

Überprüfung des **sommerlichen Wärmeschutzes**

f	Fensterflächenanteil f= $A_w/(A_w + A_{AW})$	A_w= 54,7	A_{AW} = 299,62	15,4	%

Ein Nachweis über den Wärmeschutz im Sommer ist nicht erforderlich, weil der Fensterflächenanteil 30% nicht überschreitet.	erfüllt

Spezifischer Transmissionswärmeverlust

	Bauteil	Abm. Faktor		Fläche (Außenmaße) [m²]		U-Wert [W/(m²K)]		Verluste W/K	Anmerkungen:
1	Fenster 1 (1,98x 0,9)	1,0	x	3,56	x	1,7	=	6,052	RV:Alu, Rah: Holz, Glas 1,2
2	Fenster 2 (0,855 x 0,9)	1,0	x	1,54	x	1,7	=	2,618	RV:Alu, Rah: Holz, Glas 1,2
3	Fenster 3 (1,105 x 2,605)	1,0	x	17,27	x	1,6	=	27,632	RV:Alu, Rah: Holz, Glas 1,2
4	Fenster 4 (1,105 x 1,65)	1,0	x	3,65	x	1,6	=	5,840	RV:Alu, Rah: Holz, Glas 1,2
5	Fenster 5 (1,925 x 2,605)	1,0	x	15,04	x	1,6	=	24,064	RV:Alu, Rah: Holz, Glas 1,2
6	Fenster 6 (1,925 x 0,90)	1,0	x	5,20	x	1,7	=	8,840	RV:Alu, Rah: Holz, Glas 1,2
7	Haustür	1,0	x	2,96	x	1,4	=	4,144	RV:Alu, Rah: Holz, Glas 1,2, Pa: 4/030
8	DFF	1,0	x	5,46	x	1,6	=	8,736	Velux Thermo Star
9	Außenwand SM	1,0	x	176,91	x	0,22	=	38,920	14/040
10	geneigtes Dach	1,0	x	122,71	x	0,16	=	19,634	22+4/040 mit Holzanteil
11	Kellerdecke	0,6	x	105,60	x	0,51	=	32,314	6/040
12	Kellertür	0,6	x	1,88	x	1,8	=	2,030	4/0,13
13	Bodenplatte	0,6	x	5,40	x	0,58	=	1,879	6/040
14	Kellerinnenwand	0,6	x	22,96	x	0,40	=	5,510	6/040
	0)		x		x		=	0,000	
	Nachweis Wärmebrücken 0,05 x A			490,14	x	0,050	=	24,507	
H_T	**Summe Transmissionswärmeverlust**						↳	212,720	W/K

Spezifischer Lüftungswärmeverlust

	Luftwechselzahl	reduzierte Luftwechselrate, Gebäudedichtheit nachgewiesen:	0,163	
		ohne Nachweis	0,190	
			0,190	1/h
H_v	Lüftungswärmebedarf H_v	0,190 x 680,358	⇨ **129,268**	W/K

Summe Wärmebedarf = $H_T + H_V$	⇨ 341,988	W/K

Solare Wärmegewinne

Fensterrichtung	Faktor		Fensterfläche (Rohbaumaß) [m²]		g-Wert [-]		Ij [kWh/(m²a)]		Gewinne [kWh/a]
Süd	0,567	x	20,24	x	0,58	x	270	=	1797,154
West	0,567	x	11,51	x	0,58	x	155	=	586,703
Ost	0,567	x	9,40	x	0,58	x	155	=	479,149
Nord	0,567	x	5,10	x	0,58	x	100	=	167,719
Nord (Haustür) nur Glasfläche	0,567	x	0,00	x	0,58	x	100	=	0,000
DFF Süd	0,567	x	2,18	x	0,58	x	270	=	193,567
DFF Nord	0,567	x	3,28	x	0,58	x	100	=	107,866
Q_S	**Summe nutzbare solare Wärmegewinne**							↳	3332,158 kWh/a

Interne Wärmegewinne

Q_I	Nutzbare interne Wärmegewinne	22 x 217,715	⇨	4789,720 kWh/a

Summe nutzbare Wärmegewinne = $Q_S + Q_I$	⇨	8121,878 kWh/a

Q_h	Jahres-Heizwärmebedarf	66 x ($H_T + H_V$) - 0,95 x ($Q_I + Q_S$)	⇨ 14855,452 kWh/a

Bezogener Jahres-Heizwärmebedarf

q_h	$q_h = Q_h / A_N$	68,234 kWh/(m²a)

Abbildung 97: Datenblatt eines Tabellenkalkulationsprogramms -
Ermittlung bis Schritt C.6: Ermittlung des bezogenen Jahres-Heizwärmebedarfs.

In den **Abbildungen 97 und 98** ist beispielhaft für das in den Abbildungen 94 und 95 dargestellte Einfamilienhaus der Nachweis anhand von Datenblättern eines Tabellenkalkulationsprogramms dargestellt. Hierbei wurden die Berechnungsschritte aus Kapitel 2.1 berücksichtigt. Aus Gründen der Vereinfachung wurden nicht alle Zwischenrechnungen wie z. B. Flächenermittlungen, U-Wertnachweise, Wärmebrückennachweise in Anlehnung an DIN 4108 Bbl 2 aufgeführt. In Kapitel 3.3 wird die Anlagenaufwandszahl nachgewiesen. Das Vorgehen gilt sinngemäß auch im Zusammenhang mit der Anwendung des Monatsbilanzverfahrens.

Die Datenblätter zeigen, dass sich die wesentlichen Ergebnisse des Nachweises in knapper und übersichtlicher Form darstellen lassen. Hinweis: Der vorhandene Fensterflächenanteil beträgt 15,4 %, d.h., die öffentlich-rechtlichen Anforderungen sind somit erfüllt. Es wird jedoch darauf hingewiesen, dass die Anforderungen gemäß DIN 4108-2 nicht erfüllt sind, siehe Beispielrechnung in Kapitel 2.2. Auf diese Besonderheit ist der Bauherr hinzuweisen und es sind mit ihm gemeinsam weitere Maßnahmen zur Begrenzung des Sonneneintrags festzulegen.

Ermittlung des Höchstwertes für den bezogenen Jahres- Primärenergiebedarfs Q_P''

Q_P''	$Q_P'' = 50{,}94 + 75{,}29 \times A/V_e + 2600/(100 + A_N)$		Höchstwert	113,363 kWh/(m²a)

Ermittlung des maximal zulässigen Jahres- Primärenergiebedarfs Q_P

Q_P	$Q_P = Q_P'' \times A_N$	24680,880 kWh/a

Primärenergiebezogene Anlagenaufwandszahl e_p gemäß DIN V 4701

	Heizung:	Zentrales System, Brennwertkessel Gas befeuert, Aufstellung im beheizten Bereich Systemtemp.: 35/28°C, Verteilung im beheiz. Bereich, Wasserheizung, Umwälzpumpe geregelt, Fußbodenheizung, Einzelraumregelung Xp = 2K, kein Speicher vorhanden			
	Warmwasser:	Gebäudezentral mit Zirkulation und Verteilleitungen im beheizten Bereich, indirekt beheizter Speicher im beheizten Bereich, Erwärmung über Erdgas betriebenem Brennwertkessel			
	Lüftung:	keine Lüftungsanlage			
e_p		für A_N = 217,7 Annahme und q_h=	68,23		**1,39**

Ermittlung des vorhandenen, bezogenen Jahres-Primärenergiebdarfs Q_P''

Q_P''	$Q_P'' = (q_h + Q_w) \times e_p$ mit q_h = 68,234 Q_w = 12,5 e_p = 1,392		vorhandener Wert	112,381 kWh/(m²a)

Vergleich zwischen zulässigem und vorhandenem Jahres-Primärenergiebedarf

Q_{Pmax} zu Q_{Pvorh}	Die Höchstwerte werden um	**0,866%**	unterschritten	

Die Hauptanforderung ist somit erfüllt.

Ermittlung des Höchstwertes für den spezifischen, auf die wärmeübertragende Umfassungsfläche bezogenen Transmissionswärmeverlust H_T'

H_T'	$H_T' = 0{,}3 + 0{,}15 / (A/V_e)$	Höchstwert	0,508 W/(m²K)

Ermittlung des vorhandenen spezifischen, auf die wärmeübertragende Umfassungsfläche bezogenen Transmissionswärmeverlust H_T'

H_T'	$H_T' = H_T/A$	vorhandener Wert	0,434 W/(m²K)

Vergleich zwischen zulässigem und vorhandenem spezifischen, auf die wärmeübertragende Umfassungsfläche bezogenen Transmissionswärmeverlust

$H_{T'max.}$ zu $H_{T'vorh.}$	Die Höchstwerte werden um	**14,603%**	unterschritten

Die Nebenanforderung ist somit erfüllt.

Abbildung 98: Datenblatt eines Tabellenkalkulationsprogramms -
Ermittlung bis Schritt D: Vergleich der vorhandenen Werte mit den Höchstwerten.

3.3 Berechnungsbeispiel nach DIN V 4701-10

Berechnungsschritte bei der anlagentechnischen Bewertung
Ziel der anlagentechnischen Bewertung ist die Ermittlung der auf die Nutzfläche bezogenen Primärenergie q_P bzw. der Anlagenaufwandszahl e_P.

Ermittlung der anlagentechnischen Kennwerte
Wird die anlagentechnische Bewertung mit Hilfe des **graphischen Verfahrens** nach DIN V 4701-10 Anhang C.5 oder Bbl 1 vorgenommen, dann muss die geplante Anlagentechnik genau mit einer der Standardanlagen in den Anlagendatenblättern übereinstimmen. Die Übereinstimmung gilt für die Heizung-, Lüftungs- und Trinkwarmwasseranlage.

Ist dieser Fall gegeben, kann auf eine detaillierte Ermittlung der anlagentechnischen Kennwerte verzichtet werden. Die Endergebnisse werden unmittelbar den Anlagendatenblättern entnommen:

o bezogener Primärenergiebedarf q_P (nur im Beiblatt 1 zur DIN V 4701-10),
o bezogener Endenergiebedarf für die Wärmeenergien $q_{WE,E}$,
o bezogener Endenergiebedarf für die Hilfsenergien $q_{HE,E}$,
o Anlagenaufwandszahl e_P.

Kann die Anlage nicht mit einem der Anlagendatenblätter abgebildet werden, werden die anlagentechnischen Kennwerte mit Hilfe der **33 Tabellen** des Anhangs C.1 bis C.4 oder der **Formeln nach Abschnitt 5** der DIN V 4701-10 bestimmt.

Zur übersichtlichen Handhabung der Einzelgrößen verfügt die Norm über Handrechenblätter für die Bereiche „Trinkwarmwasserbereitung", „Lüftung", „Heizung" sowie einem Blatt zur „Übersicht". In diesen Blättern werden die aus den Tabellen abgelesenen Kennwerte eingetragen und zu Zwischen- und Endergebnissen zusammengefasst.

Die Rechnung kann auch unabhängig von den Handrechenblättern erfolgen. Die Einzelkennwerte sind dann **anhand der Formeln des Abschnitts 4** der DIN V 4701-10 **zusammenzurechnen**. Im Folgenden werden die einzelnen Bereiche: Trinkwarmwasserbereitung, Lüftung und Heizung besprochen.

Bewertung der Trinkwarmwasserbereitung
Die Primärenergie „P" der Trinkwarmwasserbereitung „TW" setzt sich zusammen aus den Anteilen für Wärmeenergie „WE" und Hilfsenergie „HE":

$$q_{TW,P} = q_{TW,WE,P} + q_{TW,HE,P} \cdot$$

Für die Anlage der Trinkwarmwasserbereitung werden dazu - in der ausführlichen Rechnung und bei der Verwendung von Standardkenngrößen nach dem Tabellenverfahren - folgende Energiekennwerte nacheinander bestimmt:

o die Nutzwärme der Trinkwarmwasserbereitung q_{tw},
o die Wärmeverluste der Verteilung des Trinkwarmwassers $q_{TW,d}$ und die Gutschriften der Wärmeverteilung für die Heizung $q_{h,TW,d}$,

143

o die Hilfsenergien der Verteilung des Trinkwarmwassers $q_{TW,d,HE}$,
o die Wärmeverluste der Speicherung des Trinkwarmwassers $q_{TW,s}$ und die Gutschriften der Wärmeverteilung für die Heizung $q_{h,TW,s}$,
o die Hilfsenergien der Speicherung des Trinkwarmwassers $q_{TW,s,HE}$,
o die Deckungsanteile für die Wärmeerzeuger a_{TW},
o die Aufwandszahlen für die Wärmeerzeuger $e_{TW,g}$,
o die Hilfsenergien für die Wärmeerzeuger $q_{TW,g,HE}$ und
o die Primärenergiefaktoren f_P.

Aus diesen Größen werden neben der Primärenergie auch die Endenergien der Wärme $q_{TW,WE,E}$ und der Hilfsenergien $q_{TW,HE,E}$ für die Trinkwarmwasserbereitung bestimmt.

Alle genannten Kennwerte können anhand von ausführlichen Rechnungen mit projekt- und produktspezifischen Daten oder anhand der tabellierten Standardwerte bestimmt werden. Die ausführliche Rechnung lässt dem Anwender Freiheiten hinsichtlich der Leitungslängen, Speichergrößen, Dämmstandards, Wärmeerzeugerleistungen und vieles mehr. Standardwerte mit vordefinierten Kenndaten schränken diese Freiheiten weitgehend ein, vereinfachen jedoch die Rechnung.

Nicht alle Schritte der Prozesskette „Verteilung, Speicherung, Erzeugung" müssen ausschließlich ausführlich oder nur mit Standardwerten berechnet werden. Mischlösungen sind ebenso zulässig. So können beispielsweise alle Energiekennwerte bis zum Wärmeerzeuger anhand von Standardwerten bestimmt werden, dieser wird dann aber mit Hilfe von Produktkennwerten beschrieben. Diese Kennwerte sind in der Regel besser, als die in der Norm angegebenen. Die Autoren weisen an dieser Stelle jedoch darauf hin, dass der unter Verwendung von Produktkennwerten ermittelte Energiebedarf den später erreichten praktischen Energieverbrauch vermutlich noch unzureichender abbilden wird.

Die Anwendung der ausführlichen Rechnungen nach Abschnitt 4 der Norm bietet eine große, an dieser Stelle fast unüberschaubare Anzahl von Einflussgrößen. Diese werden mit der Verwendung von Standardwerten erheblich eingeschränkt.

Die Primärenergie der Wärmeenergien „WE" und der Hilfsenergien „HE" werden aus zahlreichen Einzelkennwerten nach beiden unten stehenden Formeln bestimmt, die im Folgenden erläutert werden.

$$q_{TW,WE,P} = \left(q_{tw} + q_{TW,ce} + q_{TW,d} + q_{TW,s} \right) \cdot \sum_{i} \left(e_{TW,g,i} \cdot \alpha_{TW,g,i} \cdot f_{P,i} \right)$$

$$q_{TW,HE,P} = \left(q_{TW,ce,HE} + q_{TW,d,HE} + q_{TW,s,HE} + \sum_{i} q_{TW,g,HE,i} \cdot \alpha_{TW,g,i} \right) \cdot f_P$$

Im Folgenden werden die Einflussgrößen auf die in den Formeln genannten Energiekennwerte beschrieben, so wie sie beim Rechnen mit dem Tabellenverfahren (Anhang C) auftreten:

o Die Nutzwärme für die Trinkwarmwasserbereitung q_{tw} ist nach EnEV ein fester Wert. Dieser wurde in die Norm übernommen.
o Die Wärmeverluste der Trinkwarmwasserverteilung $q_{TW,d}$ werden signifikant bestimmt von der Art der Verteilung. Die längsten Leitungen sind in einem gebäudezentralen

Verteilsystem vorhanden. Ein wohnungszentrales System weist demgegenüber keine zentrale horizontale Verteilebene (die so genannte Kellerverteilung) und auch keine Steigleitungen auf. Und in einem dezentralen Verteilsystem sind schließlich nur noch sehr kurze Stichleitungen vorhanden. Die Wärmeverluste werden von der Lage der zentralen, horizontalen Verteilebene innerhalb oder außerhalb des beheizten Teils des Gebäudes bestimmt. Ist eine Zirkulation vorhanden, sind die Wärmeverluste größer als ohne Zirkulation, weil ein Teil der Rohre ständig auf Temperatur gehalten ist. Alle Leitungslängen und Temperaturniveaus sind feste Werte, anhand der Nutzfläche wird der tabellierte Wärmeverlust bestimmt.

o Die Menge an Hilfsenergie für die Trinkwarmwasserverteilung $q_{TW,d,HE}$ hängt davon ab, ob eine Zirkulationspumpe vorhanden ist, wie große diese ist und wie lange sie läuft. Die letzten beiden Werte sind standardisiert in Abhängigkeit von der Nutzfläche angegeben.

o Der Wärmeverlust der Trinkwarmwasserspeicherung $q_{TW,s}$ wird von der Art des Speichers und dessen Aufstellort bestimmt. Dämmstandard und Temperaturniveau sind feste Werte, die Speichergröße wird ausschließlich von der Größe der Nutzfläche bestimmt.

o Die Hilfsenergie für die Trinkwarmwasserspeicher hängt von der Art des Speichers ab. Nur bestimmte Speicherarten besitzen Ladepumpen. Leistung und Laufzeit der Ladepumpen sind standardisiert in Abhängigkeit von der Nutzfläche hinterlegt.

o Die Deckungsanteile für die Erzeuger der Trinkwarmwasserbereitung richten sich danach, welche Erzeuger zur Wärmeerzeugung zum Einsatz kommen: Solaranlagen, Grundlasterzeuger und ggf. zusätzliche Spitzenlasterzeuger. Der Deckungsanteil einer Solaranlage wird davon bestimmt, wie groß die angeschlossene Nutzfläche ist, ob das versorgte Netz mit oder ohne Zirkulation ausgeführt ist und wo die Solarwärmespeicher aufgestellt sind.

o Die Aufwandszahlen und Hilfsenergien für die Wärmeerzeugung sind weitgehend festgelegte Werte. Je nach Erzeuger hängen diese höchstens noch von der Nutzfläche ab, die die Leistung des Erzeugers bestimmt.

o Die Primärenergiefaktoren werden je nach eingesetztem Energieträger gewählt.

Bewertung der Lüftungsanlage
Die Primärenergie „P" der Lüftung „H" setzt sich zusammen aus den Anteilen für Wärmeenergie „WE" und Hilfsenergie „HE":

$$q_{L,P} = q_{L,WE,P} + q_{L,HE,P} \,.$$

Lüftungsanlagen werden - im Gegensatz zur Vorgehensweise verschiedener anderer Bilanzverfahren - in der DIN V 4701-10 neben den Anlagen zur Heizung und Trinkwarmwasserbereitung separat bewertet. Andere Bilanzverfahren integrieren die Lüftungstechnik in die Rubrik Heizungstechnik.

Die Bewertung einer Lüftungsanlage in der DIN V 4701-10 folgt einer anderen Systematik als die Bewertung einer Anlage zur Heizung oder Trinkwarmwasserbereitung. Die Bilanz beginnt bei der Erzeugung und folgt den Prozessschritten quasi rückwärts bis zum Nutzen. Für die energetische Bewertung werden die folgenden Energiekennwerte nacheinander bestimmt:

o der Anteil einer Wärmerückgewinnung an der Endenergie für Lüftung $q_{L,g,WE,WRG}$,
o der Anteil einer Wärmepumpe an der Endenergie für Lüftung $q_{L,g,WE,WP}$,
o der Anteil eines Heizregisters an der Endenergie für Lüftung $q_{L,g,WE,HR}$,
o die Wärmeverluste der Verteilleitungen $q_{L,d}$,
o die Hilfsenergie für die Verteilung $q_{L,d,HE}$,
o Wärmeverluste für die Übergabe $q_{L,ce}$,
o die Aufwandszahlen und die Hilfsenergien der Wärmeerzeuger $e_{L,g}$ und $q_{L,g,HE}$ und
o die Primärenergiefaktoren f_P.

Aus diesen Größen werden neben der Primärenergie auch die Endenergien der Wärme $q_{L,WE,E}$ und der Hilfsenergien $q_{L,HE,E}$ für die Lüftung sowie die Gutschrift der Lüftung für das Heizsystem $q_{h,L}$ bestimmt. Auch für die Lüftung können diese Kennwerte teilweise anhand von Standardkennwerten oder anhand der Formeln nach Abschnitt 5 der DIN V 4701-10 bestimmt werden. Die Primärenergie der Wärmeenergien „WE" und der Hilfsenergien „HE" werden aus zahlreichen Einzelkennwerten nach beiden unten stehenden Formeln bestimmt, die im Folgenden erläutert werden.

$$q_{L,WE,P} = \sum_i \left(q_{L,g,i} \cdot e_{L,g,i} \cdot f_{P,i} \right)$$

$$q_{L,HE,P} = \left(q_{L,ce,HE} + q_{L,d,HE} + \sum_i q_{L,g,HE,i} \right) \cdot f_P$$

Im Folgenden werden die Einflussgrößen auf die in den Formeln genannten Energiekennwerte beschrieben, so wie sie beim Rechnen mit dem Tabellenverfahren (Anhang C) auftreten:

o Größe und Leistung des Wärmeübertragers sind standardisierte Werte. Für den Anwender der tabellierten Kennwerte bleibt zur Bestimmung dieses Energiekennwertes die Wahl des geplanten Anlagenluftwechsels und die Höhe des Wärmerückgewinnungsgrades.

o Wie bei der Wärmerückgewinnung hängt die Energiemenge, die eine Wärmepumpe liefern kann, vor allem von der Höhe des Anlagenluftwechsels ab. Der Energiekennwert $q_{L,g,WE,WP}$ wird weiterhin davon bestimmt, ob bereits eine Wärmerückgewinnung vorgeschaltet ist und ob die Wärmepumpe ausschließlich für die Erwärmung der Zuluft verwendet wird oder ggf. auch noch zur Trinkwarmwasserbereitung.

o Die Energiemenge $q_{L,g,WE,HR}$, die ein Heizregister liefern kann, wird bestimmt von der Art der Anlage: sind bereits Wärmerückgewinnung und Wärmepumpe vorgeschaltet? Die Höhe des Luftwechsels spielt auch hier wieder eine Rolle. Auslegungstemperatur und Leistung des Heizregisters sind fest hinterlegte Werte, die der Anwender von Standardkennwerten nicht beeinflussen kann.

o Der Wärmeverlust des Verteilnetzes einer Lüftungsanlage $q_{L,d}$ wird von denselben Größen bestimmt, wie bereits für Trinkwarmwassernetze erläutert: Länge und Lage des Verteilnetzes, Temperaturen in den Kanälen und Dämmstandards spielen eine Rolle. Diese Größen muss der Anwender von Standardkennwerten nicht selber erheben, denn Leitungslängen sind je nach Größe der Nutzfläche hinterlegt, Temperaturen je nach Ausstattung mit Wärmeerzeugern und die Dämmstandards sind Festwerte.

o Die Hilfsenergien der Lüftung $q_{L,HE}$ werden von der Leistung und der Laufzeit der elektrischen Antriebe bestimmt. Diese hängen wiederum ab von Volumenstrom - ausgedrückt durch den Anlagenluftwechsel - und Druckverlust in der Anlage. Dieser wird bestimmt durch die Art der Anlage, also der hinterlegten Leitungslänge, und der Art der Erzeuger.

o Die Übergabeverluste eines Lüftungsnetzes $q_{L,ce}$ hängen vor allem davon ab, ob dem zu beheizenden Raum Luft mit Temperaturen oberhalb oder unterhalb der Raumtemperatur zugeführt wird. Weitere Einflussgrößen, die zu tabellierten Standardkennwerten führen, sind Art der Temperaturregelung und die Anordnung der Luftauslässe. Die Kennwerte stammen aus Simulationen.

o Für die Wärmeerzeuger der Lüftung müssen keine Deckungsanteile bestimmt werden, denn die Energiemenge, die jeder Erzeuger liefern kann, ist bereits bestimmt. Für die Wärmeerzeuger, die Jahresprimärenergie verbrauchen, werden jedoch analog zur Vorgehensweise bei der Trinkwarmwasserbereitung Erzeugeraufwandszahlen $e_{L,g}$ angegeben. Auch für die Erzeuger der Lüftung sind Leistungen und Ausnutzungsgrade feste Größen.

o Die Primärenergiefaktoren werden je nach eingesetztem Energieträger gewählt.

Bewertung der Heizungsanlage

Die Primärenergie „P" der Heizung „H" setzt sich zusammen aus den Anteilen für Wärmeenergie „WE" und Hilfsenergie „HE":

$$q_{H,P} = q_{H,WE,P} + q_{H,HE,P}$$

Die Bewertung der Heizungsanlage folgt der bereits für die Trinkwarmwasserbereitung demonstrierten Vorgehensweise. Bilanziert wird von der Wärmeübergabe zur Erzeugung. Für das Heizsystem werden - unabhängig davon ob mit Standardwerten oder anhand der ausführlichen Berechnungsformeln bilanziert wird - folgende Energiekennwerte nacheinander bestimmt:

o der Jahresheizwärmebedarf nach DIN V 4108-6 oder Anhang 1 der EnEV (ohne Wärmerückgewinnung berechnet oder korrigiert) q_h,
o die Gutschriften der Trinkwarmwasserbereitung $q_{h,TW}$ und Lüftung $q_{h,L}$,
o die Wärmeverluste der Wärmeübergabe $q_{H,ce}$,
o die Hilfsenergien der Wärmeübergabe (falls vorhanden) $q_{H,ce,HE}$,
o die Wärmeverluste der Verteilung des Heizwassers $q_{H,d}$,
o die Hilfsenergien der Verteilung des Heizwassers $q_{H,d,HE}$,
o die Wärmeverluste der Speicherung des Heizwassers $q_{H,s}$,

o die Hilfsenergien der Speicherung des Heizwassers $q_{H,s,HE}$,
o die Deckungsanteile für die Wärmeerzeuger a_H,
o die Aufwandszahlen für die Wärmeerzeuger $e_{H,g}$ und
o die Hilfsenergien für die Wärmeerzeuger $q_{H,g,HE}$.
o die Primärenergiefaktoren f_P.

Aus diesen Größen werden neben der Primärenergie auch die Endenergie der Wärme $q_{H,WE,E}$ und der Hilfsenergien $q_{H,HE,E}$ der Heizung bestimmt. Einen Summenwert für die Endenergie $q_{H,E}$ anzugeben, ist nur sinnvoll, wenn sowohl Wärme- als auch Hilfsenergien aus Strom erzeugt werden.

Auch für das Heizsystem sollen - wie bereits für die Trinkwarmwasserbereitung und Lüftung - die Einflussgrößen auf die Einzelenergiekennwerte erläutert werden. Die ausführliche Rechnung nach Abschnitt 4 der Norm ermöglicht auch für die Heizungsanlage eine detailliertere Einarbeitung von produkt- und projektspezifischen Daten als bei Verwendung der in Anhang C.1 bis C.4 tabellierten Standardwerte. Die Primärenergie der Wärmeenergien „WE" und der Hilfsenergien „HE" werden aus zahlreichen Einzelkennwerten nach beiden unten stehenden Formeln bestimmt, die im Folgenden erläutert werden.

$$q_{H,WE,P} = \left(q_h - q_{h,TW} - q_{h,L} + q_{H,ce} + q_{H,d} + q_{H,s}\right) \cdot \sum_i \left(e_{H,g,i} \cdot \alpha_{H,g,i} \cdot f_{P,i}\right)$$

$$q_{H,HE,P} = \left(q_{H,ce,HE} + q_{H,d,HE} + q_{H,s,HE} + \sum_i q_{H,g,HE,i} \cdot \alpha_{H,g,i}\right) \cdot f_P$$

Im Folgenden werden die Einflussgrößen auf die in den Formeln genannten Energiekennwerte beschrieben, so wie sie beim Rechnen mit dem Tabellenverfahren (Anhang C) auftreten:

o Der Jahresheizwärmebedarf q_h wird aus der EnEV oder der DIN V 4108-6 entnommen, von ihm werden die Gutschriften der Trinkwarmwasserbereitung $q_{h,TW}$ und Lüftung $q_{h,L}$ abgezogen.

o Die Wärmeverluste der Übergabe von Heizwärme an den Raum $q_{H,ce}$ hängen von der Güte der Regelung ab, die für die Heizflächen eingesetzt wird. Weitere Einflussgrößen sind die Anordnung der Regeleinrichtungen und Heizflächen im Raum. Die tabellierten Kennwerte stammen aus Simulationen.

o Die Wärmeverluste der Heizwasserverteilung $q_{H,d}$ werden von der Art des Verteilnetzes bestimmt. Während zentrale Netze Verteilleitungen, Strangleitungen und Anbindeleitungen aufweisen, haben dezentrale Systeme keine oder vernachlässigbar kurze Leitungen. In zentralen Netzen spielt es eine Rolle, wo im Gebäude die Strangleitungen als Steigestränge nach oben geführt werden. Liegen diese Stränge eher im Gebäudeinneren, so ist die horizontale Verteilebene (Kellerverteilung) kürzer. Das Temperaturniveau in den Leitungen ist von der Auslegungstemperatur des Netzes bestimmt, das umgebende Temperaturniveau von der Lage der Leitungen im Gebäude. Die Leitungslängen werden anhand der Nutzfläche bestimmt. Dämmstandards sind ebenfalls fest definiert.

o Die Hilfsenergie der Verteilung $q_{H,d,HE}$ wird davon bestimmt, ob eine Umwälzpumpe vorhanden ist und ob diese geregelt oder ungeregelt betrieben wird. Leistung und Laufzeit sind Standardwerte, die sich in Abhängigkeit von der Nutzfläche ergeben.

o Der Wärmeverlust für die Speicherung von Heizwasser $q_{H,s}$ hängt davon ab, ob ein Speicher vorhanden ist, auf welchem Temperaturniveau er betrieben wird und wo im Gebäude er aufgestellt ist. Die Speichergröße wird indirekt mit der Nutzfläche festgelegt. Auch der Dämmstandard ist ein Festwert.

o Leistung und Laufzeit der Speicherladepumpe sind für den Anwender der tabellierten Standardwerte nicht veränderbar, sie hängen von der Nutzfläche ab.

o Die Deckungsanteile der Erzeuger in einer Heizungsanlage richten sich nach der Art der Wärmeerzeuger, die eingesetzt werden. Standardwerte von Anlagen mit bis zu drei Wärmeerzeugern - Solaranlage, Grundlasterzeuger und Spitzenlasterzeuger - sind tabellarisch hinterlegt. Dieser Aufteilung liegen standardisierte Leistungen der Erzeuger zugrunde.

o Die Aufwandszahlen und Hilfsenergien für die Wärmeerzeugung sind weitgehend festgelegte Werte. Je nach Erzeuger hängen diese von der Nutzfläche ab, welche die Leistung des Erzeugers bestimmt, vom Aufstellort und von der Auslegungstemperatur des angeschlossenen Heizkreises.

o Die Primärenergiefaktoren werden je nach eingesetztem Energieträger gewählt.

Ermittlung der Jahresprimärenergie Q_P
Die Jahresprimärenergie wird aus den Einzelwerten der Primärenergien für Trinkwasser $Q_{TW,P}$, Lüftung $Q_{L,P}$ und Heizung $Q_{H,P}$ bestimmt. Liegen für diese Zwischenergebnisse absolute Zahlen vor, dann lautet die Formel:

$$Q_P = Q_{TW,P} + Q_{L,P} + Q_{H,P}$$

Formal erfolgt die Summation beispielsweise im Handrechenblatt „Übersicht", einem der Handrechenblätter. Die Zwischenergebnisse der Einzelprimärenergien werden dabei den anderen Handrechenblättern entnommen. Als Zwischenergebnis bei der Berechnung der Jahresprimärenergie werden die Endenergien für Wärme $Q_{WE,E}$ und die Hilfsenergien $Q_{HE,E}$ bestimmt. Die Summation kann auch anhand der auf die Nutzfläche bezogenen Kennwerte (q) erfolgen.

Ermittlung des bezogenen Jahres-Primärenergiebedarfs q_P
Aus dem absoluten Kennwert Q_P wird der auf die Nutzfläche A_N bezogene Jahres-Primärenergiebedarf q_P ermittelt:

$q_P = Q_P / A_N$.

Wenn die Diagramme aus dem Beiblatt 1 zur DIN V 4701-10 verwendet werden, kann der bezogene Jahres-Primärenergiebedarf q_P direkt aus einer Graphik bzw. Wertetabelle abgelesen werden. Eingangsgrößen sind dort die Nutzfläche A_N und der bezogene Jahres-Heizwärmebedarf q_h.

149

Ermittlung der primärenergiebezogenen Anlagenaufwandszahl e_P

Aus den bezogenen Kenngrößen des Jahres-Primärenergiebedarfes q_p, des Jahres-Heizwärmebedarfes q_h und der Trinkwarmwassernutzwärme q_{tw} wird die Anlagenaufwandszahl e_p ermittelt:

$$e_P = \frac{q_P}{q_h + q_{tw}}.$$

Die Berechnung kann gleichermaßen mit den absoluten Kenngrößen Q_P, Q_h und Q_{tw} erfolgen. Werden die Standardkennwerte aus den Tabellen des Anhangs C.1 bis C.4 zusammen mit den Handrechenblättern der DIN V 4701-10 verwendet, dann ist dieser Rechenschritt im Handrechenblatt „Übersicht" enthalten. Werden die Diagramme des Anhangs C.5 oder des Beiblattes 1 der Norm herangezogen, dann kann e_P ohne Nebenrechnung aus dem Anlagendatenblatt abgelesen werden.

Berechnung für die anlagentechnische Bewertung einer Beispielanlage

Die Anlage, für die die Bewertung mit DIN V 4701-10 durchgeführt werden soll, wird in **Abbildung 99** beschrieben. Im Folgenden wird eine Bewertung nach dem Tabellenverfahren der DIN V 4701-10, d.h. mit Standardkennwerten, durchgeführt. Die Eingangswerte aus der gebäudetechnischen Berechnung mit der DIN V 4108-6 sind:

o Nutzfläche: $A_N = 217,71$ m² und
o Jahres-Heizwärmebedarf: $Q_h = 14.855,452$ kWh/a, dies entspricht einem
o bez. Jahres-Heizwärmebedarf: $q_h = 68,2$ kWh/(m² · a).

Bewertung der Wärmeenergien der Trinkwarmwasserbereitung
o Wärmebedarf Trinkwasser

Der Trinkwarmwasserbedarf wird in der Energieeinsparverordnung auf 12,5 kWh/(m²a) festgelegt:

$$q_{tw} = 12,5 \text{ kWh/(m}^2 \cdot \text{a)}.$$

o Wärmeverluste bei der Übergabe des Trinkwarmwassers

Das Berechnungsverfahren berechnet den Aufwand der Trinkwarmwassererwärmung bis zu den Zapfstellen. Verluste der Armaturen werden dem Nutzen zugerechnet. Aus diesem Grund werden die Verluste der Übergabe an den Nutzer gleich null gesetzt. Nach Tabelle C.1-1 der DIN V 4701-10 ergibt sich:

$$q_{TW,ce,WE} = 0,00 \text{ kWh/(m}^2 \cdot \text{a)}.$$

	Beschreibung
Trinkwarmwasserbereitung	Es handelt sich um eine gebäudezentrale Versorgung mit Trinkwarmwasser. Die Anlage ist mit einer Zirkulation ausgestattet. Die zentralen Verteilleitungen sind innerhalb des beheizten Bereiches angeordnet. Der indirekt beheizte Trinkwarmwasserspeicher ebenfalls. Auch der Wärmeerzeuger, ein mit Erdgas betriebener Brennwertkessel ist im beheizten Bereich angeordnet.
Lüftung	Das Gebäude hat keine mechanische Lüftungsanlage, dass heißt, die Lüftung erfolgt nur über Fenster bzw. Gebäudeundichtheiten.
Heizung	Das Gebäude ist mit Fußbodenheizung (integrierte Heizflächen) ausgestattet. Die Raumtemperatur wird mit Hilfe einer Einzelraumregelung mit Zweipunktregler Schaltdifferenz Xp = 2 K geregelt. Die Systemtemperaturen betragen für den Auslegungstag 35/28 °C. Es handelt sich auch hier um ein zentrales System. Die horizontalen Verteilleitungen sind innerhalb des beheizten Bereiches angeordnet. Die Strangleitungen sind im Inneren des Gebäudes nach oben geführt. Die Umwälzpumpe ist geregelt. Der Gasbrennwertkessel, ist derselbe, der auch zur Trinkwarmwasserbereitung benutzt wird, er ist im beheizten Bereich angeordnet.

Abbildung 99: Anlagenbeschreibung EFH mit Gasversorgung

o **Wärmeverlust der Verteilung für Trinkwarmwasser und Zirkulationsleitungen**
In der DIN V 4701-10 werden Kennwerte für zentrale Verteilsysteme (Tabelle C.1-2a und C.1-2b) und für wohnungs- und dezentrale Systeme (Tabelle C.1-2c) angegeben. Für die gegebene zentrale Anlage mit Verteilung innerhalb der thermischen Hülle und mit Zirkulationsanschluss ergibt sich aus Tabelle C.1-2a:

$$q_{TW,d,WE} = 8{,}47 \text{ kWh(m}^2 \cdot \text{a)}.$$

Ein Teil der Verlustwärme der Rohrleitungen kommt der Raumheizung zugute und kann als Heizwärmegutschrift angerechnet werden. Aus Tabelle C.1-2a ergibt sich eine Heizwärmegutschrift von:

$$q_{h,TW,d} = 3{,}81 \text{ kWh(m}^2 \cdot \text{a)}.$$

o **Wärmeverlust für die Speicherung des Trinkwarmwassers**
Bei der Berechnung des flächenbezogenen Wärmeverlustes für die Speicherung des Trinkwarmwassers wird unterschieden, ob der Speicher innerhalb oder außerhalb der gedämmten Gebäudehülle aufgestellt wird. Außerdem werden die Verluste für verschiedene Speichertypen in Tabelle C.1-3a der DIN V 4701-10 unterschiedlich hoch veranschlagt. Für das betrachtete Beispiel mit indirekt beheiztem Speicher ergibt sich ein Speicherverlust von:

$$q_{TW,s,WE} = 2{,}89 \text{ kWh/(m}^2 \cdot \text{a)}.$$

Wenn der Speicher innerhalb der gedämmten Gebäudehülle aufgestellt ist, kann ein Teil der Speicherverluste als Heizwärmegutschrift auf den Heizwärmebedarf angerechnet werden. Es ergibt sich nach Tabelle C.1-3a eine Gutschrift von:

$$q_{h,TW,s} = 1{,}30 \text{ kWh/(m}^2 \cdot \text{a)}.$$

o **Deckungsanteile für die Trinkwassererwärmung**
Erfolgt die Trinkwassererwärmung durch mehrere Wärmeerzeuger, so muss der Deckungsanteil der verschiedenen Teilsysteme bestimmt werden. Typische Anlagenkombinationen sind in Tabelle C.1-4a der DIN V 4701-10 dargestellt. Bei dem betrachteten Beispiel erfolgt die Trinkwarmwasserbereitung zu 100 % mit Hilfe des Gasbrennwertkessels. Der Deckungsanteil ist:

$$\alpha_{TW,g} = 1{,}00.$$

o **Wärmeerzeugeraufwandszahl für die Trinkwassererwärmung**
Der Aufwand der Wärmeerzeugung der Trinkwassererwärmung wird mit Hilfe der Tabellen C.1-4b bis C.1-4e der DIN V 4701-10 in Abhängigkeit vom Heizsystem und der Nutzfläche ermittelt. Bei dem betrachteten Beispiel handelt es sich um eine Anlage mit Brennwertkessel. Aus Tabelle C.1-4b ergibt sich eine Wärmeerzeugeraufwandszahl von:

$$e_{TW,g} = 1{,}14.$$

o **Berechnung des Endenergiebedarfs der Wärme für die Trinkwassererwärmung**

Die Endenergie für die Trinkwarmwasserbereitung berechnet sich nach folgender Gleichung:

$$q_{TW,WE,E} = (q_{tw} + q_{TW,ce,WE} + q_{TW,d,WE} + q_{TW,s,WE}) \cdot \Sigma(e_{TW,g} \cdot \alpha_{TW,g})$$
$$q_{TW,WE,E} = (12,50 + 0,00 + 8,47 + 2,89) \times (1,14 \times 1,0)$$
$$q_{TW,WE,E} = 27,20 \text{ kWh/(m}^2\text{a)}.$$

o **Ermittlung des Primärenergiefaktors**

Die Primärenergiefaktoren für die Endenergiebereitstellung sind in Tabelle C.4-1 der DIN V 4701-10 angegeben. Für den im Beispiel betrachteten Energieträger Erdgas beträgt der Primärenergiefaktor:

$$f_p = 1,1.$$

o **Primärenergieaufwand der Wärme für die Trinkwassererwärmung**

In dem betrachteten Beispiel ergibt sich $q_{TW,P}$ zu:

$$q_{TW,WE,P} = (q_{tw} + q_{TW,ce,WE} + q_{TW,d,WE} + q_{TW,s,WE}) \cdot \Sigma(e_{TW,g} \times \alpha_{TW,g} \cdot f_p)$$
$$q_{TW,WE,P} = (12,50 + 0,00 + 8,47 + 2,89) \times (1,14 \times 1,0 \times 1,1)$$
$$q_{TW,WE,P} = 29,92 \text{ kWh/(m}^2\text{a)}.$$

Bewertung der Hilfsenergien der Trinkwarmwasserbereitung

o **Hilfsenergiebedarf der Übergabe für die Trinkwassererwärmung**

Die Hilfsenergien bei der Übergabe des Trinkwassers werden in Tabelle C.1-1 der DIN V 4701-10 wie folgt vereinbart:

$$q_{TW,ce,HE} = 0,00 \text{ kWh/(m}^2 \cdot \text{a)}.$$

o **Hilfsenergiebedarf für Trinkwarmwasser- und Zirkulationsleitungen**

Der Energiebedarf der Verteilung wird in Tabelle C.1-2b der DIN V 4701-10 dargestellt. Für Systeme ohne Zirkulationsleitung ist $q_{TW,d,HE} = 0$. In dem betrachteten Beispiel ergibt sich ein Hilfsenergiebedarf für eine Anlage mit Zirkulationspumpe von:

$$q_{TW,d,HE} = 0,62 \text{ kWh/(m}^2 \cdot \text{a)}.$$

o **Hilfsenergiebedarf der Speicherung für die Trinkwassererwärmung**

Der Stromaufwand für die Speicherladepumpe bei indirekt beheizten Speichern ist in Tabelle C.1-3b der DIN V 4701-10 dargestellt. Für Elektrospeichersysteme und direkt gasbeheizte Trinkwasserspeicher ist der Hilfsenergieaufwand für die Speicherung mit null anzunehmen. Für die Anlage mit dem indirekt beheizten Speicher ergibt sich ein Hilfsenergiebedarf für die Speicherladepumpe von:

$$q_{TW,s,HE} = 0,06 \text{ kWh/(m}^2 \cdot \text{a)}.$$

o **Deckungsanteile für die Trinkwassererwärmung**

Erfolgt die Trinkwassererwärmung durch mehrere Wärmeerzeuger, so muss der Deckungsanteil der verschiedenen Teilsysteme bestimmt werden. Typische Anlagenkombinationen sind in Tabelle C.1-4a der DIN V 4701-10 dargestellt. Bei dem betrachteten Beispiel erfolgt die Trinkwarmwasserbereitung zu 100 % mit Hilfe des Gasbrennwertkessels. Der Deckungsanteil ist:

$$\alpha_{TW,g} = 1,00.$$

o **Hilfsenergiebedarf für die Wärmeerzeugung der Trinkwassererwärmung**
Der Hilfsenergiebedarf für die Wärmeerzeugung wird in den Tabellen C.1-4b bis C.1-4f der DIN V 4701-10 für verschiedene Systeme dargestellt. Für das betrachtete Beispiel mit dem Gasbrennwertkessel ergibt sich:

$q_{TW,g,HE} = 0,20$ kWh/(m² · a).

o **Berechnung des Endenergiebedarfs der Hilfsenergien für die Trinkwassererwärmung**
Der Endenergiebedarf für die benötigte Hilfsenergie zur Trinkwarmwasserbereitung berechnet sich aus den zuvor ermittelten Werten mit Hilfe von folgender Gleichung:

$q_{TW,HE,E} = q_{TW,ce,HE} + q_{TW,d,HE} + q_{TW,s,HE} + \Sigma(\alpha_{TW,g} \cdot q_{TW,g,HE})$
$q_{TW,HE,E} = 0,00 + 0,62 + 0,06 + (1,00 \cdot 0,20)$
$q_{TW,HE,E} = 0,88$ kWh/(m² · a).

o **Ermittlung des Primärenergiefaktors**
Der Primärenergiefaktor für die elektrischen Hilfsenergien ergibt sich aus Tabelle C.4-1 der DIN V 4701-10 für den Energieträger Strom zu:

$f_p = 3,0$.

o **Primärenergieaufwand der Hilfsenergien für die Trinkwassererwärmung**
In dem betrachteten Beispiel ergibt sich $q_{TW,HE,P}$ zu:

$q_{TW,HE,P} = q_{TW,ce,HE} + q_{TW,d,HE} + q_{TW,s,HE} + \Sigma(\alpha_{TW,g} \cdot q_{TW,g,HE} \cdot f_p)$
$q_{TW,HE,P} = 0,00 + 0,62 + 0,06 + (1,00 \times 0,20 \times 3,0)$
$q_{TW,HE,P} = 2,64$ kWh/(m² · a).

Berechnung des Gesamtprimärenergiebedarfs der Trinkwarmwasserbereitung
Der Gesamtprimärenergieaufwand für Trinkwarmwasser ergibt sich aus der Summe des flächenbezogenen Primärenergieaufwandes für Wärme und Hilfsenergie, multipliziert mit der Nutzfläche A_N:

$Q_{TW,P} = [\Sigma q_{TW,WE,P} + \Sigma q_{TW,HE,P}] \cdot A_N$
$Q_{TW,P} = [29,92$ kWh/(m² · a) $+ 2,64$ kWh/(m² · a)$] \cdot 217,71$ m²
$Q_{TW,P} = 7.089$ kWh/a.

Bewertung der Lüftung
Es ist keine Lüftungsanlage vorhanden. Daher werden alle Kennwerte (Wärmeverluste und Hilfsenergiebedarf) für die Lüftung zu null gesetzt. Eine Lüftungsanlage würde mit Hilfe der Tabellen C.2-1 bis C.2-4 der DIN V 4701-10 bewertet. Die Berechnung erfolgt ebenfalls getrennt nach Wärmeenergien und Hilfsenergien. Im betrachteten Beispiel ergibt sich:

o für die Endenergie der Wärmeenergien: $\qquad q_{L,E} \qquad = 0,0$ kWh/(m² · a),
o für die Primärenergie der Wärmeenergien: $\qquad q_{L,P} \qquad = 0,0$ kWh/(m² · a),
o für die Endenergie der Hilfsenergien: $\qquad q_{L,HE,E} \quad = 0,0$ kWh/(m² · a),
o für die Primärenergie der Hilfsenergien: $\qquad q_{L,HE,P} \quad = 0,0$ kWh/(m² · a).

Die absolute Primärenergie für die Hilfs- und Wärmeenergien der Lüftung beträgt:
$Q_{L,P} = 0$ kWh/a.

Bewertung der Wärmeenergien der Heizung

o **Heizwärmegutschrift aus der Trinkwarmwasserbereitung**

Aus der Wärmeverteilung und Speicherung des Trinkwarmwassers konnten für die Heizung Wärmemengen gutgeschrieben werden:

$q_{h,TW,d} = 3,81$ kWh(m² · a) und
$q_{h,TW,s} = 1,30$ kWh/(m² · a).

Zusammen ist dies ein Wert von:

$q_{h,TW} = q_{h,TW,d} + q_{h,TW,s}$
$q_{h,TW} = 3,81$ kWh/(m² · a) + 1,30 kWh/(m² · a)
$q_{h,TW} = 5,11$ kWh/(m² · a).

o **Heizwärmegutschrift Lüftung**

Wenn das Gebäude mit Lüftungsanlagen ausgestattet ist, die einen Teil des Heizwärmebedarfes decken, so wird dieser bei der Berechnung des Primärenergieaufwandes Heizung berücksichtigt. Bei dem im Gebäude betrachteten Beispiel ist keine Lüftungsanlage vorhanden, es ergibt sich:

$q_{h,L} = 0,00$ kWh/(m² · a).

o **Wärmeverluste bei der Übergabe der Heizwärme an den Raum**

Die Trägheit und Regelungenauigkeit des Wärmeabgabesystems, das die Wärme vom Wärmetransportmedium an die Raumluft übergibt, führt teilweise zu einer unerwünschten Erhöhung der Raumtemperatur, zu einer Verlängerung der realen Heizzeit und zu einem gegebenenfalls erhöhtem Ablüften. Dadurch steigt der Wärmeverlust, welcher durch die Größe q_{ce} berücksichtigt wird. Werte sind in Tabelle C.3-1 der DIN V 4701-10 angegeben. Für das betrachtete Beispiel mit Fußbodenheizung und Einzelraumregelung (2 K) ergibt sich:

$q_{H,ce,WE} = 3,30$ kWh/(m² · a).

o **Wärmeabgabe der Verteilung für das Heizsystem**

Die Wärmeabgabe der Verteilung lässt sich als flächenbezogene Größe q_d direkt aus den Tabellen C.3-2a und C.3-2b der DIN V 4701-10 ablesen. Die Wärmeabgabe ist für die Heizkreis-Auslegungstemperaturen 90/70 °C, 70/55 °C, 55/45 °C und 35/28 °C in Abhängigkeit von der Nutzfläche A_N und den weiteren Einflussgrößen „Lage der horizontalen Verteilung" und „Lage der Verteilungsstränge" tabelliert. Für das betrachtete ergibt sich für die Wärmeabgabe der Verteilung:

$q_{H,d,WE} = 0,53$ kWh/(m² · a).

o **Wärmeabgabe der Speicherung für das Heizsystem**

Der Aufwand für die Speicherung (z.B. Pufferspeicher bei Wärmepumpenanlagen) wird in Tabelle C.3-3 der DIN V 4701-10 als flächenbezogene Größe für verschiedene Aufstellorte und Systemtemperaturen in Abhängigkeit der Gebäudenutzfläche A_N dargestellt. Dieser Verlust tritt auf, wenn in der Heizungsanlage ein zusätzlicher Speicher benötigt wird (kein Trinkwarmwasserspeicher!). Für die im Beispiel betrachtete Anlage wird kein zusätzlicher Speicher benötigt, es ergibt sich ein Speicherverlust von:

$q_{H,s,WE} = 0,00$ kWh/(m² · a).

o **Deckungsanteile für die Heizung**

Mehrere Wärmeerzeuger können zur Deckung des Jahres-Heizenergiebedarfs eines Bereichs eingesetzt werden (z.B. Kessel mit Wärmepumpe, elektrische Zusatzheizung, Solaranlagen). Hierzu muss bestimmt werden, welcher Anteil jeder Wärmeerzeuger zur Deckung des Jahresheizwärmebedarfs beiträgt. Die Deckungsanteile von gebräuchlichen Wärmeerzeugerkombinationen können anhand Tabelle C.3-4a der DIN V 4701-10 ermittelt werden. Bei dem zu berechnenden Beispiel ist nur der Gasbrennwertkessel als Wärmeerzeuger vorhanden. Der Deckungsanteil ist:

$\alpha_{g,H} = 1,00$.

o **Wärmeerzeugeraufwandszahl für die Heizung**

Der Aufwand der Wärmeerzeugung e_g wird in den Tabellen C3-4b bis C3-4e der DIN V 4701-10 als Wärmeerzeugeraufwandszahl für unterschiedliche Wärmeerzeugungssysteme in Abhängigkeit von der Fläche und den Systemtemperaturen dargestellt. Für das betrachtete Beispiel mit Gasbrennwertkessel innerhalb des beheizten Bereiches ergibt sich eine Aufwandszahl für die Heizwärmeerzeugung von:

$e_{g,H} = 0,99$.

o **Berechnung des Endenergiebedarfs der Wärme für die Heizung**

Die Endenergie für die Raumheizung berechnet sich nach folgender Gleichung:

$q_{H,WE,E} = (q_h - q_{h,TW} - q_{h,L} + q_{H,ce,WE} + q_{H,d,WE} + q_{H,s,WE}) \cdot \Sigma(e_{g,H} \cdot \alpha_{g,H})$
$q_{H,WE,E} = (68,24 - 5,11 - 0,00 + 3,30 + 0,53 + 0,00) \cdot (0,99 \cdot 1,00)$
$q_{H,WE,E} = 66,29$ kWh/(m² · a).

o **Ermittlung des Primärenergiefaktors f_P**

Die Primärenergiefaktoren für die Endenergiebereitstellung sind in Tabelle C.4-1 der DIN V 4701-10 angegeben. Für den im Beispiel betrachteten Energieträger Erdgas beträgt der Primärenergiefaktor:

$f_P = 1,1$.

o **Primärenergieaufwand der Wärme für die Heizung**

In dem betrachteten Beispiel ergibt sich q_P zu:

$q_{H,WE,P} = (q_h - q_{h,TW} - q_{h,L} + q_{H,ce,WE} + q_{H,d,WE} + q_{H,s,WE}) \cdot \Sigma(e_{g,H} \cdot \alpha_{g,H} \cdot f_P)$
$q_{H,WE,P} = (68,24 - 5,11 - 0,00 + 3,30 + 0,53 + 0,00) \cdot (0,99 \cdot 1,00 \cdot 1,1)$
$q_{H,WE,P} = 72,92$ kWh/(m² · a).

Bewertung der Hilfsenergien der Heizung

o **Hilfsenergiebedarf der Übergabe für die Heizung**

Die Hilfsenergien bei der Übergabe der Heizwärme ergeben sich nach Abschnitt C.3-1 der DIN V 4701-10 für das Beispiel mit Einzelraumregelung zu:

$q_{H,ce,HE} = 0,00$ kWh/(m² · a).

o **Hilfsenergiebedarf der Wärmeverteilung für die Heizung**

Der Hilfsenergiebedarf der Wärmeverteilung (der Energiebedarf der Umwälzpumpen) wird in Tabelle C.3-2 der DIN V 4701-10 für die Auslegungstemperaturspreizungen 20, 15, 10 und 7 K angegeben. Dabei wird beim Einsatz von drehzahlgeregelten Pumpen ein in der Praxis für Gebäude mit einer Heizlast unter 25 kW durchaus nicht typischer, geringerer Energiebedarf als bei ungeregelten Pumpen angesetzt. In diesem Beispiel handelt es sich um eine Anlage mit geregelter Pumpe und einer Temperaturspreizung von 7 K. Daraus ergibt sich ein Hilfsenergiebedarf für die Wärmeverteilung von:

$$q_{H,d,HE} = 1,75 \text{ kWh/(m}^2 \cdot \text{a}).$$

Hilfsenergiebedarf der Wärmespeicherung für die Heizung

Hilfsenergiebedarf Wärmespeicherung fällt nur an, wenn ein zusätzlicher Speicher mit eigener Ladepumpe vorhanden ist. Kennwerte sind in Tabelle C.3-3 der DIN V 4701-10 zusammengestellt. Bei Anlagen ohne zusätzlichen Speicher ist der Hilfsenergiebedarf Wärmespeicherung:

$$q_{H,s,HE} = 0,00 \text{ kWh(m}^2 \cdot \text{a}).$$

Deckungsanteile für die Heizung

Bei dem zu berechnenden Beispiel ist nur der Gasbrennwertkessel als Wärmeerzeuger vorhanden. Der Deckungsanteil beträgt nach Tabelle C.3-4a der DIN V 4701-10:

$$\alpha_{g,H} = 1,00.$$

Hilfsenergiebedarf der Wärmeerzeugung für die Heizung

Der Hilfsenergiebedarf der Wärmeerzeugung $q_{g,HE}$ wird in den Tabellen C3-4b bis C3-4e der DIN V 4701-10 für unterschiedliche Wärmeerzeugungssysteme in Abhängigkeit von der Fläche dargestellt. Für das betrachtete Beispiel mit dem Gasbrennwertkessel ergibt sich ein Hilfsenergiebedarf für die Heizwärmeerzeugung von:

$$q_{H,g,HE} = 0,55 \text{ kWh/(m}^2 \cdot \text{a}).$$

Berechnung des Endenergiebedarfs der Hilfsenergien für die Heizung

Der Endenergiebedarf für die benötigte Hilfsenergie der Heizung berechnet sich aus den zuvor ermittelten Werten mit Hilfe von folgender Gleichung:

$$q_{H,HE,E} = q_{H,ce,HE} + q_{H,d,HE} + q_{H,s,HE} + \Sigma(\alpha_{g,H} \cdot q_{H,g,HE})$$
$$q_{H,HE,E} = 0,00 + 1,75 + 0,00 + (1,00 \cdot 0,55)$$
$$q_{H,HE,E} = 2,30 \text{ kWh/(m}^2 \cdot \text{a}).$$

Ermittlung des Primärenergiefaktors

Der Primärenergiefaktor für die elektrischen Hilfsenergien ergibt sich aus Tabelle C.4-1 der DIN V 4701-10 für den Energieträger Strom zu:

$$f_P = 3,0.$$

Primärenergieaufwand der Hilfsenergien für die Heizung

In dem betrachteten Beispiel ergibt sich $q_{HE,P}$ zu:

$$q_{H,HE,P} = [q_{H,ce,HE} + q_{H,d,HE} + q_{H,s,HE} + \Sigma(\alpha_{g,H} \cdot q_{H,g,HE})] \cdot f_P$$
$$q_{H,HE,P} = [0,00 + 1,75 + 0,00 + (1,00 \cdot 0,55)] \cdot 3,0$$
$$q_{H,HE,P} = 6,90 \text{ kWh/(m}^2 \cdot \text{a}).$$

Berechnung des Gesamtprimärenergiebedarfs der Heizung

Der Gesamtprimärenergieaufwand für die Raumheizung ergibt sich aus der Summe des flächenbezogenen Primärenergieaufwandes für Wärme und Hilfsenergie multipliziert mit der Nutzfläche A_N:

$Q_{H,P} = [\Sigma q_{H,WE,P} + \Sigma q_{H,HE,P}] \cdot A_N$

$Q_{H,P} = [72,92 \text{ kWh/(m}^2 \cdot \text{a)} + 6,90 \text{ kWh/(m}^2 \cdot \text{a)}] \cdot 217,71 \text{ m}^2$

$Q_{H,P} = 17.378 \text{ kWh/a}$.

Jahres-Primärenergiebedarf für das Gebäude

Der auf die Nutzfläche bezogene Gesamtprimärenergiebedarf ergibt sich wie folgt aus den vorher bestimmten Teilergebnissen:

$q_P = (q_{H,WE,P} + q_{H,HE,P}) + (q_{L,WE,P} + q_{L,HE,P}) + (q_{TW,WE,P} + q_{TW,HE,P})$

$q_P = (72,92 + 6,90) + (0,00 + 0,00) + (29,92 + 2,64)$

$q_P = 112,38 \text{ kWh/(m}^2 \cdot \text{a)}$.

Der Jahres-Primärenergiebedarf ergibt sich analog aus den Teilergebnissen der Heizung, Lüftung und Trinkwarmwasserbereitung:

$Q_P = (Q_{H,P}) + (Q_{L,P}) + (Q_{TW,P})$

$Q_P = (17.378 \text{ kWh/a}) + (0 \text{ kWh/a}) + (7.089 \text{ kWh/a})$

$Q_P = 24.467 \text{ kWh/a}$.

Berechnung der Anlagenaufwandszahl

Die Anlagenaufwandszahl beträgt:

$$e_P = \frac{q_P}{q_h + q_{tw}}$$

$$= \frac{112,38 \text{kWh /(m}^2\text{a)}}{68,24 \text{kWh /(m}^2\text{a)} + 12,5 \text{kWh /(m}^2\text{a)}} \cdot$$

$$= 1,392$$

Jahres-Endenergiebedarf für das Gebäude

Für die Ausstellung des Energiebedarfsausweises wird die Jahres-Endenergiemenge - getrennt nach Energieträgern - benötigt. Aus den Zwischenergebnissen der Heizung, Lüftung und Trinkwarmwasserbereitung ergibt sich die Zusammenstellung in **Abbildung 100**. Die Rechnung wird zusätzlich noch einmal mit Hilfe eines Softwareprogramms durchgeführt. Es werden Handrechenblätter in **Abbildung 101 - 103** abgebildet. Kleinere Abweichungen in den Ergebnissen der Rechenblätter im Vergleich zur Rechnung oben kommen durch Rundung zustande.

Energieträger Gas:	
Endenergie der Wärme der Trinkwarmwasserbereitung:	$q_{TW,E} = 27,20 \text{ kWh/(m}^2\text{a)}$
Endenergie der Wärme der Lüftung:	$q_{L,E} = 0,00 \text{ kWh/(m}^2\text{a)}$
Endenergie der Wärme der Heizung:	$q_{H,E} = 66,29 \text{ kWh/(m}^2\text{a)}$
Summe	$q_{E,Gas} = 93,49 \text{ kWh/(m}^2\text{a)}$
Energieträger Strom:	
Endenergie der Hilfsenergien der Trinkwarmwasserbereitung:	$q_{TW,HE,E} = 0,88 \text{ kWh/(m}^2\text{a)}$
Endenergie der Hilfsenergien der Lüftung	$q_{L,HE,E} = 0,00 \text{ kWh/(m}^2\text{a)}$
Endenergie der Hilfsenergien der Heizung:	$q_{H,HE,E} = 2,30 \text{ kWh/(m}^2\text{a)}$
Summe	$q_{E,Strom} = 3,18 \text{ kWh/(m}^2\text{a)}$

Abbildung 100: Endenergien nach Energieträger für das EFH.

Anlagenbewertung nach DIN 4701 Teil 10 unter Verwendung von Standardkennwerten

Bezeichnung des Gebäudes oder des Gebäudeteils   Einfamilienhaus mit beheiztem Kellertreppenhaus, Gasversorgung

Ort _____   Straße u. Hausnummer _____

Gemarkung _____   Flurstücknummer _____

1. Eingaben

$A_N = $ **217,71** m² $t_{HP} = $ **185** d/a

	TRINKWASSER-ERWÄRMUNG	HEIZUNG	LÜFTUNG
absoluter Bedarf	$Q_{tw} = $ **2.721** kWh/a	$Q_h = $ **14.855** kWh/a	
bezogener Bedarf	$q_{tw} = $ **12,5** kWh/(m²a)	$q_h = $ **68,24** kWh/(m²a)	

2. Systembeschreibung

Übergabe		integrierte Heizflächen, XP=2K; 35/28°C Auslegung	keine mechanische Lüftung
Verteilung	zentral im beheizten Bereich mit Zirkulation	Verteilung im beheizten Bereich, Steigestränge innenliegend, ger. Pumpe	keine mechanische Lüftung
Speicherung	indirekt beheizt im beheizten Bereich	keiner vorhanden	

	Erzeuger 1	Erzeuger 2	Erzeuger 3	Erzeuger 1	Erzeuger 2	Erzeuger 3	WÜT	L/L-WP	Heiz-register
Deckungs-anteil	1,00	0,00	0,00	1,00	0,00	0,00	---	---	---
Erzeuger	BW-Gas-kessel	---	---	BW-Gas-kessel	---	---	---	---	---

3. Ergebnisse der Jahresendenergien und der Jahresprimärenergie

Deckung von q_h	$q_{h,TW}$	**5,1** kWh/m²a	$q_{h,H}$	**63,1** kWh/m²a	$q_{h,L}$	**0,0** kWh/m²a

							Summe
Endenergie — Gas	$Q_{TW,WE,E,Gas}$	**5922** kWh/a	$Q_{H,WE,E,Gas}$	**14431** kWh/a	$Q_{L,WE,E,Gas}$	**0** kWh/a	$Q_{E,Gas}$ **20353** kWh/a
Öl	$Q_{TW,WE,E,Öl}$	**0** kWh/a	$Q_{H,WE,E,Öl}$	**0** kWh/a	$Q_{L,WE,E,Öl}$	**0** kWh/a	$Q_{E,Öl}$ **0** kWh/a
Strom für Wärmeenergie	$Q_{TW,WE,E,Strom}$	**0** kWh/a	$Q_{H,WE,E,Strom}$	**0** kWh/a	$Q_{L,WE,E,Strom}$	**0** kWh/a	$Q_{E,Strom}$ **0** kWh/a
Strom für Hilfsenergie	$Q_{TW,HE,E,Strom}$	**192** kWh/a	$Q_{H,HE,E,Strom}$	**501** kWh/a	$Q_{L,HE,E,Strom}$	**0** kWh/a	$Q_{E,Strom,HE}$ **692** kWh/a
	$Q_{TW,WE,E,x}$	**0** kWh/a	$Q_{H,WE,E,x}$	**0** kWh/a	$Q_{L,WE,E,x}$	**0** kWh/a	$Q_{E,x}$ **0** kWh/a
Primärenergie	$Q_{TW,P}$	**7089** kWh/a	$Q_{H,P}$	**17376** kWh/a	$Q_{L,P}$	**0** kWh/a	Q_P **24465** kWh/a

4. bezogene Jahresendenergien und bezogene Jahresprimärenergie

$q_{E,Gas}$	$Q_{E,Gas} / A_N$	**93,5** kWh/(m²a)	q_P Q_P / A_N **112,4** kWh/a
$q_{E,Öl}$	$Q_{E,Öl} / A_N$	**0,0** kWh/(m²a)	
$q_{E,Strom}$	$(Q_{E,Strom} + Q_{E,Strom,HE}) / A_N$	**3,2** kWh/(m²a)	
$q_{E,x}$	$Q_{E,x} / A_N$	**0,0** kWh/(m²a)	

5. Anlagenaufwandszahl

$e_P = $ **1,392** [-] $e_P = Q_P/(Q_h + Q_{tw})$

Abbildung 101: Deckblatt Anlagentechnik für EFH mit Gasversorgung.

TRINKWARMWASSERBEREITUNG

Vorgaben			
Q_{tw}	$q_{tw} \times A_N$	2721	[kWh/a]
A_N		217,71	[m²]
q_{tw}	aus EnEV	12,50	[kWh/m²a]

WÄRME (WE)

q_{tw}	aus EnEV	[kWh/m²a]		12,50	
$q_{TW,ce}$	Tabelle C.1.1	[kWh/m²a]		0,00	
$q_{TW,d}$	Tabellen C.1.2a bzw. C.1.2c	[kWh/m²a]	+	8,47	
$q_{TW,s}$	Tabelle C.1.3a	[kWh/m²a]		2,89	
q^*_{TW}	$(q_{tw} + q_{TW,ce} + q_{TW,d} + q_{TW,s})$	[kWh/m²a]		23,86	

			Erzeuger 1	Erzeuger 2	Erzeuger 3
$\alpha_{TW,g}$	Tabelle C.1.4a	[--]	1,00	0,00	0,00
$e_{TW,g}$	Tabelle C.1.4b,c,d,e oder f	[--]	1,14	0,00	0,00
$q_{TW,WE,E}$	$q^*_{TW} \times e_{TW,g} \times \alpha_{TW,g}$	[kWh/m²a]	27,20	0,00	0,00
f_{PE}	Tabelle C.4.1	[--]	1,10	0,00	0,00
$q_{TW,WE,P}$	$q_{TW,WE,P} \times f_P$	[kWh/m²a]	29,92	0,00	0,00

Heizwärmegutschriften			
Gutschriften für die Heizung			
$q_{h,TW,d}$	Tabelle C.1.2a	3,81	[kWh/m²a]
$q_{h,TW,s}$	Tabelle C.1.3a	1,30	[kWh/m²a]
$q_{h,TW}$	$\Sigma q_{h,TW,d} + q_{h,TW,s}$	5,11	[kWh/m²a]

Energiebedarf			
Endenergie der Wärmeenergien			
$Q_{TW,WE,E,Gas}$	$q_{TW,WE,E,Gas} \times A_N$	5922	[kWh/a]
$Q_{TW,WE,E,Öl}$	$q_{TW,WE,E,Öl} \times A_N$	0	[kWh/a]
$Q_{TW,WE,E,Strom}$	$q_{TW,WE,E,Strom} \times A_N$	0	[kWh/a]
$Q_{TW,WE,E,x}$	$q_{TW,WE,E,x} \times A_N$	0	[kWh/a]
$Q_{TW,WE,E}$	$\Sigma q_{TW,WE,E} \times A_N$	5922	[kWh/a]
Primärenergie der Wärmeenergien			
$Q_{TW,WE,P}$	$\Sigma q_{TW,WE,P} \times A_N$	6514	[kWh/a]

HILFSENERGIE (HE)
(Strom)

$q_{TW,ce,HE}$	Tabelle C.1.1	[kWh/m²a]		0,00	
$q_{TW,d,HE}$	Tabelle C.1.2b	[kWh/m²a]	+	0,62	
$q_{TW,s,HE}$	Tabelle C.1.3b	[kWh/m²a]		0,06	

			Erzeuger 1	Erzeuger 2	Erzeuger 3
$\alpha_{TW,g}$	Tabelle C.1.4a	[--]	1,00	0,00	0,00
$q_{TW,g,HE}$	Tabelle C.1.4b,c,d,e oder f	[--]	0,20	0,00	0,00
	$q_{TW,g,HE} \times \alpha_{TW,g}$	[kWh/m²a]	0,20	0,00	0,00
$q_{TW,HE,E}$	$q_{TW,ce,HE} + q_{TW,d,HE} + q_{TW,s,HE} + \Sigma\alpha_{TW,g \times q \, TW,g,HE}$	[kWh/m²a]	0,88		
f_P	Tabelle C.4.1	[--]	3,00		
$q_{TW,HE,P}$	$\Sigma q_{TW,HE,E} \times f_P$	[kWh/m²a]	2,64		

Endenergie der Hilfsenergien			
$Q_{TW,HE,E,Strom}$	$\Sigma q_{TW,HE,E} \times A_N$	192	[kWh/a]
Primärenergie der Hilfsenergien			
$Q_{TW,HE,P}$	$\Sigma q_{TW,HE,P} \times A_N$	575	[kWh/a]

Summe Primärenergie Trinkwarmwasser			
$Q_{TW,P}$	$Q_{TW,HE,P} + Q_{TW,WE,P}$	7089	[kWh/a]

Abbildung 102: Bewertung Trinkwarmwarmwasserbereitung EFH mit Gasversorgung.

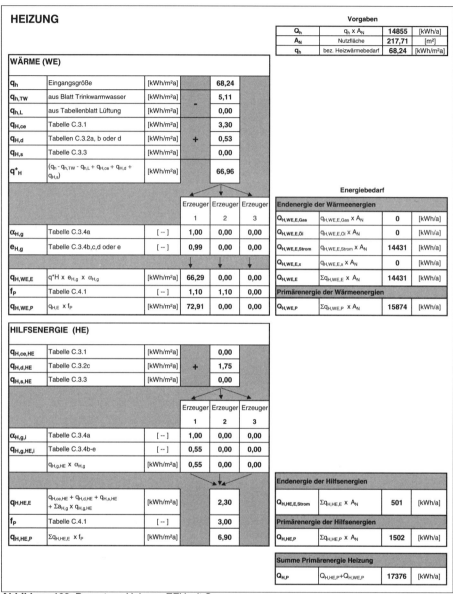

Abbildung 103: Bewertung Heizung EFH mit Gasversorgung.

3.4 Berechnungsschritte des Monatsbilanzverfahrens

Die für den Wärmeschutz- und Primärenergienachweis zu verwendenden Rechengleichungen für das Monatsbilanzverfahren sind nicht in der Energieeinsparverordnung aufgeführt. Im Anhang 1 der Energieeinsparverordnung werden jedoch unter dem 2. Abschnitt „Rechenverfahren zur Ermittlung der Werte des zu errichtenden Gebäudes" einige Randdaten genannt. Sinngemäß wird hier ausgeführt:

„...Der Jahres-Primärenergiebedarf Q_p für Gebäude ist nach DIN EN 832 in Verbindung mit DIN V 4108-6 und DIN V 4701-10 zu ermitteln. Der in diesem Rechengang zu bestimmende Jahres-Heizwärmebedarf Q_h ist nach dem Monatsbilanzverfahren nach DIN EN 832 mit den in DIN V 4108-6 Anhang D genannten Randbedingungen zu ermitteln."

Der Anhang D der DIN V 4108-6 beinhaltet für die überwiegenden Rechenschritte die anzuwendenden Randdaten, die bei der Berechnung des Jahres-Heizwärmebedarfs zu berücksichtigen sind. Jedoch sind im Anhang D nicht alle Randdaten festgeschrieben. Teilweise werden in DIN V 4108-6 und auch in der DIN EN 832 ergänzende Hinweise gegeben. Folgende schrittweise Berechnung wird empfohlen:

Schritt A: Prüfung und Festlegung der Randdaten
Das Monatsbilanzverfahren gilt für zu errichtende Gebäude mit normalen Innentemperaturen. Die Anwendung dieses Verfahrens ist nicht auf eine Gebäudenutzung (z.B. Wohngebäude) beschränkt. Nachfolgend werden einige Randbedingungen beschrieben, die zu Beginn des Nachweises zu berücksichtigen sind.

A.1 Gebäudenutzung
Die Energieeinsparverordnung nennt die Gebäude nicht direkt, für die ein Wärmeschutznachweis geführt werden muss, sondern es werden diejenigen Gebäude aufgeführt, auf welche die Regelungen **nicht anzuwenden** sind. Mit Ausnahme von bestimmten Regelungen für „Heizungstechnische Anlagen und Warmwasseranlagen" gelten die Regelungen der Energieeinsparverordnung nicht für die nachfolgend aufgeführten Gebäude:

1. Betriebsgebäude, die überwiegend zur Aufzucht oder zur Haltung von Tieren genutzt werden,
2. Betriebsgebäude, soweit sie nach ihrem Verwendungszweck großflächig und lang anhaltend offen gehalten werden müssen,
3. unterirdische Bauten,
4. Unterglasanlagen und Kulturräume für Aufzucht, Vermehrung und Verkauf von Pflanzen,
5. Traglufthallen, Zelte und sonstige Gebäude, die dazu bestimmt sind, wiederholt aufgestellt und zerlegt zu werden.

A.2 Innen- und Außentemperaturen

Das Monatsbilanzverfahren bezieht sich auf zu errichtende Gebäude mit normalen Innentemperaturen. Gebäude mit normalen Innentemperaturen sind nach diesem Anhang Gebäude, die nach ihrem Verwendungszweck auf eine Innentemperatur von 19 °C und mehr und jährlich mehr als vier Monate beheizt werden. Weiterhin sind beheizte Räume solche Räume, die auf Grund bestimmungsgemäßer Nutzung direkt oder durch Raumverbund beheizt werden. Gebäude mit niedrigen Innentemperaturen sind Gebäude, die nach ihrem Verwendungszweck auf eine Innentemperatur von mindestens 12 °C und weniger als 19 °C und jährlich mehr als vier Monate beheizt werden. Für Gebäude mit niedrigen Innentemperaturen ist nur der spezifische auf die Wärme übertragende Umfassungsfläche bezogene Transmissionswärmeverlust zu berechnen.

In der Energieeinsparverordnung wird im Zusammenhang mit dem Monatsbilanzverfahren im Hinblick auf die zu berücksichtigenden Randbedingungen auf die Tabelle D3 der DIN V 4108-6 verwiesen. Folgende Randbedingungen werden hier beschrieben:

o Die mittlere Gebäudeinnentemperatur wird auf 19 °C für Gebäude mit normalen Innentemperaturen festgelegt.

o Als Referenzklima gelten die monatlichen Strahlungsintensitäten und Außenlufttemperaturen für das Referenzklima Deutschland nach Tabelle D5. **Abbildung 104** zeigt die Temperaturen und Strahlungsintensitäten für den mittleren Standort Deutschland für die im Berechnungsbeispiel Kapitel 3.5 berücksichtigten Himmelsrichtungen und Neigungen. In Tabelle D5 werden auch Stahlungsangebote für Orientierungen zwischen den Haupthimmelsorientierungen und auch für Neigungen des betreffenden Bauteils angegeben (0°, 30°, 60° und 90°).

A.3 Sommerlicher Wärmeschutz

Für jedes Gebäude ist im Rahmen der Planung sicherzustellen, dass keine unerträglich hohen Temperaturen im Inneren auftreten. Es sind ggf. Maßnahmen zur Begrenzung des Sonneneintrags zu planen. Hierbei sind u.a. die höchstzulässigen Sonneneintragskennwerte zu überprüfen. Bei der Verwendung des Monatsbilanzverfahrens darf der Fensterflächenanteil 30 Prozent überschreiten. Hier wird dringend empfohlen, im Einzelfall die Regelungen der DIN 4108-2 zu überprüfen.

Monat Parameter		Jan	Feb	Mrz	Apr	Mai	Jun	Jul	Aug	Sep	Okt	Nov	Dez
t_M	d	31	28	31	30	31	30	31	31	30	31	30	31
θa	°C	-1,3	0,6	4,1	9,5	12,9	15,7	18,0	18,3	14,4	9,1	4,7	1,3
θi	°C	19	19	19	19	19	19	19	19	19	19	19	19
Strahlungsintensitäten W/m²													
Nord	30°	20	34	54	137	173	217	214	142	90	49	26	15
	90°	14	23	34	64	81	99	100	70	48	33	18	10
West	90°	25	37	53	125	131	150	156	115	90	51	28	15
Ost	90°	25	37	53	125	131	150	156	115	90	51	28	15
Süd	30°	51	67	99	210	213	250	252	186	157	93	55	31
	90°	56	61	80	137	119	130	135	112	115	81	54	33

Hierbei bedeuten: t_M: Tage im Monat; θ_a: Außentemperatur; θ_i: Innentemperatur

Abbildung 104: Auszug aus Tabelle D5 der DIN V 4108-6 mit Angaben zum Referenzklima (monatliche Strahlungsintensitäten und Außenlufttemperaturen).

Schritt B: Ermittlung der gebäudespezifischen Daten und der Höchstwerte für Q$_p$" und H$_T$'

B.1 Ermittlung der geometrischen Daten

Nach Energieeinsparverordnung ist die wärmeübertragende Umfassungsfläche A eines Gebäudes in m^2 nach Anhang B der DIN EN ISO 13 789 Fall „Außenabmessung" zu ermitteln. Aus der wärmeübertragenden Umfassungsfläche A und dem hiervon umschlossenen beheizten Gebäudevolumen V$_e$ kann der Kompaktheitsgrad A/V$_e$ bestimmt werden. Weiterhin sind ggf. geometrische Daten für die nachfolgend aufgeführten Fälle zu ermitteln:

o für den Fall, dass die solaren Wärmegewinne der opaken Bauteile berücksichtigt werden sollen, müssen die Außenflächen für jede Himmelsrichtung einzeln ermittelt werden.

o für den Fall, dass der energetische Einfluss der Wärmebrücken über längenbezogene Wärmedurchgangskoeffizienten berechnet werden soll, sind für die wesentlichen Orte mit Wärmebrücken die speziellen geometrischen Erstreckungen nach den Außenmaßen zu ermitteln,

o für den Fall, dass die wirksame Speicherfähigkeit nicht pauschal, sondern speziell für jedes Bauteil in Abhängigkeit von seiner Rohdichte berechnet werden soll, sind die Flächen der speicherfähigen Wände und Decken auch innerhalb des Gebäudes zu ermitteln.

B.2 Ermittlung der Höchstwerte

In Abhängigkeit vom A/V$_e$-Verhältnis des Gebäudes wird der Höchstwert des auf die Gebäudenutzfläche bezogenen Jahres-Primärenergiebedarfs Q$_p$" und des spezifischen, auf die wärmeübertragende Umfassungsfläche bezogenen Transmissionswärmeverlustes H$_T$' ermittelt, siehe hierzu auch das Beispiel in Kapitel 3.5 und Abbildung 114.

Für Wohngebäude ist bei der Ermittlung des Höchstwertes für den Jahres-Primärenergiebedarf festzulegen, ob die Warmwasserbereitung des Wohngebäudes überwiegend über elektrischen Strom oder durch die Heizungsanlage erfolgen soll. Bei anderen Gebäuden erfolgt diese Unterscheidung nicht.

Im Hinblick auf die Höchstwerte des spezifischen, auf die wärmeübertragende Umfassungsfläche bezogenen Transmissionswärmeverlustes H$_T$' muss im Sinne dieser Verordnung geprüft werden, ob es sich um ein Wohngebäude oder um ein Nichtwohngebäude handelt, da für diese Gebäude unterschiedliche Anforderungen gelten. Es gelten bei Wohngebäuden unabhängig vom Fensterflächenanteil die Anforderungen an den H$_T$'-Wert, die im Anhang 1 der Tabelle 1 Spalte 5 beschrieben sind. Bei Nichtwohngebäuden werden im Hinblick auf den H$_T$'-Wert die Anforderungen hinsichtlich des Fensterflächenanteils ($\leq$ 30 % und > 30 %) differenziert.

Schritt C: Ermittlung der vorhandenen Werte für: Q$_h$, e$_p$, Q$_p$" und H$_T$'

C.1 Ermittlung des spezifischen Tranmissionswärmeverlustes H$_T$ und des monatlichen Transmissionswärmeverlustes Q$_{T,M}$

Der spezifische Transmissionswärmeverlust kann gemäß DIN V 4108-6 nach einem „vereinfachten Ansatz mittels Temperatur-Korrekturfaktoren" oder nach einem „detaillierten Berechnungsverfahren" ermittelt werden. Beim detaillierten Berechnungsverfahren sind der thermische Leitwert des Erdreichs nach DIN EN ISO 13 370 und der spezifische Wärmeverlust unbeheizter Räume nach DIN EN ISO 13 789 zu ermitteln, siehe Kapitel 2.12

und 2.13. Im Anhang D der DIN V 4108-6 wird als Rechengang der vereinfachte Ansatz mittles Temperatur-Korrekturfaktoren genannt. Nachfolgend wird daher dieser vereinfachte Ansatz erläutert. Die Korrekturfaktoren sind in Kapitel 3.5 für das Berechnungsbeispiel in Abbildung 113 aufgeführt.

Der **spezifische Transmissionswärmeverlust** H_T von Bauteilen, die eine beheizte Zone gegen die Außenluft abgrenzen, ermittelt sich nach folgender Gleichung:

$$H_T = \Sigma\,(U_i \cdot A_i \cdot F_{xi}) + H_{WB} + \Delta H_{T,FH} \qquad \text{in W/K}$$

Hierbei bedeuten:
$\Sigma\,(U_i \cdot A_i)$ Wärmeverluste über Bauteile, die unmittelbar an Außenluft grenzen in W/K
H_{WB} spezifischer Wärmeverlust infolge von Wärmebrücken
$\Delta H_{T,FH}$ zusätzlicher Wärmeverlust für Bauteile mit Flächenheizung in W/K
F_{xi} Temperatur-Korrekturfaktoren

Zum besseren Verständnis werden die einzelnen Bestandteile dieser Gleichung hier näher beschrieben:

$\Sigma\,(U_i \cdot A_i \cdot F_{xi})$ **in W/K**
Für die Berechnung der Wärmeverluste sind die Wärmedurchgangskoeffizienten zu ermitteln und mit den nach DIN EN ISO 13 789 ermittelten Bauteilflächen zu multiplizieren. Für die Berechnung der Wärmedurchgangskoeffizienten sind folgende Normen zu berücksichtigen:

o DIN EN ISO 6946, Kapitel 2.9
o DIN EN ISO 10 077-1, Kapitel 2.10
   bzw. alternativ nach DIN V 4108-4 , Kapitel 2.4

H_{WB}
Im Hinblick auf die Berücksichtigung des energetischen Einflusses von Wärmebrücken bei der Ermittlung des spezifischen Transmissionswärmeverlustes wird in der Energieeinsparverordnung ausgeführt, dass grundsätzlich der Einfluss von Wärmebrücken nach den anerkannten Regeln der Technik zu begrenzen ist. Weiterhin gilt:

„...Wärmebrücken sind bei der Ermittlung des Jahres-Heizwärmebedarfs auf eine der folgenden Arten zu berücksichtigen:
a) Berücksichtigung durch Erhöhung der Wärmedurchgangskoeffizienten um $\Delta U_{WB} = 0{,}10$ W/(m²·K) für die gesamte wärmeübertragende Umfassungsfläche,
b) bei Anwendung von Planungsbeispielen nach DIN 4108 Bbl 2 Berücksichtigung durch Erhöhung der Wärmedurchgangskoeffizienten um $\Delta U_{WB} = 0{,}05$ W/(m²·K) für die gesamte wärmeübertragende Umfassungsfläche,
c) durch genauen Nachweis der Wärmebrücken nach DIN V 4108-6 in Verbindung mit weiteren anerkannten Regeln der Technik.
Soweit der Wärmebrückeneinfluss bei Außenbauteilen bereits bei der Bestimmung des Wärmedurchgangskoeffizienten U berücksichtigt worden ist, darf die wärmeübertragende Umfassungsfläche A bei der Berücksichtigung des Wärmebrückeneinflusses nach Buchstabe a), b), oder c) um die entsprechende Bauteilfläche vermindert werden."

Verglaste Fassaden (Vorhangfassaden als Pfosten-Riegel-Konstruktion) sind bei Berücksichtigung des Wärmebrückeneinflusses auszunehmen, einschließlich der Paneele. Es gilt:

$$\Delta H_{WB} = \Delta U_{WB} \cdot (A - A_{cw}) \qquad \text{in W/K}$$

Dabei ist A_{cw} die Fläche der verglasten Fassade (Vorhangfassade als Pfosten-Riegel-Konstruktion). Wird der energetische Einfluss von Wärmebrücken über einen pauschalen Faktor nach Energieeinsparverordnung (Möglichkeit a oder b) berücksichtigt, so ergibt sich folgende Gleichung:

$$H_{WB} = \Delta U_{WB} \cdot A \qquad \text{in W/K}$$

Der pauschale Wert von $\Delta U_{WB} = 0,10$ W/(m² · K) ist anzusetzen, wenn kein Nachweis der Minimierung des Wärmebrückeneinflusses erfolgt. Der pauschale Wert von 0,05 W/(m² · K) darf angesetzt werden, wenn der energetische Einfluss von Wärmebrücken nach DIN 4108 Bbl 2 begrenzt wird.

Werden Wärmebrücken detailliert nachgewiesen, sind folgende Anschlusssituationen zu berücksichtigen: Gebäudekanten, Leibungen bei Fenstern und Türen (umlaufend), Wand- und Deckeneinbindungen, Deckenauflagerungen, wärmetechnisch entkoppelte Balkonplatten. Der detaillierte Nachweis erfolgt nach folgender Gleichung:

$$H_{WB} = \Sigma(l_i \cdot \Psi_i) \qquad \text{in W/K}$$

Hierbei bedeuten:

l_i die Bauteillänge der jeweils untersuchten Anschlusssituation
Ψ_i längenbezogener Wärmedurchgangskoeffizient der Anschlusssituation

Das mögliche Einsparpotential, das sich unter Zugrundelegung dieses Rechenansatzes und optimierten Anschlusssituationen ergibt, ist in Kapitel 3.7 dargestellt.

$\Delta H_{T,FH}$

Bei der Ermittlung des zusätzlichen Wärmeverlustes für Bauteile mit integrierter Flächenheizung wird der spezifische Wärmeverlust unterschiedlich, je nach Lage des Bauteils, berechnet.

Beim öffentlich-rechtlichen Nachweis kann auf die Ermittlung des zusätzlichen Wärmeverlustes für Bauteile mit integrierter Flächenheizung verzichtet werden, wenn eine Wärmedämmschichtdicke von 8 cm mit einer Wärmeleitfähigkeit von mind. 0,040 W/(m · K) eingebaut wird oder ein Wärmedurchlasswiderstand R > 2,0 m² · K/W zwischen der Heizfläche und der Bauteilkonstruktion vorhanden ist. Es werden in DIN V 4108-6 folgende Bauteilsituationen unterschieden:

Fall a) Bauteile, die an Außenluft grenzen

$$\Delta H_{T,FH} = (R_i / R_e) \cdot H_0 \cdot \xi \qquad \Delta H_{T,FH} = [R_i / ((1 / U_0) - R_i)] \cdot H_0 \cdot \xi \qquad \text{in W/K}$$

Fall b) Bauteile, die an das Erdreich grenzen

$$\Delta H_{T,FH} = [R_i / ((A_h / L_S) - R_i)] \cdot H_0 \cdot \xi \qquad \text{in W/K}$$

Fall c) Bauteile, die an unbeheizte Räume grenzen

$$\Delta H_{T,FH} = [R_i / ((1 / (b \cdot U_0)) - R_i)] \cdot H_0 \cdot \xi \qquad \text{in W/K}$$

Hierbei bedeuten:

R_i Wärmedurchlasswiderstand des Teils der Gebäudehülle zwischen der heizenden Fläche und dem Inneren,

R_e Wärmedurchlasswiderstand der Bauteilschichten zwischen der heizenden Fläche und der Umgebungsluft,

U_0 Wärmedurchgangskoeffizient des betrachteten Bauteils ohne Berücksichtigung des Heizelements. Dieser ermittelt sich wie folgt:
$$U_0 = 1 / (R_i + R_e),$$

H_o spezifischer Wärmeverlust des angrenzenden beheizten Raumes, ermittelt ohne Berücksichtigung des Heizelements in der Gebäudehülle,

ξ Anteil des Raumwärmebedarfs, der durchschnittlich durch das heizende Teil der Gebäudehülle gedeckt wird,

A_h Heizfläche in der Gebäudehülle,

L_s Transmissionswärmeverlustkoeffizient zum Erdreich nach DIN EN ISO 13 370.

C.2 Ermittlung des spezifischen Lüftungswärmeverlustes H_V und des monatlichen Lüftungswärmeverlustes Q_V

Bei der Ermittlung des spezifischen Lüftungswärmeverlustes H_V ist festzulegen, ob die Lüftung für das Gebäude ausschließlich über die Fenster (freie Lüftung) oder mit Hilfe maschineller Lüftungssysteme erfolgen soll.

C.2.1 Gebäude mit freier Lüftung

Bei Gebäuden mit „freier Lüftung" (Lüftung erfolgt ausschließlich über das Öffnen und Schließen der Fenster) darf die Luftwechselrate „n" von 0,7 h^{-1} auf 0,6 h^{-1} reduziert werden, wenn bei Durchführung einer Messung zur Überprüfung der Gebäudedichtheit die in der Energieeinsparverordnung genannten Höchstwerte nicht überschritten werden. Es darf für Gebäude mit freier Lüftung der Höchstwert von $n_{50} \leq 3$ h^{-1} bei der Überprüfung der Gebäudedichtheit nach DIN EN 13829 nicht überschritten werden. Der spezifische Lüftungswärmeverlust H_V wird bei Gebäuden mit freier Lüftung wie folgt ermittelt:

$$H_V = n \cdot V \cdot \rho_L \cdot c_{pL} \quad \text{in W/K}$$

Hierbei bedeuten:

n Luftwechselrate,
   n = 0,7 h^{-1} bei nicht luftdichtheitsgeprüften Gebäuden,
   n = 0,6 h^{-1} bei luftdichtheitsgeprüften Gebäuden ($n_{50} \leq 3$ h^{-1}).

V Das beheizte Luftvolumen V darf gemäß Energieeinsparverordnung wie folgt berechnet werden: $V = 0,76 \cdot V_e$ bei Gebäuden bis zu drei Vollgeschossen, in den übrigen Fällen $V = 0,80 \cdot V_e$. Alternativ darf nach DIN EN 832 und den Regelungen der EnEV das beheizte Luftvolumen auch unter Berücksichtigung der vorhandenen geometrischen Daten im Inneren ermittelt werden. Dieses Vorgehen kann im Einzelfall zu deutlich kleineren Volumina führen und somit zu einer Reduzierung der Lüftungswärmeverluste führen.

$\rho_L \cdot c_{pL}$ wirksame Wärmespeicherfähigkeit der Luft je m^3, mit 0,34 Wh/(m$^3 \cdot$ K).

Das Einsparpotential, das sich bei Reduzierung der Luftwechselrate im Hinblick auf den Jahres-Heizwärmebedarf ergibt, ist in Kapitel 3.6 dargestellt.

C.2.2 Gebäude mit maschinellen Lüftungssystemen

Bei mechanischen Lüftungsanlagen ist gemäß Energieeinsparverordnung eine Anrechnung der Wärmerückgewinnung oder der regelungstechnisch verminderten Luftwechselrate nur zulässig, wenn:

o   die Dichtheit des Gebäudes ($n_{50} < 1,5\ h^{-1}$) nachgewiesen wird,

o   in der Lüftungsanlage die Zuluft nicht unter Einsatz elektrischer oder aus fossilen Brennstoffen gewonnener Energie gekühlt wird,

o   der mit Hilfe der Anlage erreichte Luftwechsel den Anforderungen des § 5, Absatz 2 der Energieeinsparverordnung genügt, d. h., dass der zum Zwecke der Gesundheit und Beheizung erforderliche Mindestluftwechsel sichergestellt ist.
Bei Einbau von Lüftungsanlagen zur Durchführung dieses Mindestluftwechsels müssen die Lüftungseinrichtungen in der Gebäudehülle einstellbar und leicht regulierbar sein. Zur Aufrechterhaltung eines Mindestluftwechsels genügen auch Lüftungseinrichtungen mit selbsttätig regelnden Außenluftdurchlässen unter Verwendung einer geeigneten Führungsgröße.

Bei Gebäuden **mit raumlufttechnischen Anlagen** erfolgt eine Modifizierung der Luftwechselrate n. Diese wird je nach Anlagensystem wie folgt ermittelt:

n   Luftwechselrate, mit $n = n_A \cdot (1-\eta_v) + n_x$
Hierbei sind:
$n_A = 0,4\ h^{-1}$ nach DIN V 4701-10
η_v Nutzungsfaktor des Abluft-Zuluft-Wärmetauschersystems nach DIN V 4701-10
$n_x = 0,2\ h^{-1}$ für Zu- und Abluftanlagen,
$n_x = 0,15\ h^{-1}$ für Abluftanlagen,
Die Luftwechselrate n_x berücksichtigt den zusätzlichen Luftwechsel, der durch Wind und Auftrieb bei undichter Gebäudehülle hervorgerufen wird.

Das Einsparpotential, das sich bei Einsatz einer Lüftungsanlage mit Wärmerückgewinnung im Hinblick auf den Jahres-Heizwärmebedarf ergibt, ist in Kapitel 3.6 dargestellt. Bei Gebäuden **mit einer Lüftungsanlage** ist immer eine Messung zur Überprüfung der Gebäudedichtheit durchzuführen. Es darf der Höchstwert von $1,5\ h^{-1}$ bei der Überprüfung der Gebäudedichtheit nach DIN EN 13 829 nicht überschritten werden. Anmerkung: Bei Vorliegen eines Dichtheitskonzeptes und auf dieses Konzept abgestimmter Dichtsysteme sowie einer fachgerechten Ausführung sind Messergebnisse mit $n_{50} < 1\ h^{-1}$ ohne Schwierigkeiten erreichbar.

Die **monatlichen Verluste ($Q_{I,M}$) ohne den Einfluss der Nachtabsenkung** berechnen sich wie folgt:

$$Q_{I,M} = 0,024 \cdot H_M \cdot (\theta_i - \theta_{e,M}) \cdot t_M \quad \text{in kWh/M}$$

Hierbei bedeuten:
0,024   Faktor in kWh = 1Wd,
H_M Summe aus spezifischem Lüftungs- und Transmissionswärmeverlust ($H_T + H_V$),
$\theta_i - \theta_{e,M}$ monatliche Temperaturdifferenz zwischen Innenlufttemperatur θ_i und der Außenlufttemperatur $\theta_{e,M}$, **Abbildung 104** Referenzklima Deutschland,
t_M Anzahl der Tage des betreffenden Monats.

C.3 Ermittlung der solaren Wärmegewinne Q_s

Bei der Ermittlung der solaren Wärmegewinne sind in Abhängigkeit von der Zuordnung der Bauteilflächen zu den einzelnen Himmelsrichtungen die jeweiligen Strahlungsangebote zu berücksichtigen, **Abbildung 104**, Monatswerte der Strahlungsintensitäten. Die solaren Wärmegewinne können auf unterschiedliche Arten genutzt und in Ansatz gebracht werden. Es können folgende Fälle unterschieden werden:

C.3.1 Ermittlung der solaren Wärmegewinne über transparente Bauteile Φ_s

Der solare Wärmestrom wird nach folgender Gleichung berechnet:

$$\Phi_s = \Sigma I_{s,j} \cdot \Sigma A_{s,ji} \quad \text{in W}$$

Hierbei bedeuten:

$\Sigma I_{s,j}$ Summe aller anzurechnenden Strahlungsintensitäten in Abhängigkeit von der Orientierung je Bauteil und Monat in W/m², **Abbildung 104**

$\Sigma A_{s,ji}$ Summe der effektiven Kollektorfläche in Abhängigkeit von der Orientierung in m²

Die effektive Kollektorfläche eines verglasten Teiles wird wie folgt ermittelt:

$$A_s = A \cdot F_C \cdot F_S \cdot F_F \cdot g \quad \text{in m}^2$$

Hierbei bedeuten:

A   Bruttofläche der strahlungsaufnehmenden Oberfläche.

F_C Für den öffentlich-rechtlichen Nachweis ist der Abminderungsfaktor von Sonnenschutzeinrichtungen grundsätzlich nach Anhang D mit: $F_c = 1,0$ anzusetzen. Für rechnerische Abschätzungen sind in **Abbildung 105** Werte aufgeführt.

F_S Für den Verschattungsfaktor F_S gilt für übliche Anwendungsfälle: $F_s = 0,9$. Es können für F_s abweichende Werte verwendet werden, soweit durch bauliche Bedingungen Verschattung vorliegt. Diese können mit Hilfe der Tabellen und schematischen Darstellungen in **Abbildung 106 bis 108** ermittelt werden. Es gilt: $F_s = F_o \cdot F_f \cdot F_h$, wobei die Verschattung durch andere Gebäude bzw. Topographie (F_h) und durch Bauteilüberstände, wie horizontale Überhänge (F_o) und seitliche Abschattungsflächen (F_f) berücksichtigt werden. Anmerkung: Verschattungsfaktoren, die über den Standardfall 0,9 eingerechnet werden, können zu einer deutlichen Reduzierung des solaren

Typische Abminderungsfaktoren von Sonnenschutzvorrichtungen	F_c
Innen liegende und zwischen den Scheiben liegende Sonnenschutzvorrichtung [a]	
− weiß oder reflektierende Oberfläche mit geringer Transparenz [a]	0,75
− helle Farben und geringe Transparenz [b]	0,80
− dunkle Farben und höhere Transparenz [b]	0,90
Außen liegende Sonnenschutzvorrichtung	
− Jalousien, drehbare Lamellen, hinterlüftet	0,25
− Jalousien, Rollläden, Fensterläden	0,30
− Vordächer, Loggien	0,50
− Markisen, oben und seitlich ventiliert	0,40
− Markisen, allgemein	0,50
Ohne Sonnenschutzvorrichtung	1,00
[a] Für innen und zwischen den Scheiben liegende Vorrichtungen ist eine genauere Ermittlung zu empfehlen, da sich erheblich günstigere Werte ergeben können.	
[b] Eine Transparenz der Sonnenschutzvorrichtung unter 15 % gilt als gering, ansonsten als erhöht.	

Abbildung 105: Typische Abminderungsfaktoren von Sonnenschutzvorrichtungen nach DIN V 4108-6.

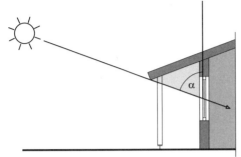

Überhangwinkel	45° nördliche Breite		
Himmelsrichtung	Süd	Ost/West	Nord
0°	1,00	1,00	1,00
30°	0,90	0,89	0,91
45°	0,74	0,46	0,80
60°	0,50	0,58	0,66
Überhangwinkel	55° nördliche Breite		
Himmelsrichtung	Süd	Ost/West	Nord
0°	1,00	1,00	1,00
30°	0,93	0,91	0,91
45°	0,80	0,79	0,80
60°	0,60	0,61	0,65

Abbildung 106: Verschattung durch vertikale, gebäudeeigene Verschattung F_o, Überhangwinkel α, gemäß DIN V 4108-6.

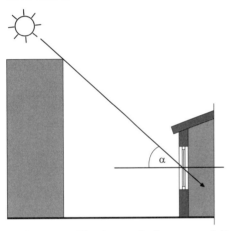

Verbauungswinkel	45° nördliche Breite		
Himmelsrichtung	Süd	Ost/West	Nord
0°	1,00	1,00	1,00
10°	0,97	0,95	1,00
20°	0,85	0,82	0,98
30°	0,62	0,70	0,94
40°	0,46	0,61	0,90
Verbauungswinkel	55° nördliche Breite		
Himmelsrichtung	Süd	Ost/West	Nord
0°	1,00	1,00	1,00
10°	0,94	0,92	0,99
20°	0,68	0,75	0,95
30°	0,49	0,62	0,92
40°	0,40	0,56	0,89

Abbildung 107: Verschattung durch angrenzende Bebauung (städtebauliche Verschattung) F_h, Verbauungswinkel α, gemäß DIN V 4108-6.

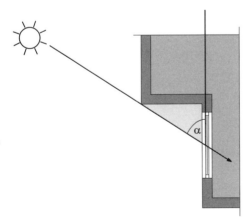

Seiten-/Überhangwinkel	45° nördliche Breite		
Himmelsrichtung	Süd	Ost/West	Nord
0°	1,00	1,00	1,00
30°	0,94	0,92	1,00
45°	0,84	0,84	1,00
60°	0,72	0,75	1,00
Seiten-/Überhangwinkel	55° nördliche Breite		
Himmelsrichtung	Süd	Ost/West	Nord
0°	1,00	1,00	1,00
30°	0,94	0,91	0,99
45°	0,86	0,83	0,99
60°	0,74	0,75	0,99

Abbildung 108: Verschattung für seitliche Abstandsflächen F_f, Seiten- / Überhangwinkel α, gemäß DIN V 4108-6.

169

Wärmegewinns führen. Aus der Praxis ist bekannt, dass auch bei Vorhandensein einer Verschattung keinerlei Reduktionen vom Aufsteller des Nachweises berücksichtigt werden. Hier wäre eine eindeutigere Formulierung wünschenswert. Vereinfachend darf beim öffentlich-rechtlichen Nachweis für überwiegend verschattete Fenster die Nordorientierung angesetzt werden.

F_F Abminderungsfaktor für den Rahmenanteil. Sofern keine speziellen Angaben für den Flächenanteil des Rahmens vorliegen, darf vereinfachend mit 0,7 gerechnet werden. Werden die U-Werte der Fenster nach DIN EN ISO 10 077 berechnet, liegen die Flächenanteile vor. Anmerkung: Untersuchungen haben ergeben, dass der tatsächlich vorhandene Rahmenanteil im Einzelfall deutlich über 30 Prozent liegen kann, d.h. der Faktor 0,7 zu günstige Ergebnisse liefert.

g   wirksamer Gesamtenergiedurchlassgrad $g = F_w \cdot g_i$. Für den Abminderungsfaktor infolge nicht senkrechter Einstrahlung gilt: $F_w = 0,9$.

C.3.2 Ermittlung der solaren Wärmegewinne über opake Bauteile $Q_{s,op}$

Nach Anhang D der DIN V 4108-6 ist die Berücksichtigung der solaren Wärmegewinne über opake Bauteile freigestellt, und kann somit berücksichtigt werden. Falls die Wärmegewinne über die opaken Bauteile berücksichtigt werden sollen, sind nach DIN V 4108-6 Anhang D folgende Annahmen zu treffen:

o   Emissionsgrad der Außenfläche für Wärmestrahlung: $\varepsilon = 0,8$,

o   Strahlungsabsorptionsgrad an opaken Oberflächen: $\alpha = 0,5$; für dunkle Dächer kann abweichend der Strahlungsabsorptionsgrad: $\alpha = 0,8$ angenommen werden.

Es ist darauf zu achten, dass, sollte eine Berücksichtigung erfolgen, die opaken Bauteilflächen im Hinblick auf ihre Orientierung zu den Himmelsrichtungen erfasst werden müssen. Hiermit ist u.U. ein erhöhter Aufwand verbunden. Der Wärmegewinn infolge Absorption auf opake Bauteile ergibt sich nach folgender Gleichung:

$$Q_{S,op} = U \cdot A_j \cdot R_e \cdot (\alpha \cdot I_{sj} - F_t \cdot h_r \cdot \Delta\theta_{er}) \cdot t \qquad \text{in kWh/M}$$

Hierbei bedeuten:

U   Wärmedurchgangskoeffizient des Bauteils einschließlich transparenter Wärmedämmung, falls diese vorhanden ist,

A_j Gesamtfläche des Bauteils in der Orientierung j,

R_e äußerer Wärmedurchgangswiderstand des Bauteils (einschließlich des Wärmedurchlasswiderstandes einer transparenten Wärmedämmung und des äußeren Übergangswiderstandes); $R_e = R_{se}$,

α Absorptionsgrad des Bauteils für Solarstrahlung, **Abbildung 109**,

I_{sj} globale Sonneneinstrahlung der Orientierung j, in W/m², **Abbildung 104**,

Richtwerte für den Strahlungsabsorptionsgrad			
Wandoberflächen	α	**Dachoberflächen**	α
heller Anstrich	0,4	ziegelrot	0,6
gedeckter Anstrich	0,6	dunkle Oberfläche	0,8
dunkler Anstrich, Klinkermauerwerk	0,8	Metall (blank)	0,2
helles Sichtmauerwerk	0,6	Bitumendachbahn (besandet)	0,6

Abbildung 109: Richtwerte für den Strahlungsabsorptionsgrad verschiedener Oberflächen im energetisch wirksamen Spektrum des Sonnenlichts nach DIN V 4108-6.

F_t Formfaktor zwischen dem Bauteil und dem Himmel:
       $F_t = 1$ für waagerechte Bauteile bis 45° Neigung,
       $F_t = 0,5$ für senkrechte Bauteile.

h_r äußerer Abstrahlungskoeffizient in W/(m² · K); in erster Näherung gilt für h_r:
       $h_r = 5 \cdot \varepsilon$.

$\Delta\theta_{er}$ mittlere Differenz zwischen der Temperatur der Umgebungsluft und der scheinbaren Temperatur des Himmels; vereinfachend kann $\Delta\theta_{er} = 10$ K angenommen werden,

t Dauer des Berechnungszeitraums.

Das Einsparpotential, das sich bei Berücksichtigung der solaren Wärmegewinne über opake Bauteile für ein Einfamilienhaus ergibt, ist in Kapitel 3.6 dargestellt. Es zeigt sich, dass dies bei gut wärmegedämmten Konstruktionen zu vernachlässigen ist.

C.3.3 Ermittlung der solaren Wärmegewinne über transparente Wärmedämmung

Im Anhang D der DIN V 4108-6 sind keine Angaben zur Ermittlung der solaren Wärmegewinne über transparente Wärmedämmung aufgeführt. Aus den Hinweisen in der Energieeinsparverordnung Anhang 1 Tabelle 2 Fußnote 2 könnte jedoch abgeleitet werden, dass eine entsprechende Berücksichtigung beim Monatsbilanzverfahren möglich ist. Beim vereinfachten Verfahren für Wohngebäude wird dies ausdrücklich ausgeschlossen.

Es werden nachfolgend die Rechengleichungen der DIN V 4108-6 verwendet. Für opake Bauteile mit transparenter Wärmedämmung gilt:

$$Q_s = (A_{sj} \cdot I_{sj} - U \cdot A_j \cdot F_t \cdot R_e \cdot h_r \cdot \Delta\theta_{er}) \cdot t \quad \text{in kWh/M}$$

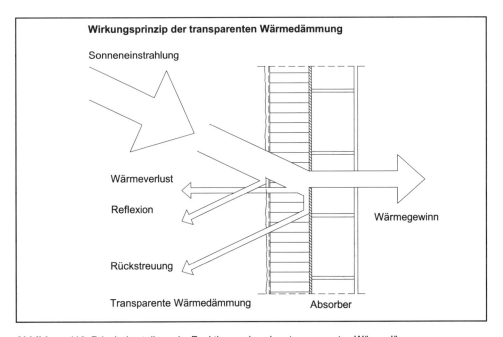

Abbildung 110: Prinzipdarstellung der Funktionsweise einer transparenten Wärmedämmung

Hierbei bedeuten:

A_{sj} effektive Kollektorfläche ermittelt sich zu: $A_{sj} = A_j \cdot F_S \cdot F_F \cdot \alpha \cdot g_{Ti} \, U / U_e$

A_j Gesamtfläche des Bauteils in der Orientierung j,

F_S Verschattungsfaktor; siehe Schritt C.3.1; **Abbildungen 106 bis 108**,

F_F Abminderungsfaktor für den Rahmenanteil,

α Strahlungsabsorptionsgrad an opaken Oberflächen; **Abbildung 109**,

g_{Ti} Gesamtenergiedurchlassgrad der transparenten Wärmedämmung nach Prüfzeugnis; eine Umrechnung mit F_w ist nicht erforderlich,

U Wärmedurchgangskoeffizient des Bauteils einschließlich transparenter Wärmedämmung,

U_e Wärmedurchgangskoeffizient aller äußeren Schichten, die vor der absorbierenden Oberfläche liegen,

I_{sj} globale Sonneneinstrahlung mit der Orientierung j, in W/m², **Abbildung 104**,

F_t Formfaktor zwischen dem Bauteil und dem Himmel:

$F_t = 1$ für waagerechte Bauteile bis 45° Neigung,

$F_t = 0,5$ für senkrechte Bauteile,

R_e äußerer Wärmedurchlasswiderstand des Bauteils: $R_e = R_{se}$,

h_r äußerer Abstrahlungskoeffizient in W/(m² · K); in erster Näherung gilt für h_r:

$h_r = 5 \cdot \varepsilon$,

$\Delta\theta_{er}$ mittlere Differenz zwischen der Temperatur der Umgebungsluft und der scheinbaren Temperatur des Himmels; vereinfachend kann $\Delta\theta_{er} = 10$ K angenommen werden,

t Dauer des Berechnungszeitraums.

Vom Fachverband Transparente Wärmedämmung e. V. wird der o. a. Rechenansatz der DIN 4108-6 in Bezug auf die Reduzierung der Solargewinne durch die langwellige Abstrahlung kritisiert, da diese in den Wärmeverlusten enthalten sein sollte. Die langwellige Abstrahlung ist kein spezifisches Merkmal der transparenten Wärmedämmung, sondern betrifft alle Bauteile der wärmeübertragenden Umfassungsfläche, die sich im Strahlungsaustausch befinden, insbesondere also auch Fenster und opake Außenwände. Dort, wie auch bei der transparenten Wärmedämmung ist die langwellige Abstrahlung im äußeren Wärmeübergangskoeffizienten enthalten. Für diesen Fall ermittelt sich der solare Wärmegewinn zu:

$$Q_s = A_{sj} \cdot I_{sj} \quad \text{in W}$$

Hierbei bedeuten:

A_{sj} effektive Kollektorfläche in m²,

I_{sj} globale Sonneneinstrahlung in W/m².

Eine genauere Berechnung der solaren Wärmegewinne über transparente Wärmedämmung bietet das in der Richtlinie vom Fachverband TWD beschriebene Monatsverfahren [83], das im Beispiel in Kapitel 3.7 berücksichtigt wurde. In der Richtlinie wird zusätzlich zu dem o.a. Beispiel die spezielle Richtungsabhängigkeit des Gesamtenergiedurchlassgrades berücksichtigt. Die Berechnung wird für zwei unterschiedliche Typen der transparenten Wärmedämmung (Typ T und Typ O) beschrieben. In Abhängigkeit von Monat und Orientierung der Außenwand werden effektive g_{Ti} Werte berechnet. Das Einsparpotential, das sich unter Zugrundelegung einer transparenten Wärmedämmung für ein Einfamilienhaus ergibt, wird in Kapitel 3.6 dargestellt.

C.3.4 Ermittlung der solaren Wärmegewinne über unbeheizte Glasvorbauten

Im Anhang D der DIN V 4108-6 sind keine Angaben zur Ermittlung der solaren Wärmegewinne über unbeheizte Glasvorbauten aufgeführt. Aus den Hinweisen in der Energieeinsparverordnung Anhang 1 Tabelle 2 Fußnote 2 könnte jedoch abgeleitet werden, dass
eine entsprechende Berücksichtigung beim Monatsbilanzverfahren möglich ist. Beim vereinfachten Verfahren für Wohngebäude wird dies ausdrücklich ausgeschlossen.

Es werden hier die Rechengleichungen der DIN V 4108-6 verwendet. Entsprechend dem
Rechengang der DIN V 4108-6 wird zwischen dem beheizten Bereich und dem Glasvorbau eine Trennwand berücksichtigt, **Abbildung 111**. Beheizte Wintergärten oder Glasvorbauten ohne Trennwand zum beheizten Bereich werden wie beheizte Räume berechnet.

Der solare Wärmegewinn Q_{Ss}, der aus dem Wintergarten in den beheizten Bereich gelangt, ermittelt sich wie folgt:

$$Q_{Ss} = Q_{Sd} + Q_{Si} \quad \text{in kWh/M}$$

Hierbei bedeuten:

Q_{Sd} direkte solare Wärmegewinne   in kWh/M
Q_{Si} indirekte solare Wärmegewinne   in kWh/M

Die **direkten solaren Wärmegewinne** Q_{Sd} in einem Zeitraum t sind die Summe der
Wärmegewinne durch die transparenten Bauteile (w) und die nicht transparenten Bauteile
(p) der Trennwand. Sie werden wie folgt ermittelt:

$$Q_{Sd} = I_p \cdot F_s \cdot F_{ce} \cdot F_{Fe} \cdot g_e \cdot (F_{cw} \cdot F_{Fw} \cdot g_w \cdot A_w + \alpha_{sp} \cdot A_p \cdot U_p / U_{pe}) \cdot t \qquad \text{in kWh/M}$$

Die **indirekten solaren Wärmegewinne** im Zeitraum t werden durch Summierung der
solaren Wärmegewinne jeder absorbierenden Fläche j im Wintergarten berechnet, wobei
die direkten Wärmegewinne durch den opaken Teil der Trennwand abzuziehen sind. Sie
werden wie folgt ermittelt:

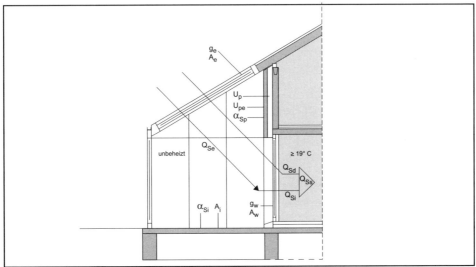

Abbildung 111: Schemadarstellung zur Wirkungsweise eines unbeheizten Glasvorbaus nach
DIN V 4108-6.

$$Q_{Si} = (1 - F_u) \cdot F_s \cdot F_{ce} \cdot F_{Fe} \cdot g_e \cdot (\Sigma I_{sj} \cdot \alpha_{sj} \cdot A_j - I_p \cdot \alpha_{sp} \cdot A_p \cdot U_p / U_{pe}) \cdot t \qquad \text{in kWh/M}$$

Hierbei bedeuten:

F_u Temperatur-Korrekturfaktor für unbeheizte Nebenräume z.B. in **Abbildung 113**,

F_s für den Verschattungsfaktor F_s gilt für übliche Anwendungsfälle: $F_s = 0,9$. Es können für F_s abweichende Werte verwendet werden, soweit durch bauliche Bedingungen Verschattung vorliegt. Diese können den **Abbildungen 106 bis 108** entnommen werden.

Es gilt: $F_s = F_o \cdot F_f \cdot F_h$, wobei die Verschattung durch andere Gebäude bzw. Topographie (F_h) und durch Bauteilüberstände, wie horizontale Überhänge (F_o) und seitliche Abschattungsflächen (F_f) berücksichtigt werden,

F_{ce} für den Abminderungsfaktor von Sonnenschutzeinrichtungen im Bereich der Außenhaut des Wintergartens gilt: $F_{ce} = 1,0$ wenn keine Sonnenschutzeinrichtungen vorhanden sind, oder Tabelle 7, **Abbildung 105**,

F_{cw} für den Abminderungsfaktor von Sonnenschutzeinrichtungen im Bereich der Fenster der Trennwand gilt: $F_{cw} = 1,0$ wenn keine Sonnenschutzeinrichtungen vorhanden sind, oder Tabelle 7, **Abbildung 105**,

F_F Abminderungsfaktor für den Rahmenanteil Index e: Außenhaut Wintergarten; Index w: Fenster in der Trennwand,

g_e wirksamer Gesamtenergiedurchlassgrad der Wintergartenverglasung

g_w wirksamer Gesamtenergiedurchlassgrad des Fensters zum Wintergarten bei senkrechtem Strahlungseinfall,

A_w Flächen der transparenten Bauteile der Trennwand zum nicht beh. Wintergarten,

A_e Flächen der transparenten Bauteile des Wintergartens,

A_p Fläche des nicht transparenten Teils der Trennwand zum nicht beheizten Wintergarten,

U_p Wärmedurchgangskoeffizient der opaken Trennwand zum Wintergarten,

U_{pe} Wärmedurchgangskoeffizient zwischen der absorbierenden Oberfläche der opaken Trennwand und dem Wintergarten,

A_j Flächenanteile für jede Oberfläche j, die Sonnenstrahlung innerhalb des Wintergartens aufnimmt (Erdreich, undurchsichtige Wände; der undurchsichtige Teil der Trennwand hat die Bezeichnung p, der übrigen Flächen s,

α_{sj} mittlerer solarer Absorptionsgrad der Strahlung aufnehmenden Oberflächen im Wintergarten; sofern keine näheren Angaben bekannt sind, ist mit $\alpha_{sj} = 0,8$ zu rechnen,

α_{sp} solarer Absorptionsgrad der nicht transparenten Trennfläche zwischen beheiztem Raum und Glasvorbau:

$\alpha = 0,5$; allgemein

$\alpha = 0,8$; kann für dunkle Dächer abweichend angenommen werden,

I Solare mittlere Strahlungsintensität auf die Oberfläche der Trennwand p bzw. der Bodenfläche s in W/m²,

t Dauer des Berechnungszeitraums, in d.

Das Einsparpotential, das sich bei Anordnung eines nicht beheizten Glasvorbaus für ein Einfamilienhaus ergibt, ist in Kapitel 3.6 dargestellt. Die direkten und indirekten monatlichen solaren Wärmegewinne ermitteln sich zu:

$$Q_{Sd,M} = 0,024 \cdot Q_{Sd} \qquad \text{in kWh/M,}$$
$$Q_{Si,M} = 0,024 \cdot Q_{Si} \qquad \text{in kWh/M.}$$

C.4 Ermittlung der internen Wärmegewinne

Der monatliche interne Wärmestrom $\Phi_{i,M}$ in kWh/Monat ergibt sich nach folgender Gleichung:

$$\Phi_{i,M} = q_{i,M} \cdot A_N \qquad \text{in kWh/M}$$

Hierbei bedeuten:

q_i mittlere flächenbezogene interne Wärmeleistung
bei Wohngebäuden ist $q_i = 5$ W/m²
bei Büro- und Verwaltungsgebäuden ist $q_i = 6$ W/m²
bei allen weiteren Gebäuden ist $q_i = 5$ W/m², soweit hierfür in anderen Regeln der Technik keine anderen Werte festgelegt sind.

A_N Bezugsfläche. Es gilt $A_N = 0,32 \cdot V_e$.

Die monatlichen internen Wärmegewinne ermitteln sich zu:
$Q_{i,M} = 0,024 \cdot \Phi_{i,M} \cdot \text{Tage/Monat} \qquad$ in kWh/M

C.5 Ermittlung der wirksamen Wärmespeicherfähigkeit $C_{wirk,\eta}$

Die wirksame Wärmespeicherfähigkeit wird zur Bestimmung des Ausnutzungsgrades der Wärmegewinne ermittelt. Sie kann pauschal **oder** nach Bauteilschichtenfolge bestimmt werden. Der pauschale Ansatz unterscheidet leichte und schwere Gebäude:

Für **leichte Gebäude** gilt: $\qquad C_{wirk,\eta} = 15$ Wh/(m³ · K) · V_e in Wh/K
Leichte Gebäude werden in der DIN V 4108 -6 beschrieben, als Gebäude in Holztafelbauart ohne massive Innenbauteile bzw. als Gebäude mit abgehängten Decken und überwiegend leichten Trennwänden bzw. als Gebäude mit hohen Räumen (Sportstätten oder Museen).

Für **schwere Gebäude** gilt: $\qquad C_{wirk,\eta} = 50$ Wh/(m³ · K) · V_e in Wh/K
Schwere Gebäude werden in der DIN V 4108-6 beschrieben, als Gebäude mit massiven Innen- und Außenbauteilen, ohne abgehängte Decken.

Eine Angabe der flächenbezogenen Masse in kg/m² erfolgt nicht. Als Anhalt können die Angaben der DIN 4108-2 dienen. Hier wird eine Differenzierung von leichten und schweren Bauteilen in Abhängigkeit von der flächenbezogenen Masse vorgenommen. Als Grenzwert werden 100 kg/m² angegeben.

Eine genaue Ermittlung von $C_{wirk,\eta}$ nach der Bauteilschichtenfolge ist statthaft, wenn alle Innen- und Außenbauteile aus stofflicher und geometrischer Sicht festgelegt sind. Sie erfolgt nach folgender Gleichung:

$C_{wirk} = \Sigma_i (c_i \cdot \rho_i \cdot d_i \cdot A_i)$ für die jeweilige Schicht i des Bauteils.

Hierbei bedeuten:

c_i	spezifische Wärmekapazität der Bauteilschichten	in kJ/(kg · K)
ρ_i	Rohdichte der Bauteilschichten	in kg/m³
d_i	wirksame Schichtdicke der Bauteilschichten. Diese wird	in m

bis zu einer maximalen Dicke von 10 cm bei einseitig an die Raumluft grenzenden Bauteilen ermittelt. Bei beidseitig an die Raumluft grenzenden Bauteilen ist die wirksame Schichtdicke die halbe Bauteildicke, wobei zu jeder Seite nur maximal 10 cm Schichtdicke angerechnet werden darf.

A_i Fläche des Bauteils

Bei raumseitig vor Wärmedämmschichten angeordneten Schichten mit einer Wärmeleitfähigkeit $\lambda_i \geq 0,1$ W/(m · K) dürfen nur die Dicken der Schichten bis höchstens 10 cm rechnerisch berücksichtigt werden. Als Wärmedämmstoffe werden in diesem Zusammenhang Baustoffe mit einer Wärmeleitfähigkeit von $\lambda_i < 0,1$ W/(m · K) gezählt. Für die betreffende Schicht gilt ein Wärmedurchlasswiderstand von $R_i > 0,25$ m² · K/W. Das Einsparpotential, das sich bei der rechnerischen Berücksichtigung der tatsächlich vorhandenen, anrechenbaren wirksamen Speicherfähigkeit für ein in Massivbauweise errichtetes Einfamilienhaus ergibt, ist in Kapitel 3.6 dargestellt.

C.6   Ermittlung der Heizunterbrechung (Nachtabsenkung)

Eine korrekt eingestellte Nachtabsenkung kann zu einer Reduzierung der Wärmeverluste führen. Zur Berücksichtigung des Einflusses der Nachtabsenkung unter standardisierten Randbedingungen sind zwingend für den Nachweis die vereinfachten Randbedingungen des Anhangs D der DIN V 4108-6 zu verwenden.

Bei der Berechnung werden zwei Zeitabschnitte differenziert, **Abbildung 112**:

o   die **Heizunterbrechungsphase** und die

o   **Aufheizphase**, die solange dauert, bis die normale Sollinnentemperatur erreicht ist.

Nachfolgend werden die einzelnen Berechnungsschritte näher beschrieben.

C.6.1 Festlegung der Heizunterbrechungsphase

Folgende Arten der Heizunterbrechungsphasen können unterschieden werden:

o   **Abschaltbetrieb**: Das Heizsystem wird abgeschaltet und liefert keine Wärme,

o   **reduzierter Betrieb**: Die Heizwärme wird in Abhängigkeit von der Außenlufttemperatur mit geringerer Leistung als im Normalbetrieb dem Gebäude zugeführt. Die Innentemperatur wird dadurch abgesenkt,

o   **abgesenkter Betrieb mit Regelphase**: Die vom Heizsystem abgegebene Wärmemenge wird in dieser Zeitphase so geregelt, dass eine abgesenkte Sollinnentemperatur (z.B. 15 °C) aufrecht erhalten bleibt.

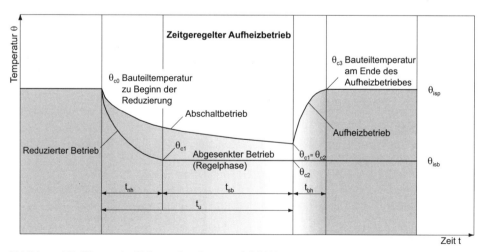

Abbildung 112: Phasen der Heizunterbrechung nach DIN V 4108 - 6.

C.6.2 Festlegung des Aufheizbetriebs
Folgende Arten werden unterschieden:

o **zeitgeregelter Aufheizbetrieb**: Der Aufheizbetrieb erfolgt zeitgesteuert, d. h., dass ein Zeitpunkt für den Beginn des Aufheizbetriebes festgelegt wird.
o **optimierter Aufheizbetrieb**: Der Aufheizbetrieb erfolgt leistungsoptimiert, d. h., es wird die Zeit vorgegeben, nach der die normale Sollinnentemperatur nach der Heizunterbrechungsphase wieder erreicht wird.

C.6.3 Festlegung des Heizunterbrechungszeitraumes t_u
Bei zeitgeregelter Aufheizung ist t_u die Zeit der reduzierten oder abgeschalteten Heizung. Die Zeit einer Regelphase kann dabei eingeschlossen sein. Für den Abschaltbetrieb sind nur die nachfolgenden Zeiten gemäß Tabelle D.3 (DIN V 4108-6) anzunehmen:

o bei Wohngebäuden $t_u = 7$ h,
o bei Verwaltungsgebäuden $t_u = 10$ h.

C.6.4 Festlegung der Mindest-Sollinnentemperatur θ_{isb}
Diese Temperatur ist die niedrigste Innentemperatur der Heizunterbrechungsphase. Im Fall des reduzierten Betriebs wird bei der Unterschreitung dieser Temperatur mit der reduzierten Heizleistung Φ_{rp} geregelt.

C.6.5 Ermittlung der wirksamen Wärmespeicherfähigkeit $C_{wirk,NA}$
Die wirksame Wärmespeicherfähigkeit wird, wie in Schritt C.5 beschrieben, ermittelt. Die wirksame Dicke der an Raumluft grenzenden Bauteilschichten beträgt allerdings höchstens 3 cm (sonst 10 cm). Vereinfachend können bei der Heizunterbrechung folgende Werte für die wirksame Wärmespeicherfähigkeit angesetzt werden:

o $C_{wirk,NA} = 18$ Wh/(m^3 · K) · V_e bei schweren Gebäuden,
o $C_{wirk,NA} = 12$ Wh/(m^3 · K) · V_e bei leichten Gebäuden.

Eine genaue Ermittlung von $C_{wirk,NA}$ nach der Bauteilschichtenfolge ist statthaft, wenn alle Innen- und Außenbauteile aus stofflicher und geometrischer Sicht festgelegt sind (siehe Schritt C.5).

C.6.6 Berechnung des spezifischen Wärmeverlustes H_{sb}
Der spezifische Wärmeverlust H_{sb} ist die Summe aus Transmissions- und Lüftungswärmeverlusten während der Heizunterbrechungsphase (siehe Ergebnisse aus den Schritten C.1 und C.2). Es werden die Eingangsdaten der Heizunterbrechungsphase zugrunde gelegt.

C.6.7 Berechnung des spezifischen Wärmeverlustes H_{ic}
Der spezifische Wärmeverlust H_{ic} zwischen dem Inneren (der Innenluft) und den Bauteilen berechnet sich nach einem vereinfachten pauschalen Ansatz:

$H_{ic} = 4 A_N / 0,13$ in W/K

Hierbei bedeuten:
A_N die Geäudenutzfläche   in m^2
0,13   Wärmeübergangswiderstand innen   in m^2 · K/W

C.6.8 Berechnung des direkten spezifischen Wärmeverlustes H_d

Der direkte spezifische Wärmeverlust H_d errechnet sich aus der Summe des spezifischen Wärmeverlustes aller leichten Bauteile und der Lüftung:

$$H_d = H_w + H_V \qquad \text{in W/K}$$

Hierbei bedeuten:

H_w spezifischer Wärmeverlust aller leichten Bauteile, wie z. B. Fenster, Türen usw. Nach DIN 4108-2 weisen leichte Bauteile eine flächenbezogene Masse von $< 100 \, \text{kg/m}^2$ auf.

H_V spezifischer Wärmeverlust der Lüftung, siehe Schritt C.2

C.6.9 Berechnung des spezifischen Wärmeverlustes H_{ce}

Der spezifische Wärmeverlust H_{ce} zwischen den Bauteilen und der Umgebung (der Außenluft) wird wie folgt ermittelt (siehe Schritte C.6.6, C.6.7 und C.6.8):

$$H_{ce} = H_{ic} \cdot (H_{sb} - H_d) / H_{ic} - (H_{sb} - H_d) \qquad \text{in W/K}$$

C.6.10 Berechnung des wirksamen Anteils der Wärmespeicherfähigkeit ζ

Der wirksame Anteil der Wärmespeicherfähigkeit ζ ermittelt sich wie folgt (siehe Schritte C.6.7 und C.6.9):

$$\zeta = H_{ic} / (H_{ic} + H_{ce}) \qquad [-]$$

C.6.11 Berechnung des Verhältniswertes ξ

Der Verhältniswert ξ ermittelt sich wie folgt (siehe Schritte C.6.7 und C.6.8):

$$\xi = H_{ic} / (H_{ic} + H_d) \qquad [-]$$

C.6.12 Berechnung der Bauteil-Zeitkonstante τ_p

Die Bauteil-Zeitkonstante τ_p ermittelt sich wie folgt (siehe Schritte C.6.5, C.6.6 und C.6.10):

$$\tau_p = \zeta \cdot C / \xi \cdot H_{sb} \qquad \text{in h}$$

C.6.13 Berechnung der Bauteil-Zeitkonstante τ_T

Die Bauteil-Zeitkonstante τ_T ermittelt sich wie folgt (siehe Schritte C.6.5, C.6.7 und C.6.9 bis C.6.11):

$$\tau_T = \zeta \cdot C / (H_{ce} + H_{ic}) \qquad \text{in h}$$

C.6.14 Berechnung der Bauteiltemperatur zu Beginn der Temperaturreduzierung θ_{co}

Die Bauteiltemperatur zu Beginn der Temperaturreduzierung θ_{co} ermittelt sich wie folgt (siehe Schritt C.6.10):

$$\theta_{co} = \theta_e + \zeta \cdot (\theta_{io} - \theta_e) \qquad \text{in } °C$$

Hierbei bedeuten:

θ_{io} Innentemperatur zu Beginn der Temperaturreduzierung;

θ_e Außentemperatur z.B. vom Referenzklima Deutschland

C.6.15 Berechnung der Bauteiltemperatur θ_{csb}, wenn die Innentemperatur die Mindest-Sollinnentemperatur (θ_{isb}) erreicht hat

Die Bauteiltemperatur θ_{csb} zum Zeitpunkt, wenn die Innentemperatur die Mindest-Sollinnentemperatur (θ_{isb}) erreicht hat, ermittelt sich wie folgt (siehe Schritte C.6.10 und C.6.14).:

$$\theta_{csb} = \theta_e + \zeta \cdot (\theta_{isb} - \theta_e) \qquad \text{in } °C$$

θ_{isb} In DIN V 4108-6 wird im Berechnungsbeispiel Anhang F eine Temperatur von 6 °C angesetzt.

C.6.16 Berechnung der höchstmöglichen Innentemperatur θ_{ipp}

Die höchstmögliche Innentemperatur θ_{ipp} ermittelt sich wie folgt (siehe Schritte C.6.1, C.6.2 und C.6.6.):

$$\theta_{ipp} = \theta_e + ((\Phi_{pp} + \Phi_g) / H_{sb}) \qquad \text{in } °C$$

Hierbei bedeuten:

Φ_{pp} Normheizlast nach Tabelle D.3 der DIN V 4108-6

        $1,5 \cdot (H_T + H_{V,n=0,5}) \cdot 31 \qquad$ in W

        Bei der Ermittlung der Normheizlast wird der Lüftungs-
wärmeverlust mit einer Luftwechselzahl $n = 0,5 \ h^{-1}$ ermittelt.

Φ_g Wärmegewinne aus solaren und internen Wärmeströmen   in W

        Die Wärmegewinne betragen 0, sofern keine genaueren
Daten über interne und solare Wärmeströme für den
Zeitraum der Heizungsunterbrechung bekannt sind.

C.6.17 Berechnung der höchstmöglichen Bauteiltemperatur θ_{cpp}

Die höchstmögliche Bauteiltemperatur θ_{cpp} ermittelt sich wie folgt (siehe Schritte C.6.10, C.6.14 und C.6.16.):

$$\theta_{cpp} = \theta_e + \zeta \cdot (\theta_{ipp} - \theta_e) \qquad \text{in } °C$$

C.6.18 Berechnung der niedrigsten Innentemperatur θ_{inh}, die erreicht werden kann

Bei der Berechnung der niedrigsten Innentemperatur für den Zeitraum der Heizunterbrechung können zwei Fälle differenziert werden (siehe Schritte C.6.4, C.6.6 und C.6.14):

Fall a)   Die Regelphase (abgesenkter Betrieb) wird nicht erreicht: $\theta_{inh} = \theta_e$

Fall b)   Abgesenkter Betrieb; eine Regelphase ist vorhanden: $\theta_{inh} = \theta_e + \Phi_{rp} / H_{sb}$

        Φ_{rp} ist hierbei die reduzierte Leistung, die in der Regelphase wirkt.

C.6.19 Ermittlung der niedrigsten Bauteilinnentemperatur θ_{cnh}

Die niedrigste Bauteilinnentemperatur ermittelt sich wie folgt (siehe Schritte C.6.10, C.6.14 und C.6.18):

$$\theta_{cnh} = \theta_e + \zeta \cdot (\theta_{inh} - \theta_e) \qquad \text{in } °C$$

C.6.20 Berechnung der Zeit t_{nh}, in der nicht geheizt wird

Die Zeit, in der nicht geheizt wird, ermittelt sich wie folgt (siehe hierzu auch Berechnungsschritt C.6.3):

$$t_{nh} = t_u \qquad \text{in h}$$

t_u wurde im Schritt C.6.3 bereits festgelegt!

C.6.21 Berechnung der Innentemperatur am Ende der Nichtheizphase θ_{i1}

Die Innentemperatur am Ende der Nichtheizphase ermittelt sich wie folgt (siehe Schritte C.6.11, C.6.12, C.6.14, C.6.18, C.6.19 und C.6.20):

$$\theta_{i1} = \theta_{inh} + \xi (\theta_{co} - \theta_{cnh}) \cdot \exp(-t_{nh} / \tau_p) \qquad \text{in } °C$$

Wenn es eine Regelphase gibt, d. h. die Sollinnentemperatur θ_{isb} größer ist als die Innentemperatur am Ende der Nichtheizphase θ_{i1}, ist mit Schritt C.6.24 fortzufahren!

C.6.22 Berechnung der Bauteiltemperatur am Ende der Nichtheizphase θ_{c1}

Folgende Fälle können bei der Ermittlung der Bauteiltemperatur am Ende der Nichtheizphase θ_{c1} unterschieden werden:

Fall A: $\theta_{c1} = \theta_{co}$ wenn $t_{nh} = 0$ siehe Schritte C.6.14 und C.6.20.

Fall B: $\theta_{c1} = \theta_{cnh} + ((\theta_{i1} - \theta_{inh})/\xi)$ wenn $t_{nh} > 0$ siehe Schritte C.6.11, C.6.18, C.6.19 und C.6.20.

C.6.23 Berechnung der Bauteiltemperatur θ_{c2} am Ende der Abschaltzeit ohne Regelbetrieb

Die Bauteiltemperatur θ_{c2} am Ende der Abschaltzeit ohne Regelbetrieb ermittelt sich wie folgt (siehe Schritt C.6.22). Der nächste Schritt: C.6.28!:

$$\theta_{c2} = \theta_{c1} \text{ mit } t_{sb} = 0$$

t_{sb} Zeit der Regelphase mit abgesenktem Betrieb in h

C.6.24 Berechnung der Zeit t_{nh} in der nicht geheizt wird, bis die Regelphase beginnt

Die Zeit t_{nh} in der nicht geheizt wird, bis die Regelphase beginnt, ermittelt sich wie folgt (siehe Schritte C.6.11, C.6.12, C.6.14, C.6.18 und C.6.19.):

$$t_{nh} = \tau_p \max [0 ; \ln (\xi \cdot (\theta_{co} - \theta_{cnh}) / (\theta_{isb} - \theta_{inh}))] \qquad \text{in h}$$

C.6.25 Berechnung der Bauteiltemperatur θ_{c1} am Ende dieser Regelphase

Folgende Fälle können bei der Ermittlung der Bauteiltemperatur am Ende der Nichtheizphase θ_{c1} unterschieden werden:

Fall A: $\theta_{c1} = \theta_{co}$ wenn $t_{nh} = 0$ siehe Schritte C.6.14 und C.6.20.

Fall B: $\theta_{c1} = \theta_{cnh} + ((\theta_{isb} - \theta_{inh}) / \xi)$ wenn $t_{nh} > 0$ siehe Schritte C.6.11, C.6.15, C.6.18 und C.6.19.

C.6.26 Berechnung der Zeit t_{sb} für die Regelphase (abgesenkter Betrieb)

Die Zeit für die Regelphase mit abgesenktem Betrieb ermittelt sich wie folgt (siehe Schritte C.6.3, C.6.20):

$$t_{sb} = t_u - t_{nh} \qquad \text{in h}$$

C.6.27 Berechnung der Bauteiltemperatur θ_{c2} am Ende der Regelphase

Die Bauteiltemperatur am Ende der Regelphase ermittelt sich wie folgt:

$$\theta_{c2} = \theta_{c1} \qquad \text{falls } t_{sb} \leq 0 \qquad \text{siehe Schritte C.6.22, C.6.23 oder C.6.26.}$$
$$\theta_{c2} = \theta_{csb} + (\theta_{c1} - \theta_{csb}) \exp (-t_{sb} / \tau_t) \qquad \text{siehe Schritte C.6.13, C.6.15, C.6.25 oder C.6.26.}$$

C.6.28 Berechnung der Zeit t_{bh} für die Aufheizphase

Die Zeit für die Aufheizphase ermittelt sich wie folgt (siehe Schritte C.6.12, C.6.14, C.6.16 und C.6.23 oder C.6.26):

$$t_{bh} = \max \cdot [0; \tau_p \cdot \ln ((\xi \cdot (\theta_{cpp} - \theta_{c2})) / (\theta_{ipp} - \theta_{io}))] \qquad \text{in h}$$

C.6.29 Berechnung der Bauteiltemperatur am Ende der Aufheizzeit θ_{c3}

Die Bauteiltemperatur am Ende der Aufheizzeit ermittelt sich wie folgt:

$$\theta_{c3} = \theta_{c2} \qquad \text{wenn } t_{bh} = 0 \quad \text{siehe Schritte C.6.23 oder C.6.27 und C.6.28.}$$
$$\theta_{c3} = \theta_{cpp} + (\theta_{io} - \theta_{ipp}) / \xi \qquad \text{wenn } t_{bh} > 0 \quad \text{siehe Schritte C.6.11, C.6.14, C.6.16 und C.6.17.}$$

C.6.30 Berechnung der Reduzierung ΔQ_{ilj} des Wärmestromes, die sich infolge der intermittierenden Beheizung ergibt

Die Reduzierung des Wärmestroms infolge der intermittierenden Beheizung ermittelt sich wie folgt (siehe Schritte C.6.5, C.6.6, C.6.10, Cc.6.14 bis C.6.16, C.6.18, C.6.20, C.6.22, C.6.23 oder C.6.27, C.6.28 und C.6.29):

$$\Delta Q_{ilj} = H_{sb} \cdot [(\theta_{io} - \theta_{inh}) \cdot t_{nh} + (\theta_{io} - \theta_{isb}) \cdot t_{sb} + (\theta_{io} - \theta_{ipp}) \cdot t_{bh})] - C \cdot \zeta \cdot (\theta_{co} - \theta_{c1} + \theta_{c2} - \theta_{c3})$$

C.6.31 Berechnung der gesamten Reduzierung des Wärmeverlustes in einem Berechnungszeitraum

Die gesamte Reduzierung des Wärmeverlustes in einem Berechnungszeitraum (z. B. in einem Monat) infolge aller Heizunterbrechungsphasen und eines Heizunterbrechungstyps, wie z. B. Nachtabsenkung bzw. Wochenendabsenkung ermittelt sich wie folgt (siehe Schritt C.6.30):

$$\Delta Q_{il} = \Sigma_j \cdot n_j \cdot \Delta Q_{ilj} \qquad \text{in kWh/M}$$

Hierbei bedeutet:

n_j Anzahl der Heizunterbrechungsphasen j (z. B. Anzahl der Nächte mit Nachtabsenkung oder Anzahl der Wochenenden bei Wochenendabsenkung in einem Berechnungszeitraum, z.B. einem Monat)

C.7 Ermittlung des Wärmegewinn-/ Verlustverhältnisses γ des Gebäudes

Das Wärmegewinn-/ Verlustverhältnis γ ermittelt sich wie folgt:

$$\gamma = Q_{g,M} / Q_{l,M} \qquad [-]$$

Die Wärmeverluste Q_l werden wie folgt ermittelt:

$$Q_{l,M} = Q_{T,M} + Q_{V,M} - \Delta Q_{il} \qquad \text{in kWh/M,}$$

Die Transmissionswärmeverluste Q_T und die Lüftungswärmeverluste Q_V wurden in den Schritten C.1 und C.2 ermittelt. Die gesamte Reduzierung des Wärmeverlustes ΔQ_{il} infolge aller Heizunterbrechungsphasen und in Abhängigkeit vom Heizunterbrechungstyp (Nachtabsenkung bzw. Wochenendabsenkung) wurde im Schritt C.6.31 ermittelt.

Die monatlichen Wärmegewinne $Q_{g,M}$ ermitteln sich wie folgt:

$$Q_{g,M} = Q_{S,M} + Q_{i,M} \qquad \text{in kWh/M}$$

Die solaren Wärmegewinne $Q_{S,M}$ und die internen Wärmegewinne $Q_{i,M}$ wurden in den Schritten C.3.1 und C.4 ermittelt. Die solaren Wärmegewinne über opake Bauteile werden als Wärmeverluste mit dem Ausnutzungsgrad $\eta = 1$ wie folgt berechnet:

$$Q_{l,ges} = Q_l - Q_{S,op} \qquad \text{in kWh/M}$$

Hierbei bedeuten:

Q_l Wärmeverluste   in kWh/M

$Q_{S,op}$ Wärmegewinne über opake Bauteile   in kWh/M

Wärmegewinne über opake Bauteile werden somit als negative Wärmeverluste angesehen und gehen im Wärmegewinn- bzw. Verlustverhältnis γ im Nenner ein (siehe Schritt C.3.2).

C.8 Ermittlung der Zeitkonstante τ

Die Zeitkonstante ermittelt sich wie folgt:

$$\tau = C_{wirk} / H \qquad \text{in h}$$

Dabei ist:

C_{wirk} wirksame Wärmespeicherfähigkeit, siehe Ergebnisse aus Schritt C.5
H spezifischer Wärmeverlust (Summe aus spezifischen Transmissions- und Lüftungs-wärmeverlusten $H = H_T + H_V$). Die Werte für $H_T + H_V$ wurden im Schritt C.1 und C.2 bereits ermittelt und können übernommen werden.

C.9 Ermittlung des Ausnutzungsgrades η

Der Ausnutzungsgrad als Faktor für die solaren Wärmegewinne (außer der opaken Bauteile) ermittelt sich wie folgt:

$$\eta = (1 - \gamma^a) / (1 - \gamma^{a+1}) \qquad [-]$$

Der numerische Parameter „a" ermittelt sich wie folgt:

$$a = a_0 + \tau / \tau_0 \qquad [-]$$

Dabei ist τ die Zeitkonstante (siehe Schritt C.8). Bei monatlichen Berechnungszeitschritten gilt für:

$a_0 = 1$ und für
$\tau_0 = 16$ h.

C.10 Ermittlung des monatlichen Heizwärmebedarfs $Q_{h,M}$ und des vorhandenen Jahres-Heizwärmebedarfs Q_h

Der monatliche Heizwärmebedarf wird wie folgt ermittelt:

$$Q_{h,M} = Q_{l,M} - \eta_M \cdot Q_{g,M} \qquad \text{in kWh/M}$$

Hierbei bedeuten:

$Q_{l,M}$ monatliche Wärmeverluste, siehe Schritt C.7
$Q_{g,M}$ monatliche Bruttowärmegewinne, siehe Schritt C.7
η_M monatlicher Ausnutzungsgrad der Wärmegewinne, siehe Schritt C.9

Weist ein Monat eine positive Bilanz auf, d. h. $Q_{h,M} > 0$, so muss dem Gebäude zur Aufrechterhaltung der gewünschten Raumtemperatur Energie zur Wärmeerzeugung zugeführt werden. Für die Ermittlung des Jahres-Heizwärmebedarfs werden daher nur die Monate mit einer positiven Wärmebilanz addiert:

$$Q_h = \Sigma_M Q_{h,M/pos} \qquad \text{in kWh/a}$$
$Q_{h,M/pos}$ ist der monatliche Heizwärmebedarf mit einer positiven Wärmebilanz.

C.11 Erstellen eines Berichts mit der Angabe der zugrunde gelegten Randbedingungen

Mit Abschluss der Berechnungen wird in einem Bericht festgehalten, welche Randbedingungen bei der Ermittlung des Jahres-Heizwärmebedarfs zugrunde gelegt wurden.

Der Bericht muss nach DIN V 4108-6 mindestens folgende Angaben enthalten:
o   Temperaturzonen (Anzahl und jeweilige Solltemperatur) und Systemgrenzen,
o   Ausrichtung des Gebäudes (Lageplan),
o   interne Wärmegewinne,
o   angesetzte Luftwechselrate, Gebäudedichtheit nachgewiesen / nicht nachgewiesen,
o   Wärmerückgewinnungsgrad,
o   meteorologische Daten (Referenzklima Deutschland),
o   Berücksichtigung von Wärmebrücken,
    Angabe der Art der numerischen Berücksichtigung, d.h. pauschal oder speziell er-
    mittelte längenbezogene Wärmebrückenverlustkoeffizienten,
o   solare Abminderungsfaktoren,
o   Rahmenanteile der Fenster pauschal nach Tabelle F 1 oder F 2 DIN EN ISO 10 077-
    1 oder exakt berechnet nach DIN EN ISO 10 077-1, bzw. nach DIN V 4108-4
o   Berechnungswerte der Temperatur-Korrekturfaktoren F_x pauschal nach Anhang D der
    DIN V 4108-6 oder genau berechnet nach DIN EN ISO 13 789,
o   Angaben über die Berücksichtigung der Strahlungsabsorption,
o   Angaben über die Berücksichtigung der langwelligen Emission,
o   Angaben zur Ermittlung der wirksamen Wärmespeicherfähigkeit.

Es wird empfohlen, diesen Bericht um folgende Angaben zu ergänzen:
o   Randdaten zur Ermittlung der U-Werte von opaken Bauteilen gemäß
    DIN EN ISO 6946, DIN V 4108-4 und sonstiger Regeln, wie allgemeine bauaufsicht-
    liche Zulassungen, siehe Kapitel 2.4, 2.9.
o   Randdaten zur Ermittlung der U-Werte von transparenten Bauteilen gemäß
    DIN EN ISO 10 077 bzw. DIN V 4108-4, siehe hierzu auch Kapitel 2.4, 2.10.
o   Beim Nachweis des energetischen Einflusses von Wärmebrücken nach
    DIN 4108 Bbl 2 sollten die Anschlusssituationen und die dazugehörigen, beabsich-
    tigten Anschlusspunkte dem Nachweis beigefügt werden. Bei Abweichungen vom
    Wärmedurchgangskoeffizienten oder vom in DIN 4108 Bbl 2 dargestellten Konstruk-
    tionsprinzip sind ggf. Ausgleichsberechnungen beizufügen, siehe Kapitel 2.3.

Schritt D: Ermittlung des bezogenen Jahres-Heizwärmebedarfs bei Wohngebäuden
Der bezogene Jahres-Heizwärmebedarf ermittelt sich wie folgt:
$q_h = Q_h / A_N$ in kWh/(m² · a)
Q_h Jahres-Heizwärmebedarf   in kWh/a
A_N Gebäudenutzfläche   in m²

Schritt E: Ermittlung der primärenergiebezogenen Anlagenaufwandszahl
In Abhängigkeit von der Gebäudenutzfläche A_N und vom bezogenen Jahres-Heizwärmebedarf q_h ist die primärenergiebezogene Anlagenaufwandszahl e_p zu ermitteln. Bei der
Berücksichtigung der energetischen Qualität von Lüftungsanlagen mit Wärmerückgewinnung bei der Berechnung des Jahres-Primärenergiebedarfs sind die Ausführungen des
Absatzes 4.1 der DIN V 4701-10 zu beachten. Die energetische Wirkung einer Lüftungsanlage mit Wärmerückgewinnung wird hier nicht bei der Ermittlung des spezifischen Lüftungswärmeverlustes H_V, sondern im Zusammenhang mit der Berechnung der Anlagenaufwandszahl e_p in Ansatz gebracht. Die Anlagenaufwandszahl kann entsprechend einer
Veröffentlichung des Deutschen Instituts für Bautechnik bei Verwendung des Monatsbilanzverfahrens auch nach dem Tabellenverfahren berechnet werden. Im Zusammenhang

mit dem Monatsbilanzverfahren nach DIN V 4108-6 kann auch eine detaillierte Ermittlung der Anlagenaufwandszahl nach dem ausführlichen Verfahren der DIN V 4701-10 erfolgen. Die Heizzeit ist abhängig von der Heizgrenztemperatur, die im Monatsbilanzverfahren für den jeweiligen Wärmedämmstandard zu berechnen ist. Es sind daher unter Berücksichtigung der Heizgrenztemperatur die Heiztage zu ermitteln, um diese bei der Anlagenaufwandszahl einfließen zu lassen. Die Heizgrenztemperatur wird wie folgt ermittelt:

$$\theta_{ed} = \theta_i - \eta_0 \cdot Q_{g,M} / (H_M \cdot t_M \cdot 0,024) \qquad \text{in } °C$$

Hierbei bedeuten:

θ_i Innenlufttemperatur; siehe Schritt A.2,

η_0 Ausnutzungsgrad der Wärmegewinne bei $\gamma = 1$; siehe Schritt C.9,

$Q_{g,M}$ monatlicher Wärmegewinn in kWh; siehe Schritt C.3 ,

t_M Anzahl der Tage eines Monats, in Tagen; siehe Schritt A.2,

H_M spezifischer Wärmeverlust, in W/K; siehe Schritt C.1.

Vereinfachend kann gesagt werden, dass die Heizgrenztemperatur vom Verhältnis der Wärmegewinne zu den Wärmeverlusten für jeden Monat bestimmt wird. Die **Heizzeit** wird mit einem Vergleich der Heizgrenztemperatur mit der Außenlufttemperatur (siehe Schritt A.2) ermittelt. Falls die Heizgrenztemperatur größer ist als die Außenlufttemperatur, so zählen die Heiztage zur Heizzeit. Die genaue Bestimmung der Anzahl der Heiztage kann mittels linearer Interpolation zwischen den Monaten, in denen sich der Wechsel vollzieht, berechnet werden. Im Berechnungsbeispiel (Basisfall, Kapitel 3.5) wird die Heizzeit ermittelt. Hinweis: Nach einer Veröffentlichung des DIBt ist bei öffentlich-rechtlichen Nachweisen sowohl beim Monatsbilanzverfahren als auch beim vereinfachten Verfahren für Wohngebäude pauschal mit 185 Heiztagen zu rechnen.

In Abhängigkeit von der Anzahl der Heiztage verändert sich die **Heizgradtagzahl**. Diese wird durch Aufsummierung der Produkte der Heiztage mit der gemittelten, monatlichen Außenlufttemperatur und der Anzahl der Heiztage ermittelt. Im vereinfachten Verfahren für Wohngebäude wird mit einer Heizgradtagzahl von 69,6 kKh/a gerechnet. Die Heizgrenztemperatur und damit die Anzahl der Heiztage bzw. die Gradtagzahl beeinflussen die Verluste der Anlagentechnik und damit die Anlagenaufwandszahl e_p. Je länger die Heizzeit, desto größer werden die jährlichen Verluste, d. h., bei gleichem Heizwärmebedarf q_h verschlechtert sich die Anlagenaufwandszahl. Die Höhe der Verluste hängt jedoch auch stark von der Art der Anlagentechnik und der Lage der Komponenten (Speicher, Verteilleitungen, Wärmeerzeuger) innerhalb oder außerhalb der wärmeübertragenden Umfassungsfläche des Gebäudes ab. So hat z.B. eine Brennwerttherme mit Warmwasserspeicher und Verteilleitungen im beheizten Bereich vergleichsweise geringe jährliche Verluste. Eine Verlängerung der Heizzeit von 185 d/a im Tabellenverfahren auf z.B. 220 d/a wirkt sich nur sehr gering auf die Erhöhung der absoluten Verluste aus. Bei ungünstigen Anlagentypen mit Aufstellort im unbeheizten Bereich nehmen die absoluten Verluste sehr viel stärker zu und die Anlagenaufwandszahl e_p verschlechtert sich merklich.

Schritt F: Ermittlung des vorhandenen bezogenen Jahres-Primärenergiebedarfs Q_p'' und des vorhandenen spezifischen, auf die wärmeübertragende Umfassungsfläche bezogenen Transmissionswärmeverlustes H_T'

Der vorhandene bezogene Jahres-Primärenergiebedarf Q_p'' wird ermittelt zu:

$$Q_p'' = (Q_h + Q_W) \cdot e_p \qquad \text{in kWh/(m}^2 \cdot \text{a)}$$

Hierbei bedeuten:

q_h bezogener Jahres-Heizwärmebedarf   in kWh/(m² · a)
Q_w pauschaler Zuschlag für Warmwasserbereitung, Q_w = 12,5 kWh/(m² · a)
e_p primärenergiebezogene Anlagenaufwandszahl gemäß DIN V 4701-10.

Der vorhandene spezifische, auf die wärmeübertragende Umfassungsfläche bezogene Transmissionswärmeverlust H_T' ermittelt sich zu:
$H_T' = H_T / A$ in W/K

Schritt G: Vergleich der vorhandenen Werte mit den Höchstwerten

G.1 Sind die vorhandenen Werte kleiner als die Höchstwerte, so sind die Anforderungen erfüllt. Für den Fall, dass die Luftwechselrate „n" reduziert wurde, ist die Gebäudedichtheit messtechnisch noch zu überprüfen. Wird der Grenzwert für die Gebäudedichtheit nicht überschritten, so erfolgt zum Abschluss das Ausstellen des Energiebedarfsausweises.

G.2 Sind die vorhandenen Werte größer als die Höchstwerte, so sind die Anforderungen nicht erfüllt. Es ergeben sich wie beim vereinfachten Verfahren für Wohngebäude folgende Möglichkeiten der Korrektur:

o Wahl einer besseren Anlagentechnik mit kleinerer Anlagenaufwandszahl, z.B. Verlagerung der Komponenten der Heizungsanlage aus dem unbeheizten Bereich in den beheizten Bereich, Einsatz einer Lüftungsanlage mit Wärmerückgewinnung,
o Verbesserung der U-Werte, speziell bei Fenstern ergeben sich aus dem gewählten Nachweisverfahren Möglichkeiten der Optimierung,
o Reduzierung der Luftwechselrate um 0,1 h⁻¹ bei Nachweis der Gebäudedichtheit. Bei Unterschreitung der Höchstwerte ist, wie in Schritt G.1 beschrieben, zu verfahren.
o Ermittlung der Speicherfähigkeit über den speziellen Nachweis der anrechenbaren Speichermassen anstelle von pauschalen Faktoren,
o Berücksichtigung solarer Wärmegewinne über:
  - transparente Wärmedämmung,
  - nicht beheizte Glasvorbauten,
  - opake Bauteile,
  Weiterhin kann die Verwendung des pauschalen Faktors (F_F = 0,7) zur Berücksichtigung des Rahmenanteils günstigere Ergebnisse liefern, als der genaue Nachweis.
o Berechnung des austauschfähigen Luftvolumens unter Zugrundelegung der tatsächlich vorhandenen Geometrien anstelle der pauschalen Umrechnung aus dem beheizten Gebäudevolumen,
o Berücksichtigung von speziell nachgewiesenen Temperatur-Korrekturfaktoren nach DIN EN ISO 13 370 und/oder DIN EN ISO 13 789,
o Berücksichtigung von speziell nachgewiesenen Wärmebrückenverlusten anstelle von pauschalen Faktoren.

Schritt H: Nachweis der Gebäudedichtheit
Bei Reduzierung der Luftwechselrate ist die Gebäudedichtheit zwingend nachzuweisen.

Schritt J: Ausstellen des Energiebedarfsausweises
Die Inhalte des Energiebedarfsausweises wurden im Kapitel 2b bereits aufgeführt. Auf eine erneute Beschreibung wird hier daher verzichtet.

3.5 Berechnungsbeispiel nach Monatsbilanzverfahren

Im Folgenden wird am Beispiel des Einfamilienhauses **Abbildungen 94 und 95**, das auch schon beim Nachweis nach dem vereinfachten Verfahren für Wohngebäude zugrunde gelegt wurde, **Abbildungen 97 und 98**, ein EnEV-Nachweis gemäß Monatsbilanzverfahren durchgeführt. Anhand dieses Beispiels soll die Anwendung der Berechnungsschritte aus Kapitel 2.3 vorgestellt werden. Im Anschluss an dieses Basisbeispiel werden unter Zugrundelegung des Monatsbilanzverfahrens verschiedene bauliche und anlagentechnische Veränderungen vorgenommen, um den Jahres-Heizwärmebedarf und den Jahres-Primärenergiebedarf des Gebäudes zu senken, Kapitel 3.6. Die nachfolgenden Berechnungen wurden mit einem Tabellenkalkulationsprogramm durchgeführt. Zwischenergebnisse werden im Text gerundet dargestellt; das Programm rechnet jedoch mit nicht gerundeten Werten. Überprüfungen der Ergebnisse von Hand können zu geringfügig anderen Ergebnissen führen.

Schritt A: Prüfung und Festlegung der Randdaten
A.1 Gebäudenutzung
Es handelt sich bei dem zu überprüfenden Gebäude um ein Wohnhaus mit normalen Innentemperaturen. Aus diesem Grund kann das Monatsbilanzverfahren verwendet werden.

A.2 Innen- und Außentemperaturen
Die mittlere Gebäudeinnentemperatur wird auf 19 °C für Gebäude mit normalen Innentemperaturen festgelegt. Es wird eine gleichmäßig beheizte Temperaturzone zugrunde gelegt. Das einbindende Treppenhaus in den nicht beheizten Keller ist durch bauliche Maßnahmen (wärmegedämmte Innenwände, Kellertür und Sohlplatte) vom nicht beheizten Bereich getrennt. Es werden hier entsprechende Temperatur-Korrekturfaktoren berücksichtigt, **Abbildung 113**. Als Referenzklima werden die monatlichen Strahlungsinten-

1	2	3
Wärmestrom nach außen über	F_x	Temperatur-Korrekturfaktor F_x
Außenwand	F_{AW}	1,0
Fenster	F_W	1,0
Haustür	F_{HT}	1,0
Dach als Systemgrenze	F_D	1,0
Kellerwand zum nicht beheizten Keller	F_{u1}	0,5
Kellertür zum nicht beheizten Keller	F_{u2}	0,5
Fußboden des beheizten Kellers es gilt: B' < 5, Rf > 1 [1]	F_{G1}	0,45
Kellerdecke zum nicht beheizten Keller mit Perimeterdämmung, es gilt hier: B' > 5, R_f >1 [2]	F_{G2}	0,5

Randdaten zur Ermittlung des Temperatur-Korrekturfaktors für an Erdreich grenzende Bauteile:
[1] Ermittlung des charakteristischen Bodenplattenmaßes:
B' = A_{G1} / (0,5 · P); B' = 5,4 / 0,5 · ((1,27 · 2) + (4,25 · 2)); B' = 0,978 m
Ermittlung des Wärmedurchlasswiderstandes der Plattenkonstruktion:
R_f = 0,06 / 1,4 + 0,06 / 0,04; R_f = 1,543 m² · K / W
[2] Ermittlung des charakteristischen Bodenplattenmaßes
B' = A_{G2} / (0,5 · P); B' = 110,998 / 0,5 · ((12,7 · 2) + (8,74 · 2)); B' = 5,177 m
Ermittlung des Wärmedurchlasswiderstandes der Plattenkonstruktion:
R_f = 0,06/1,4 + 0,1 / 0,04 + 0,18 / 2,1; R_f = 2,629 m² · K / W

Abbildung 113: Temperatur-Korrekturfaktoren F_{xi} nach DIN V 4108-6.

sitäten und Außenlufttemperaturen für das Referenzklima Deutschland nach Tabelle D5 der Vornorm 4108-6 berücksichtigt. **Abbildung 104** zeigt die zu verwendenden Temperaturen und Strahlungsintensitäten.

A.3 Sommerlicher Wärmeschutz

Der Fensterflächenanteil beträgt einschließlich der Flächenanteile des Daches für das Gebäude 15,4 Prozent. Der Höchstwert für den Fensterflächenanteil gemäß Energieeinsparverordnung beträgt 30 Prozent, d.h., die öffentlich-rechtlichen Anforderungen sind somit erfüllt. Es wird jedoch darauf hingewiesen, dass die Anforderungen gemäß DIN 4108-2 nicht erfüllt sind, siehe Beispielrechnung in Kapitel 2.2. Auf diese Besonderheit ist der Bauherr hinzuweisen und es sind mit ihm gemeinsame weitere Maßnahmen zur Begrenzung des Sonneneintrags festzulegen.

Schritt B: **Ermittlung der gebäudespezifischen Daten und der Höchstwerte für Q_p" und H_T'**

B.1 Ermittlung der geometrischen Daten

Die Flächen der wärmeübertragenden Bauteile wurden gemäß Anhang B der DIN EN ISO 13789 mit den Außenmaßen ermittelt.

Summe der Bauteilflächen:	$A = 490,15 \, m^2$
Beheiztes Gebäudevolumen:	$V_e = 680,36 \, m^3$
Kompaktheitsgrad:	$A/V_e = 0,720 \, m^{-1}$
Gebäudenutzfläche: $A_N = V_e \cdot 0,32$ $A_N = 680,36 \cdot 0,32$	$A_N = 217,71 \, m^2$

B.2 Ermittlung der Höchstwerte

B.2.1 Ermittlung des maximal zulässigen Jahres-Primärenergiebedarfs Q_p"

Q_p" $= 50,94 + 75,29 \cdot A/V_e + 2.600/(100 + A_N)$ in kWh/($m^2 \cdot$ a)

Q_p" $= 50,94 + 75,29 \cdot 0,720 + 2.600/(100 + 217,71)$

Q_p" $= 113,364$ kWh/($m^2 \cdot$ a)

B.2.2 Ermittlung des Höchstwertes des spezifischen auf die wärmeübertragende Umfassungsfläche bezogenen Transmissionswärmeverlustes H_T'

H_T' $= 0,3 + 0,15 / (A/V_e)$ in W/($m^2 \cdot$ K)

H_T' $= 0,3 + 0,15 / 0,72$

H_T' $= 0,508$ W/($m^2 \cdot$ K)

Schritt C: Ermittlung der vorhandenen Werte für: Q_h, e_p, Q_p" und H_T'

C.1 Ermittlung des spezifischen Transmissionswärmeverlustes H_T und des monatlichen Transmissionswärmeverlustes $Q_{T,M}$

Der spezifische Transmissionswärmeverlust H_T von Bauteilen, die eine beheizte Zone gegen die Außenluft abgrenzen, ermittelt sich nach folgender Gleichung:

$H_T = \Sigma \, (U_i \cdot A_i \cdot F_{xi}) + H_{WB}$ in W/K

Auch in diesem Beispiel wird davon ausgegangen, dass die vorhandenen Anschlusspunkte gleichwertig sind zu den in DIN 4108 Bbl 2 dargestellten Konstruktionsprinzipien und Wärmedurchgangskoeffizienten. Aus diesem Grund sind die Wärmedurchgangskoeffizienten um $\Delta U_{WB} = 0,05$ W/($m^2 \cdot$ K) für die gesamte wärmeübertragende Umfassungsfläche zu erhöhen. Weitere Möglichkeiten der Reduzierung des Wärmebrückeneinflusses über längenbezogene Wärmedurchgangskoeffizienten werden im Kapitel 3.6 aufgeführt. Es wird entsprechend dem Anhang D der DIN V 4108-6 bei der Ermittlung des spezifischen Transmissionswärmeverlustes der vereinfachte Ansatz mittels Temperatur-Korrekturfaktoren angewendet, **Abbildung 113**. Der spezifische Transmissionswärmeverlust ist in **Abbildung 114** aufgeführt. Die monatlichen Transmissionswärmeverluste $Q_{T,M}$ ermitteln sich wie folgt:

$$Q_{T,M} = 0,024 \cdot H_T \cdot (\theta_i - \theta_e) \cdot \text{Tage/Monat}, \qquad \text{in kWh/M}$$

Unter den o. a. Daten ergibt sich folgender Transmissionswärmeverlust beispielhaft hier aufgeführt nur für den Monat Januar ($Q_{T,Jan}$):

$$Q_{T,Jan} = 0,024 \cdot H_T \cdot (\theta_{i,Jan} - \theta_{e,Jan}) \cdot \text{Tage/Monat}_{Jan}$$
$$Q_{T,Jan} = 0,024 \cdot 203,83 \cdot (19 - [-1,3]) \cdot 31$$
$$Q_{T,Jan} = 3.078,41 \text{ kWh/M}$$

Für die übrigen Monate ist sinngemäß zu verfahren. Die folgende Tabelle zeigt die Transmissionswärmeverluste für alle Monate, **Abbildung 115**.

Spezifischer Transmissionswärmeverlust, in W/K						
Bauteil	Kurzbezeichnung	Fläche A_i m²	U_i-Wert W/(m²·K)	$U_i \cdot A_i$ W/K	Faktor F_x	$F_x \cdot U_i \cdot A_i$ W/K
Außenwand: Nord	$A_{AW,N}$	52,39	0,22	11,52	1,00	11,52
Außenwand: West	$A_{AW,W}$	41,10	0,22	9,04	1,00	9,04
Außenwand: Süd	$A_{AW,S}$	40,21	0,22	8,84	1,00	8,84
Außenwand: Ost	$A_{AW,O}$	43,21	0,22	9,50	1,00	9,50
Kellerinnenwand	A_{IW}	22,96	0,40	9,15	0,50	4,57
Kellerdecke	A_{G2}	105,60	0,51	53,64	0,50	26,82
Bodenplatte	A_{G1}	5,40	0,58	3,15	0,45	1,42
gen. Dach Nord	$A_{D,N}$	60,81	0,15	9,39	1,00	9,39
gen. Dach Süd	$A_{D,S}$	61,90	0,15	9,56	1,00	9,56
Fenster 1 Nord 90°	$A_{W1,N,90°}$	3,56	1,7	6,06	1,00	6,06
Fenster 2 Nord 90°	$A_{W2,N,90°}$	1,54	1,7	2,68	1,00	2,68
Fenster 3 West 90°	$A_{W3,W,90°}$	11,51	1,6	18,09	1,00	18,09
Fenster 3 Ost 90°	$A_{W3,O,90°}$	5,76	1,6	9,04	1,00	9,04
Fenster 4 Ost 90°	$A_{W4,O,90°}$	3,65	1,6	5,84	1,00	5,84
Fenster 5 Süd 90°	$A_{W5,S,90°}$	15,04	1,6	23,55	1,00	23,55
Fenster 6 Süd 90°	$A_{W6,S,90°}$	5,20	1,7	8,83	1,00	8,83
Fenster Nord <30°	$A_{W,N,<30°}$	3,28	1,6	5,24	1,00	5,24
Fenster Süd <30°	$A_{W,S,<30°}$	2,18	1,6	3,49	1,00	3,49
Kellertür	A_{KT}	1,88	1,8	3,38	0,50	1,69
Haustür	A_{HT}	2,96	1,4	4,14	1,00	4,14
	Σ_{Ai}	490,15			$\Sigma(F_x \cdot U_i \cdot A_i)$	**179,32**
Wärmebrückenzuschlag ΔU, in W/(m²·K)			$\Delta U_{WB} =$	0,050	$\Delta U_{WB} \cdot A$	**24,51**
			$H_T = \Sigma (F_x \cdot A_i \cdot U_i) + \Delta U_{WB} \cdot A_i$, in W/K			**203,83**

Abbildung 114: Spezifischer Transmissionswärmeverlust.

Transmissionswärmeverluste Q_T in kWh/M

Monat	Jan	Feb	Mrz	Apr	Mai	Jun	Jul	Aug	Sep	Okt	Nov	Dez
Transmissionswärmeverluste	3078,41	2520,26	2259,53	1394,16	925,04	484,29	151,65	106,15	675,07	1501,30	2098,58	2684,13

Abbildung 115: Transmissionswärmeverluste pro Monat.

C.2 Ermittlung des spezifischen Lüftungswärmeverlustes H_V und des monatlichen Lüftungswärmeverlustes $Q_{V,M}$

Das Gebäude wird über die Fenster belüftet (freie Lüftung). Eine Reduzierung der Luftwechselrate wird nicht eingerechnet, d. h. die Luftwechselrate beträgt für ein Gebäude ohne Dichtheitsprüfung $n = 0,7$ h^{-1}. Möglichkeiten der Reduzierung der Lüftungswärmeverluste über eine Veränderung der Luftwechselrate „n" oder den Einsatz einer mechanisch betriebenen Lüftungsanlage mit Wärmerückgewinnung werden im Kapitel 3.6 aufgeführt.

C.2.1 Gebäude mit Fensterlüftung (freie Lüftung)

Der **spezifische Lüftungswärmeverlust H_V** wird bei freier Lüftung wie folgt ermittelt:

$$H_V = n \cdot V \cdot \rho_L \cdot c_{pL} \quad \text{in W/K}$$

Die Luftwechselrate n wird wie o. a. mit $n = 0,7$ h^{-1} in Ansatz gebracht. Das beheizte Luftvolumen V ermittelt sich bei Gebäuden bis zu drei Vollgeschossen wie folgt:

$$V = 0,76 \cdot V_e \quad \text{in m}^3 \qquad V = 0,76 \cdot 680,358 \qquad V = 517,072 \text{ m}^3$$

Die wirksame Wärmespeicherfähigkeit pro m^3 ($\rho_L \cdot c_{pL}$) beträgt 0,34 Wh/(m$^3 \cdot$ K).

$$H_V = 0,7 \cdot 517,072 \cdot 0,34 \qquad\qquad H_V = 123,06 \text{ W/K}$$

Die **monatlichen Lüftungswärmeverluste $Q_{V,M}$** ermitteln sich wie folgt:

$$Q_{V,M} = 0,024 \cdot H_V \cdot (\theta_i - \theta_e) \cdot \text{Tage/Monat}, \qquad \text{in kWh/M}$$

Für den Monat Januar ($Q_{V,Jan}$) ergibt sich:

$Q_{V,Jan} = 0,024 \cdot H_V \cdot (\theta_{i,Jan} - \theta_{e,Jan}) \cdot \text{Tage/Monat}_{Jan}$
$Q_{V,Jan} = 0,024 \cdot 123,06 \cdot [19 - (-1,3)] \cdot 31$
$Q_{V,Jan} = 1.858,65$ kWh/M

Für die übrigen Monate ist sinngemäß zu verfahren. Die folgende Tabelle zeigt die Lüftungswärmeverluste für alle Monate, **Abbildung 116**.

Lüftungswärmeverluste Q_V   in kWh/M

Monat	Jan	Feb	Mrz	Apr	Mai	Jun	Jul	Aug	Sep	Okt	Nov	Dez
Lüftungswärme-verluste	1858,65	1521,65	1364,23	841,75	558,51	292,40	91,56	64,09	407,59	906,43	1267,06	1620,59

Abbildung 116: Lüftungswärmeverluste pro Monat.

Es kann an dieser Stelle auch die Summe der Verluste ohne Berücksichtigung des Einflusses der Nachtabsenkung pro Monat ausgewiesen werden. Diese ermitteln sich für den Monat Januar wie folgt:

$Q_{I,Jan} = 0,024 \cdot (203,83 + 123,06) \cdot [19 - (-1,3)] \cdot 31 \quad \text{in kWh/Monat}_{Jan}$
$Q_{I,Jan} = 4.937,09$ kWh

Für die übrigen Monate ist sinngemäß zu verfahren. Die folgende Tabelle zeigt die Verluste aus Transmission und Lüftung für alle Monate, **Abbildung 117**.

Monat	Jan	Feb	Mrz	Apr	Mai	Jun	Jul	Aug	Sep	Okt	Nov	Dez
Wärmeverluste	4937,06	4041,91	3623,75	2235,92	1483,55	776,69	243,20	170,24	1082,65	2407,73	3365,64	4304,73

Abbildung 117: Transmissions undLüftungswärmeverluste pro Monat **ohne** Berücksichtigung des Einflusses der Nachtabsenkung.

C.3 Ermittlung der solaren Wärmegewinne Q_s

Bei der Ermittlung der solaren Wärmegewinne werden in diesem Beispiel nur die solaren Wärmegewinne über transparente Bauteile berücksichtigt. Weitere Möglichkeiten der Anrechnung solarer Wärmegewinne über opake Bauteile, transparente Wärmedämmung und Glasvorbauten werden im Kapitel 3.6 aufgeführt.

C.3.1 Ermittlung der solaren Wärmegewinne über transparente Bauteile:

Der **solare Wärmestrom** wird nach folgender Gleichung berechnet:

$$\Phi_{s,M} = \Sigma I_{s,j} \cdot \Sigma A_{s,ji} \quad \text{in W}$$

Nachfolgend wird für die in der Nordfassade befindlichen zwei Fenster (Typ 1, Ausrichtung nach Norden, 90°) beispielhaft gezeigt, wie die solaren Wärmegewinne für den Monat Januar ermittelt werden. Die Summe aller anzurechnenden Strahlungsintensitäten in Abhängigkeit von der Himmelsrichtung je Monat ($\Sigma I_{s,j}$) in W/m² werden in der Tabelle „Temperaturen und Strahlungsintensitäten für den mittleren Standort Deutschland" (siehe Schritt A.2) genannt. Für den Monat Januar, Ausrichtung des Fensters nach Norden, Fensterebene 90°, ergibt sich eine anzurechnende Strahlungsintensität von 14 W/m². Die effektive Kollektorfläche eines Fensters wird allgemein ermittelt zu:

$$A_s = A \cdot F_s \cdot F_c \cdot F_F \cdot g \quad \text{in m}^2$$

Die Bruttofläche der strahlungsaufnehmenden Oberfläche (A) beträgt gemäß Berechnungsschritt B.1: $A_{Fe1} = 3{,}562 \text{ m}^2$ (für zwei Fenster des Typs 1). Eine Verschattung findet nur über die Leibung statt. Der Verschattungsfaktor F_s wird vereinfacht mit $F_{s,Fe1} = 0{,}9$ festgelegt. Es werden keine Sonnenschutzeinrichtungen angebracht. Für den Abminderungsfaktor für Sonnenschutzeinrichtungen gilt daher:

$$F_{c,Fe1} = 1{,}0.$$

Der Abminderungsfaktor für den **Rahmenanteil wird genau** bestimmt. Der Abminderungsfaktor für den Rahmenanteil ermittelt sich aus der Fläche des Glases im Verhältnis zur Gesamtfläche des Fensters:

$$F_F = A_g / A$$
$$F_{F,Fe1} = 0{,}908 / 1{,}782$$
$$F_{F,Fe1} = 0{,}510$$

Der wirksame Gesamtenergiedurchlassgrad g für den Fenstertyp 1 wird wie folgt ermittelt: $g_{Fe1} = F_w \cdot g_{i,Fe1}$. Für den Abminderungsfaktor infolge nicht senkrechter Einstrahlung gilt: $F_w = 0{,}9$. Der $g_{i,Fe1}$-Wert beträgt laut Herstellerangaben: $g_{i,Fe1} = 0{,}58$.

$$g_{Fe1} = 0{,}9 \cdot 0{,}58$$
$$g_{Fe1} = 0{,}522$$

Es ergibt sich für die effektive Kollektorfläche $A_{s,Fe1}$:

$$A_{s,Fe1} = 3{,}562 \cdot 0{,}9 \cdot 1{,}0 \cdot 0{,}510 \cdot 0{,}522$$
$$A_{s,Fe1} = 0{,}853 \text{ m}^2$$

Es ergibt sich ein solarer Wärmestrom für die zwei Fenster des Typs 1 im Januar:

$$\Phi_{s,Fe1,Jan} = 14 \cdot 0{,}853$$
$$\Phi_{s,Fe1,Jan} = 11{,}942 \text{ W}$$

Die **monatlichen solaren Wärmegewinne** werden wie folgt ermittelt:

$Q_{S,M} = 0,024 \cdot \Phi_s \cdot$ Tage/Monat   in kWh/M

Unter Berücksichtigung der o. a. Daten ergibt sich folgender Wärmegewinn für die Fenster des Typs 1 im Januar $Q_{S,Fe1,Jan}$:

$Q_{S,Fe1,Jan} = 0,024 \cdot \Phi_{s,Fe1,Jan} \cdot$ Tage /Monat$_{Jan}$

$Q_{S,Fe1,Jan} = 0,024 \cdot 11,942 \cdot 31$

$Q_{S,Fe1,Jan} = 8,89$ kWh/M

Für die übrigen Monate und Fenster ist sinngemäß zu verfahren. Die folgende Tabelle zeigt die monatlichen Wärmegewinne aller Fenster, **Abbildung 118**. Bei den Dachflächenfenstern wurde $F_s = 1,0$, d. h., es wurde keine Verschattung angesetzt.

Wärmegewinne Q_S in kWh/M

Monat		Jan	Feb	Mrz	Apr	Mai	Jun	Jul	Aug	Sep	Okt	Nov	Dez
Nord 90°	Fe-01	8,89	13,19	21,59	39,32	51,43	60,83	63,49	44,44	29,49	20,95	11,06	6,35
	Fe-02	10,64	4,84	7,91	14,42	18,86	22,30	23,28	16,30	10,81	7,68	4,06	2,33
Ost 90°	Fe-04	18,99	25,39	40,26	91,90	99,52	110,28	118,51	87,37	66,17	38,75	20,59	11,40
	Fe-03	31,02	41,47	65,77	150,10	162,55	180,12	193,57	142,70	108,07	63,28	33,62	18,61
West 90°	Fe-03	31,02	41,47	65,77	150,10	162,55	180,12	193,57	142,70	108,07	63,28	33,62	18,61
	Fe-03	31,02	41,47	65,77	150,10	162,55	180,12	193,57	142,70	108,07	63,28	33,62	18,61
Süd 90°	Fe-05	190,98	187,90	272,83	452,16	405,84	429,05	460,41	381,97	379,55	276,24	178,22	112,54
	Fe-06	51,97	51,13	74,24	123,04	110,43	116,75	125,28	103,94	103,28	75,17	48,50	30,62
Nord 30°		17,77	27,28	47,97	117,77	153,67	186,54	190,09	126,13	77,37	43,53	22,35	13,32
Süd 30°		30,20	35,84	58,63	120,35	126,13	143,27	149,23	110,14	89,97	55,07	31,52	18,36
ΣQ_S		422,50	469,97	720,73	1409,26	1453,54	1609,39	1711,01	1298,38	1080,86	707,24	417,16	250,76

Abbildung 118: Solare Wärmegewinne pro Monat.

C.4 Ermittlung der internen Wärmegewinne

Der interne Wärmestrom $\Phi_{i,M}$ in kWh/Monat berechnet sich nach folgender Gleichung:

$\Phi_{i,M} = q_{i,M} \cdot A_N$ in kWh/M

Die mittlere flächenbezogene interne Wärmeleistung bei Wohngebäuden beträgt $q_i = 5$ W/m². Für die Bezugsfläche gilt $A_N = 0,32 \cdot V_e$. Die Bezugsfläche A_N wurde bereits im Berechnungsschritt B.1 ermittelt. $A_N = 217,715$ m². Es ergibt sich der monatliche interne Wärmestrom $\Phi_{i,M}$:

$\Phi_{i,M} = 5 \cdot 217,715$ $\Phi_{i,M} = 1.088,575$ kWh/M

Die monatlichen internen Wärmegewinne ermitteln sich wie folgt:

$Q_{i,M} = 0,024 \cdot \Phi_{i,M} \cdot$ Tage/Monat,   in kWh/M

Für den Beispielmonat Januar ergeben sich folgende interne Wärmegewinne:

$Q_{i,Jan} = 0,024 \cdot 1.088,575 \cdot 31$

$Q_{i,Jan} = 809,90$ kWh/M

Für die übrigen Monate ist sinngemäß zu verfahren. Die folgende Tabelle zeigt die monatlichen internen Wärmegewinne, **Abbildung 119**.

Wärmegewinne Q_i in kWh/M

Monat	Jan	Feb	Mrz	Apr	Mai	Jun	Jul	Aug	Sep	Okt	Nov	Dez
Intern	809,9	731,5	809,9	783,8	809,9	783,8	809,9	809,9	783,8	809,9	783,8	809,9

Abbildung 119: Interne Wärmegewinne Q_i.

C.5 Ermittlung der wirksamen Wärmespeicherfähigkeit $C_{wirk,\eta}$

Die wirksame Wärmespeicherfähigkeit soll in diesem Beispiel pauschal berücksichtigt werden. Die Auswirkungen einer genauen Berechnung der wirksamen Wärmespeicherfähigkeit unter Zugrundelegung der speziellen Daten für Innen- und Außenbauteile sind im Kapitel 3.6 dargestellt.

Der pauschale Ansatz unterscheidet **leichte** und **schwere Gebäude**.
Schwere Gebäude werden in der DIN V 4108-6 beschrieben, als Gebäude mit massiven Innen- und Außenbauteilen, ohne abgehängte Decken. Das Einfamilienhaus wird in die Kategorie schwere Gebäude eingeordnet, da es aus massiven Innen- und Außenwänden besteht. Für schwere Gebäude gilt:

$$C_{wirk,\eta} = 50 \ Wh/(m^3 \cdot K) \cdot V_e \qquad in \ Wh/K$$

Das beheizte Gebäudevolumen V_e wurde bereits im Schritt B.1, Ermittlung der gebäudespezifischen Daten, bestimmt. Es beträgt: $V_e = 680,358 \ m^3$.

$$C_{wirk,\eta} = 50 \cdot 680,358$$
$$C_{wirk,\eta} = 34.017,90 \ Wh/K$$

C.6 Ermittlung der Heizunterbrechung (Nachtabsenkung)

C.6.1 Festlegung der Heizunterbrechungsphase

Es wird der reduzierte Betrieb gewählt: Die Heizwärme wird in Abhängigkeit von der Außenlufttemperatur mit geringerer Leistung als im Normalbetrieb dem Gebäude zugeführt. Die Innentemperatur wird dadurch abgesenkt.

C.6.2 Festlegung des Aufheizbetriebs

Es wird der zeitgeregelte Aufheizbetrieb gewählt: Der Aufheizbetrieb erfolgt zeitgesteuert, d.h. dass ein Zeitpunkt für den Beginn des Aufheizbetriebes festgelegt wird.

C.6.3 Festlegung des Heizunterbrechungszeitraumes t_u

Für den Abschaltbetrieb wird die Zeit $t_u = 7 \ h$ gemäß Angaben der DIN V 4108-6 Anhang D für Wohngebäude gewählt.

C.6.4 Festlegung der Mindest-Sollinnentemperatur θ_{isb}

Die Mindest-Sollinnentemperatur θ_{isb} wird hier mit 6 °C festgelegt.

C.6.5 Ermittlung der wirksamen Wärmespeicherfähigkeit $C_{wirk,NA}$

Vereinfachend kann bei der Heizunterbrechung folgender Wert für die wirksame Wärmespeicherfähigkeit bei schweren Gebäuden angesetzt werden (siehe Schritt C.5):

$$C_{wirk,NA} = 18 \ Wh/(m^3 \cdot K) \cdot V_e \qquad in \ Wh/K$$

Das beheizte Gebäudevolumen V_e wurde bereits im Schritt B.1, Ermittlung der gebäudespezifischen Daten, bestimmt. Es beträgt: $V_e = 680,358 \ m^3$.

$$C_{wirk,NA} = 18 \cdot 680,358$$
$$C_{wirk,NA} = 12.246,44 \ Wh/K$$

C.6.6 Berechnung des spezifischen Wärmeverlustes H_{sb}

Der spezifische Wärmeverlust H_{sb} ist die Summe aus Transmissions- und Lüftungswärmeverlusten während der Heizunterbrechungsphase (siehe Ergebnisse aus Schritten C.1 und C.2).

$H_{sb} = H_T + H_V$ in W/K
$H_{sb} = 203,83 + 123,06$
$H_{sb} = 326,89$ W/K

C.6.7 Berechnung des spezifischen Wärmeverlustes H_{ic}

Der spezifische Wärmeverlust H_{ic} zwischen dem Inneren (der Innenluft) und den Bauteilen wird hier nach einem vereinfachten pauschalen Ansatz berechnet:

$H_{ic} = 4 \cdot A_N / 0,13$ in W/K

Die Bezugsfläche A_N wurde bereits im Schritt B.1 ermittelt.
$A_N = 217,715$ m²
$H_{ic} = 4 \cdot 217,715 / 0,13$
$H_{ic} = 6.698,91$ W/K

C.6.8 Berechnung des direkten spezifischen Wärmeverlustes H_d

Der direkte spezifische Wärmeverlust H_d errechnet sich aus der Summe des spezifischen Wärmeverlustes aller leichten Bauteile und der Lüftung:

$H_d = H_w + H_V$ in W/K

Ermittlung des spezifischer Wärmeverlustes aller leichten Bauteile H_w (siehe Schritt C.1). Es werden die spezifischen Wärmeverluste aller Fenster, der Haustür und der Kellertür summiert.

$H_w = 107,61$ W/K

Spezifischer Wärmeverlust der Lüftung H_V, siehe auch Schritt C.2.

$H_V = 123,06$ W/K
$H_d = 107,61 + 123,06$
$H_d = 230,68$ W/K

C.6.9 Berechnung des spezifischen Wärmeverlustes H_{ce}

Der spezifische Wärmeverlust H_{ce} zwischen den Bauteilen und der Umgebung (der Außenluft) wird wie folgt ermittelt (siehe Schritte C.6.6 bis C.6.8):

$H_{ce} = H_{ic} \cdot (H_{sb} - H_d) / H_{ic} - (H_{sb} - H_d)$ in W/K
$H_{ce} = 6.698,91 \cdot (326,89 - 230,68) / 6.698,91 - (326,89 - 230,68)$
$H_{ce} = 97,615$ W/K

C.6.10 Berechnung des wirksamen Anteils der Wärmespeicherfähigkeit ζ

Der wirksame Anteil der Wärmespeicherfähigkeit ζ ermittelt sich wie folgt (siehe Schritte C.6.7 und C.6.9):

$\zeta = H_{ic} / (H_{ic} + H_{ce})$ [-]
$\zeta = 6.698,91 / (6.698,91 + 97,615)$
$\zeta = 0,986$ [-]

C.6.11 Berechnung des Verhältniswertes ξ

Der Verhältniswert ξ ermittelt sich wie folgt (siehe Schritte C.6.7 und C.6.8):

$\xi = H_{ic} / (H_{ic} + H_{d})$ [-]
$\xi = 6.698{,}91 / (6.698{,}91 + 230{,}68)$
$\xi = 0{,}967$ [-]

C.6.12 Berechnung der Bauteil-Zeitkonstante τ_p

Die Bauteil-Zeitkonstante τ_p ermittelt sich wie folgt (siehe Schritte C.6.5, C.6.6, C.6.10 und C.6.11):

$\tau_p = \zeta \cdot C / \xi \cdot H_{sb}$ in h
$\tau_p = 0{,}986 \cdot 12.246{,}44 / 0{,}967 \cdot 326{,}89$
$\tau_p = 38{,}20$ h

C.6.13 Berechnung der Bauteil-Zeitkonstante τ_T

Die Bauteil-Zeitkonstante τ_T ermittelt sich wie folgt (siehe Schritte C.6.5, C.6.7, C.6.9 und C.6.10):

$\tau_T = \zeta \cdot C / (H_{ce} + H_{ic})$ in h
$\tau_T = 0{,}986 \cdot 12.246{,}44 / (97{,}615 + 6.698{,}91)$
$\tau_T = 1{,}78$ h

C.6.14 Berechnung der Bauteiltemperatur zu Beginn der Temperaturreduzierung θ_{co}

Die Bauteiltemperatur zu Beginn der Temperaturreduzierung θ_{co} ermittelt sich wie folgt:

$\theta_{co} = \theta_e + \zeta \cdot (\theta_{io} - \theta_e)$ in °C

Die Innentemperatur zu Beginn der Temperaturreduzierung θ_{io} wird auf 19 °C festgelegt (siehe Schritt A.1). Die Außentemperatur vom Referenzklima Deutschland wird im Schritt A.2 monatlich dargestellt (siehe Schritt C.6.10).

Monat		Jan	Feb	Mrz	Apr	Mai	Jun	Jul	Aug	Sep	Okt	Nov	Dez
θ_{co}	°C	18,71	18,74	18,79	18,86	18,91	18,95	18,99	18,99	18,93	18,86	18,79	18,75

Abbildung 120: Berechnung der Bauteiltemperatur zu Beginn der Temperaturreduzierung θ_{co}.

C.6.15 Berechnung der Bauteiltemperatur θ_{csb}, wenn die Innentemperatur die Mindest-Sollinnentemperatur (θ_{isb}) erreicht hat

Diese ermittelt sich wie folgt:

$\theta_{csb} = \theta_e + \zeta \cdot (\theta_{isb} - \theta_e)$ in °C

Die Mindestsollinnentemperatur θ_{isb} wird mit 6 °C festgelegt (siehe Schritte C.6.4, C.6.10 und C.6.14).

Monat		Jan	Feb	Mrz	Apr	Mai	Jun	Jul	Aug	Sep	Okt	Nov	Dez
θ_{csb}	°C	5,90	5,92	5,97	6,05	6,10	6,14	6,17	6,18	6,12	6,04	5,98	5,93

Abbildung 121: Berechnung der Bauteiltemperatur θ_{csb}.

C.6.16 Berechnung der höchstmöglichen Innentemperatur θ_{ipp}

Diese ermittelt sich wie folgt:

$$\theta_{ipp} = \theta_e + ((\Phi_{pp} + \Phi_g)/H_{sb}) \qquad \text{in } °C$$

Die Normheizlast Φ_{pp} wird wie folgt ermittelt:

$$\Phi_{pp} = 1,5 \cdot (H_T + H_{V,n=0,5}) \cdot 31 \qquad \text{in W}$$

Der spezifische Transmissionswärmebedarf H_T wurde im Schritt C.1 ermittelt:

$$H_T = 203,83 \ \text{W/K}$$

Der Lüftungswärmeverlust mit einer Luftwechselzahl $n = 0,5 \ h^{-1}$ wird wie folgt ermittelt (siehe auch Schritt C.2.1):

$$H_V = n \cdot V \cdot \rho_L \cdot c_{pL} \qquad \text{in W/K}$$
$$H_V = 0,5 \cdot 517,072 \cdot 0,34$$
$$H_V = 87,90 \ \text{W/K}$$

Die Wärmegewinne aus solaren und internen Wärmeströmen Φ_g betragen 0. Siehe Schritte C.6.1, C.6.2 und C.6.6.

Monat		Jan	Feb	Mrz	Apr	Mai	Jun	Jul	Aug	Sep	Okt	Nov	Dez
θ_{ipp}	°C	40,20	42,10	45,60	51,00	54,40	57,20	59,50	59,80	55,90	50,60	46,20	42,80

Abbildung 122: Berechnung der höchstmöglichen Innentemperatur θ_{ipp}.

C.6.17 Berechnung der höchstens möglichen Bauteiltemperatur θ_{cpp}

Diese ermittelt sich wie folgt (siehe Schritt C.6.10, C.6.14 und C.6.16):

$$\theta_{cpp} = \theta_e + \zeta \cdot (\theta_{ipp} - \theta_e) \qquad \text{in } °C$$

Monat		Jan	Feb	Mrz	Apr	Mai	Jun	Jul	Aug	Sep	Okt	Nov	Dez
θ_{cpp}	°C	39,60	41,50	45,00	50,40	53,80	56,60	58,90	59,20	55,30	50,00	45,60	42,20

Abbildung 123: Berechnung der höchstens möglichen Bauteiltemperatur θ_{cpp}.

C.6.18 Berechnung der niedrigsten Innentemperatur, die erreicht werden kann θ_{inh}

Zur Berechnung der niedrigsten Innentemperatur für den Zeitraum der Heizungsunterbrechung tritt der Fall ein, dass die Regelphase (abgesenkter Betrieb) nicht erreicht wird. Es gilt hier daher:

$$\theta_{inh} = \theta_e \qquad \text{in } °C$$

Monat		Jan	Feb	Mrz	Apr	Mai	Jun	Jul	Aug	Sep	Okt	Nov	Dez
θ_{inh}	°C	-1,30	0,60	4,10	9,50	12,90	15,70	18,00	18,30	14,40	9,10	4,70	1,30

Abbildung 124: Berechnung der niedrigsten Innentemperatur die erreicht werden kann θ_{inh}.

C.6.19 Ermittlung der niedrigsten Bauteilinnentemperatur θ_{cnh}
Diese ermittelt sich wie folgt (siehe Schritte C.6.10, C.6.14 und C.6.18):

$$\theta_{cnh} = \theta_e + \zeta \cdot (\theta_{inh} - \theta_e) \qquad \text{in } °C$$

Monat		Jan	Feb	Mrz	Apr	Mai	Jun	Jul	Aug	Sep	Okt	Nov	Dez
θ_{cnh}	°C	-1,30	0,60	4,10	9,50	12,90	15,70	18,00	18,30	14,40	9,10	4,70	1,30

Abbildung 125: Ermittlung der niedrigsten Bauteilinnentemperatur θ_{cnh}.

C.6.20 Berechnung der Zeit t_{nh}, in der nicht geheizt wird
Diese ermittelt sich wie folgt:

$$t_{nh} = t_u \qquad \text{in } h$$

t_u wurde im Schritt C.6.3 bereits festgelegt. $t_{nh} = 7\ h$

C.6.21 Berechnung der Innentemperatur am Ende der Nichtheizphase θ_{i1}
Diese ermittelt sich wie folgt (siehe Schritte C.6.11, C.6.12, C.6.14, C.6.18, C.6.19 und C.6.20):

$$\theta_{i1} = \theta_{inh} + \xi\,(\theta_{co} - \theta_{cnh}) \cdot \exp(-t_{nh}/\tau_p) \qquad \text{in } °C$$

Da es keine Regelphase gibt, also die Sollinnentemperatur θ_{isb} kleiner ist als die Innentemperatur am Ende der Nichtheizphase θ_{i1}, wird mit Schritt C.6.22 fortgefahren!

Monat		Jan	Feb	Mrz	Apr	Mai	Jun	Jul	Aug	Sep	Okt	Nov	Dez
θ_{i1}	°C	14,80	15,20	15,92	17,04	17,74	18,32	18,79	18,86	18,05	16,95	16,04	15,34

Abbildung 126: Berechnung der Innentemperatur am Ende der Nichtheizphase θ_{i1}.

C.6.22 Berechnung der Bauteiltemperatur am Ende der Nichtheizphase θ_{c1}
Da die Zeit t_{nh} größer null ist, wird die Bauteiltemperatur am Ende der Nichtheizphase θ_{c1} wie folgt ermittelt (Fall B), (siehe Schritte C.6.11, C.6.18, C.6.19 und C.6.21):

$$\theta_{c1} = \theta_{cnh} + ((\theta_{i1} - \theta_{inh})/\xi) \qquad \text{in } °C$$

Monat		Jan	Feb	Mrz	Apr	Mai	Jun	Jul	Aug	Sep	Okt	Nov	Dez
θ_{c1}	°C	15,36	15,70	16,33	17,30	17,91	18,41	18,82	18,87	18,17	17,22	16,43	15,82

Abbildung 127: Berechnung der Bauteiltemperatur am Ende der Nichtheizphase θ_{c1}.

C.6.23 Berechnung der Bauteiltemperatur θ_{c2} am Ende der Abschaltzeit ohne Regelbetrieb
Diese ermittelt sich wie folgt:

$$\theta_{c2} = \theta_{c1} \text{ mit } t_{sb} = 0$$

Die Zeit der Regelphase mit abgesenktem Betrieb beträgt 0, da es hier keine Regelphase gibt. Siehe Schritt C.6.22. Die Schritte C.6.24 bis C.6.27 entfallen in dieser Berechnung, sie sind in Kapitel 3.4 dargestellt.

Monat		Jan	Feb	Mrz	Apr	Mai	Jun	Jul	Aug	Sep	Okt	Nov	Dez
θ_{c2}	°C	15,36	15,70	16,33	17,30	17,91	18,41	18,82	18,87	18,17	17,22	16,43	15,82

Abbildung 128: Berechnung der Bauteiltemperatur θ_{c2} am Ende der Abschaltzeit ohne Regelbetrieb.

C.6.28 Berechnung der Zeit t_{bh} für die Aufheizphase

Diese ermittelt sich wie folgt (siehe Schritte C.6.12, C.6.14, C.6.16 und C.6.23):

$$t_{bh} = max \cdot [0; \tau_p \cdot \ln((\xi \cdot (\theta_{cpp} - \theta_{c2})) / (\theta_{ipp} - \theta_{io}))] \qquad \text{in h}$$

Monat		Jan	Feb	Mrz	Apr	Mai	Jun	Jul	Aug	Sep	Okt	Nov	Dez
t_{bh}	h	3,84	2,94	1,58	0,01	0,00	0,00	0,00	0,00	0,00	0,11	1,38	2,64

Abbildung 129: Berechnung der Zeit t_{bh} für die Aufheizphase.

C.6.29 Berechnung der Bauteiltemperatur am Ende der Aufheizzeit θ_{c3}

Diese ermittelt sich bei $t_{bh} > 0$ wie folgt (siehe Schritte C.6.11, C.6.14, C.6.16 und C.6.17):

$$\theta_{c3} = \theta_{cpp} + (\theta_{io} - \theta_{ipp}) / \xi \qquad \text{in °C}$$

Monat		Jan	Feb	Mrz	Apr	Mai	Jun	Jul	Aug	Sep	Okt	Nov	Dez
θ_{c3}	°C	17,67	17,61	17,49	17,30	17,91	18,41	18,82	18,87	18,17	17,32	17,47	17,58

Abbildung 130: Berechnung der Bauteiltemperatur am Ende der Aufheizzeit θ_{c3}.

C.6.30 Berechnung der Reduzierung ΔQ_{ilj} des Wärmestromes, die sich infolge der intermittierenden Beheizung ergibt

Diese ermittelt sich wie folgt (siehe Schritte C.6.5, C.6.6, C.6.10, C.6.14, C.6.15, C.6.16, C.6.18, C.6.20, C.6.22, C.6.23, C.6.28 und C.6.29):

$$\Delta Q_{ilj} = H_{sb} \cdot [(\theta_{i0} - \theta_{inh}) \cdot t_{nh} + (\theta_{i0} - \theta_{isb}) \cdot t_{sb} + (\theta_{i0} - \theta_{ipp}) \cdot t_{bh}] - C \cdot \zeta \cdot (\theta_{co} - \theta_{c1} + \theta_{c2} - \theta_{c3})$$

Monat	Jan	Feb	Mrz	Apr	Mai	Jun	Jul	Aug	Sep	Okt	Nov	Dez
ΔQ_{ilj}	7389,81	6322,25	4698,94	2812,54	1805,94	976,98	296,06	207,24	1361,86	2932,51	4457,01	5965,21

Abbildung 131: Berechnung der Reduzierung ΔQ_{ilj} des Wärmestromes, die sich infolge der intermittierenden Beheizung ergibt.

C.6.31 Berechnung der gesamten Reduzierung des Wärmeverlustes in einem Berechnungszeitraum

Die gesamte Reduzierung des Wärmeverlustes in dem Berechnungszeitraum eines Monats infolge aller Heizunterbrechungsphasen und eines Heizunterbrechungstyps, wie z. B. Nachtabsenkung bzw. Wochenendabsenkung ermittelt sich wie folgt:

$$\Delta Q_{il} = \Sigma_j \cdot n_j \cdot \Delta Q_{ilj} \qquad \text{in kWh/M}$$

Die Anzahl der Heizunterbrechungsphasen j ist die Anzahl der Nächte mit Nachtabsenkung in einem Monat. Siehe Schritte A.2 und C.6.30.

Monat	Jan	Feb	Mrz	Apr	Mai	Jun	Jul	Aug	Sep	Okt	Nov	Dez
ΔQ_{il}	229,08	177,02	145,67	84,38	55,98	29,31	9,18	6,42	40,86	90,91	133,71	184,92

Abbbildung 132: Berechnung der gesamten Reduzierung des Wärmeverlustes in einem Berechnungszeitraum.

C.7   Ermittlung des Wärmegewinn- / Verlustverhältnisses γ des Gebäudes
Dieser ermittelt sich wie folgt:

$$\gamma = Q_{g,M} / Q_{l,M} \qquad [\text{-}]$$

Die Wärmeverluste Q_l werden wie folgt ermittelt.

$$Q_{l,M} = Q_{T,M} + Q_{V,M} - \Delta Q_{il} \qquad \text{in kWh/M}$$

Die Transmissionswärmeverluste Q_T und die Lüftungswärmeverluste Q_V wurden in den Schritten C.1 und C.2.1 ermittelt. Die gesamte Reduzierung des Wärmeverlustes ΔQ_{il} wurde im Schritt C.6.31 ermittelt.

Für den Monat Januar ergibt sich z.B. folgender Wärmeverlust $Q_{l,Jan}$:

$$Q_{l,Jan} = Q_{T,Jan} + Q_{V,Jan} - \Delta Q_{il,Jan} \qquad \text{in kWh/M}$$
$$Q_{l,Jan} = 3.078,41 + 1.858,65 - 229,08$$
$$Q_{l,Jan} = 4.707,98 \text{ kWh/M}$$

Für die übrigen Monate ist sinngemäß zu verfahren. Die folgende Tabelle zeigt die monatlichen Wärmeverluste Q_l, **Abbildung 133**.

Monat	Jan	Feb	Mrz	Apr	Mai	Jun	Jul	Aug	Sep	Okt	Nov	Dez
Transmissions-wärmeverluste	3078,41	2520,26	2259,53	1394,16	925,04	484,29	151,65	106,15	675,07	1501,30	2098,58	2684,13
Lüftungswärme-verluste	1858,65	1521,65	1364,23	841,75	558,51	292,40	91,56	64,09	407,59	906,43	1267,06	1620,59
Reduzierung der Wärmeverluste durch Nachtabsenkung	-229,08	-177,02	-145,67	-84,38	-55,98	-29,31	-9,18	-6,42	-40,86	-90,91	-133,71	-184,92
Gesamt	**4707,98**	**3864,89**	**3478,09**	**2151,54**	**1427,57**	**747,38**	**234,03**	**163,82**	**1041,80**	**2316,82**	**3231,93**	**4119,81**

Abbildung 133: Tabelle Q_l gesamt.

Die monatlichen Wärmegewinne $Q_{g,M}$ ermitteln sich wie folgt:

$$Q_{g,M} = Q_{S,M} + Q_{i,M} \qquad \text{in kWh/M}$$

Die solaren Wärmegewinne $Q_{S,M}$ und die internen Wärmegewinne $Q_{i,M}$ wurden in den Schritten C.3.1 und C.4 ermittelt. Für den Januar ergeben sich z.B. folgende Wärmegewinne Q_{gJan}:

$$Q_{g,Jan} = Q_{S,Jan} + Q_{i,Jan} \qquad \text{in kWh/M}$$
$$Q_{gJan} = 422,50 + 809,9$$
$$Q_{gJan} = 1.232,40 \text{ kWh/M}$$

Für die übrigen Monate ist sinngemäß zu verfahren. Monatlich ergeben sich folgende Wärmegewinne Q_g:

Monat	Jan	Feb	Mrz	Apr	Mai	Jun	Jul	Aug	Sep	Okt	Nov	Dez
Fenster	422,50	469,97	720,73	1409,26	1453,54	1609,39	1711,01	1298,38	1080,86	707,24	417,16	250,76
Intern	809,9	731,5	809,9	783,8	809,9	783,8	809,9	809,9	783,8	809,9	783,8	809,9
Gesamt	1232,40	1201,49	1530,63	2193,03	2263,44	2393,16	2520,91	2108,28	1864,63	1517,14	1200,93	1060,66

Abbildung 134: Tabelle Q_g gesamt.

Es ergibt sich monatlich folgendes Wärmegewinn- / Wärmeverlustverhältnis γ:

Monat	Jan	Feb	Mrz	Apr	Mai	Jun	Jul	Aug	Sep	Okt	Nov	Dez
γ	0,26	0,31	0,44	1,02	1,59	3,20	10,77	12,87	1,79	0,65	0,37	0,26

Abbildung 135: Tabelle Wärmegewinn- / Verlustverhältnis γ.

C.8 Ermittlung der Zeitkonstante τ

Die Zeitkonstante ermittelt sich wie folgt:

$$\tau = C_{wirk} / H \qquad \text{in h}$$

Die wirksame Wärmespeicherfähigkeit C_{wirk} wurde in Schritt C.5 ermittelt und kann übernommen werden. Der spezifische Wärmeverlust H stellt die Summe aus Transmissions- und Lüftungswärmeverlusten $H = H_T + H_V$ dar. Die Werte für $H_T + H_V$ wurden in den Schritten C.1 und C.2.1 bereits ermittelt und können übernommen werden.

$$\tau = 34.017,90 / 326,89$$
$$\tau = 104,07 \text{ h}$$

C.9 Ermittlung des Ausnutzungsgrades η

Der Ausnutzungsgrad als Faktor für die solaren Wärmegewinne (außer der opaken Bauteile) ermittelt sich wie folgt:

$$\eta = (1 - \gamma^a) / (1 - \gamma^{a+1}) \ [-]$$

Der numerische Parameter „a" ermittelt sich wie folgt:

$$a = a_0 + \tau/\tau_0 \ [-]$$

Bei monatlichen Berechnungszeitschritten gilt für $a_0 = 1$ und für $\tau_0 = 16$ h. Die Zeitkonstante τ wurde in Schritt C.8 ermittelt.

$$a = 1 + 104,07/ 16 \qquad a = 7,5 \qquad a + 1 = 7,5 + 1 \qquad a + 1 = 8,5$$

Für den Januar ergibt z. B. sich folgender Ausnutzungsgrad η_{Jan}:

$$\eta_{Jan} = (1 - \gamma_{Jan}^a)/ (1 - \gamma_{Jan}^{a+1})$$
$$\eta_{Jan} = (1 - 0,26^{7,5})/ (1 - 0,26^{8,5})$$
$$\eta_{Jan} = 1,000$$

Für die weiteren Monate ergeben sich folgende Ausnutzungsgrade η:

Monat	Jan	Feb	Mrz	Apr	Mai	Jun	Jul	Aug	Sep	Okt	Nov	Dez
η	1,000	1,000	0,999	0,874	0,623	0,312	0,093	0,078	0,556	0,985	1,000	1,000

Abbildung 136: Tabelle der monatlichen Ausnutzungsgrade.

C.10 Ermittlung des monatlichen Heizwärmebedarfs $Q_{h,M}$ und des vorhandenen Jahres-Heizwärmebedarfs Q_h

Der monatliche Heizwärmebedarf wird wie folgt ermittelt:

$$Q_{h,M} = Q_{l,M} - \eta_M \cdot Q_{g,M} \qquad \text{in kWh/M}$$

Die monatlichen Wärmeverluste $Q_{l,M}$ und die monatlichen Bruttowärmegewinne $Q_{g,M}$ wurden in Schritt C.7, der monatliche Ausnutzungsgrad der Wärmegewinne η_M wurde in Schritt

C.9 ermittelt. Für Januar ergibt sich folgender monatlicher Heizwärmebedarf $Q_{h,Jan}$:

$$Q_{h,Jan} = Q_{l,Jan} - \eta_{Jan} \cdot Q_{g,Jan}$$
$$Q_{h,Jan} = 4.707{,}98 - 1{,}000 \cdot 1.232{,}40$$
$$Q_{h,Jan} = 3.475{,}62 \text{ kWh/M}$$

Für die übrigen Monate ist sinngemäß zu verfahren. Weist ein Monat eine positive Bilanz auf, d. h. $Q_{h,M} > 0$, so muss dem Gebäude zur Aufrechterhaltung der gewünschten Raumtemperatur Energie zur Wärmeerzeugung zugeführt werden. Monatlich ergibt sich der in **Abbildung 137** dargestellte Monatsheizwärmebedarf $Q_{h,M}$.

Monat	Jan	Feb	Mrz	Apr	Mai	Jun	Jul	Aug	Sep	Okt	Nov	Dez	Jan - Dez
Einheit	kWh/M	kWh/M	kWh/M	kWh/M	kWh/M	kWh/M	kWh/M	kWh/M	kWh/M	kWh/M	kWh/M	kWh/M	kWh/a
Wärmeverluste	4707,98	3864,89	3478,09	2151,54	1427,57	747,38	234,03	163,82	1041,80	2316,82	3231,93	4119,81	27485,64
nutzbare Wärmegewinne	1232,36	1201,36	1528,81	1916,29	1410,64	747,29	234,03	163,82	1035,93	1494,68	1200,48	1060,63	13226,33
Heizwärme-bedarf	3475,62	2663,53	1949,27	235,25	16,93	0,08	0,00	0,00	5,87	822,14	2031,45	3059,18	14259,31

Abbildung 137: Monatsheizwärmebedarf $Q_{h,M}$ und Jahres-Heizwärmebedarf.

Für die Ermittlung des Jahres-Heizwärmebedarfs werden nur die Monate mit einer positiven Wärmebilanz addiert:

$$Q_h = \Sigma_M \, Q_{h,M/pos} \quad \text{in kWh/a}$$

Endergebnis Basisbeispiel:
Es ergibt sich somit ein Jahres-Heizwärmebedarf für das Einfamilienhaus von:
14.259,31 kWh/a.

C.11 Bericht zu den zugrunde gelegten Randbedingungen zur Ermittlung des Jahres-Heizwärmebedarfs nach Monatsbilanzverfahren
Folgende Randbedingungen wurden bei der Berechnung berücksichtigt:

o Temperaturzonen: Das Gebäude besteht aus einer Temperaturzone.

o Systemgrenze: Beheizt werden das Erd- und Obergeschoss einschließlich des Kellertreppenhauses. Der übrige Keller gilt als nicht beheizt.

o Ausrichtung des Gebäudes (Lageplanskizze): Das Gebäude ist zu den Haupthimmelsrichtungen ausgerichtet (Eingang nach Norden).

o Interne Wärmegewinne: Die mittlere flächenbezogene interne Wärmeleistung bei Wohngebäuden beträgt $q_i = 5$ W/m^2 und wurde berücksichtigt.

o Lüftungswärmeverluste: Die Gebäudedichtheit wird im Nachweis nicht angesetzt, die Luftwechselrate beträgt daher: $n = 0{,}7$ h^{-1}.

o Meteorologische Daten: Es werden die Daten des Referenzklimas Deutschland aus der V DIN 4108-6 zugrunde gelegt.

o Berücksichtigung von Wärmebrücken: Es wurden die Planungs- und Ausführungsbeispiele der DIN 4108 Bbl 2 berücksichtigt bzw. modifiziert. Die Gleichwertigkeit wurde nachgewiesen. Es wurden daher die Wärmedurchgangskoeffizienten um ΔU_{WB} $= 0{,}05$ W/(m^2 · K) für die gesamte wärmeübertragende Umfassungsfläche erhöht.

o Solare Abminderungsfaktoren: Verschattungsfaktor $F_s = 0{,}9$, Verschattungsfaktor Dachflächenfenster: $F_s = 1{,}0$, Abminderungsfaktor für Sonnenschutzeinrichtungen $F_c = 1{,}0$, Abminderungsfaktor für den Rahmenanteil $F_F = 0{,}43$ bis $0{,}65$ (für jeden Fenstertyp genau ermittelt).

o   Die Berechnungswerte der Temperatur-Korrekturfaktoren F_x wurden pauschal nach Tabelle 3, DIN V 4108-6 angesetzt.

o   Wirksame Wärmespeicherfähigkeit C_{wirk}: Es wurde pauschal der Wert für schwere Gebäude angesetzt.

o   Nachtabsenkung: Reduzierter Betrieb, Heizunterbrechnungszeitraum: $t_u = 7$ h

o   Der U-Wert der Außenwand Sichtmauerwerk wurde aufgrund der Befestigungselemente korrigiert. Beim U-Wert des geneigten Daches wurden folgende geometrische Daten für die Sparren 8/22, e = 0,9 m und die Untersparrenlattung 6/4, e = 0,5 m berücksichtigt. Bei der Ermittlung der U-Werte wurde davon ausgegangen, dass der Wärmedämmstoff ohne Fugen (< 5 mm) eingebaut wird.

o   Der U-Wert von transparenten Bauteilen wurde für einen Holzrahmen mit $U_f = 1,84$ W/(m² · K), eine Verglasung mit $U_g = 1,2$ W/(m² · K) und einen Randverbund aus Aluminium bestimmt.

Schritt D: Ermittlung des bezogenen Jahres-Heizwärmebedarfs für das Einfamilienhaus

Der bezogene Jahres-Heizwärmebedarf ermittelt sich wie folgt:

$q_h = Q_h / A_N$ in kWh/(m² · a)

$q_h = 14.259,31 / 217,714$

$q_h = 65,495$ kWh/(m² · a)

Schritt E: Ermittlung der primärenergiebezogenen Anlagenaufwandszahl

In Abhängigkeit von der Gebäudenutzfläche A_N und vom bezogenen Jahres-Heizwärmebedarf q_h ist die primärenergiebezogene Anlagenaufwandszahl e_p zu ermitteln. Die Anlagenaufwandszahl kann beim Monatsbilanzverfahren detailliert nach DIN V 4701-10 bestimmt werden. Für die Berechnung der Anlagenaufwandszahl sind dann folgende Daten zu ermitteln:

Ermittlung der Heizgrenztemperatur

Die Heizgrenztemperatur ermittelt sich wie folgt:

$\theta_{ed} = \theta_i - \eta_0 \cdot Q_{g,M} / (H_M \cdot t_M \cdot 0,024)$ in °C

Folgende Werte werden beispielhaft für Januar zugrunde gelegt:

θ_i Innenlufttemperatur: 19°C, siehe Schritt A.2

η_0 Ausnutzungsgrad der Wärmegewinne bei $\gamma = 1$; siehe Berechnungsschritt 3.9
    a = 7,5; a+1 = 8,5. Es ergibt sich $\eta_0 = 0,88$ pro Monat

$Q_{g,Jan}$ monatlicher Wärmegewinn in kWh; siehe Schritt C.3
    $Q_{g,Jan} = 1.232,40$ kWh

t_{Jan} Anzahl der Tage eines Monats, in Tagen; siehe Schritt A.2
    $t_{Jan} = 31$ Tage

H_M spezifischer Wärmeverlust, in W/K; siehe Schritt C.1
    $H_M = 326,89$ W/K

Es ergibt sich für den Monat Januar folgende Heizgrenztemperatur:

$\theta_{ed} = 19 - 0,88 \cdot 1232,40 / (326,89 \cdot 31 \cdot 0,024)$ in °C
$\theta_{ed} = 14,53\ °C$

Für die übrigen Monate ist sinngemäß zu verfahren. Die folgende Tabelle zeigt die monatlichen Heizgrenztemperaturen für dieses Berechnungsbeispiel, **Abbildung 138**:

Monat	Jan	Feb	Mrz	Apr	Mai	Jun	Jul	Aug	Sep	Okt	Nov	Dez
θ_{ed} °C	14,53	14,17	13,45	10,78	10,79	10,03	9,85	11,35	12,01	13,50	14,50	15,15

Abbildung 138: Monatliche Heizgrenztemperaturen.

Ermittlung der Heizzeit für den Monat Januar

Die berechnete Heizgrenztemperatur von 14,53 °C ist höher als die Außenlufttemperatur im Januar von -1,3 °C (siehe Berechnungsschritt 1.2.). Die 31 Heiztage im Januar zählen daher vollständig zur Heizzeit. Für die übrigen Monate ist sinngemäß zu verfahren. Die folgende Tabelle zeigt die monatlichen Heiztage für dieses Berechnungsbeispiel, **Abbildung 139**. Die genaue Bestimmung der Anzahl der Heiztage im April und September erfolgte mittels linearer Interpolation zwischen den Monaten, in denen sich der Wechsel vollzieht:

Monat	Jan	Feb	Mrz	Apr	Mai	Jun	Jul	Aug	Sep	Okt	Nov	Dez
Heiztage	voll	voll	voll	teilweise	nicht	nicht	nicht	nicht	teilweise	voll	voll	voll
	31	28	31	11,31	0	0	0	0	10,57	31	30	31

Abbildung 139: Monatliche Heiztage.

Ermittlung der Heizgradtagzahl

Die Heizgradtagzahl wird durch Aufsummierung der Produkte der Heiztage mit der gemittelten, monatlichen Außenlufttemperatur und der Anzahl der Heiztage berechnet.
Im vorliegenden Beispiel wird eine Heizgradtagzahl von 73,1 kKh/a ermittelt.

Ermittlung der Anlagenaufwandszahl

Folgende Anlagendaten werden zur Ermittlung der Anlagenaufwandszahl zugrunde gelegt:
o Brennwertkessel, Aufstellung im beheizten Bereich
o Wärmeverteilernetz: gebäudezentral mit Zirkulation
o Auslegung: 55 / 45 °C
o keine Solaranlage
o keine Lüftungsanlage

Folgende gebäudespezifischen Daten wurden ermittelt:

$q_h = 65,46\ kWh/(\ m^2 \cdot a)$, siehe Schritt D,
$A_N = 217,71\ m^2$, siehe Schritt B.1.

Es ergibt sich nach dem Tabellenverfahren der DIN V 4701-10 folgende Anlagenaufwandszahl:

$e_p = 1,38$

Schritt F: Ermittlung des vorhandenen bezogenen Jahres-Primärenergiebedarfs Q_p" und des vorhandenen spezifischen, auf die wärmeübertragende Umfassungsfläche bezogenen Transmissionswärmeverlustes H_T'

Der vorhandene Jahres-Primärenergiebedarf Q_p wird ermittelt zu:
$Q_p = (Q_h + Q_W) \cdot e_p$ in kWh/a
$Q_p = (14.259,31 + 12,5 \cdot 217,71) \cdot 1,38$
$Q_p = (14.259,31 + 2.721,425) \cdot 1,38$
$Q_p = 23.433,41$ kWh/a

Der vorhandene Jahres-Primärenergiebedarf Q_p" wird ermittelt zu:
$Q_p" = Q_p / A_N$ in kWh/(m² · a)
$Q_p" = 23.433,41 / 217,71$
$Q_p" = 107,64$ kWh/(m² · a)

Der vorhandene spezifische, auf die wärmeübertragende Umfassungsfläche bezogene Transmissionswärmeverlust H_T' ermittelt sich zu:
$H_T' = H_T / A$ in W/(m² · K)
$H_T' = 208,03 / 490,145$
$H_T' = 0,424$ W/(m² · K)

Schritt G: Vergleich der vorhandenen Werte mit den Höchstwerten
Vorhandene Werte:
$Q_p" = 107,64$ kWh/(m² · a)
$H_T' = 0,424$ W/(m² · K)

Höchstwerte:
$Q_p" = 113,364$ kWh/(m² · a)
$H_T' = 0,508$ W/(m² · K)

Die vorhandenen Werte sind kleiner als die Höchstwerte, d. h. die Anforderungen sind erfüllt. Da die Luftwechselrate „n" nicht reduziert wurde (siehe Berechnungsschritt 3.2.1); ist die Gebäudedichtheit nicht nachzuweisen (Schritt H). Es wird trotzdem empfohlen, eine derartige Messung durchzuführen, um ggf. vorhandene Undichtheiten aufzuspüren und entsprechend nachzubessern.

Schritt J: Ausstellen des Energiebedarfsausweises
Der Inhalt des Energiebedarfsausweises wird hier nicht gesondert für das Einfamilienwohnhaus aufgeführt, siehe auch Kapitel 2.2.

3.6 Möglichkeiten der energetischen Optimierung beim Monatsbilanzverfahren

Nachfolgend werden, basierend auf dem Berechnungsbeispiel aus Kapitel 3.5, Möglichkeiten der energetischen Optimierung anhand von ausgewählten Einflussparametern dargestellt. Im Gegensatz zum vereinfachten Verfahren für Wohngebäude gestattet das Monatsbilanzverfahren die Berücksichtigung von vielen verschiedenen Maßnahmen zur Reduzierung des Jahres-Heizwärmebedarfs. Bei anlagentechnischen Optimierungen (z.B. Einbau einer Lüftungsanlage mit Wärmerückgewinnung), kann jedoch der Fall eintreten, dass der rechnerische Einspareffekt im Bereich des Jahres-Heizwärmebedarfs nicht zwangsläufig in vollem Umfang auch im Bereich des Jahres-Primärenergiebedarfs zum Tragen kommt. Dies kann u. a. daran liegen, dass die Antriebsenergie durch Strom primärenergetisch ungünstig bewertet wird und somit zu einer entsprechend größeren Anlagenaufwandszahl führt.

Nachfolgend werden verschiedene Möglichkeiten zur Reduzierung des Jahres-Heizwärmebedarfs dargestellt. Zur Verdeutlichung des jeweiligen Einsparpotentials durch die verschiedenen Maßnahmen wurde der Wärmedämmstandard des Einfamilienhauses nicht verändert. Folgende Wärmedurchgangskoeffizienten wurden verwendet:

Außenwand: $U_{AW} = 0,22$ W/(m² · K), (Ausnahme transparente Wärmedämmung).
Hier gilt für die
Südfassade: $U_{AW} = 0,66$ W/(m² · K)
Fenster: $U_w = 1,6$ bzw. $1,7$ W/(m² · K), g-Wert = 0,58
Haustür: $U_{HT} = 1,4$ W/(m² · K)
Geneigtes Dach: $U_D = 0,15$ W/(m² · K)
Dachfenster: $U_{DFF} = 1,6$ W/(m² · K), g-Wert = 0,58
Kellerdecke: $U_{G1} = 0,51$ W/(m² · K)
Sohlplatte: $U_{G2} = 0,58$ W/(m² · K)
Kellerinnenwand: $U_{IW} = 0,40$ W/(m² · K)
Kellertür: $U_{KT} = 1,8$ W/(m² · K)

Es werden folgende Möglichkeiten der energetischen Optimierung untersucht:
1. Rechnerische Berücksichtigung von speziellen Wärmebrückenverlustkoeffizienten für wärmebrückenminimierte Anschlusspunkte
2. Rechnerische Berücksichtigung der Reduzierung der Luftwechselrate „n" beim Nachweis der Gebäudedichtheit
3. Rechnerische Berücksichtigung der Wirkung einer Lüftungsanlage mit Wärmerückgewinnung
4. Rechnerische Berücksichtigung von pauschalen Rahmenanteilen bei der Ermittlung solarer Wärmegewinne
5. Rechnerische Berücksichtigung von solaren Wärmegewinnen von opaken Bauteilen
6. Rechnerische Berücksichtigung von transparenter Wärmedämmung zur Südseite
7. Rechnerische Berücksichtigung von solaren Wärmegewinnen über einen nach Süden orientierten, nicht beheizten Glasvorbau
8. Rechnerische Berücksichtigung der tatsächlich vorhandenen, anrechenbaren wirksamen Wärmespeicherfähigkeit

1. Rechnerische Berücksichtigung von speziellen Wärmebrückenverlustkoeffizienten für wärmebrückenminimierte Anschlusspunkte

Im nachfolgenden Beispiel wird der Wärmebrückeneinfluss speziell unter Zugrundelegung optimierter Anschlusssituationen ermittelt. Für den speziellen Einzelfall müssen die längenbezogenen Wärmedurchgangskoeffizienten aller Anschlusssituationen errechnet werden. Hilfestellung hierbei können Wärmebrückenatlanten geben. Folgende Anschlusssituationen sind rechnerisch zu erfassen:

o Gebäudekanten,
o Leibungen bei Fenstern und Türen (umlaufend),
o Wand- und Deckeneinbindungen,
o Deckenauflagerungen und
o wärmetechnisch entkoppelte Balkonplatten.

Ermittlung des spezifischen Transmissionswärmeverlustes H_T und des monatlichen Transmissionswärmeverlustes $Q_{T,M}$
Der spezifische Transmissionswärmeverlust H_T von Bauteilen, die eine beheizte Zone gegen die Außenluft abgrenzen, ermittelt sich wie folgt:

$$H_T = \Sigma\,(U_i \cdot A_i \cdot F_{xi}) + H_{WB}$$

Verändert wird der Wert für den pauschalen Ansatz zur Berücksichtigung des Wärmeverlustes über Wärmebrücken H_{WB}. Der spezifische Wärmebrückenverlust ermittelt sich wie folgt:

$$H_{WB} = \Sigma(l_i \cdot \Psi_i) \qquad \text{in W/K}$$

Hierbei bedeuten:

l_i Bauteillänge der jeweils untersuchten Anschlusssituation
Ψ_i längenbezogener Wärmedurchgangskoeffizient der untersuchten Anschlusssituation

Beispielhaft wurden für einige Anschlusssituationen längenbezogene Wärmedurchgangskoeffizienten ermittelt. Die nachfolgend aufgeführten Berechnungsergebnisse beziehen sich u.a. auf die in den **Abbildungen 31, 34, 36** dargestellten Anschlusspunkte. Für das Einfamilienhaus ergeben sich folgende Erstreckungen und spezifische Wärmebrückenverluste:

1 Außenwand / Kellerdecke / Kelleraußenwand,	$l = 43$ m,	$H_{WB,1} =$	1,720 W/K
2 Innenwand KG / Kellerdecke / Innenwand EG,	$l = 18$ m,	$H_{WB,2} =$	1,116 W/K
3 Außenwand / Fenster,	$l = 118$ m,	$H_{WB,3} =$	- 0,826 W/K
4 Giebelwand / Dach,	$l = 20$ m,	$H_{WB,4} =$	- 0,420 W/K
5 Innenwand / Dach,	$l = 30$ m,	$H_{WB,5} =$	0,300 W/K

$$\Sigma H_{WB} = \textbf{1,890 W/K}$$

Im Vergleich zur pauschalen Berücksichtigung des Wärmebrückeneinflusses gemäß Energieeinsparverordnung ergibt sich folgender Unterschied:

H_{WB} $= \Sigma H_{WB} / A$ in W/(m² · K)
$\Sigma H_{WB}= 1,890$ W/K
A $= 490$ m²
H_{WB} $= 1,890/490$
H_{WB} $= 0,004$ W/(m² · K)

Der Wert von $H_{WB} = 0{,}004$ W/(m² · K) bedeutet, bezogen auf die pauschale Berücksichtigung des Wertes von $H_{WB} = 0{,}05$ W/(m² · K), eine Reduzierung des Wärmebrückeneinflusses um mehr als eine Dezimalstelle. Es ergibt sich hier im Vergleich zum Berechnungs-Basisbeispiel im Hinblick auf den Jahres-Heizwärmebedarf folgende Veränderung:

Ergebnis aus Basisbeispiel in Kapitel: 3.5: $Q_h = 14.259{,}31$ kWh/a
Ergebnis aus diesem Beispiel: $Q_h = 12.726{,}48$ kWh/a

Diese Veränderung bedeutet eine Reduzierung des Jahres-Heizwärmebedarfs um 10,75 %.

Es ergibt sich im Vergleich zum Basisbeispiel im Hinblick auf den Jahres-Primärenergiebedarf folgende Veränderung:

Ergebnis Kapitel 3.5:
$Q_p'' = 107{,}64$ kWh/(m² · a), $e_p = 1{,}38$

Ergebnis aus diesem Beispiel:
$Q_p'' = 099{,}34$ kWh/(m² · a), $e_p = 1{,}40$

Diese Veränderung bedeutet eine Reduzierung des Jahres-Primärenergiebedarfs um 7,71 %.

Anmerkung:
Für die Fenster- und Fenstertüranschlüsse wurde vereinfachend für den unteren, seitlichen und oberen Anschluss mit demselben Wärmebrückenverlustkoeffizienten gerechnet. Weiterhin wurden der Traufanschluss, das Deckenauflager und Fenstertüren nicht berücksichtigt. In diesen Orten treten entweder nur geringe positive oder sogar, wie im Traufanschluss, der wie in **Abbildung 35** geplant wurde, negative Wärmebrückenverluste auf.

2.   Rechnerische Berücksichtigung der Reduzierung der Luftwechselrate „n" beim Nachweis der Gebäudedichtheit
Veränderung zum Basis-Berechnungsbeispiel aus Kapitel 3.5:
Im nachfolgenden Beispiel wird eine Reduzierung der Luftwechselrate eingerechnet. Dies bedeutet, dass die Gebäudedichtheit überprüft werden muss und der entsprechende Grenzwert nicht überschritten wird. Die Luftwechselrate beträgt für ein Gebäude mit Dichtheitsprüfung und Unterschreitung des geforderten Grenzwertes bei Überprüfung der Gebäudedichtheit n = 0,6 h⁻¹. Beim Basisfall beträgt die Luftwechselrate n = 0,7 h⁻¹. Diese Veränderung ist im Schritt C.2.1, Kapitel 3.4 vorzunehmen.

Berechnungsschritt C.2.1: Gebäude mit Fensterlüftung (freie Lüftung)
Der spezifische Lüftungswärmeverlust H_V wird bei Gebäuden mit freier Lüftung wie folgt ermittelt:

$H_V = n \cdot V \cdot \rho_L \cdot c_{pL}$ in W/K

Verändert wird die Luftwechselrate n. Es wird die Luftwechselrate n = 0,6 h⁻¹ bei der Berechnung berücksichtigt.

$H_V = 0{,}6 \cdot 517{,}072 \cdot 0{,}34$
$H_V = 105{,}48$ W/K

Es ergibt sich hier im Vergleich zum Berechnungsbeispiel aus Kapitel 3.5 (Basisfall) im Hinblick auf den Jahres-Heizwärmebedarf folgende Veränderung:

Ergebnis aus Basisbeispiel: Q_h = 14.259,31 kWh/a
Ergebnis aus diesem Beispiel: Q_h = 13.080,65 kWh/a

Diese Veränderung bedeutet eine Reduzierung des Jahres-Heizwärmebedarfs um 8,27 %. Es ergibt sich im Vergleich zum Basisbeispiel (Kapitel 2.4) im Hinblick auf den **Jahres-Primärenergiebedarf** folgende Veränderung:

Ergebnis Basisbeispiel: Q_p'' = 107,64 kWh/(m² · a) , e_p = 1,38.
Ergebnis aus diesem Beispiel Q_p'' = 101,62 kWh/(m² · a) , e_p = 1,40.

Diese Veränderung bedeutet eine Reduzierung des Jahres-Primärenergiebedarfs um 5,59 %. Anmerkung: Die Reduzierung der Luftwechselrate bedingt zwingend die Überprüfung der Gebäudedichtheit und die Einhaltung der geforderten Grenzwerte.

Berechnungsschritt C.2.1.1: Berücksichtigung des tatsächlichen Luftvolumens gemäß DIN EN 832 und einer reduzierten Luftwechselrate
Veränderung zum Basis-Berechnungsbeispiel aus Kapitel 3.5: Im nachfolgenden Beispiel wurde das beheizte Luftvolumen nach DIN EN 832 ermittelt und eine reduzierte Luftwechselrate berücksichtigt.

H_V = 0,6 · **451,66** · 0,34 H_V = 92,14 W/K

Es ergibt sich hier im Vergleich zum Berechnungsbeispiel aus Kapitel 3.5 (Basisfall) im Hinblick auf den Jahres-Heizwärmebedarf folgende Veränderung:

Ergebnis aus Basisbeispiel: Q_h = 14.259,31 kWh/a
Ergebnis aus diesem Beispiel: Q_h = 12.180,70 kWh/a

Diese Veränderung bedeutet eine Reduzierung des Jahres-Heizwärmebedarfs um 14,58 %.

3.   Rechnerische Berücksichtigung der Wirkung einer Lüftungsanlage mit Wärmerückgewinnung
Veränderung zum Basis-Berechnungsbeispiel aus Kapitel 3.5:
Im nachfolgenden Beispiel wird das Gebäude über eine Lüftungsanlage mit Wärmerückgewinnung belüftet, **Abbildung 140**, und nicht wie im Berechnungsbeispiel des Kapitels 3.5 (Basisfall) über natürliche Lüftung. Voraussetzung für die rechnerische Berücksichtigung einer Lüftungsanlage ist gemäß Energieeinsparverordnung u.a., dass die Gebäudedichtheit nachgewiesen und der geforderte Grenzwert (n_{50} < 1,5 h^{-1}) nicht überschritten wird. Gewählt wird eine Lüftungsanlage mit Zu- und Abluftführung und Wärmerückgewinnung. Diese Veränderung ist im Berechnungsschritt C.2.2, Kapitel 3.4 vorzunehmen.

Berechnungsschritt C.2.2: Gebäude mit maschinellen Lüftungssystemen

Der spezifische Lüftungswärmeverlust H_V wird bei Gebäuden mit raumlufttechnischen Anlagen wie folgt ermittelt:

$$H_V = n \cdot V \cdot \rho_L \cdot c_{pL} \qquad \text{in W/K}$$

Verändert wird die Luftwechselrate „n". Die Luftwechselrate n wird bei Gebäuden mit raumlufttechnischen Anlagen wie folgt ermittelt:

$$n = n_A \cdot (1 - \eta_v) + n_x \qquad \text{in h}^{-1}$$

Folgende Werte werden in diesem Beispiel berücksichtigt:
o Anlagenluftwechselrate, $n_A = 0,4$ h⁻¹ nach DIN V 4701-10
o Nutzungsfaktor des Abluft- Zuluftwärmetauschersystems η_v nach DIN V 4701-10, gewählt wird in diesem Beispiel ein Faktor von 0,8
o Luftwechselrate für Zu- und Abluftanlagen $n_x = 0,2$ h⁻¹
    $n = 0,4 \cdot (1 - 0,8) + 0,2$
    $n = 0,08 + 0,2$
    $n = 0,28$ h⁻¹

Es ergibt sich für den spezifischen Lüftungswärmeverlust H_V
$H_V = 0,28 \cdot 517,072 \cdot 0,34$
$H_V = 49,23$ W/K

Es ergibt sich hier im Vergleich zum Basis-Berechnungsbeispiel aus Kapitel 3.5 im Hinblick auf den Jahres-Heizwärmebedarf folgende Veränderung:
Ergebnis aus Basisbeispiel: $Q_h = 14.259,31$ kWh/a
Ergebnis aus diesem Beispiel: $Q_h = 9.359,97$ kWh/a

Diese Veränderung bedeutet eine Reduzierung des Jahres-Heizwärmebedarfs um 34,36 %.

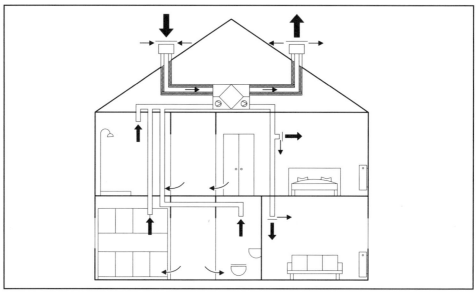

Abbildung 140: Prinizipdarstellung zur Wirkungsweise einer Lüftungsanlage mit Wärmerückgewinnung.

Bei der Berücksichtigung der energetischen Qualität von Lüftungsanlagen mit Wärme-rückgewinnung bei der Berechnung des Jahres-Primärenergiebedarfs sind die Ausführungen des Absatzes 4.1 der DIN V 4701-10 zu beachten. Aus diesem Grund wird die energetische Wirkung einer Lüftungsanlage mit Wärmerückgewinnung nicht bei der Ermittlung des spezifischen Lüftungswärmeverlustes H_V, sondern im Zusammenhang mit der Berechnung der Anlagenaufwandszahl e_p in Ansatz gebracht.

Es ergibt sich im Vergleich zum Basisbeispiel im Hinblick auf den Jahres-Primärenergie-bedarf folgende Veränderung:

Ergebnis Basisbeispiel: $Q_p'' = 107,64 \text{ kWh/(m}^2 \cdot \text{a)}$, $e_p = 1,38$
Ergebnis aus diesem Beispiel: $Q_p'' = 095,08 \text{ kWh/(m}^2 \cdot \text{a)}$, $e_p = 1,31$

Diese Veränderung bedeutet eine Reduzierung des Jahres-Primärenergiebedarfs um 11,67 %. Die Gradtagzahl beträgt 72,31.

Hinweis:
Das vergleichsweise hohe Einsparpotential bezogen auf den Jahres-Heizwärmebedarf ermittelt sich unter Berücksichtigung von zwei Einflüssen. Der erste Einfluss ergibt sich dadurch, dass grundsätzlich die Gebäudedichtheit nachgewiesen werden muss, wenn eine Lüftungsanlage in einem Gebäude ausgeführt wird. In diesem Fall wird die Luftwech-selrate bei Nachweis der Gebäudedichtheit von 0,7 h^{-1} auf 0,6 h^{-1} gesenkt, siehe auch Kapitel 3.3. Dieser wird also nicht von der Lüftungsanlage bestimmt, sondern von dem baulichen Standard des Gebäudes. Der zweite Einfluss wird durch eine Reduzierung des Anlagenluftwechsels in Abhängigkeit vom Wärmerückgewinnungsgrad der Lüftungsanla-ge bestimmt. In diesem Fall ergibt sich ein Anlagenluftwechsel von 0,08 h^{-1}.

4. Rechnerische Berücksichtigung von pauschalen Rahmenanteilen bei der Ermittlung solarer Wärmegewinne

Veränderung zum Basis-Berechnungsbeispiel aus Kapitel 3.5:
Im nachfolgenden Beispiel wird der Rahmenanteil der Fenster bei der Ermittlung der sola-ren Wärmegewinne über transparente Bauteile nicht speziell ermittelt, sondern pauschal angesetzt. Anmerkung: In DIN V 4108-6 wird darauf hingewiesen, dass ein pauschaler Abminderungsfaktor für den Rahmenanteil berücksichtigt werden darf, sofern keine ge-naueren Werte bekannt sind. Wird der Wärmedurchgangskoeffizient des Fensters nach DIN EN ISO 10 077-1 unter Berücksichtigung der speziellen Flächenanteile für Glas und Rahmen ermittelt, liegen die genauen Werte vor. In diesen Fällen sollte den genauen Er-gebnissen der Vorrang gegenüber einer pauschalen Berücksichtigung gegeben werden. Diese Veränderung ist im Berechnungsschritt C.3.1, Kapitel 3.5 vorzunehmen.

Berechnungsschritt C.3.1: Ermittlung der solaren Wärmegewinne über transpa-rente Bauteile:
Der solare Wärmestrom wird nach folgender Gleichung berechnet:

$\Phi_{s,M} = \Sigma I_{s,j} \cdot \Sigma A_{s,ji}$ in W

Nachfolgend wird für die in der Nordfassade befindlichen zwei Fenster (Typ 1, Ausrich-tung nach Norden, 90°) beispielhaft gezeigt, wie die solaren Wärmegewinne für den Monat Januar ermittelt werden. Die „effektive Kollektorfläche" eines Fensters wird allgemein ermittelt zu:

$$A_s = A \cdot F_s \cdot F_c \cdot F_F \cdot g \qquad \text{in } m^2$$

Verändert wird der Abminderungsfaktor für den Rahmenanteil. Der Abminderungsfaktor für den Rahmenanteil wird mit $F_{F,Fe1} = 0{,}70$ pauschal berücksichtigt. Es ergibt sich für die „effektive Kollektorfläche" $A_{s,Fe1}$:

$$A_{s,Fe1} = 3{,}562 \cdot 0{,}9 \ \cdot 1{,}0 \cdot 0{,}70 \cdot 0{,}522$$
$$A_{s,Fe1} = 1{,}171 \ m^2$$

Es ergibt sich ein solarer Wärmestrom für die zwei Fenster des Typs 1 im Januar:

$$\Phi_{s,Fe1,Jan} = 14 \cdot 1{,}171$$
$$\Phi_{s,Fe1,Jan} = 16{,}394 \quad W$$

Die monatlichen solaren Wärmegewinne ermitteln sich wie folgt:

$$Q_{S,M} = 0{,}024 \cdot \Phi_s \cdot \text{Tage/Monat} \qquad \text{in kWh/M}$$

Unter Berücksichtigung der o. a. Daten ergibt sich folgender Wärmegewinn für die Fenster des Typs 1 im Januar $Q_{S,Fe1,Jan}$:

$$Q_{S,Fe1,Jan} = 0{,}024 \cdot \Phi_{s,Fe1,Jan} \cdot \text{Tage /Monat}_{Jan}$$
$$Q_{S,Fe1,Jan} = 0{,}024 \cdot 16{,}394 \cdot 31$$
$$Q_{S,Fe1,Jan} = 12{,}21 \quad \text{kWh/M}$$

Für die übrigen Monate und Fenster ist sinngemäß zu verfahren. Die folgende Tabelle zeigt die monatlichen Wärmegewinne aller Fenster, **Abbildung 141**. Bei den Dachflächenfenstern wurde $F_s = 1{,}0$, d.h. keine Verschattung angesetzt.

Es ergibt sich hier im Vergleich zum Berechnungsbeispiel aus Kapitel 3.5 (Basisfall) im Hinblick auf den Jahres-Heizwärmebedarf bei Berücksichtigung dieses Einflusses für alle Fenster folgende Veränderung:

Ergebnis aus Basisbeispiel in Kapitel 3.5: $\qquad Q_h = 14.259{,}31$ kWh/a
Ergebnis aus diesem Beispiel: $\qquad\qquad\ Q_h = 13.799{,}21$ kWh/a

Diese Veränderung bedeutet eine Reduzierung des Jahres-Heizwärmebedarfs um 3,23 %.

Monat		Jan	Feb	Mrz	Apr	Mai	Jun	Jul	Aug	Sep	Okt	Nov	Dez
Nord 90°	Fe-01	12,21	18,12	29,65	54,01	70,63	83,54	87,20	61,04	40,51	28,78	15,19	8,72
	Fe-02	12,49	7,82	12,80	23,32	30,50	36,08	37,65	26,36	17,49	12,43	6,56	3,77
Ost 90°	Fe-04	22,30	29,82	47,29	107,93	116,88	129,51	139,18	102,60	77,71	45,50	24,18	13,38
	Fe-03	35,21	47,07	74,66	170,39	184,53	204,47	219,74	161,99	122,68	71,84	38,17	21,13
West 90°	Fe-03	35,21	47,07	74,66	170,39	184,53	204,47	219,74	161,99	122,68	71,84	38,17	21,13
	Fe-03	35,21	47,07	74,66	170,39	184,53	204,47	219,74	161,99	122,68	71,84	38,17	21,13
Süd 90°	Fe-05	206,13	202,80	294,47	488,00	438,02	463,07	496,91	412,25	409,64	298,15	192,35	121,47
	Fe-06	71,21	70,07	101,73	168,60	151,33	159,99	171,68	142,43	141,53	103,01	66,46	41,97
Nord 30°		17,77	27,28	47,97	117,77	153,67	186,54	190,09	126,13	77,37	43,53	22,35	13,32
Süd 30°		30,20	35,84	58,63	120,35	126,13	143,27	149,23	110,14	89,97	55,07	31,52	18,36
ΣQ_S		477,95	532,96	816,49	1591,16	1640,74	1815,41	1931,16	1466,92	1222,26	801,97	473,11	284,37

Abbildung 141: Solare Wärmegewinne mit Berücksichtigung von pauschalen Rahmenanteilen pro Monat.

Es ergibt sich im Vergleich zum Basisbeispiel im Hinblick auf den Jahres-Primärenergiebedarf folgende Veränderung:

Ergebnis aus Basisbeispiel $\quad Q_p'' = 107,64$ kWh/(m² · a) , $e_p = 1,38$

Ergebnis aus diesem Beispiel $\quad Q_p''' = 104,72$ kWh/(m² · a) , $e_p = 1,38$

Diese Veränderung bedeutet eine Reduzierung des Jahres-Primärenergiebedarfs um 2,71 %.

5. Rechnerische Berücksichtigung von solaren Wärmegewinnen von opaken Bauteilen

Veränderung zum Basis-Berechnungsbeispiel aus Kapitel 3.5:

Im nachfolgenden Beispiel werden die solaren Wärmegewinne in opaken Bauteilen zusätzlich zu den solaren Wärmegewinnen über transparente Bauteile berücksichtigt.

Diese Veränderung ist im Berechnungsschritt C.3.2, Kapitel 3.4 vorzunehmen.

Berechnungsschritt C.3.2: Ermittlung der solaren Wärmegewinne über opake Bauteile $Q_{S,op}$:

Der Wärmegewinn durch Absorption auf opake Bauteile ergibt sich nach folgender Gleichung:

$$Q_{S,op} = U \cdot A_j \cdot R_e \cdot (\alpha \cdot I_{sj} - F_t \cdot h_r \cdot \Delta\theta_{er}) \cdot t \text{ in kWh/M}$$

Nachfolgend wird für die Außenwand der Südfassade beispielhaft gezeigt, wie die solaren Wärmegewinne über opake Bauteile für den Monat Januar ermittelt werden. Folgende Werte werden in diesem Beispiel berücksichtigt:

o Wärmedurchgangskoeffizient des Bauteils Außenwand
   $U = 0,22$ W/(m² · K); siehe Berechnungsschritt C.1
o Gesamtfläche des Bauteils Außenwand Süd:
   $A_{AW,S} = 40,211$ m²; siehe Berechnungsschritt B.1
o äußerer Wärmedurchgangswiderstand des Bauteils
   $R_e = R_{se} = 0,04$ m² · K/W
o Für den Absorptionskoeffizienten der Außenwand für Solarstrahlung gilt für Außenwände aus Klinkermauerwerk: $\alpha = 0,8$; siehe **Abbildung 109.**
o globale Sonneneinstrahlung für die Außenwand der Orientierung Süd, 90°,
   Januar $I_{sS,Jan} = 56$ W/m²; siehe Berechnungsschritt 1.2.
o Formfaktor zwischen dem Bauteil und dem Himmel für senkrechte Bauteile: $F_t = 0,5$.
o Für den äußereren Abstrahlungskoeffizienten gilt in erster Näherung:
   $h_r = 5 \cdot \varepsilon$ W/(m² · K). Der Emissionsgrad der Außenfläche für Wärmestrahlung gemäß-
   Anhang D der DIN V 4108 - 6 beträgt: $\varepsilon = 0,8$. Daraus ergibt sich:
   $h_r = 5 \cdot 0,8,$ $\quad h_r = 4,0$ W/(m² · K).
o Die mittlere Differenz zwischen der Temperatur der Umgebungsluft und der scheinbaren
   Temperatur des Himmels kann vereinfachend mit $\Delta\theta_{er} = 10$ K angenommen werden.
o Die Dauer des Berechnungszeitraums beträgt für den Monat Januar $t = 31$ Tage · 0,024
   (siehe Berechnungsschritt A.2).

$Q_{S,op, AW,S} = 0,22 \cdot 40,211 \cdot 0,04 \cdot (0,8 \cdot 56 - 0,5 \cdot 4,0 \cdot 10) \cdot 31 \cdot 0,024 \qquad$ in kWh/M

$Q_{S,op, AW,S} = 6,52$ kWh/M

Für die übrigen Monate und opaken Bauteile ist sinngemäß zu verfahren. Die in **Abbildung 142** dargestellte Tabelle zeigt die monatlichen solaren Wärmegewinne von opaken Bauteilen. Wärmegewinne über opake Bauteile werden als „negative Wärmeverluste" angesehen und gehen im Wärmegewinn- / Verlustverhältnis γ in den Nenner ein, siehe Berechnungsschritt C.3.2.

Es ergibt sich hier im Vergleich zum Basis-Berechnungsbeispiel aus Kapitel 3.5 im Hinblick auf den Jahres-Heizwärmebedarf folgende Veränderung:

Ergebnis aus Basisbeispiel in Abschnitt 3.5: $Q_h = 14.259{,}31$ kWh/a
Ergebnis aus diesem Beispiel: $Q_h = 14.122{,}01$ kWh/a

Diese Veränderung bedeutet eine Reduzierung des Jahres-Heizwärmebedarfs um 0,96 %.

Es ergibt sich im Vergleich zum Basisbeispiel (Kapitel 3.5) im Hinblick auf den Jahres-Primärenergiebedarf folgende Veränderung:

Ergebnis Basisbeispiel: $Q_p'' = 107{,}64$ kWh/(m² · a) , $e_p = 1{,}38$
Ergebnis aus diesem Beispiel: $Q_p'' = 105{,}99$ kWh/(m² · a) , $e_p = 1{,}37$

Diese Veränderung bedeutet eine Reduzierung des Jahres-Primärenergiebedarfs um 0,81 %.

Es ist in diesem Beispiel also günstiger, wenn die solaren Wärmegewinne über opake Bauteile berücksichtigt werden. Die geringe Auswirkung ist u.a. darauf zurückzuführen, dass die solaren Wärmegewinne über opake Bauteile um die langwellige Abstrahlung reduziert werden und ein recht guter Wärmedämmstandard für die Bauteile gegeben ist.

6. Rechnerische Berücksichtigung von transparenter Wärmedämmung zur Südseite

Veränderung zum Basis-Berechnungsbeispiel aus Kapitel 3.5:
Im nachfolgenden Beispiel wird der opake Teil der Außenwand nach Süden vollständig mit einer transparenten Wärmedämmung versehen. Zusätzlich wird für die Innenschale der Südfassade ein Wandbildner mit höherer Rohdichte vorgesehen. Gewählt wird hier eine Rohdichte von 1.800 kg/m³. Diese Veränderung wurde auch beim U-Wert berücksichtigt. Diese Veränderung ist im Berechnungsschritt C.3.3, Kapitel 3.4 vorzunehmen.

Monat		Jan	Feb	Mrz	Apr	Mai	Jun	Jul	Aug	Sep	Okt	Nov	Dez
Außenwand	Nord	-3,02	-0,50	2,47	10,35	15,36	19,64	20,57	12,34	6,10	2,19	-1,86	-4,11
	Süd	6,52	6,84	11,58	22,81	19,78	21,39	23,15	18,31	18,33	11,79	5,91	1,68
	Ost	0,00	2,45	6,33	21,89	23,97	27,36	29,63	20,35	14,23	5,88	0,66	-2,26
	West	0,00	2,33	6,02	20,82	22,80	26,02	28,18	19,36	13,53	5,59	0,62	-2,15
Dach	Nord	-6,71	-3,23	0,89	18,83	27,51	36,14	36,68	20,57	8,66	-0,22	-5,19	-7,83
	Süd	0,23	3,50	11,15	35,25	37,11	44,06	45,98	30,96	23,57	9,79	1,10	-4,33
ΣQ_s		-2,97	11,39	38,45	129,94	146,53	174,61	184,19	121,90	84,42	35,02	1,24	-18,99

Abbildung 142: Solare Wärmegewinne Q_s von opaken Bauteilen.

Berechnungsschritt C.3.3: Ermittlung der solaren Wärmegewinne über transparente Wärmedämmung

Es werden hier die Rechengleichungen der DIN V 4108-6 verwendet. Für opake Bauteile mit transparenter Wärmedämmung gilt:

$$Q_s = (A_{sj} \cdot I_{sj} - U \cdot A_j \cdot F_t \cdot R_e \cdot h_r \cdot \Delta\theta_{er}) \cdot t \qquad \text{in kWh/M}$$

Folgende Werte werden in diesem Beispiel für den Monat Januar berücksichtigt:
o die effektive Kollektorfläche ermittelt sich zu $A_{sj} = A_j \cdot F_s \cdot F_f \cdot \alpha \cdot g_{Ti} \cdot U/U_e$,
o die Gesamtfläche der transparenten Wärmedämmung mit der Orientierung Süd beträgt: $A_j = 40,211$ m², siehe Berechnungsschritt B.1,
o der Verschattungsfaktor wird mit $F_s = 1$ angenommen, da keine Verschattung vorliegt.
o der Abminderungsfaktor für den Rahmenanteil wird mit 0,9 angenommen. Dabei wird die Fläche für ein TWD-Element mit 1,74 Breite und 2,50 Höhe zugrunde gelegt, welche von einem 5 cm breiten Rahmen eingefasst wird,
o der Strahlungsabsorptionsgrad an opaken Oberflächen wird hier mit 0,96 für Sylitol-Schwarz berücksichtigt [4],
o der Gesamtenergiedurchlassgrad der transparenten Wärmedämmung nach Prüfzeugnis wird mit g = 0,40 (g-Wert für diffuse Einstrahlung) berücksichtigt [86],
o der Wärmedurchgangskoeffizient des Bauteils einschließlich transparenter Wärmedämmung beträgt: U = 0,66 W/ (m² · K). Dieser U-Wert ist auch entsprechend im Berechnungsschritt C.1 bei der Ermittlung des spezifischen Transmissionswärmeverlustes zu berücksichtigen,
o der Wärmedurchgangskoeffizient aller äußeren Schichten, die vor der absorbierenden Oberfläche liegen, beträgt: $U_e = 0,85$ W/(m² · K),
o die effektive Kollektorfläche ermittelt sich zu:
$A_{sj} = 40,211 \cdot 1 \cdot 0,9 \cdot 0,96 \cdot 0,40 \cdot 0,66 / 0,85$; $A_{sj} = 10,840$ m²,
o globale Sonneneinstrahlung für die Außenwand der Orientierung Süd, 90°, Jan: $I_{sS,Jan} = 56$ W/m²; (siehe Berechnungsschritt A.2),
o Formfaktor zwischen dem Bauteil und dem Himmel für senkrechte Bauteile: $F_t = 0,5$,
o äußerer Wärmedurchlasswiderstand des Bauteils: $R_e = R_{se}$; $R_e = 0,04$ m² · K/W,
o für den äußeren Abstrahlungskoeffizienten gilt in erster Näherung:
$h_r = 5 \cdot \varepsilon$ W/(m² · K). Der Emissionsgrad der Außenfläche für Wärmestrahlung für organische Kunststoffe beträgt $\varepsilon = 0,9$. Hieraus ergibt sich: $h_r = 5 \cdot 0,9$; $h_r = 4,5$ W/(m² · K),
o die mittlere Differenz zwischen der Temperatur der Umgebungsluft und der scheinbaren Temperatur des Himmels kann vereinfachend mit $\Delta\theta_{er} = 10$ K angenommen werden,
o die Dauer des Berechnungszeitraums beträgt für den Monat Januar t = 31 Tage · 0,024 (siehe Berechnungsschritt A.2).

$Q_{s,Jan} = (10,840 \cdot 56 - 0,73 \cdot 40,211 \cdot 0,5 \cdot 0,04 \cdot 4,5 \cdot 10) \cdot 31 \cdot 0,024$
$Q_{s,Jan} = 433,79$ kWh/M

Für die übrigen Monate ist sinngemäß zu verfahren. Die folgende Tabelle zeigt die monatlichen Wärmegewinne über transparente Wärmedämmung, **Abbildung 143**.

Monat		Jan	Feb	Mrz	Apr	Mai	Jun	Jul	Aug	Sep	Okt	Nov	Dez
TWD	Süd	433,79	428,24	627,36	1052,00	941,90	997,37	1070,94	885,44	880,29	635,42	404,19	248,30

Abbildung 143: Solare Wärmegewinne über transparente Wärmedämmung pro Monat.

Es ergibt sich hier unter der Annahme, dass der opake Teil der Außenwand nach Süden aus transparenter Wärmedämmung besteht, und die Innenschale dieser Wand eine Rohdichte von 1.800 kg/m^3 aufweist, im Vergleich zum Basis-Berechnungsbeispiel aus Kapitel 3.5 im Hinblick auf den Jahres-Heizwärmebedarf folgende Veränderung:

Ergebnis aus Basisbeispiel in Abschnitt 3.5: Q_h = 14.259,31 kWh/a
Ergebnis aus diesem Beispiel: Q_h = 12.582,31 kWh/a

Diese Veränderung bedeutet eine Reduzierung des Jahres-Heizwärmebedarfs um 11,76 %.

Es ergibt sich im Vergleich zum Basisbeispiel (Kapitel 3.5) im Hinblick auf den Jahres-Primärenergiebedarf folgende Veränderung:

Ergebnis Basisbeispiel: $Q_p{}'' $ = 107,64 kWh/(m$^2 \cdot$ a), e_p = 1,38
Ergebnis aus diesem Beispiel: $Q_p{}''$ = 099,11 kWh/(m$^2 \cdot$ a), e_p = 1,41

Diese Veränderung bedeutet eine Reduzierung des Jahres-Primärenergiebedarfs um 7,9 %.

Wie in Kapitel 3.4 beschrieben, ist gemäß DIN 4108-6 auch eine vereinfachte Ermittlung der solaren Wärmegewinne von transparenter Wärmedämmung möglich. Für diesen Fall ermittelt sich der solare Wärmegewinn zu:

$$Q_s = A_{sj} \cdot I_{sj} \quad \text{in W}$$

Es ergibt sich in diesem Fall im Hinblick auf den Jahres- Heizwärmebedarf folgende Veränderung:

Ergebnis aus Beispiel in Kapitel 3.6 Q_h = 12.582,31 kWh/a
Ergebnis aus diesem Beispiel Q_h = 12.484,61 kWh/a

Dieses bedeutet eine zusätzliche Reduzierung des Jahres-Heizwärmebedarfs um 0,77 %.

Für das o. a. Beispiel ergäbe sich mit der in der **Richtlinie** „Bestimmung des solaren Energiegewinns durch Massivwände mit transparenter Wärmedämmung" (Fachverband Transparente Wärmedämmung e. V., Ausgabe Juni 2000) genannten Methode (siehe auch Kapitel 3.4) für den Monat Januar $g_{Ti} \cdot a$ = 0,433, ein um 7,6 % höherer solarer Energiegewinn Q_S. Für den Sommerfall werden dagegen bei der Südorientierung wegen der hoch stehenden Sonne niedrigere Energiegewinne als mit dem Pauschalansatz errechnet; z. B. im vorliegenden Fall im Juli $g_{Ti} \cdot a$ = 0,340.

7. Rechnerische Berücksichtigung von solaren Wärmegewinnen über einen nach Süden orientierten, nicht beheizten Glasvorbau

Veränderung zum Basis-Berechnungsbeispiel aus Kapitel 3.5: Im nachfolgenden Beispiel wird die Außenwand der Südfassade zum Teil mit einem nicht beheizten Glasvorbau versehen, **Abbildung 144**. Diese Veränderung ist im Berechnungsschritt C.3.4, Kapitel 3.4 vorzunehmen.

Berechnungsschritt C.3.4: Ermittlung der solaren Wärmegewinne über unbeheizte Glasvorbauten

Es werden hier die Rechengleichungen der DIN V 4108-6 verwendet. Der solare Wärmegewinn Q_{Ss} der aus dem Wintergarten in den beheizten Bereich gelangt ist wie folgt zu ermitteln:

$$Q_{Ss} = Q_{Sd} + Q_{Si}$$

Hierbei ist:

Q_{Sd} direkte Wärmegewinne
Q_{Si} indirekte Wärmegewinne

Die **direkten solaren Wärmegewinne** Q_{Sd} in einem Zeitraum t sind die Summe der

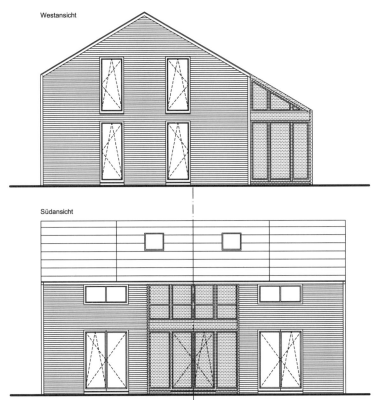

Abbildung 144: Ansichten des Einfamilienhauses mit nicht beheizten Glasvorbau.

Wärmegewinne durch die transparenten Bauteile (w) und die nicht transparenten Bauteile (p) der Trennwand. Sie werden wie folgt ermittelt:

$$Q_{Sd} = I_p \cdot F_s \cdot F_{ce} \cdot F_{fe} \cdot g_e \cdot (F_{cw} \cdot F_{Fw} \cdot g_w \cdot A_w + \alpha_{sp} \cdot A_p \cdot U_p / U_{pe}) \cdot t \qquad \text{in kWh/M}$$

Die **indirekten Wärmegewinne** im Zeitraum t werden durch Summierung der solaren Wärmegewinne jeder absorbierenden Fläche j im Wintergarten berechnet, wobei die direkten Wärmegewinne durch den opaken Teil der Trennwand abzuziehen sind. Sie werden wie folgt ermittelt:

$$Q_{Si} = (1 - F_u) \cdot F_s \cdot F_{ce} \cdot F_{Fe} \cdot g_e \cdot (\Sigma I_{sj} \cdot \alpha_{sj} \cdot A_j - I_p \cdot \alpha_{sp} \cdot A_p \cdot U_p / U_{pe}) \cdot t \qquad \text{in kWh/M.}$$

Folgende Werte werden in diesem Beispiel für den Monat Januar berücksichtigt:

o die globale Sonneneinstrahlung für die Trennwand zum nicht beheizten Wintergarten mit der Orientierung Süd, 90°, Januar beträgt: $I_{sS,Jan} = 56$ W/m², siehe Berechnungsschritt A.2,

o Temperatur-Korrekturfaktor für unbeheizte Nebenräume $F_u = 0,5$,

o der Verschattungsfaktor wird mit $F_s = 0,9$ angesetzt. Dieser gilt für übliche Anwendungsfälle,

o der Abminderungsfaktor für Sonnenschutzeinrichtungen in der Außenhaut des Wintergartens wird mit $F_{ce} = 1,0$ angenommen, da keine Sonnenschutzeinrichtungen angebracht werden. Eine Verschattungsmaßnahme ist im Einzelfall zu prüfen, **Abbildung 105**,

o der Abminderungsfaktor für Sonnenschutzeinrichtungen im Bereich der Fenster der Trennwand wird mit $F_{cw} = 1,0$ angenommen, da keine Sonnenschutzeinrichtungen angebracht werden, siehe auch **Abbildung 105**,

o der Verschattungsfaktor für den Rahmenanteil Außenhaut Wintergarten wird mit $F_{Fe} = 0,9$ angenommen,

o der Verschattungsfaktor für den Rahmenanteil wurde im Berechnungsschritt 3.1 für die Fenster in der Trennwand zum Wintergarten mit $F_{Fw} = 0,649$ bestimmt,
Der wirksame Gesamtenergiedurchlassgrad der Wintergartenverglasung wird mit $g_e = 0,522$ angenommen ($0,58 \cdot 0,9$). Dieser Wert entspricht der Verglasung im Haupthaus,

o der Gesamtenergiedurchlassgrad des Fensters zum Wintergarten bei senkrechtem Strahlungseinfall beträgt wie für alle übrigen Fenster $g_w = 0,58$, siehe auch Berechnungsschritt C.1,

o Gesamtfläche des transparenten Bauteils in der Trennwand zum nicht beheizten Wintergarten: $A_w = 6,747$ m² (wurde im Berechnungsschritt B.1 ermittelt). Gesamtfläche des nicht transparenten Teils der Trennwand zum nicht beheizten Wintergarten: $A_p = 10,389$ m² (wurde im Berechnungsschritt B.1 ermittelt),

o der Wärmedurchgangskoeffizient der opaken Trennwand zum Wintergarten entspricht dem der „normalen" Außenwand mit Vormauerziegel:
$U_p = 0,22$ W/(m² · K), siehe Berechnungsschritt C.1,

o der Wärmedurchgangskoeffizient zwischen der absorbierenden Oberfläche der opaken Trennwand und dem Wintergarten beträgt $U_{pe} = 7,69$ W/(m² · K). Dieser Wert entspricht dem Kehrwert des Wärmeübergangswiderstandes.
$R_{se} = 0,13$ m² · K/W zum nicht beheizten Wintergarten,

o als Flächenanteil für die Oberfläche, die Sonnenstrahlung innerhalb des Wintergartens aufnimmt, wird die Bodenplatte des nicht beheizten Wintergartens herangezogen. Die Fläche beträgt $A_{sB} = 3,60$ m · $2,50$ m, $A_{sB} = 9,00$ m²,

o der mittlere solare Absorptionsgrad der Strahlung aufnehmenden Oberfläche im Wintergarten wird mit $\alpha_{sj} = 0,8$ angesetzt, o der solare Absorptionsgrad der nicht transparenten Trennfläche zwischen beheiztem Raum und Glasvorbau wird mit α_{sp} = 0,8 für Klinkermauerwerk angesetzt,

o die globale Sonneneinstrahlung für die Bodenplatte, 0°, Januar beträgt: $I_{ss,Jan}$ = 33 W/m², siehe Berechnungsschritt A.2,

o die Dauer des Berechnungszeitraums beträgt für den Monat Januar t = 31 Tage · 0,024, siehe Berechnungsschritt A.2.

Es ergeben sich für die **direkten solaren Wärmegewinne** für den Monat Januar:

$Q_{Sd,Jan}$ = 56 · 0,9 · 1,0 · 0,9 · 0,522 ·
(1,0 · 0,649 · 0,58 · 6,747 + 0,8 · 10,389 · 0,22 / 7,69) · 31 · 0,024

$Q_{Sd,Jan}$ = 48,90 kWh/M

Es ergeben sich für die **indirekten solaren Wärmegewinne** für den Monat Januar:

$Q_{Si,Jan}$ = (1 - 0,5) · 0,9 · 1,0 · 0,9 · 0,522 ·
(33 · 0,8 · 9,00 - 56 · 0,8 · 10,389 · 0,22 / 7,692) · 31 · 0,024

$Q_{Si,Jan}$ = 35,28 kWh/M

Für die übrigen Monate ist sinngemäß zu verfahren. Die in **Abbildung 145** dargestellte Tabelle zeigt die monatlichen solaren Wärmegewinne über den nicht beheizten Glasvorbau.

Es ergibt sich in diesem Beispiel unter der Annahme, dass die Südfassade zum Teil mit einem nicht beheizten Wintergarten versehen wird im Vergleich zum Berechnungsbeispiel aus Kapitel 3.5 (Basisfall) im Hinblick auf den Jahres-Heizwärmebedarf folgende Veränderung:

Ergebnis aus Basisbeispiel in Kapitel 3.5: Q_h = 14.259,31 kWh/a
Ergebnis aus diesem Beispiel: Q_h = 13.647,81 kWh/a

Diese Veränderung bedeutet eine Reduzierung des Jahres-Heizwärmebedarfs um 4,29 %. Es ergibt sich im Vergleich zum Basisbeispiel (Kapitel 3.5) im Hinblick auf den Jahres-Primärenergiebedarf folgende Veränderung:

Ergebnis Basisbeispiel: Q_p'' = 107,64 kWh/(m² · a), e_p = 1,38
Ergebnis aus diesem Beispiel: Q_p'' = 104,51 kWh/(m² · a), e_p = 1,39

Diese Veränderung bedeutet eine Reduzierung des Jahres-Primärenergiebedarfs um 2,9 %.

Monat		Jan	Feb	Mrz	Apr	Mai	Jun	Jul	Aug	Sep	Okt	Nov	Dez
Q_{sd} (direkt)	Süd	48,90	48,11	69,85	115,76	103,90	109,85	117,88	97,79	97,17	70,73	45,63	28,81
Q_{si} (indirekt)	Horizontal	35,28	51,13	89,87	203,28	234,51	275,86	283,74	198,53	143,80	81,91	40,79	23,68
gesamt	kWh/M	**84,18**	**99,24**	**159,73**	**319,04**	**338,41**	**385,71**	**401,61**	**296,32**	**240,97**	**152,64**	**86,42**	**52,50**

Abbildung 145: Solare Wärmegewinne über nicht beheizten Glasvorbau.

8. Rechnerische Berücksichtigung der tatsächlich vorhandenen, anrechenbaren wirksamen Wärmespeicherfähigkeit

Veränderung zum Basis-Berechnungsbeispiel aus Kapitel 3.5: Im nachfolgenden Beispiel wird die tatsächlich vorhandene, anrechenbare wirksame Wärmespeicherfähigkeit (nach Bauteilschichtenfolge) berücksichtigt, und nicht wie im Basisfall pauschal berücksichtigt. Diese Veränderung ist im Berechnungsschritt C.5, Kapitel 3.4 vorzunehmen.

Berechnungsschritt C.5: Ermittlung der wirksamen Wärmespeicherfähigkeit $C_{wirk,\eta}$

Eine genaue Ermittlung von $C_{wirk,\eta}$ nach der Bauteilschichtenfolge ist statthaft, wenn alle Innen- und Außenbauteile aus stofflicher und geometrischer Sicht festgelegt sind. Sie erfolgt nach folgender Gleichung:

$$C_{wirk} = \Sigma_i (c_i \cdot \rho_i \cdot d_i \cdot A_i) \text{ für die jeweilige Schicht i des Bauteils.}$$

Nachfolgend soll am Beispiel der Außenwand aus Sichtmauerwerk die wirksame Wärmespeicherfähigkeit ermittelt werden. Folgende Werte werden in diesem Beispiel berücksichtigt:

o spezifische Wärmekapazität der Bauteilschichten:
   Kalkgipsputz: $c = 1,0$ kJ/(kg · K), porosierter Hochlochziegel: $c = 1,0$ kJ/(kg · K).
o Rohdichte der Bauteilschichten:
   Kalkgipsputz: $\rho = 1400$ kg/m³, porosierter Hochlochziegel: $\rho = 800$ kg/m³.
o wirksame Schichtdicke der Bauteilschichten der Außenwand. Diese wird ermittelt bis zu einer maximalen Dicke von 10 cm bei der Außenwand (einseitig an die Raumluft grenzendes Bauteil): Kalkgipsputz: $d = 1,5$ cm, porosierter Hochlochziegel: $d = 8,5$ cm.

A_i Fläche der Außenwand Sichtmauerwerk insgesamt: $A_{AW} = 176,915$ m².

Es gilt für die Schichten Kalkgipsputz und Porosierter Hochlochziegel:

$C_{wirk} = (1,0 \cdot 1400 \cdot 1,5 \cdot 176,915 / 360) + (1,0 \cdot 800 \cdot 8,5 \cdot 176,915 / 360)$
$C_{wirk} = 1.032 + 3342$
$C_{wirk} = 4.374$ Wh/K

Unter Berücksichtigung aller Bauteilflächen (Außenwand, Bodenplatte, Kellerdecke, Kellerinnenwand, geneigtes Dach, Kellertür, Innenwände, Geschossdecke) ergibt sich insgesamt eine wirksame Wärmespeicherfähigkeit von $C_{wirk} = 26.175$ Wh/K. Im Berechnungsbeispiel aus Kapitel 3.5 ergab der pauschale Ansatz für schwere Gebäude eine höhere wirksame Wärmespeicherfähigkeit von $C_{wirk} = 34.018$ Wh/K.

Hinweis:
Bei der Ermittlung der wirksamen Wärmespeicherfähigkeit $C_{wirk,NA}$ im Zusammenhang mit der Nachtabschaltung wird ebenfalls mit dem genau ermittelten Wert gerechnet: Es ist: $C_{wirk,NA} = 10.524$ Wh/K.

Es ergibt sich in diesem Beispiel unter der Annahme, dass die tatsächlich vorhandene, anrechenbare wirksame Wärmespeicherfähigkeit berücksichtigt wird im Vergleich zum Basis-Berechnungsbeispiel aus Kapitel 3.5 im Hinblick auf den Jahres-Heizwärmebedarf folgende Veränderung:

Ergebnis aus Basisbeispiel in Kapitel 3.5: $Q_h = 14.259,31$ kWh/a
Ergebnis aus diesem Beispiel: $Q_h = 14.247,72$ kWh/a

Diese Veränderung bedeutet keine nennenswerte Reduzierung des Jahres-Heizwärme-bedarfs (0,01 %).

Es ergibt sich im Vergleich zum Basisbeispiel im Hinblick auf den Jahres-Primärenergie-bedarf folgende Veränderung:

Ergebnis Basisbeispiel: $Q_p'' = 107,64$ kWh/(m² · a), $e_p = 1,38$
Ergebnis diesem Beispiel: $Q_p'' = 106,78$ kWh/(m² · a) , $e_p = 1,37$

Entsprechend unbedeutend ist diese Veränderung im Hinblick auf die Reduzierung des Jahres-Primärenergiebedarfs (0,80 %). Bei massereicherem Mauerwerk im Bereich der Innenschale ergeben sich größere Effekte.

3.7 Wesentliche Unterschiede der Berechnungsverfahren

Die Nachweisverfahren gemäß Energieeinsparverordnung – das vereinfachte Verfahren für Wohngebäude und das Monatsbilanzverfahren – unterscheiden sich zum Teil erheblich. Folgende Einflüsse dürfen beim Monatsbilanzverfahren im Gegensatz zum vereinfachten Verfahren für Wohngebäude berücksichtigt werden:

o Bei der Ermittlung des Luftvolumens darf bei Gebäuden mit bis zu drei Vollgeschossen das beheizte Luftvolumen vereinfacht wie folgt berechnet werden: $V = 0,76 \cdot V_e$. Alternativ darf nach DIN EN 832 und Regelungen der EnEV bei Verwendung des Monatsbilanzverfahrens das beheizte Luftvolumen auch unter Berücksichtigung der tatsächlich vorhandenen geometrischen Daten im Inneren ermittelt werden. Für das vorgestellte Einfamilienhaus ergibt sich bei Verwendung des pauschalen Umrechnungsfaktors anstelle des tatsächlich vorhandenen Luftvolumens ein um 12 % größeres Luftvolumen.

o Bei der Berücksichtigung des energetischen Einflusses von Wärmebrücken können wahlweise drei Arten berücksichtigt werden.

o Bei der Berechnung der Wärmeverluste über an das Erdreich grenzende Bauteile ist der Rechengang in Anlehnung an DIN EN ISO 13 370 anzuwenden. Es dürfen auch vereinfachte Annahmen berücksichtigt werden. Studien haben ergeben, dass sich Berechnungen nach DIN EN ISO 13 370 für kleine Flächen gegen das Erdreich nicht nennenswert auf das Ergebnis auswirken; teilweise verschlechtern diese das Ergebnis sogar.

o Der Einfluss von Lüftungsanlagen mit Wärmerückgewinnung darf bei der Ermittlung des spezifischen Lüftungswärmeverlustes berücksichtigt werden. Hierbei wird die Luftwechselrate „n" entsprechend dem Wärmerückgewinnungsgrad der Lüftungsanlage reduziert.

o Der Ausnutzungsgrad η der Wärmegewinne wird speziell ermittelt und nicht wie im vereinfachten Verfahren pauschal berücksichtigt. Hierbei wird die wirksame Speicherfähigkeit rechnerisch in Ansatz gebracht.

o Klimadaten werden bei der Berechnung der spezifischen Wärmeverluste und Wärmegewinne monatlich berücksichtigt. Bei der Ermittlung der solaren Wärmegewinne werden für Orientierungen zwischen den Haupthimmelsrichtungen sowie für unterschiedliche Neigungen der Bauteilflächen die speziellen Strahlungsintensitäten berücksichtigt.

o Der Einfluss der Heizunterbrechung (Nachtabschaltung) wird speziell ermittelt und nicht wie im vereinfachten Verfahren pauschal berücksichtigt. In beiden Verfahren ist dieser Einfluss verbindlich zu berücksichtigen.

o Solare Wärmegewinne über opake Bauteile sowie Wärmegewinne über transparente Wärmedämmung und nicht beheizte Glasvorbauten können berücksichtigt werden.

o Der tatsächlich vorhandene Rahmenanteil von Fenstern kann bei Ermittlung des Abminderungsfaktors F_F berücksichtigt werden. Da bei der Ermittlung des U-Wertes des Fensters nach DIN EN ISO 10 077-1 in der Regel bereits die Fläche des Rahmens ermittelt wird, sollte konsequenterweise von diesem Wert - und nicht vom pauschalen Wert von 0,7 - ausgegangen werden. Bei Berechnung des U-Wertes des Fensters nach DIN V 4108-4 dürfte demgegenüber die spezielle Berechnung einen sehr großen Aufwand darstellen. Der Bauherr sollte über die Konsequenzen, die sich aus den unterschiedlichen Verfahren ergeben, jedoch informiert werden.

Zur Verdeutlichung der Auswirkungen einiger Einflüsse zur Reduzierung des Jahres-Heizwärmebedarfs wurden für das bereits mehrfach vorgestellte Einfamilienhaus verschiedene Wärmeschutzberechnungen durchgeführt. Da der bauliche Wärmedämmstandard nicht verändert wurde, können die verschiedenen Ergebnisse der verschiedenen Abschnitte miteinander verglichen werden. Hier können auch Vergleiche zu den Ergebnissen durchgeführt werden, die sich bei Verwendung des **vereinfachten Verfahrens für Wohngebäude** aus Kapitel 3.2 ergeben. In **Abbildung 146** sind die Ergebnisse bezogen auf das in den **Abbildungen 94 und 95** dargestellte Einfamilienhaus dargestellt.

o Durch die Anwendung des **Monatsbilanzverfahrens** anstelle des **vereinfachten Verfahrens für Wohngebäude** ergibt sich unter sonst **gleichen baulichen und anlagentechnischen Randdaten** eine Verringerung des bezogenen Jahres-Heizwärmebedarfs von **3,5 Prozent**.

o Die **Reduzierung der Luftwechselrate „n"** bei Nachweis der Gebäudedichtheit führt bei beiden Verfahren zu einer Reduzierung des bezogenen Jahres-Heizwärmebedarfs von rund **8 Prozent**.

o Durch die Planung **optimierter Anschlusssituationen zur Minimierung von Wärmebrücken** (erhöhter Standard gegenüber den in DIN 4108 Bbl 2 dargestellten Konstruktionsprinzipien) ergibt sich bei dem hier verwendeten Konstruktionstyp (Außenwand aus zweischaligem Mauerwerk) ein weiteres Einsparpotential auf den bezogenen Jahres-Heizwärmebedarf von rund **10 Prozent**. Die Realisierung von anderen Kon-

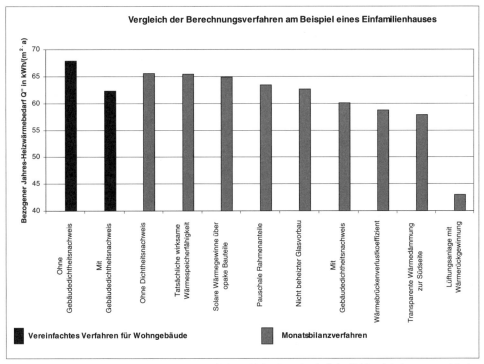

Abbildung 146: Veränderung des bezogenen Jahres-Heizwärmebedarfs in Abhängigkeit von verschiedenen energetischen Optimierungen und den beiden möglichen Berechnungsverfahren der Energieeinsparverordnung.

struktionstypen (z. B. Außenwand mit Mauerwerk und Wärmedämm-Verbundsystem, Außenwand in Holzleichtbau) können ggf. auch höhere Einsparpotentiale ergeben. Diese beiden Einspareinflüsse (Reduzierung der Luftwechselrate „n" bei Nachweis der Gebäudedichtheit und Realisierung von optimierten Anschlusssituationen zur Minimierung von Wärmebrücken) sind auch unter Berücksichtigung des Kosten-Nutzen-Verhältnisses sinnvolle Maßnahmen, da sich außerdem noch weitere Vorteile wie ggf. eine höhere feuchteschutztechnische Funktionssicherheit ergeben und Maßnahmen zur Sicherstellung der Luftdichtheit schon aus hygienischen Gründen (z.B. Reduzierung von Zuglufterscheinungen) zwingend erforderlich sind.

o Die Berücksichtigung einer **transparenten Wärmedämmung auf der Südseite** des Einfamilienhauses führt zu einer Reduzierung des bezogenen Jahres-Heizwärmebedarfs von rund **11 Prozent**.

o Ein **nicht beheizter Glasvorbau** mit einem Fassadenflächenanteil von rund einem Drittel, bezogen auf die Südseite des Einfamilienhauses, ergibt ein Einsparpotential auf den bezogenen Jahres-Heizwärmebedarf von rund **4 Prozent**.

o Eine **Lüftungsanlage** mit einem Wärmerückgewinnungsgrad von 80 % ergibt ein Einsparpotential auf den bezogenen Jahres-Heizwärmebedarf von rund 34 Prozent.

Die Verwendung des Monatsbilanzverfahrens ist insbesondere empfehlenswert, wenn spezielle Maßnahmen zur Senkung des Jahres-Heizwärmebedarfs beim öffentlich-rechtlichen Nachweis berücksichtigt werden sollen. Speziell bei Gebäuden, die einen sehr niedrigen Jahres-Heizwärmebedarf aufweisen sollen, wie z. B. bei so genannten „3-Liter-Häusern", ist für den öffentlich-rechtlichen Nachweis das Monatsbilanzverfahren zu wählen. Für übliche Anwendungsfälle im Rahmen des **öffentlich-rechtlichen Nachweises** bleibt abzuwarten, inwieweit sich für Wohngebäude das Monatsbilanzverfahren gegenüber dem vereinfachten Verfahren für Wohngebäude durchsetzen wird. Der Planer muss sich zu einem sehr frühen Zeitpunkt über die geometrischen und stofflichen Randdaten des Gebäudes im Klaren sein.

Erfahrungen bei der Realisierung des Expo-Beitrags: „Bauen am Kronsberg", bei dem bisher ca. 3.000 Wohneinheiten realisiert wurden, haben gezeigt, dass **stoffliche und geometrische Veränderungen** während der Ausführung in z. T. erheblichem Maße üblich sind. Dies hatte hier dazu geführt, dass der Wärmeschutznachweis der Bauvorhaben immer wieder angepasst werden musste (durchschnittlich vier Rechengänge). Hieraus ergibt sich die Empfehlung, das Monatsbilanzverfahren erst dann zu verwenden, wenn keine nennenswerten wärmeschutztechnischen Veränderungen mehr vorgenommen werden. Unabhängig vom gewählten Verfahren empfiehlt es sich, beim Ausstellen des Energiebedarfsausweises den für das fertig gestellte Gebäude verbindlichen, d.h. tatsächlich realisierten wärmeschutztechnischen und anlagentechnischen Standard zu berücksichtigen. Dies bedeutet, dass sowohl die wärmeschutztechnische Gebäudequalität als auch die Anlagentechnik bekannt sein müssen. Es empfiehlt sich daher, für beide Bereiche eine entsprechende Qualitätssicherung durchzuführen bzw. durchführen zu lassen. Beide Aspekte sind in einigen Bundesländern inhaltliche Bestandteile von einer zur Energieeinsparverordnung verabschiedeten Durchführungsverordnung, die von den zuständigen Stellen der verschiedenen Länder in der Zwischenzeit erlassen worden ist.

3.8 Empfehlungen für energieeffiziente Gebäude

Das Monatsbilanzverfahren gestattet, wie in den Kapiteln 3.4 bis 3.7 dargestellt, verschiedene Maßnahmen zur Reduzierung des Jahres-Heizwärmebedarfs und somit auch des Heizenergiebedarfs zu berücksichtigen. Speziell bei Gebäuden, die einen sehr kleinen Jahres-Heizwärmebedarf aufweisen sollen, ist dieses Verfahren zu wählen. So wurde z. B. das Monatsbilanzverfahren auch für die Demonstrationsvorhaben „3-Liter-Häuser in Celle" vom Fraunhofer Institut für Bauphysik empfohlen. Für „3-Liter-Häuser" sollte ein bezogener Jahres-Primärenergiebedarf von 34 kWh/(m² · a) erreicht werden. Im Folgenden soll für zwei Außenwand-Konstruktionstypen dargestellt werden, wie der o. a. niedrige Bedarfswert erreicht werden könnte. Es handelt sich hierbei um die Konstruktionstypen:

o Konstruktionstyp 1: Außenwand mit zweischaligem Mauerwerk,
o Konstruktionstyp 2: Außenwand mit Wärmedämm-Verbundsystem.

Als Gebäude wird wie in den vorherigen Beispielen das frei stehende Einfamilienhaus zugrunde gelegt, **Abbildung 94 und 95**. Gegenüber dem Basisfall in Kapitel 3.5 wurden die nachfolgend aufgeführten Veränderungen durchgeführt:

o Erhöhung der Wärmedämmschichten für die Bauteile Sohlplatte, Kellerdecke und Kellerinnenwand auf 12 cm,
o Berücksichtigung einer Dreischeibenverglasung,
o Berücksichtigung eines speziell ermittelten Wärmebrückenzuschlags für wärmebrückentechnisch optimierte Anschlusspunkte,
o Berücksichtigung einer Lüftungsanlage mit einem Wärmerückgewinnungsgrad von 80 Prozent, siehe **Berechnungsbeispiel Kapitel 3.6**.

Auf eine erneute Aufführung aller Rechenschritte zur Ermittlung des Jahres-Heizwärmebedarfs wird hier verzichtet. Es werden zur Verdeutlichung der konstruktiven Veränderungen hier die sich jeweilig ergebenden spezifischen Transmissionswärmeverluste aufgeführt.

Konstruktionstyp 1: Außenwand mit zweischaligem Mauerwerk
Der spezifische Transmissionswärmeverlust H_T beträgt: H_T = 127,73 W/K.
Der bezogene Jahres-Heizwärmebedarf beträgt: Q''_h = 20,58 kWh/(m² · a).

Konstruktionstyp 2: Außenwand mit Wärmedämm-Verbundsystem
Der spezifische Transmissionswärmeverlust H_T beträgt: H_T = 118,99 W/K.
Der bezogene Jahres-Heizwärmebedarf beträgt: Q''_h = 18,19 kWh/(m² · a).

Das Ergebnis für den Konstruktionstyp 2 ergibt sich, in dem die Dicke des Wärmedämm-Verbundsystems auf das über eine Zulassung geregelte maximale Maß von d = 0,20 m begrenzt wird. Die Wärmeleitfähigkeit des Wärmedämmstoffes beträgt wie für den Konstruktionstyp 1 λ = 0,035 W/(m · K).

Die Ergebnisse des bezogenen Jahres-Heizwärmebedarfs liegen unter 30 kWh/(m²·a). Ziel der Reduzierung des bezogenen Jahres-Heizwärmebedarfs war es, unter Berücksichtigung der **anerkannten Regeln der Baukunst** und von baulichen Maßnahmen, die noch mit **üblichen Konstruktionen** realisiert werden können, einen möglichst kleinen bezogenen Jahres-Heizwärmebedarf zu erreichen.

Der o.a. Jahres-Primärenergiebedarf $Q_{prim} = 34$ kWh/(m² · a) bedeutet für die beiden Konstruktionstypen folgende primärenergiebezogenen Verluste der Heizungsanlage, die maximal auftreten dürfen:

o Konstruktionstyp 1: Außenwand mit zweischaligem Mauerwerk,
   $Q = 13,42$ kWh/(m² · a)
o Konstruktionstyp 2: Außenwand mit Wärmedämm-Verbundsystem,
   $Q = 15,81$ kWh/(m² · a)

Für die Berechnung der Anlagenaufwandszahlen unter Berücksichtigung der vorhandenen Werte für den bezogenen Jahres-Heizwärmebedarf können leider nicht die Rechengänge der DIN V 4701-10 verwendet werden, da die zur Herleitung der Anlagenaufwandszahlen zu berücksichtigenden Anlagen-Kenndaten für die bezogenen Jahres-Heizwärmebedarfswerte unter 30 kWh/(m² · a) in der DIN V 4701-10 nicht aufgeführt sind.

Hier können von den Standardwerten der DIN V 4701-10 abweichende Berechnungen durchgeführt werden. Zur Erfüllung der Anforderungen könnten z. B. für beide Konstruktionstypen Heizungsanlagen auf Basis von Brennwerttechnik, Aufstellort und Verteilung im warmen Bereich oder eine Nahwärmeversorgung mit Kraft-Wärme-Kopplung vorgesehen werden.

4 Regelungen der Energieeinsparverordnung für bestehende Gebäude und Anlagen

In Deutschland wird jährlich etwa eine Milliarde Tonnen Kohlendioxid (CO_2) emittiert. Hieran sind mit rund 30 % die Haushalte und Kleinverbraucher beteiligt. Ein Drittel des gesamten Endenergiebedarfs entfällt auf die Beheizung von Räumen (Bereitstellung von Raumwärme). Untersuchungen haben ergeben, dass im Bereich des Neubaus und im Gebäudebestand technische Energieeinspar- und CO_2-Verminderungspotentiale von 70 - 90 % vorhanden sind. Das technisch-wirtschaftlich nutzbare Reduktionspotential im Neubaubereich und im Gebäudebestand beträgt etwa 50 %, bezogen auf die heutigen Anforderungen. Bei einem prognostizierten Neubauzuwachs für die nächsten Jahre von durchschnittlich ca. 350 000 Wohneinheiten pro Jahr - bezogen auf einen Wohnungsbestand von etwa 39 Millionen Wohneinheiten - wird jedoch deutlich, dass das eigentliche Einspar- und CO_2-Verminderungspotential im Bereich der bestehenden Gebäude liegt!

Bis zum heutigen Tag werden wärmeschutztechnische Verbesserungsmaßnahmen an Gebäuden sehr häufig nur im Zusammenhang mit ohnehin fälligen Sanierungsmaßnahmen durchgeführt, da unter Zugrundelegung der derzeitigen Energiekosten nur so eine Wirtschaftlichkeit durch die Verbesserungsmaßnahmen zu erreichen ist. Zur Minimierung der Heizenergieverluste stehen vielfältige Möglichkeiten zur Verfügung.

Neben der Erneuerung des Heizungssystems (Einbau wirksamerer Brenner, angepasste Regelungstechnik, Einbau von nachträglichen Dämmmaßnahmen im Bereich des Verteilnetzes usw.) sind vor allem wärmeschutztechnische Verbesserungsmaßnahmen im Bereich der wärmeübertragenden Gebäudeumfassungsfläche besonders wirkungsvoll. Hier sind z.B. zu nennen:

o Einbau von Fenstern mit hochwertigen Wärmeschutzverglasungen,
o Wärmedämmmaßnahmen im Bereich der Außenwände,
o Wärmedämmmaßnahmen im Bereich des Daches und der Kellerdecke.

In der Energieeinsparverordnung werden Anforderungen für bestehende Gebäude und Anlagen behandelt. Der Verordnungsgeber hat auch schon mit der Wärmeschutzverordnung vom 14. August 1994 Regelungen für bestehende Gebäude getroffen. Mit der Energieeinsparverordnung werden diese Regelungen fortgeschrieben und verschärft. Neu hinzugekommen sind Anforderungen, die sich auf heizungstechnische Anlagen und Warmwasseranlagen beziehen. Besonders anzumerken ist, dass zukünftig für bestehende Gebäude auch **Nachrüstungsverpflichtungen** existieren. Diese beziehen sich sowohl auf den baulichen Bereich als auch auf die Anlagentechnik.

Nach Schätzungen des Bundesbauministeriums sind noch rund 3 Millionen veraltete Heizkessel in Betrieb, die vor dem In-Kraft-Treten der 1. Heizungsanlagenverordnung eingebaut worden sind. Der Wirkungsgrad dieser Brenner ist im Vergleich zum heutigen Standard allgemein als schlecht zu bezeichnen. Hiermit ist auch ein z.T. als veraltet zu bezeichnender Wärmedämmstandard von Heizungs- und Warmwasserleitungen verbunden. Durch eine exaktere Dimensionierung der Kessel auf den tatsächlichen Heizwärmebedarf und eine angepasstere Pumpenleistung könnte eine größere Energieeinsparung erreicht werden.

Durch Einbau neuer Kessel könnte der Energieverbrauch um 20 Prozent gesenkt werden, was ein CO_2-Minderungspotential von über 7,5 Millionen Tonnen pro Jahr hervorrufen würde. Gemeinsam mit einer Verpflichtung zur nachträglichen Wärmedämmung des Verteilnetzes im Bereich von Rohrleitungen und Armaturen im nicht beheizten Bereich bedeutet dies ein großes Energieeinspar- und CO_2-Minderungspotential. Die Anforderungen an bestehende Gebäude und Anlagen sind in der Energieeinsparverordnung an verschiedenen Stellen aufgeführt. Die wesentlichen Anforderungen an den baulichen Wärmeschutz werden in folgenden Paragraphen bzw. Anhängen beschrieben:

§ 8   Änderung von Gebäuden
§ 9   Nachrüstung bei Anlagen und Gebäuden
§ 10   Aufrechterhaltung der energetischen Qualität
§ 13   Ausweise über Energie- und Wärmebedarf, Energieverbrauchskennwerte
§ 16   Ausnahmen
§ 17   Befreiungen

Anhang 3
Anforderungen bei Änderungen von Außenbauteilen bestehender Gebäude und bei Errichtung von Gebäuden mit geringem Volumen (§7)

Die wesentlichen Anforderungen an **heizungstechnische Anlagen und Warmwasseranlagen** werden in folgenden Paragraphen bzw. Anhängen beschrieben:

§ 9   Nachrüstung bei Anlagen und Gebäuden
§ 10   Aufrechterhaltung der energetischen Qualität
§ 11   Inbetriebnahme von Heizkesseln
§ 12   Verteilungseinrichtungen und Warmwasseranlagen
§ 13   Ausweise über Energie- und Wärmebedarf, Energieverbrauchskennwerte
§ 18   Ordnungswidrigkeiten

Anhang 5
Anforderungen zur Begrenzung der Wärmeabgabe von Wärmeverteilungs- und Warmwasserleitungen sowie Armaturen (zu § 12 Abs. 5)

Nachfolgend werden die wesentlichen Anforderungen näher beschrieben, wobei die in der Verordnung in verschiedenen Stellen beschriebenen Anforderungen hier zusammenfassend aufgeführt werden.

4.1   Anforderungen an den baulichen Wärmeschutz

In „§ 8 Änderungen von Gebäuden" der Energieeinsparverordnung werden im Absatz 1 Regelungen für Außenbauteile getroffen. Sie beinhalten Höchstwerte für Wärmedurchgangskoeffizienten U, die nicht überschritten werden dürfen. Diese Werte sind in der Energieeinsparverordnung im Anhang 3 in Tabelle 1 aufgeführt, **Abbildung 147**. Sie gelten jedoch nur dann, wenn Änderungsmaßnahmen im Zuge des erstmaligen Einbaus, des Ersetzens oder Erneuerns im Bereich von Bauteilen der wärmeübertragenden Umfassungsfläche vorgenommen werden. Weiterhin ist zu beachten, dass die im Anhang 3 Tabelle 1 aufgeführten Wärmedurchgangskoeffizienten nicht für Änderungen gelten, die sich o bei Außenwänden, außen liegenden Fenstern, Fenstertüren und Dachflächenfenstern auf weniger als 20 Prozent der Bauteilfläche gleicher Orientierung oder

o bei anderen Außenbauteilen auf weniger als 20 Prozent der jeweiligen Bauteilfläche beziehen.

Es handelt sich hierbei daher um so genannte **bedingte Anforderungen** für die Bauteile der wärmeübertragenden Umfassungsfläche. In diesen Fällen müssen in Abhängigkeit von der Art und dem Umfang (Flächenbeschränkung) der Änderungsmaßnahme die in

Zeile		Bauteil	Gebäude nach § 1 Abs. 1 Nr. 1	Gebäude nach § 1 Abs. 1 Nr. 2
			maximaler Wärmedurchgangskoeffizient U_{max} [1] in W / (m²·K)	
Spalte		1	2	3
1	a)	Außenwände	0,45	0,75
	b)	Außenwände bei Erneuerungsmaßnahmen nach Nr. 1 b), d) und e)	0,35	0,75
2	a)	Außen liegende Fenster, Fenstertüren, Dachflächenfenster nach Nr. 2a) und b)	1,7 [2]	2,8 [2]
	b)	Verglasungen nach Nr. 2 c)	1,5 [3]	keine Anforderung
	c)	Vorhangfassaden	1,9 [4]	3,0 [4]
3	a)	Außen liegende Fenster, Fenstertüren, Dachflächenfenster mit Sonderverglasungen nach Nr. 2a) und b)	2,0 [2]	2,8 [2]
	b)	Sonderverglasungen nach Nr. 2c)	1,6 [3]	keine Anforderung
	c)	Vorhangfassaden mit Sonderverglasungen nach Nr. 6 Satz 2	2,3 [4]	3,0 [4]
4	a)	Decken, Dächer und Dachschrägen nach Nr. 4.1	0,30	0,40
	b)	Dächer nach Nr. 4.2	0,25	0,40
5	a)	Decken und Wände gegen unbeheizte Räume oder Erdreich nach Nr. 5 b) und e)	0,40	keine Anforderung
	b)	Decken und Wände gegen unbeheizte Räume oder Erdreich nach Nr. 5 a), c), d) und f)	0,50	keine Anforderung

[1] Wärmedurchgangskoeffizient des Bauteils unter Berücksichtigung der neuen und der vorhandenen Bauteilschichten; für die Berechnung opaker Bauteile ist DIN EN ISO 6946 : 1996-11 zu verwenden.

[2] Wärmedurchgangskoeffizient des Fensters; er ist technischen Produkt-Spezifikationen zu entnehmen oder nach DIN EN ISO 10 077-1 : 2000-11 zu ermitteln.

[3] Wärmedurchgangskoeffizient der Verglasung; er ist technischen Produkt-Spezifikationen zu entnehmen oder nach DIN EN ISO 673 : 2000-11 zu ermitteln.

[4] Wärmedurchgangskoeffizient der Vorhangfassade; er ist nach den anerkannten Regeln der Technik zu ermitteln.

Abbildung 147: Höchstwerte der Wärmedurchgangskoeffizienten bei erstmaligem Einbau, Ersatz und Erneuerung von Bauteilen, nach Energieeinsparverordnung Anhang 3 Tabelle 1.

Abbildung 147 aufgeführten U-Werte überprüft werden. Die Anforderungen an bestehende Gebäude gelten nach § 8 Absatz 2 jedoch auch als erfüllt, wenn das Gebäude den jeweiligen Höchstwert des **Jahres-Primärenergiebedarfs** und des **spezifischen, auf die wärmeübertragenden Umfassungsfläche bezogenen Transmissionswärmeverlustes**, der für zu errichtende Gebäude gilt, um nicht mehr als **40 Prozent** überschreitet. Hierbei ist jedoch zu beachten, dass Außenbauteile nicht so verändert werden dürfen, dass sich die energetische Qualität des Gebäudes verschlechtert.

In diesen Fällen muss wie für neu zu errichtende Gebäude der Höchstwert in Abhängigkeit vom A/V_e-Verhältnis ermittelt werden, d.h. es sind für das zu untersuchende Gebäude die Flächen der wärmeübertragenden Umfassungsfläche und das hiervon umschlossene beheizte Gebäudevolumen zu ermitteln. Bei der Festlegung des Höchstwertes ist weiterhin bei Wohngebäuden die Art der Warmwasserbereitung festzustellen, d.h. es ist zu klären, ob das Warmwasser z.B. dezentral überwiegend mit Strom oder z.B. zentral überwiegend über den Heizkessel beheizt wird. Es sind dann die entsprechenden Nachweisschritte, die im Kapitel 3 beschrieben wurden, durchzuführen.

Mit diesen Nachweisen ist ein entsprechend hoher Aufwand verbunden, da nicht nur für alle Bauteile die Wärmedurchgangskoeffizienten und die entsprechenden Flächen zu ermitteln sind, sondern auch die Anschlusssituationen der Bauteile im Hinblick auf Wärmebrückenwirkungen eingeschätzt werden müssen. Hieran gekoppelt ist auch das zu verwendende Nachweisverfahren, wobei zu erwarten ist, dass in der Regel zur energetischen Beschreibung des „Ist-Zustands" das Monatsbilanzverfahren zu verwenden ist. Diese Einschätzung ergibt sich aus der Art der Berücksichtigung von Wärmebrücken. Im Standardfall ohne Kenntnis der tatsächlichen geometrischen und stofflichen Qualitäten erscheint der pauschale Faktor von $\Delta U_{WB} = 0,10$ W/((m² · K) angemessen. In diesem Zusammenhang muss auch die Einschätzung bzw. die Berechnung der primärenergiebezogenen Anlagenaufwandszahl erwähnt werden. Unter der Voraussetzung, dass die bestehende Heizungs- und Warmwasseranlage bei der Berechnung des Wärmeschutznachweises mit berücksichtigt werden soll, muss die anlagentechnische Qualität insgesamt erfasst werden. Hierbei besteht zur Zeit das Problem, dass in der DIN V 4701 für Anlagen im Gebäudebestand noch keine Angaben gemacht werden, siehe hierzu auch die Ausführung in Kapitel 2.7.

Für den Fall, dass die Heizungsanlage mit ihren Komponenten im Bereich der Erzeugung, Speicherung und Verteilung insgesamt durch einen Anlagentyp ausgetauscht wird, der nach DIN V 4701-10 bewertet werden kann, ist die Berechnung der Anlagenaufwandszahl problemlos möglich. Diese Zusammenhänge sollte der Planer bei der Abschätzung der Planungskosten beachten. Der Nachweis des Jahres-Primärenergiebedarfs ist, sofern er überhaupt geführt werden kann, deutlich aufwendiger als für ein neu zu errichtendes Gebäude, da sowohl für den baulichen als auch den anlagentechnischen Bereich die zugrunde zu legenden Stoffdaten und Qualitäten unter Umständen erst aufwendig ermittelt werden müssen.

Bei **Erweiterung des beheizten Gebäudevolumens** um zusammenhängend mindestens 30 und nicht mehr als 100 Kubikmeter gelten vereinfachend für den neuen Gebäudeteil die Bauteilanforderungen aus Anhang 3 Tabelle 1, **Abbildung 147**. Bei Überschreiten dieser Raumgröße ist der Nachweis für den jeweiligen Gebäudeteil nach den jeweiligen Vorschriften für zu errichtende Gebäude zu führen, d.h. auch hier ist ein vollständiger Wärme- und

Primärenergiebedarfsnachweis zu führen. Die Anforderungen in Abbildung 147 gelten auch für zu errichtende Gebäude mit geringem Volumen. Für zu errichtende Gebäude mit einem beheizten Gebäudevolumen von weniger als 100 m³ sind, bei Einhaltung der Anforderungen des „Abschnittes 4 Heizungstechnische Anlagen, Warmwasser" und bei Unterschreitung der geforderten U-Werte im Anhang 3 Tabelle 1, die Anforderungen der Energieeinsparverordnung erfüllt.

Die Anforderungen für bestehende Gebäude werden in Anhang 3 Absatz 1 bis 6 näher beschrieben. Bei Erneuerungsmaßnahmen gelten die nachfolgend aufgeführten Besonderheiten und Anforderungen für die Bauteile der wärmeübertragenden Umfassungsfläche (es werden hier nur die Regelungen für Gebäude mit normalen Innentemperaturen beschrieben). Es ist bei den von den geplanten Maßnahmen betroffenen Bauteilflächen die so genannte Bagatellregelung zu überprüfen. Beträgt der Flächenanteil weniger als 20 %, so greifen die U-Wertanforderungen nicht. Für Außenwände, Fenster- und Fenstertüren (auch Dachflächenfenster) sind die Anforderungen für einen Flächenanteil von mehr als 20 % gleicher Orientierung anzuwenden. Bei diesen bauteilbezogenen Anforderungen sollte der Planer unbedingt auf die o.a. Öffnungsklausel des § 8 Absatz 2 achten. Sollte für das zu ändernde Gebäude insgesamt der jeweilige Höchstwert, der für neu zu errichtende Gebäude in Abhängigkeit vom A/V_e-Verhältnis gefordert wird um nicht mehr als 40 Prozent überschritten werden, könnte für spezielle Einzelmaßnahmen auf die Einhaltung der Bauteilanforderungen verzichtet werden. Es kann dem Planer/Handwerker nur dringend geraten werden, den Bauherrn über diese „Wahlmöglichkeiten" der Nachweisführung aufzuklären, da im Einzelfall die Anforderungen für das betroffene Außenbauteil u.U. erheblich von den U-Wertanforderungen des Anhangs 3 Tabelle 1 abweichen können, siehe hierzu Kapitel 4.4.

Außenwände beheizter Räume

a) Ersatz, erstmaliger Einbau oder $\qquad$ $U \leq 0{,}45$ W/(m² · K)
   Erneuerung von Außenwänden durch Einbau von
   Bekleidungen oder Verschalungen auf der Innenseite,

b) Einbau neuer Ausfachungen in Fachwerkwänden, $\qquad$ $U \leq 0{,}45$ W/(m² · K)

c) Erneuerung von Außenwänden durch Einbau von $\qquad$ $U \leq 0{,}35$ W/(m² · K)
   Bekleidungen in Form von Platten oder
   plattenartigen Bauteilen,

d) Erneuerung von Außenwänden durch Einbau von $\qquad$ $U \leq 0{,}35$ W/(m² · K)
   Verschalungen sowie Mauerwerks-Vorsatzschalen,

e) Erneuerung von Außenwänden durch Einbau von $\qquad$ $U \leq 0{,}35$ W/(m² · K)
   Dämmschichten. Bei Außenwänden mit
   mehrschaligem Mauerwerk ist zu beachten, dass die
   Anforderungen als erfüllt gelten, wenn der bestehende
   Hohlraum zwischen den Schalen vollständig mit
   Dämmstoff ausgefüllt wird.

f) Erneuerung des Außenputzes einer bestehenden $\qquad$ $U \leq 0{,}35$ W/(m² · K)
   Außenwand mit einem vorhandenen Wärmedurchgangs-
   koeffizient von größer 0,9 W/(m² · K).

Es ist die Ausnahmeregelung, die 20 %-Grenze des § 8 auf die von der Änderungsmaßnahme betroffenen Fassadenfläche gleicher Orientierung eines Gebäudes anzuwenden und/oder es ist zu überprüfen, ob ggf. die Anforderungen für zu errichtende Gebäude um nicht mehr als 40 % überschritten werden. Es ist jedoch auch zu beachten, dass die energetische Qualität des Gebäudes nicht verschlechtert werden darf. Bei der Berechnung des vorh. bzw. des neuen Wärmedurchgangskoeffizienten ist DIN EN ISO 6946 zu verwenden. Im Hinblick auf den Anlass zur Durchführung von Wärmedämmmaßnahmen wurde von der Auslegungsgruppe des Bundes darauf hingewiesen, dass der Verordnungsgeber im Falle des § 8 Abs. 1 stets vorausgesetzt habe, „dass die Anforderung durch entsprechende Ausführung der ohnehin vom Bauherrn in Angriff genommenen Baumaßnahme realisiert wird und nicht durch eine zusätzliche Maßnahme. Im Falle der Außenputzerneuerung heißt

Abbildung 148: Großflächige Schädigungen im Bereich von Ausfachungen bei einer Außenwand. Betroffen sind mehr als 20 % der Fassadenfläche. [Foto: Martin Unverricht]

Abbildung 149: Bei Fachwerk darf je nach Schlagregenbeanspruchung (Auslegungsfragen zur EnEV - Teil 2) von den Anforderungen aus Abbildung 147 abgewichen werden. [Foto: Martin Unverricht]

Abbildung 150: Putzschädigungen in der Regelfläche und auch im Bereich von Anschlusssituationen mit der Folge massiver Durchfeuchtungen.

Abbildung 151: Bei Erneuerungen des Außenputzes sind zusätzliche Dämmmaßnahmen erforderlich, wenn der vorhandene U-Wert größer als 0,9 W/(m² · K) ist und der Putz ohnehin, wie in diesem Fall, in wesentlichen Bereichen ersetzt werden muss.

dies, dass nur Dämmungen auf der Außenseite als Möglichkeit der Erfüllung der Anforderungen in Betracht gezogen wurden." Weiterhin wird konkretisiert, dass die o.a. Regelung nach f) von einer Abnahme des Altputzes und dem Neuverputzen ausging. Bei einer bloßen „Putzreparatur" ohne Entfernung des bestehenden Putzes sei anzunehmen, dass der Aufbau eines Wärmedämm-Verbundsystems sich nicht amortisiere. Putzreparaturen mit zusätzlichen Farb- und Putzbeschichtungen seien daher keine Putzerneuerungen im Sinne der o.a. Forderung, sondern Instandsetzungsmaßnahmen. Grundsätzlich sollte der Planer/Handwerker prüfen, ob durch den Einbau etwaiger Funktionsschichten in Außenbauteilen Grenzabstände beeinträchtigt werden. So gelten nach Veröffentlichung der Auslegungsgruppe zur Auslegung § 8 Absatz 1 in Verbindung mit Anhang 3 Nr. 1 Buchstabe e) vom 12.04.2002 für grenzständige Wände die Anforderungen nicht.

Fenster, Fenstertüren und Dachflächenfenster beheizter Räume

a) Ersatz oder erstmaliger Einbau von Fenstern, $\qquad U \leq 1{,}7\ W/(m^2 \cdot K)$
Fenstertüren und Dachflächenfenstern oder Einbau zusätzlicher Vor- oder Innenfenster.

b) Ersatz der Verglasung von Fenstern, Fenstertüren und $\qquad U \leq 1{,}5\ W/(m^2 \cdot K)$
Dachflächenfenstern, **Abbildung 153**. Ist der vorhandene Rahmen zur Aufnahme der vorgeschriebenen Verglasung ungeeignet, gilt der geforderte U-Wert der Verglasung nicht. Werden Verglasungen von Kasten- oder Verbundfenstern ersetzt, gelten die Anforderungen als erfüllt, wenn eine Glastafel mit einer infrarot-reflektierenden Beschichtung mit einer Emissivität $\varepsilon_n < 0{,}20$ eingebaut wird.

Von den in Fall a) und Fall b) beschriebenen U-Werten darf abgewichen werden, wenn im Rahmen von Ersatzmaßnahmen oder des erstmaligen Einbaus Sonderverglasungen verwendet werden, wie:

Abbildung 152: Schaufenster aus Einfachverglasung. Tür- und Fensterflügel weisen erhebliche Undichtheiten auf. Hier gelten die Anforderungen der Energieeinsparverordnung nicht.

Abbildung 153: Massive Schädigungen der Beschichtung infolge mangelnder Pflege. Folge: Versprödung der Abdichtung, Rissbildungen und Durchfeuchtungen des Holzes.

1. Schallschutzverglasungen mit einem bewerteten Schalldämmmaß der Verglasung von $R_{w,R} > 40$ dB nach DIN EN ISO 717-1 : 1997-01 oder einer vergleichbaren Anforderung oder
2. Isolierglas-Sonderaufbauten zur Durchschusshemmung, Durchbruchhemmung oder Sprengwirkungshemmung nach den Regeln der Technik oder
3. Isolierglas-Sonderaufbauten als Brandschutzglas mit einer Einzelelementdicke von mindestens 18 mm nach DIN 4102-13 : 1990-05 oder einer vergleichbaren Anforderung.

Bei Einsatz dieser Sondergläser gelten folgende Werte:

c) Ersatz oder erstmaliger Einbau von Fenstern, $U \leq 2{,}0$ W/(m² · K)
    Fenstertüren und Dachflächenfenstern oder
    Einbau zusätzlicher Vor- oder Innenfenster,
d) Ersatz der Verglasung von Fenstern, Fenstertüren $U \leq 1{,}6$ W/(m² · K)
    und Dachflächenfenstern.

Es ist die Ausnahmeregelung, die 20 %-Grenze des § 8 auf die von der Änderungsmaßnahme betroffenen Fensterfläche gleicher Orientierung eines Gebäudes anzuwenden und/oder es ist zu überprüfen, ob ggf. die Anforderungen für zu errichtende Gebäude um nicht mehr als 40 % überschritten werden. Es ist jedoch auch zu beachten, dass die energetische Qualität des Gebäudes nicht verschlechtert werden darf. Der Wärmedurchgangskoeffizient des Fensters ist technischen Produkt-Spezifikationen zu entnehmen oder nach DIN EN ISO 10 077-1 oder DIN V 4108-4 zu ermitteln.

Der Wärmedurchgangskoeffizient der Verglasung ist technischen Produkt-Spezifikationen zu entnehmen oder nach DIN EN ISO 673 zu ermitteln. Die DIN EN ISO 10 077-1 enthält einen Rechenansatz für Kastenfenster, wobei hier der Wärmedurchlasswiderstand des Luftraums zwischen den Verglasungen der beiden Fenster berücksichtigt wird. Die Anforderungen gelten nicht für Schaufenster und Türanlagen aus Glas.

Außentüren beheizter Räume
Bei der Erneuerung von Außentüren dürfen nur Außentüren eingebaut werden, deren Türflächen einen Wärmedurchgangskoeffizient von 2,9 W/(m² · K) nicht überschreiten. Dabei ist zu beachten, dass die energetische Qualität des Gebäudes nicht verschlechtert werden darf.

Decken, Dächer und Dachschrägen beheizter Räume

Steildächer

Geltungsbereich: Steildächer mit Decken unter nicht ausgebauten Dachräumen sowie Decken und Wände (einschließlich Dachschrägen), die Räume nach oben gegen die Außenluft abgrenzen.

a) Ersatz oder erstmaliger Einbau in den $U \leq 0{,}30$ W/(m² · K)
    o.a. Bauteilbereichen,
b) Ersatz oder erstmaliger Einbau der Dachhaut bzw. $U \leq 0{,}30$ W/(m² · K)
    außenseitiger Bekleidungen oder Verschalungen,

Abbildung 154. Wird eine Zwischensparrendämmung ausgeführt und ist die Dicke der Wärmedämmschicht wegen einer innenseitigen Bekleidung und der Sparrenhöhe begrenzt, so gilt die Anforderung als erfüllt, wenn die nach den Regeln der Technik höchstmögliche Dämmschichtdicke eingebaut wird, **Abbildung 155**.

c) Einbau oder Erneuerung innenseitiger Bekleidungen oder Verschalungen,

$U \leq 0,30$ W/(m² · K)

d) Einbau von Wärmedämmschichten:
Wird eine Zwischensparrendämmung ausgeführt und ist die Dicke der Wärmedämmschicht wegen einer **innenseitigen Bekleidung und der Sparrenhöhe begrenzt**, so gilt die Anforderung als erfüllt, wenn die nach den Regeln der Technik höchstmögliche Dämmschichtdicke eingebaut wird.

$U \leq 0,30$ W/(m² · K)

e) Einbau von zusätzlichen Bekleidungen oder Dämmschichten an Wänden zum unbeheizten Dachraum.

$U \leq 0,30$ W/(m² · K)

Es ist die Ausnahmeregelung, die 20 %-Grenze des § 8 auf die von der Änderungsmaßnahme betroffene Dachfläche des Gebäudes anzuwenden und/oder es ist zu überprüfen, ob ggf. die Anforderungen für zu errichtende Gebäude um nicht mehr als 40 % überschritten werden. Es ist jedoch auch zu beachten, dass die energetische Qualität des Gebäudes nicht verschlechtert werden darf. Bei der Berechnung des vorhandenen bzw. des neuen Wärmedurchgangskoeffizienten ist DIN EN ISO 6946 zu verwenden.

Abbildung 154: Vollständiger Ersatz der Dacheindeckung. Es darf der U-Wert von 0,30 W/(m² · K) nicht überschritten werden. Es ist ratsam das Bauwerk während der Ersatz- und Erneuerungsmaßnahme vor Witterungseinflüssen zu schützen.

Abbildung 155: Die Anforderungen gelten als erfüllt, wenn bei Einbau einer Zwischensparrendämmung die höchstmögliche Dämmschichtdicke eingebaut wird.

Flachdächer

a) Ersatz oder erstmaliger Einbau, **Abbildung 156** $U \le 0{,}25$ W/(m² · K)
b) Ersatz oder erstmaliger Einbau der Dachhaut bzw. $U \le 0{,}25$ W/(m² · K)
  außenseitige Bekleidung oder Verschalung,
c) Erstmaliger Einbau oder Erneuerung innenseitiger $U \le 0{,}25$ W/(m² · K)
  Bekleidungen oder Verschalungen,
d) Einbau von Wärmedämmschichten. $U \le 0{,}25$ W/(m² · K)

Werden bei der Flachdacherneuerung Gefälledächer durch die keilförmige Anordnung der Wärmedämmschicht eingebaut, so ist der Wärmedurchgangskoeffizient nach DIN EN ISO 6946, Anhang C zu ermitteln, siehe auch Kapitel 2.2. Der Bemessungswert des Wärmedurchgangswiderstandes am tiefsten Punkt der neuen Wärmedämmschicht muss den Mindestwärmeschutz nach den anerkannten Regeln der Technik gewährleisten. Es ist die Ausnahmeregelung, die 20 %-Grenze des § 8 auf die von der Änderungsmaßnahme betroffene Dachfläche des Gebäudes anzuwenden und/oder es ist zu überprüfen, ob ggf. die Anforderungen für zu errichtende Gebäude um nicht mehr als 40 % überschritten werden. Es ist jedoch auch zu beachten, dass die energetische Qualität des Gebäudes nicht verschlechtert werden darf.

Wände und Decken gegen unbeheizte Räume und gegen Erdreich

a) Ersatz oder erstmaliger Einbau, $U \le 0{,}50$ W/(m² · K)
b) Einbau innenseitiger Bekleidungen oder $U \le 0{,}50$ W/(m² · K)
  Verschalungen an Wänden,
c) Einbau oder Erneuerung von Fußbodenaufbauten $U \le 0{,}50$ W/(m² · K)
  auf der beheizten Seite. Die Anforderungen gelten
  als erfüllt, wenn ein Fußbodenaufbau mit der ohne
  Anpassung der Türhöhen höchstmöglichen Dicke der
  Wärmedämmschicht bei einem Bemessungswert der
  Wärmeleitfähigkeit von $\lambda = 0{,}04$ W/(m · K) ausgeführt wird.

Abbildung 156: Erneuerung des Flachdaches. Es darf der U-Wert von 0,25 W/(m² · K) nicht überschritten werden.

Abbildung 157: Erneuerung einer Feuchtigkeitssperre. Es darf der U-Wert von 0,40 W/(m² · K) nicht überschritten werden.

d)   Einbau von Wärmedämmschichten, $U \leq 0,50$ W/(m² · K)

e)   Einbau oder Erneuerung von außenseitigen $U \leq 0,40$ W/(m² · K)
Bekleidungen oder Verschalungen, Feuchtigkeits-
sperren oder Drainagen, **Abbildung 157**,

f)   Einbau von Deckenbekleidungen auf der Kaltseite. $U \leq 0,40$ W/(m² · K)

Es ist die Ausnahmeregelung, die 20 %-Grenze des § 8 auf die von der Änderungsmaßnahme betroffenen Bauteile des Gebäudes anzuwenden und/oder es ist zu überprüfen,
ob ggf. die Anforderungen für zu errichtende Gebäude um nicht mehr als 40 % überschritten werden. Es ist jedoch auch zu beachten, dass die energetische Qualität des Gebäudes nicht verschlechtert werden darf. Bei der Berechnung des vorhandenen bzw. des neu-
en Wärmedurchgangskoeffizienten ist DIN EN ISO 6946 zu verwenden.

Vorhangfassaden

a)   Ersatz oder erstmaliger Einbau $U \leq 1,9$ W/(m² · K)
des gesamten Bauteils,

b)   Ersatz der Füllung (Verglasung oder Paneele) $U \leq 1,9$ W/(m² · K)
an Wänden,

c)   Bei Einsatz von Sondergläsern wie: $U \leq 2,3$ W/(m² · K)
1. Schallschutzverglasungen mit einem
bewerteten Schalldämmmaß der Verglasung
von $R_{w,R} > 40$ dB nach DIN EN ISO 717-1 : 1997-01
oder einer vergleichbaren Anforderung oder
2. Isolierglas-Sonderaufbauten zur Durchschusshemmung, Durchbruchhemmung oder Sprengwirkungshemmung nach den Regeln der Technik
oder
3. Isolierglas-Sonderaufbauten als Brandschutzglas
mit einer Einzelelementdicke von mindestens
18 mm nach DIN 4102-13 : 1990-05 oder
einer vergleichbaren Anforderung.

Es ist die Ausnahmeregelung, die 20 %-Grenze des § 8 auf die von der Änderungsmaßnahme betroffenen Fassadenfläche gleicher Orientierung eines Gebäudes anzuwenden
und/oder es ist zu überprüfen, ob ggf. die Anforderungen für zu errichtende Gebäude um
nicht mehr als 40 % überschritten werden. Bei der Berechnung des Wärmedurchgangskoeffizienten der Vorhangfassade sind die anerkannten Regeln der Technik zu beachten.
Es ist jedoch auch zu beachten, dass die energetische Qualität des Gebäudes nicht verschlechtert werden darf.

4.2 Anforderungen an Heizungs- und Warmwasseranlagen

In der Energieeinsparverordnung werden auch Anforderungen an heizungstechnische Anlagen und Warmwasseranlagen gestellt. Diese sind im Zusammenhang mit den in „§ 9
Nachrüstung bei Anlagen und Gebäuden" beschriebenen Nachrüstungsverpflichtungen
für Heizungs- und Warmwasseranlagen zu nennen. Folgende Regelungen sind in Bezug
auf Heizungs- und Warmwasseranlagen zu beachten:

o Eigentümer von Gebäuden müssen Heizkessel, die mit flüssigen oder gasförmigen Brennstoffen beschickt werden und vor dem 1.10.1978 eingebaut oder aufgestellt worden sind, bis zum 31.12.2006 außer Betrieb nehmen. Wurden Heizkessel, die mit flüssigen oder gasförmigen Brennstoffen beschickt werden und vor dem 1.10.1978 eingebaut oder aufgestellt worden sind nach § 11 Abs. 1 in Verbindung mit § 23 der 1. BlmSchV so ertüchtigt, dass die zulässigen Abgasverlustgrenzwerte eingehalten sind, oder wurden Brenner dieser Heizkessel nach dem 1.11.1996 erneuert, so verlängert sich die o.a. Frist bis zum 31.12.2008.

Es sind keine Nachrüstungen in Bezug auf den Heizkessel durchzuführen, wenn die vorhandenen Heizkessel Niedertemperatur- oder Brennwertkessel sind bzw. die heizungstechnische Anlage eine Nennleistung von nicht weniger als 4 Kilowatt oder mehr als 400 Kilowatt aufweist. Weiterhin gilt diese Forderung nicht:

o für Heizkessel, welche für den Betrieb mit Brennstoffen ausgelegt sind, deren Eigenschaften von den marktüblichen flüssigen und gasförmigen Brennstoffen erheblich abweichen,
o für Anlagen, die ausschließlich der Warmwasserbereitung dienen,
o für Küchenherde und Geräte, die hauptsächlich zur Beheizung des Raumes, in dem sie eingebaut oder aufgestellt sind, so ausgelegt sind, dass sie daneben auch Warmwasser für die Zentralheizung und für sonstige Gebrauchszwecke liefern.

o Eigentümer von Gebäuden müssen bei heizungstechnischen Anlagen ungedämmte und zugängliche Wärmeverteilungs- und Warmwasserleitungen und Armaturen, die sich nicht in beheizten Räumen befinden, bis zum 31.12.2006 nachträglich dämmen, **Abbildung 159**. Die Randdaten bei der Dimensionierung der Dämmmaßnahme werden im Anhang 5 der Energieinsparverordnung beschrieben, Abbildung 8. Neben konkreten Dickenangaben der Dämmschicht, bezogen auf eine Wärmeleitfähigkeit von $\lambda = 0{,}035$ W/(m·K) in Abbildung 8, werden folgende Regelungen ergänzend beschrieben:

Abbildung 158: Nachrüstungsverpflichtung im Bereich von zugänglichen, aber nicht begehbaren obersten Geschossdecken. Wer prüft die Durchführung der Wärmedämmmaßnahme?

Abbildung 159: Nachrüstungsverpflichtung im Bereich von zugänglichen, aber nicht gedämmten Warmwasserleitungen. Wer prüft die Durchführung der Wärmedämmmaßnahme?

o Sofern sich die Wärmeverteilungs- bzw. Warmwasserleitungen sowie Armaturen in beheizten Räumen oder in Bauteilen zwischen beheizten Räumen eines Nutzers befinden und die Wärmeabgabe durch freiliegende Absperrventile beeinflusst werden kann, werden keine Anforderungen an die Mindestdicke gestellt. Dies gilt auch für Warmwasserleitungen in Wohnungen mit einem Innendurchmesser von bis zu 22 mm, die weder in den Zirkulationskreislauf einbezogen noch mit elektrischer Begleitheizung ausgestattet sind.

o Bei Wärmeverteilungs- und Warmwasserleitungen dürfen die Mindestdicken der Dämmschichten nach Anhang 5 Tabelle 1 insoweit vermindert werden, als eine gleichwertige Begrenzung der Wärmeabgabe auch bei anderen Rohrdämmstoffen und unter Berücksichtigung der Dämmwirkung der Leitungswände sichergestellt ist, Abbildung 8.

o Bei Wohngebäuden mit nicht mehr als zwei Wohnungen, von denen zum Zeitpunkt des In-Kraft-Tretens dieser Verordnung eine Wohnung der Eigentümer selbst bewohnt, sind die o.a. beschriebenen Anforderungen nur im Falle eines Eigentümerwechsels zu erfüllen. Die Frist beträgt zwei Jahre ab dem Eigentumsübergang; sie läuft jedoch in den Fällen der heizungstechnischen Nachrüstung nicht vor dem 31.12.2008 ab.

Zentralheizungen in Gebäuden müssen mit einer zentralen, selbsttätig wirkenden Einrichtung zur Verringerung und Abschaltung sowie zur Ein- und Ausschaltung elektrischer Antriebe in Abhängigkeit von der Außentemperatur oder einer anderen geeigneten Führungsgröße und der Zeit ausgestattet sein. Hierbei können witterungsgeführte Regelungen oder elektronische Einzelraumregelungen verwendet werden. Diese Forderung gilt sowohl für Ausstattungen von neu zu errichtenden Gebäuden als auch für bestehende Gebäude.

Bei bestehenden Gebäuden mit Heizungsanlagen, bei denen Wasser als Wärmeträger benutzt wird, muss die Heizungsanlage mit einer selbsttätig wirkenden Einrichtung zur raumweisen Regelung der Raumtemperatur ausgestattet sein. Der einfachste Standard in dieser Hinsicht stellt das Thermostatventil dar.

Ausgenommen hiervon sind Einzelheizgeräte, die mit festen oder flüssigen Brennstoffen betrieben werden. Mit Ausnahme von Wohngebäuden ist für Raumgruppen gleicher Art und Nutzung eine Gruppenregelung zulässig. Werden Wärmeverteilungs- und Warmwasserleitungen sowie Armaturen in Gebäuden erstmalig eingebaut oder vorhandene ersetzt, muss deren Wärmeabgabe nach Anhang 5 der Energieeinsparverordnung begrenzt werden, **Abbildung 8**. Bei Einrichtungen zur Speicherung von Heiz- oder Warmwasser, die erstmalig in Gebäude eingebaut oder ersetzt werden, muss deren Wärmeabgabe nach den anerkannten Regeln der Technik begrenzt werden.

Bei Gebäuden, die strukturell leer stehen und abgerissen werden sollen (aus Gründen z.B. bestätigter Stadtentwicklungskonzeptionen) bzw. in ähnlich gelagerten Fällen kann wegen der mit den o.a. Anforderungen verbundenen unbilligen Härte nach § 17 Befreiungen auf Antrag von den Nachrüstungsverpflichtungen abgesehen werden.

4.3 Gemeinsame Regelungen für Gebäude und Anlagen

Aufrechterhaltung der energetischen Qualität

In „§ 10 Aufrechterhaltung der energetischen Qualität" wird darauf hingewiesen, dass Außenbauteile nicht in einer Weise verändert werden dürfen, welche die energetische Qualität des Gebäudes verschlechtert. Das Gleiche gilt auch für heizungstechnische Anlagen und Warmwasseranlagen, soweit diese zum Nachweis der Anforderungen energieeinsparrechtlicher Vorschriften des Bundes zu berücksichtigen waren.

Weiterhin wird in „§ 10 Aufrechterhaltung der energetischen Qualität" gefordert, dass energiebedarfssenkende Einrichtungen in Anlagen, die beim Nachweis der Anforderungen energieeinsparrechtlicher Vorschriften des Bundes berücksichtigt wurden, betriebsbereit zu erhalten und bestimmungsgemäß zu nutzen sind. Dies gilt als erfüllt, soweit der Einfluss einer energiebedarfssenkenden Einrichtung auf den Jahres-Primärenergiebedarf durch anlagentechnische oder bauliche Maßnahmen ausgeglichen wird.

Außerdem sind Heizungs- und Warmwasseranlagen sowie raumlufttechnische Anlagen sachgerecht zu bedienen, zu warten und instand zu halten. Für die Wartung und Instandhaltung ist Fachkunde erforderlich. Fachkundig ist, „wer die zur Wartung und Instandhaltung notwendigen Fachkenntnis und Fertigkeiten besitzt".

Energiebedarfsausweis

In „§ 13 Ausweise über Energie- und Wärmebedarf, Energieverbrauchskennwerte" wird ausgeführt, dass im Falle von wesentlichen Änderungen an Gebäuden mit normalen Innentemperaturen ein Energiebedarfsausweis auszustellen ist. Einzelheiten, insbesondere bezüglich der erleichterten Feststellung der Eigenschaften von Gebäudeteilen, die von der Änderung nicht betroffen sind, werden in der Allgemeinen Verwaltungsvorschrift geregelt.

Ein Energiebedarfsausweis ist auszustellen, wenn:

1. innerhalb eines Jahres mindestenes in drei Bauteilsituationen (z.B. Außenwand, geneigtes Dach undFenster) in Verbindung mit dem Austausch eines Heizkessels oder der Umstellung einer Heizungsanlage auf einen anderen Energieträger durchgeführt werden oder
2. das beheizte Gebäudevolumen insgesamt um mehr als 50 Prozent erweitert wird.

Nachrüstung bei Anlagen und Gebäuden

In „§ 9 Nachrüstung bei Anlagen und Gebäuden" werden über die o.a. bedingten Anforderungen hinausgehend auch Nachrüstungsverpflichtungen für Gebäude beschrieben. Eigentümer von Gebäuden mit normalen Innentemperaturen müssen nicht begehbare, aber zugängliche, oberste Geschossdecken beheizter Räume bis zum 31.12.2006 so dämmen, dass der Wärmedurchgangskoeffizient U = 0,3 W/(m² · K) nicht überschritten wird, **Abbildung 159**.

Bei Wohngebäuden mit nicht mehr als zwei Wohnungen, von denen zum Zeitpunkt des In-Kraft-Tretens dieser Verordnung eine Wohnung der Eigentümer selbst bewohnt, ist die o.a. beschriebene Anforderung nur im Falle eines Eigentümerwechsels zu erfüllen. Die Frist beträgt ab dem Eigentumsübergang zwei Jahre; sie läuft jedoch nicht vor dem 31.12.2006 ab.

Ausnahmen

In der Praxis tritt immer wieder der Fall auf, dass für bestimmte Bauteilsituationen Änderungsmaßnahmen durchgeführt werden müssen, wärmeschutztechnische Maßnahmen jedoch unter Wahrung der Verhältnismäßigkeit der Mittel nicht realisiert werden können.

Für derartige Fälle sollten die Regelungen der „§ 16 Ausnahmen" und „§ 17 Befreiungen" für den speziellen Einzelfall überprüft werden.
In § 16 wird ausgeführt, dass bei Baudenkmälern oder bei sonstiger besonders erhaltenswerter Bausubstanz die Erfüllung der Anforderungen dieser Verordnung die Substanz oder das Erscheinungsbild beeinträchtigen und andere Maßnahmen zu einem unverhältnismäßig hohen Aufwand führen würden, die nach Landesrecht zuständigen Behörden auf Antrag Ausnahmen zulassen.

In § 17 wird der Aspekt der „Verhältnismäßigkeit" konkretisiert. So können die nach Landesrecht zuständigen Behörden auf Antrag von den Anforderungen dieser Verordnung befreien, wenn die Anforderungen im Einzelfall wegen besonderer Umstände durch einen unangemessenen Aufwand oder in sonstiger Weise zu einer unbilligen Härte führen. Eine unbillige Härte liegt insbesondere dann vor, wenn die erforderlichen Aufwendungen innerhalb der üblichen Nutzungsdauerdurch die eintretenden Einsparungen nicht erwirtschaftet werden können.

4.4 Energetische Sanierung nach Energieeinsparverordnung - Beispiel

Ein Reihenmittelhaus (Baujahr 1964) soll energetisch saniert werden, **Abbildung 160**. Hierbei sollen Ersatz- und Erneuerungsmaßnahmen im Bereich **des Daches, der Außenwand und der Fenster** durchgeführt werden. Das Gebäude wird zentral mit einem Heizkessel von 1977 beheizt.

A = 350 m²
V_e = 600 m³
A/V_e = 0,58 m⁻¹

Gemäß der EnEV sind entweder die **bauteilbezogenen Anforderungen (U-Werte)** zu erfüllen oder die **Anforderungen für neu zu errichtende Gebäude dürfen um nicht mehr als 40 Prozent** überschritten werden. Der **Heizkessel muss bis zum 31.12.2006** ausgetauscht werden. Nachfolgend sollen beide Nachweisfälle vorgestellt werden. Die Heizungsanlage soll ersetzt werden.

Fall 1: Bauteilbezogene Anforderungen

Bei Ersatz- und Erneuerungsmaßnahmen dürfen, sofern mehr als 20 % des Bauteils (bei Fenstern und Außenwänden gilt: Bauteil gleicher Orientierung) ersetzt oder erneuert werden, bestimmte U-Werte nicht überschritten werden.

Erforderliche U-Werte: **Anforderungen erfüllt mit:**

Außenwand:	0,35 W/(m² · K)	08 cm WLG 035
Dach:	0,30 W/(m² · K)	14 cm WLG 035
Fenster:	1,7 W/(m² · K)	$U_g = 1{,}2$; $U_{f,BW} = 1{,}8$ W/(m² · K)

Fall 2: Nachweis für neu zu errichtende Gebäude

Die Anforderungen gelten auch als erfüllt, wenn die Anforderungen für neu zu errichtende Gebäude um **nicht mehr als 40 % überschritten** werden. Im Rahmen der Ersatz- und Erneuerungsmaßnahme wird ein Brennwertkessel (Aufstellort, Verteilung und Speicherung im beheizten Bereich mit Zirkulation) vorgesehen; der Jahres-Primärenergiebedarf kann somit nachgewiesen werden, da die Anlagenaufwandszahl im geplanten Zustand des Gebäudes nach DIN V 4701-10 berechnet werden kann.

Zulässiger Höchstwert:

$$Q_{p\,+40\%}'' = 1{,}4 \cdot (50{,}94 + 75{,}29 \cdot A/V_e + 2.600 / (100+A_N)) \qquad \text{in kWh/(m}^2 \cdot \text{a)}$$
$$Q_{p\,+40\%}'' = 1{,}4 \cdot (50{,}94 + 75{,}29 \cdot 0{,}58 + 2.600 / (100+192))$$
$$\mathbf{Q_{p\,+40\%}'' = 145 \; kWh/(m^2 \cdot a)}$$

Der Jahres-Heizwärmebedarf soll mittels dem Monatsbilanzverfahren berechnet werden, da in einer Reihe von Anschlusspunkten der Nachweis zur Wärmebrückenminimierung gemäß DIN 4108 Bbl 2 nicht möglich ist.

$$Q_{h,M} = Q_{l,M} - \eta_M \cdot Q_{g,M} \qquad \text{in kWh}$$
$$Q_{h,M} = (H_T + H_V) \cdot 0{,}024 \cdot (\theta_i - \theta_e) \cdot t_M - (\eta_M \cdot (Q_{i,M} + Q_{s,M})) \qquad \text{in kWh}$$

Ermittlung des spezifischen Transmissionswärmeverlustes

$$H_T = \Sigma \, (U_i \cdot A_i \cdot F_{xi}) + H_{WB}$$

Bauteil	Bauteilflächen	U-Werte	Anforderungen erfüllt mit:
Außenwand:	115 m²	0,57 W/(m² · K)	04 cm WLG 040
geneigtes Dach:	110 m²	0,47 W/(m² · K)	08 cm WLG 040
Kellerdecke:	100 m²	0,58 W/(m² · K)	06 cm WLG 040
Fenster:	025 m²	1,7 W/(m² · K)	$U_g = 1{,}2$; $U_{f,BW} = 1{,}8$ W/(m² · K)

$$H_T = (115 \cdot 0{,}57 + 110 \cdot 0{,}47 + 100 \cdot 0{,}58 \cdot 0{,}6 + 25 \cdot 1{,}7) + 0{,}10 \cdot 350$$
$$H_T = 230 \qquad \text{W/K}$$

Ermittlung des spezifischen Lüftungswärmeverlustes

$$H_V = 0{,}190 \cdot V_e$$
$$H_V = 0{,}190 \cdot 600$$
$$H_V = 114 \qquad \text{W/K}$$

Summe der Wärmeverluste

$$Q_l = (230 + 114) \cdot 0{,}024 \cdot (\theta_i - \theta_e) \cdot t_M \qquad Q_l = 22.704 \; \text{kWh/a}$$

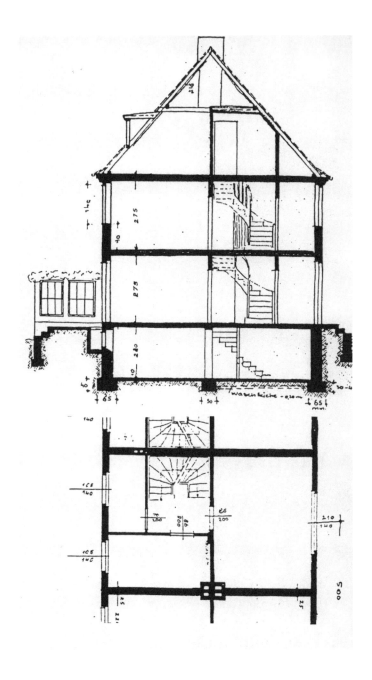

Abbildung 160: Schnitt- und Grundriss 1.Obergeschoss des wärmeschutztechnisch nachzurüstenden Wohngebäudes.

$$Q_i = q_i \cdot A_N \cdot 0{,}024 \cdot t_M \qquad\qquad Q_l = 4.224 \text{ kWh/a}$$

Solare Wärmegewinne

$$Q_s = \Sigma\,(I_s) \cdot \Sigma\,F_F \cdot F_S \cdot F_C \cdot g_i \cdot A_w \cdot 0{,}024 \cdot t_M \qquad Q_s = 1.773 \text{ kWh/a}$$

Jahres-Heizwärmebedarf, ermittelt nach DIN V 4108-6 Anhang D

$Q_h = 17.067$ kWh/a

Bezogener Jahres-Heizwärmebedarf

$q_h = Q_h / A_N$
$q_h = 17.067 / 192$
$q_h = 88{,}58$ kWh/(m² · a)

Ermittlung der Anlagenaufwandszahl

$q_h = 88{,}58$ kWh/(m² · a)
$A_N = 192$ m²

Gewähltes System: Brennwertkessel im beheizten Bereich mit Zirkulationspumpe
Heizung:
Übergabe: Radiatoren mit Thermostatventil 1 K
Verteilung: max. Vorlauf-/Rücklauftemperatur 55 °C/ 45 °C, horizontale Verteilung im
            beheizten Bereich, vertikale Stränge innen liegend, ungeregelte Pumpe
Erzeugung: Brennwertkessel, Aufstellung im **beheizten Bereich**

Trinkwassererwärmung:
Speicherung: indirekt beheizter Speicher im beheizten Bereich
Verteilung: horizontal im beheizten Bereich, mit Zirkulation
Erzeugung: Brennwertkessel

Lüftung:
keine Lüftungsanlage, Fensterlüftung

Anlagenaufwandszahl nach DIN V 4701 -10 $e_p = 1{,}36$

$Q_p = (Q_h + Q_w) \cdot e_p$ in kWh/(m²a)
$Q_p'' = (88{,}58 + 12{,}5) \cdot 1{,}36$ kWh/(m²·a)
$Q_p'' = 138$ kWh/(m² · a)

Vergleich der vorhandenen Werte mit den Höchstwerten:

$Q_{p\ vorh.}'' = 138$ kWh/(m²a) $<$ $Q_{p\ +40\%}'' = 145$ kWh/(m²·a)
$H_{T\ vorh.}' = 0{,}66$ W/(m²·K) $<$ $H_{T\ +40\%}' = 0{,}78$ W/(m²·K)

Anforderungen erfüllt!
An diesem Beispiel wird deutlich, dass im Einzelfall auch im Gebäudebestand über die
„Verrechnungsmöglichkeit" zwischen dem Standard des baulichen Wärmeschutzes und
dem der Anlagentechnik erhebliche Investitionseinsparungen erzielt werden können im
Vergleich zu den Ergebnissen, die sich aus den Bauteilanforderungen ergeben.

4.5 Allgemeine Hinweise zur Planung von Energieeinsparmaßnahmen

Wärmeschutztechnische Verbesserungsmaßnahmen an Gebäuden werden in der Regel nur im Zusammenhang mit ohnehin fälligen Sanierungsmaßnahmen durchgeführt. Bei der Feststellung des Sanierungsbedarfs wird hierbei oft übersehen, dass im Zuge der durchzuführenden Ersatz- oder Erneuerungsmaßnahme oder dem erstmaligen Einbau von Bauteilen **wärmeschutztechnische Anforderungen** zu überprüfen und einzuhalten sind.

Speziell bei kleineren Baumaßnahmen wird nicht auf den fachkundigen Rat zurückgegriffen und die öffentlich-rechtlichen Anforderungen bleiben häufig unberücksichtigt. Bei Missachtung der vom Verordnungsgeber aufgestellten Anforderungen wird dabei nicht nur gegen geltendes Recht verstoßen, sondern auch die Möglichkeit leichtfertig vergeben, ein **ganzheitliches und damit nachhaltiges, energetisches Sanierungskonzept** für das Gebäude aufstellen und ausführen zu lassen.

Hierbei stehen vorrangig die einmalig aufzubringenden Investitionen im Vordergrund; die langfristig aufzubringenden Bewirtschaftungskosten bleiben oftmals unbeachtet. So kann aus eigener Erfahrung festgestellt werden, dass in der Praxis die geforderten Wärmedurchgangskoeffizienten bei der Durchführung von Änderungsmaßnahmen im Zuge des erstmaligen Einbaus, des Ersetzens oder Erneuerns im Bereich von Bauteilen der wärmeübertragenden Umfassungsfläche unbekannt sind.

Oft wird aufseiten der Investoren Unverständnis dafür aufgebracht, dass im Zuge von Ersatz- oder Erneuerungsmaßnahmen äußerer oder innerer Deckschichten von Bauteilen der wärmeübertragenden Umfassungsfläche unter Umständen neue Funktionsschichten wie z.B. Wärmedämmschichten einzubauen sind. Es tritt dann häufig der Fall ein, dass Vergleichsangebote durch andere Handwerksfirmen eingeholt werden und schließlich die „billigsten" Leistungen beauftragt werden.

Dieses Szenario stellt keinen Einzelfall dar! Im Rahmen einer Studie konnte festgestellt werden, dass in der Mehrzahl der untersuchten Fälle den betroffenen Handwerksfirmen exakte wärmeschutztechnische Regelungen zum Bauen im Bestand unbekannt waren. Nur selten kommt beim Bauen im Bestand ein Investor dem Rat nach, eine systematische Bestandsaufnahme durchzuführen, um dann ein nachhaltiges Sanierungskonzept zur energetischen Ertüchtigung eines Gebäudes durch einen Planer aufstellen zu lassen. Zum Teil sind derartige Verhalten sicherlich auf Unkenntnis, aber auch auf fehlende Kontrolle bzw. fehlende finanzielle Anreize zurückzuführen.

Da oft die Komplexität des Planens und Bauens im Bestand unterschätzt wird und damit häufig Möglichkeiten der langfristig währenden Energieeinsparung vergeben werden, soll nachfolgend ein Vorschlag gemacht werden, wie ein energetisches Sanierungskonzept aufgebaut sein könnte.

Im nachfolgenden Konzept werden vorrangig die verschiedenen Aufgabenbereiche zur energetischen Sanierung beschrieben. Auf die Vielfalt von Schädigungen im Bereich von Außenbauteilen, die oft erst den Anlass geben, tätig zu werden, soll an dieser Stelle nicht weiter eingegangen werden.

Es können sich je nach Fragestellung mehrere Aufgabenbereiche ergeben:

o Feststellung der Ursachen für einen erhöhten Heizwärmeverbrauch,
o Entwickeln von Sanierungskonzepten mit Wirtschaftlichkeitsbetrachtungen,
o Durchführung der wärmeschutztechnischen Verbesserungsmaßnahmen.

Feststellung der Ursachen für den erhöhten Heizwärmeverbrauch
In diesem Zusammenhang sollte eine systematische Untersuchung aller Faktoren erfolgen, die Einflüsse auf den Heizwärmeverbrauch haben können. Hierbei wird eine wärmeschutztechnische Analyse des Gebäudes, eine Ermittlung des Ist-Zustandes durchgeführt. Hierbei ist zu beachten, dass wenn das Berechnungsergebnis des Jahres-Heizwärmebedarfs für einen öffentlich-rechtlichen Nachweis benutzt werden soll, die Randbedingungen der DIN V 4108 - 6 Anhang D und die der Energieeinsparverordnung in Verbindung mit DIN V 4701-10 zu verwenden sind. Bei Vergleichen mit dem tatsächlichen Verbrauch des Gebäudes könnten diese Randbedingungen u.U. aber zu einer Fehleinschätzung führen.

Da zu einer systematischen Bestandsanalyse auch die Ermittlung des vorhandenen Heizenergiebedarfs zählt, sind die entsprechenden Randdaten, also auch die der Anlagentechnik zu ermitteln. Ein vollständiges Berechnungsverfahren ist in [53] beschrieben.

Liegen keine Bestandspläne vor, so müssen die **geometrischen Daten** des Gebäudes ggf. mit Hilfe eines formgerechten Aufmaßes ermittelt werden, um die wärmeübertragende Umfassungsfläche A und das hiervon umschlossene beheizte Gebäudevolumen ermitteln zu können. Für die weiteren Berechnungen im Rahmen des öffentlich-rechtlichen Nachweises müssten dann folgende Werte ermittelt werden:

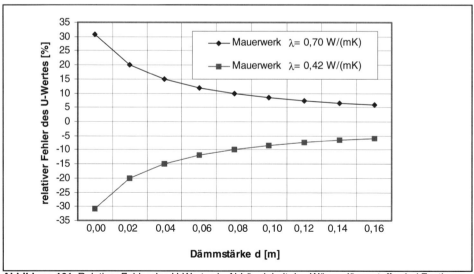

Abbildung 161: Relativer Fehler des U-Wertes in Abhängigkeit des Wärmedämmstoffes bei Festlegung der Wärmeleitfähigkeit des Mauerwerks.

A/V_e Kompaktheitsgrad
A wärmeübertragende Umfassungsfläche
A_N Gebäudenutzfläche
V_e beheiztes Luftvolumen
Q_p'' Höchstwert des Jahres-Primärenergiebedarfs
H_T' Höchstwert des spezifischen auf die wärmeübertragenden Umfassungsfläche bezogenen Transmissionswärmeverlustes

Neben den geometrischen Abmessungen der Bauteilflächen sind auch deren stoffliche und geometrische Qualitäten entlang des Wärmestroms zu ermitteln. Festzustellen sind die Schichtenfolge, Dicke der Schichten, stoffliche Beschaffenheit (z.B. Mauerwerk, Steinqualität, Ziegel, Kalksandstein, Porenbeton).

Im Hinblick auf die Geometrien der Bauteilschichten müssen die in den Planunterlagen angegebenen Daten überprüft werden. Hier sollten die vorhandenen Daten zumindest stichprobenartig übepüft werden. Bei in Massivbauweise erstellten, mehrgeschossigen Bauvorhaben ergibt sich, dass der immer geringeren Belastung nach oben folgend, sich die Dicke des Mauerwerks verjüngt. Bei einem viergeschossigen Gebäude aus den 30er Jahren konnten insgesamt neun Schichtdicken festgestellt werden. Hieraus resultierten entsprechend neun unterschiedliche U-Werte zwischen 2,0 und 1,0 W/(m² · K).

Zur Berechnung des Wärmedurchgangskoeffizienten werden neben den geometrischen Beschaffenheiten die Wärmeleitfähigkeiten benötigt. Zur Bestimmung der Wärmeleitfähigkeit stehen unterschiedliche Möglichkeiten zur Verfügung. Eine bloße Abschätzung der Wärmeleitfähigkeit kann zu ungenauen Ergebnissen führen. Die Veränderung der Wärmeleitfähigkeit von einem abgeschätzten Wert mit $\lambda = 0,42$ W(m · K) auf einen vorhandenen Wert von $\lambda = 0,70$ W(m² · K) führt bei gleicher Schichtdicke zu einer Veränderung des Wärmedurchgangskoeffizienten von 1,08 W(m² · K) auf 1,56 W(m² · K), **Abbildung 161**. Dieser Fehler kann in bei wärmeschutztechnischen Beratungen zu Fehlberechnungen von Energieeinsparpotentialen führen. In **Abbildung 161** kann jedoch auch abgelesen werden, dass bei Einbau von größeren Wärmedämmschichtdicken der Fehler immer kleiner wird.

Für Fenster und Gläser kann der Wärmedurchgangskoeffizient auch in situ gemessen werden. Die hiermit verbundenen Kosten sind allerdings sehr hoch und bei kleineren Baumaßnahmen unwirtschaftlich. Im Allgemeinen lassen sich die entsprechenden Qualitäten näherungsweise abschätzen. Folgende U_W-Werte können hier vereinfachend unterschieden werden:

o Fenster mit Einscheibenverglasungen $U_W \sim 5,2$ W(m² · K)
o Kastenfenster mit Einscheibenverglasungen $U_W \sim 2,7$ W(m² · K)
o Fenster mit Zweischeibenverglasungen und Luftfüllung $U_W \sim 2,6$ W(m² · K)
o Fenster mit besch. Zweischeibenverglasungen und Edelgasfüllung $U_W < 1,7$ W(m² · K)

Im Bereich von zusammengesetzten Bauteilen (Bauteile mit inhomogenen Bauteilschichten), wie z.B. bei geneigten Dächern oder Außenwänden aus Fachwerk, ist der Holzanteil für den oberen und den unteren Grenzwert des Wärmedurchgangswiderstands zu ermitteln. Mit einem Endoskop können Funktionsschichten in Hohlräumen (Abseiten, Lüftungsquerschnitte, Dielenböden, usw.) in Augenschein genommen werden. Bei massiven Fußböden ist die Schichtenfolge oft nur über zerstörende Bauteilöffnungen festzustellen.

Neben der Untersuchung der „Regelflächen" ist besonderes Augenmerk auf Anschlusssituationen, auf Orte mit Wärmebrückenwirkungen, zu legen. Es gilt hier eine erste qualitative Bestandsaufnahme vorzunehmen, z.B. im Bereich von auskragenden Balkonen, Vordächern oder sonstigen Durchdringungen. Es sollten die wesentlichen Anschlusspunkte im Hinblick auf stoffliche und geometrische Qualitäten und für spätere Berechnungen die jeweiligen Geometrien erfasst werden.

Hierbei sind ggf. schon die geometrischen Daten von Bauteilsituationen mit zu erfassen, die, bei Einbau von Wärmedämmschichten in der Regelfläche, einen „geschlossen Wärmedämmzug" unterbrechen.

Folgende Bereiche sind hier beispielhaft zu nennen:

o   Außenwand an Kellerdecke zum nicht beheizten Keller,

o   Mittelwand an Kellerdecke zum nicht beheizten Keller,

o   Fenster in Außenwand,

o   auskragende Balkone, Laubengangerschließungen oder Vordächer, sowie sonstige Durchdringungen, bei denen Konstruktionselemente z.B. Stahlbetonstützen, von innen nach außen stoßen,

o   Giebelwand an geneigtes Dach, Dachgeschoss nicht ausgebaut,

o   Gebäudetrennwand an geneigtes Dach.

Bei der o.a. Beschäftigung mit den Bauteilen ist auch deren **Erhaltungszustand im Hinblick auf Bauschäden** zu überprüfen. Hier sind beispielsweise zu nennen:

o   Überprüfung des Außenputzes im Hinblick auf Risse oder Oberflächenschädigungen durch Absanden und Beschichtungsschäden. Bei der Feststellung von Verformungen oder Rissbildungen muss festgestellt werden, ob die Ursache immer noch wirksam ist. Die Ursache ist beim Sanierungskonzept, bei der Festlegung der Maßnahme unbedingt mit zu berücksichtigen. **Hinweis:** Bei Erneuerung des Außenputzes nach vorheriger Entfernung muss der vorhandene Wärmedurchgangskoeffizient überprüft werden. Sollte der vorhandene Wärmedurchgangskoeffizient den Wert von 0,9 W($m^2 \cdot$ K) überschreiten, ist die Außenwand ggf. wärmeschutztechnisch so nachzurüsten, dass ein Wärmedurchgangskoeffizient insgesamt von 0,35 W($m^2 \cdot$ K) nicht überschritten wird.

o   Überprüfung der Qualität der Fenster, Zustand der Rahmen. Überprüfung, ob der Einbau größerer Scheibendicken bei sonst intaktem Rahmen möglich ist. **Hinweis:** Bei Ersatz der Verglasung ist ggf. der Wärmedurchgangskoeffizient von mindestens 1,5 W($m^2 \cdot$ K) zu erreichen. Dieser Wert kann jedoch auch überschritten werden, wenn der vorhandene Rahmen nicht dazu geeignet ist, die erforderliche Verglasung aufzunehmen.

o   Überprüfung der Qualität der Fugen bei Sichtmauerwerk, aber auch der Anschlussfugen an Fenster oder Brüstungen. Bei Außenwandkonstruktionen mit so genanntem „Schalenfugenmauerwerk" können bei nicht korrekter Verfüllung der Schalenfuge Durchfeuchtungen auf der Innenseite oder in Teilbereichen des Wandquerschnitts auftreten.

Oft sind diese Phänomene auch in Form von Ausblühungen auf der Oberfläche des Sichtmauerwerks außen erkennbar. In vielen Fällen erwachsen hieraus dann Streitigkeiten mit den Nutzern, da mit derartigen Schädigungen das Wachstum von Schimmelpilz an den Bauteiloberflächen gefördert wird. **Hinweis:** Bei Erneuerung von Mauerwerks-Vorsatzschalen ist ggf. ein Wärmedurchgangskoeffizient von 0,35 W/(m² · K) zu erreichen.

o Überprüfung der Qualität der Dacheindeckung und Abschätzung der Restnutzungsdauer. In der Praxis werden oftmals die wärmeschutztechnischen Anforderungen, die beim Ersatz oder der Erneuerung zu berücksichtigen sind, nicht beachtet. Auch hier gilt, dass in Abhängigkeit von der Art und dem Umfang der Maßnahme ggf. der geforderte Wärmedurchgangskoeffizient einzuhalten ist.

o Überprüfung des Zustands der Holzbauteile, Klärung der Fragestellung, ob ein pflanzlicher oder tierischer Befall vorhanden ist (sie sind ggf. durch Deckschichten dem Auge verborgen). Zur Einschätzung ist ggf. ein Sonderingenieur einzuschalten, der mit Hilfe eines Endoskops derartige Konstruktionen ohne nennenswerte Zerstörungen in Augenschein nehmen kann. Zusätzlich können mit Hilfe von so genannten Einstechelektroden Holzfeuchtemessungen durchgeführt werden.

o Überprüfung des Schichtenaufbaus des Fußbodens zum angrenzenden Geschoss nach unten sowie der Tragkonstruktion. Abschätzung der Lastreserven, d.h. Spannungsermittlung, Ermittlung der Durchbiegung, Überprüfung der Knotenpunkte im Bereich der Anschlusssituationen wie z.B. Sparren an Deckenbalken, Mittel- und Firstpfette, Knaggenanschlüsse, Kehlbalken.

Bei den oben aufgeführten Schäden gilt es immer, zweifelsfrei die Ursachen zu ermitteln und gleichzeitig festzustellen, ob die Ursachen noch wirken. In Fällen, in denen saniert wurde, ohne z.B. vorher die Rissursache korrekt ermittelt zu haben, und infolge Formänderungen aufgrund von Bewegungen aus dem Baugrund Risse auch im später aufgebrachten Wärmedämm-Verbundsystem auftraten, wurde die Maßnahme insgesamt in Frage gestellt. In diesem Zusammenhang ergeben sich u.U. auch unangenehme haftungsrechtliche Konsequenzen. In Abhängigkeit von den Erkenntnissen, die vor Ort gewonnen wurden, muss in jedem Fall die Restnutzungsdauer der Bauteile eingeschätzt werden.

Bei der Durchführung der technischen Bestandsaufnahme sollte auch der **Gebäudedichtheitsgrad** mit Hilfe einer Druckdifferenzmessung überprüft werden. Ziel dieser Messung ist es, die festgestellten Orte mit Luftströmungen beim Sanierungskonzept von vornherein mit zu berücksichtigen. Der im Bestand ermittelte n_{50}-Wert kann nach DIN V 4108-6 auf „Normalbedingungen" umgerechnet werden und bei der Berechnung des vorhandenen Lüftungswärmeverlustes verwendet werden. Sollen ohnehin erhebliche Eingriffe in die Bausubstanz vorgenommen werden, wie z.B. Austausch der Fenster, Erneuerung und Einbau der luftdichten Schicht im geneigten Dach, sollte die Gebäudedichtheit allein nach der Durchführung dieser Maßnahmen überprüft werden.

In Fällen, in denen z.B. lediglich äußere Funktionsschichten erneuert werden, sollten derartige Messungen **vor der Sanierungsmaßnahme** durchgeführt werden, da unter Umständen nach der Durchführung nach wie vor hohe Energieverluste über Undichtheiten auftreten und für den fehlenden Erfolg dann die Wärmedämmmaßnahme verantwortlich gemacht wird.

Erfahrungsgemäß sollten bei der Durchführung derartiger Messungen u.a. folgende Orte im Hinblick auf Luftströmungen überprüft werden:

o Fugen bei Fenstern (Fuge zwischen Flügel- und Blendrahmen und Fugen zwischen Blendrahmen und Baukörper),

o innere Bekleidungen von Dachschrägen (Abseiten), Anschluss des geneigten Daches an Innen- und Außenwände,

o Steck-, Verkabelungs- und Schalterdosen in Außenwänden (auch in Mittel- bzw. Innenwänden des Dachgeschosses),

o Deckenauflager von Holzbalkendecken im Bereich von Außenwänden. Hier sind vor allem Schwindrisse, aber auch das Mauerwerk zwischen den Balken in Augenschein zu nehmen.

o Anschluss von leichten Trennwänden an Holzbalkendecken zu nicht beheizten Kellern, Übergang von Holzdielen an Außenwand,

o Anschluss von sichtbaren Holzträgern oder Stützen an innere Bekleidung des geneigten Dachs oder der Abseiten,

o Anschluss von Innen- und Außenbauteilen an Installationsschächte,

o Durchdringungen von Lüftungsrohren durch das geneigte Dach,

o Anschluss von Dachflächenfenstern an das geneigte Dach.

Hinweis: Die o.a. Punkte sind in zwei Kategorien aufzuteilen: Kann der Schaden ggf. durch eine später durchzuführende Wärmedämmmaßnahme ohnehin beseitigt werden oder sind unabhängig von der Dämmmaßnahme zur Sicherstellung der Gebäudedichtheit Sanierungsarbeiten zwingend erforderlich. Diese Angaben sind für die Entwicklung von Sanierungskonzepten erforderlich, da sie Belange der Wirtschaftlichkeit berühren.

Aufnahme der Heizungsanlage und Warmwasserverteilung

Bei der technischen Bestandsaufnahme ist insbesondere auch die Qualität der Anlagentechnik zu überprüfen. Ist beabsichtigt, die Heizungsanlage ohnehin **vollständig** zu erneuern, ist eine aufwendige Überprüfung entbehrlich.

Vor der Erneuerung einer Anlage sollte unbedingt geklärt werden, ob noch wärmedämmtechnische Maßnahmen durchgeführt werden sollen. In jedem Fall sollten **erst die unmittelbar anstehenden Wärmedämmmaßnahmen** durchgeführt werden und anschließend die Heizungsanlage sowie ihre Komponenten erneuert werden und zwar bedarfsorientiert auf den sich neu ergebenden Heizwärmebedarf.

Grundlage einer neuen Heizungsanlage sollte die Erstellung einer Heizlastberechnung und entsprechende Wärmebedarfsrechung für die Heizkörper-, Pumpen- und Rohrnetzauslegung sein. Auch hier sollte eine anlagentechnischen Bestandsaufnahme durchgeführt werden.

Folgende Aspekte sollten bei einer anlagentechnischen Bestandsaufnahme u.a. überprüft werden:

o Feststellung der Art des Energieträgers (Kohle, Gas, Öl, Fernwärme, regenerative Energieformen); Überprüfung, ob eine Umstellung des Energieträgers geplant ist. Mit der Umstellung auf einen anderen Energieträger entstehen ggf. zusätzlich nutzbare Räume, da ggf. keine Bevorratung mehr erforderlich ist.

o Überprüfung der Größe und des Zustands des Kessels, Wirkungsgrad.
In der Energieeinsparverordnung bestehen Nachrüstungsverpflichtungen im Hinblick auf die Erneuerung von Kesseln.

o Überprüfung der Heizwärmeverteilung, hierbei ist u.a. die Lage der Leitung (im beheizten oder nicht beheizten Bereich) festzustellen und zu überprüfen, ob die Leitungen wärmegedämmt sind. Es sind die Lage der Heizleitungen (innerhalb oder außerhalb der wärmegedämmten Hülle) und deren Durchmesser zu dokumentieren. Die Lage der Heizleitungen wirken sich bei der Ermittlung der Anlagenaufwandszahl aus. In der Energieeinsparverordnung werden Nachrüstungsverpflichtungen für ungedämmte und zugängliche Wärmeverteilungsleitungen, die sich nicht in beheizten Räumen befinden gestellt. Es sind ggf. bis zum 31.12.2006 die geforderten Dämmqualitäten zu realisieren, **Abbildung 8**.

o Überprüfung der Regelung der Anlage.
Zentralheizungen in bestehenden Gebäuden müssen mit einer zentralen, selbsttätig wirkenden Einrichtung zur Verringerung und Abschaltung sowie zur Ein- und Ausschaltung elektrischer Antriebe in Abhängigkeit von der Außentemperatur oder einer anderen geeigneten Führungsgröße und der Zeit ausgestattet sein.

o Überprüfung der Heizkörper, Dimensionierung der Heizkörper, Regelung, Zustand der Ventile. Heizkörper sind oft überdimensioniert, Thermostatventile reagieren nicht angemessen auf Temperaturschwankungen, so dass es zu erhöhten Wärmeverlusten kommen kann.
Die Energieeinsparverordnung fordert bei bestehenden Gebäuden mit Heizungsanlagen, bei denen Wasser als Wärmeträger benutzt wird, dass die Heizungsanlage mit einer selbsttätig wirkenden Einrichtung zur raumweisen Regelung der Raumtemperatur ausgestattet sein muss. Den einfachsten Standard in dieser Hinsicht stellt das Thermostatventil dar.

o Überprüfung des Warmwasserspeichers und des Warmwasser-Verteilsystems: Überprüfung des Zustands der Wärmedämmung des Speichers und der warmwasserführenden Leitungen.
Bei Ersatz oder erstmaligem Einbau von Heiz- oder Warmwasserspeichern muss deren Wärmeabgabe nach den anerkannten Regeln der Technik begrenzt werden. Weiterhin müssen ungedämmte und zugängliche Warmwasserleitungen und Armaturen, die sich nicht in beheizten Räumen befinden, ggf. bis zum 31.12.2006 nachträglich gedämmt werden. Bei Warmwasserspeichern ist zu überprüfen, ob die Temperatur im Speicher gehalten wird. In diesem Zusammenhang sind Schwerkraft-Rückschlagventile auf Funktion zu überprüfen bzw. nachzurüsten.

o Überprüfung des Schornsteins: Größe, bauliche Beschaffenheit im Bereich der Durchdringung durch das geneigte Dach. Hier sind Dachanschlüsse, Durchfeuchtungen von innen und außen zu überprüfen.

Überprüfung des Heiz- und Lüftungsverhaltens

Das Lüftungs- und Heizverhalten kann im Einzelfall einen sehr großen Einfluss auf den Heizwärmeverbrauch haben. Exakte Ergebnisse sind nur mit einem relativ hohen Messaufwand zu erfassen. Für eine erste Einschätzung des Lüftungsverhaltens können Messfühler benutzt werden, welche Temperatur und relative Feuchte gleichzeitig aufzeichnen.

Feststellung weiterer spezieller Standort- und Objektdaten

Bei der Berechnung des Jahres-Heizwärmebedarfs nach dem Monatsbilanzverfahren können spezielle klimatische Randdaten berücksichtigt werden. So können beispielsweise die speziellen Klimate bei der Ermittlung der Verlustgrößen oder die speziellen, ortsgebundenen solaren Wärmegewinne berücksichtigt werden.

Bei der Ermittlung des spezifischen Lüftungswärmeverlustes kann sowohl die Lage des Gebäudes zur Hauptwindrichtung (geschützte oder windoffene Lage) als auch das Messergebnis bei der Überprüfung der Gebäudedichtheit berücksichtigt werden.

Bei der Ermittlung der solaren Wärmegewinne können diese um den Einfluss von bestimmten Verschattungseinflüssen korrigiert werden, wie z.B. gebäudeeigene Verschattung durch Vor- und Rücksprünge, Auskragungen, städtebauliche Verschattung durch Nachbarbebauung oder immergrüne Bäume.

Ermittlung des Jahres-Heizwärmebedarfs

Mit den aus der Analyse gewonnenen Daten kann der Jahres-Heizwärmebedarf ermittelt werden; es bietet sich hier ein Monatsbilanzverfahren an, bei dem ggf. spezielle Randdaten modifiziert werden können.
Folgende Einflussparameter könnten ggf. abweichend von den öffentlich-rechtlichen Randbedingungen variiert werden:

o tatsächliche Energiebezugsfläche abgeleitet aus der Wohnfläche nach II BV,
o tatsächliche Klimadaten. Diese beziehen sich auf die Innen- und Außentemperatur, aber auch auf Strahlungsintensitäten,
o tatsächliche Luftwechselrate, abgeschätzt aus Summe der durchschnittlichen Luftwechselrate des Lüftungsverhaltens und die der Undichtheiten in der wärmeübertragenden Umfassungsfläche und ggf. Luftwechselrate einer Lüftungsanlage,
o tatsächliches Luftvolumen (kann auch beim öffentlich-rechtlichen Nachweis verwendet werden),
o tatsächliche solare Wärmegwinne, Anpassung von Verschattungseinflüssen durch die Umgebung (immergrüne Bäume, Nachbarbebauung) und gebäudeeigene Verschattung (kann auch beim öffentlich-rechtlichen Nachweis verwendet werden),
o tatsächliche Rahmenbreite des Fensters (kann auch beim öffentlich-rechtlichen Nachweis verwendet werden),
o tatsächlicher Warmwasserverbrauch und Stromverbrauch durch Messungen bzw. Auswertung von Abrechnungen.

Als Vergleich kann ggf. der tatsächlich vorhandene Heizwärmeverbrauch dienen. Bei größeren Differenzen sollten die Ursachen festgestellt werden.

Sonstige, wichtige Angaben für ein Sanierungskonzept

Beim Aufstellen des Sanierungskonzeptes ist zu überprüfen, ob Auflagen vorhanden sind, d.h. ob bei Maßnahmen Beschränkungen „von außen" vorhanden sind, wie z.B.:

o tragwerkstechnische Belange,

o denkmalpflegerische Belange. Für denkmalgeschützte Gebäude oder sonstige erhaltenswerte Bausubstanz werden in § 16 Ausnahmen der Energieeinsparverordnung Ausnahmeregelungen angesprochen. Diese müssen jedoch mit den nach Landesrecht zuständigen Stellen abgestimmt werden.

o bauordnungsrechtliche Belange. Durch den Einbau von zusätzlichen Wärmedämmschichtdicken kann der Fall eintreten, dass Grenzabstände überschritten werden. Es wird auf die Möglichkeit hingewiesen, nach § 17 Befreiungen zu erwirken. In diesem Zusammenhang sind auch Brandschutzauflagen zu nennen, die ggf. durch Nutzungsänderungen (Gastronomie oder öffentliches Gebäude) auftreten können.

o Eigentumsverhältnisse.

Entwicklung von Sanierungskonzepten

Im Rahmen einer ersten Auswertung der technischen Bestandsaufnahme können folgende Fälle unterschieden werden:

Fall 1: Sanierungskonzept ohne zusätzliche bauliche Maßnahmen

Es werden lediglich Maßnahmen an den anlagentechnischen Systemen empfohlen, da die Bauteile der wärmeübertragenden Umfassungsfläche keine wesentlichen Schädigungen aufweisen und daher alleinige wärmeschutztechnische Verbesserung aus wirtschaftlicher Sicht nicht ratsam erscheinen lassen und/oder bereits ein relativ hoher Wärmedämmstandard vorhanden ist. Das Gebäude ist luftdicht und die Bewohner beheizen und belüften das Gebäude angemessen.

Fall 2: Sanierungskonzept mit zusätzlichen baulichen Maßnahmen

Hierbei werden in einem ersten Schritt wärmeschutztechnische Verbesserungsmaßnahmen im Bereich der Bauteile der wärmeübertragenden Umfassungsfläche geplant. Hierzu kann das Anbringen von Wärmedämmschichten und weiterer Funktionsschichten und/oder die wärmeschutztechnische Verbesserung der Fenster, der Fenstertüren sowie der Haustüren (auch Kellertüren) gehören. Bei den o.a. Maßnahmen sind nicht nur die U-Werte der jeweiligen Regelquerschnitte zu betrachten, sondern es sollten auch die Orte mit Wärmebrücken dem Stand der Technik entsprechend minimiert werden.

Weiterhin sind baukonstruktive Lösungen zu entwickeln, besonders sind hier folgende Aspekte zu beachten:

o Bedingen die geplanten Maßnahmen an andere Bauteile „Zusatzmaßnahmen", wie z.B.:
  - Montage zusätzlicher Wärmedämmschichten im Bereich der Außenwand. Dies bedeutet: Herstellen eines größeren Dachüberstands.
  - Einbau neuer Fenster in Verbindung mit einem Wärmedämm-Verbundsystem. Dies bedeutet u.U. eine Veränderung von Fensteranschlägen oder zusätzliche Dämmschichten in Brüstung, Leibung und Sturz.
  - Montage einer wärmegedämmten, äußeren Mauerwerkskonstruktion. Dies bedeutet u.a. Ausbildung einer Mauerwerksabfangung im Sockelbereich.

o Können mit der geplanten wärmetechnischen Maßnahme gleichzeitig Schäden beseitigt werden (Vermeidung von „Ohnehinkosten"), z.B. Sanierung von Rissen durch ein Wärmedämm-Verbundsystem. **Hinweis:** Vor der Montage des Wärmedämm-Verbundsystems müssen unbedingt die Rissursachen geklärt werden. Es ist immer zu prüfen, ob die Ursachen noch wirken.

In Abhängigkeit von der Größenordnung der wärmeschutztechnischen Veränderung **muss** in einem zweiten Schritt u.U. auch anlagentechnisch reagiert werden, wie z.B. Anpassen der Kesselgröße, Modifizierung der Pumpengröße, Verkleinerung der Heizkörper.

Das Sanierungskonzept gemäß Fall 2 ist weiterhin im Hinblick auf:

o weitere bauphysikalische Belange; z.B. Tauwasserbildung im Bauteilquerschnitt, Eisschanzenbildung, Veränderung des schallschutztechnischen Verhaltens, Formänderungsverhalten,

o tragwerkstechnische Aspekte, z.B. im Hinblick auf Befestigungsmöglichkeiten im Untergrund, zusätzliche Lasten für das Dach usw.,

zu überprüfen.

Im Fall 2 sind ggf. Stufenpläne zu entwickeln, bei denen die jeweiligen Maßnahmen, hinsichtlich des Energieeinsatzes und der Wirtschaftlichkeit der Maßnahmen zu überprüfen sind.

Bei intakter Bauwerkssubstanz amortisieren sich wärmeschutztechnische Maßnahmen „allein" bei den derzeitigen Energiepreisen und Kosten des Kapitaldienstes nicht. Nur bei Vorliegen von „Ohnehinkosten" lässt sich im Einzelfall eine Wirtschaftlichkeit erzielen, da mit der wärmetechnisch wirksamen Maßnahme Schäden an den Außenbauteilen kostenneutral saniert werden können. Allgemeingültige Angaben zur Wirtschaftlichkeit können an dieser Stelle nicht gemacht werden, da erst der spezielle Einzelfall hierfür die Randdaten liefert.

Unter dem Aspekt der Daseinsvorsorge (CO_2-Reduzierung, Verminderung von Emissionen und Schonung der Ressource Energie) müssen bestehende Gebäude wärmetechnisch saniert werden, will man das gesteckte Ziel - 25 % Einsparung bis zum Jahr 2005 - erreichen. Hier muss Hilfe von „außen" erfolgen, z.B. durch Subventionen oder steuerliche Erleichterungen. Eine Reihe von Sanierungsmaßnahmen werden von verschiedenen Kommunen durch spezielle Förderprogramme aber auch von der Kreditanstalt für Wiederaufbau durch zinsverbilligte Darlehen gefördert.

4.6 Spezielle Hinweise für Planung und Ausführung bei Energieeinsparmaßnahmen

Die im Wohnungsbau vorkommenden Gebäudetypen unterscheiden sich im Hinblick auf ihre flächenbezogenen Wärmeverluste zum Teil sehr deutlich. Nachfolgend werden unter Zugrundelegung des Mindestwärmeschutz-Standards gemäß dem alten Stand der DIN 4108 Teil 2 August 1981 Tabelle 1 für ein freistehendes Einfamilienhaus und für ein Mehrfamilienhaus beispielhaft die Wärmeverlustanteile für die jeweiligen Bauteile dieser Gebäude dargestellt; **Abbildung 162**. Angemerkt werden muss in diesem Zusammenhang, dass die DIN 4108 Teil 2 Tabelle 1 die Anforderungen für die Außenbauteile sehr uneinheitlich regelt.

4.6.1 Nachträgliche Wärmedämmmaßnahmen im Bereich der Außenwand

Nachfolgend soll die Außenwand inhaltlich näher behandelt werden. Die Außenwand nimmt nicht nur aus gestalterischer Sicht einen besonderen Stellenwert ein, sondern auch hinsichtlich des energetischen Aspektes, besonders beim mehrgeschossigen Wohnungsbau (großer Anteil an der wärmeübertragenden Umfassungsfläche eines Gebäudes); **Abbildung 162**. Weiterhin schließt die Außenwand an alle wesentlichen Bauteile der wärmeübertragenden Umfassungsfläche an, so dass über dieses Bauteil die wesentlichen „Nahtstellen" erfasst werden.

Im Zusammenhang mit wärmedämmtechnischen Nachrüstungen im Bereich der Außenwand stehen eine Reihe von Konstruktionen zur Verfügung, **Abbildung 163**. Aufgrund des günstigen Kosten-Nutzen-Verhältnisses werden sehr häufig Wärmedämm-Verbundsysteme bei der wärmeschutztechnischen Nachrüstung verwendet. Dieses Dämmsystem kann sowohl auf der **Außen-** als auch auf der **Innenseite einer Außenwand** realisiert werden.

Grundsätzlich gilt, dass aus bauphysikalischer Sicht der Einbau einer Wärmedämmschicht von **außen** auf die bestehende Wand einen geringeren Planungsaufwand erfordert („ideale" Schichtenfolge); sie sollte daher stets angestrebt werden. Es gibt jedoch Fälle, bei denen dieser Einbau nicht möglich ist. Hier sind z.B. Grenzabstandsbestimmungen, Gestaltungssatzungen oder Forderungen des Denkmalschutzes zu nennen. In diesen Fällen kommt u.U. nur eine Dämmung auf der Innenseite der Außenwand in Betracht. Nachfolgend werden Problemstellungen erläutert, die bei der Planung eines Wärmedämm-Verbundsystems beim nachträglichen Einbau sowohl auf der Außenseite als auch auf der Innenseite der Außenwand zu berücksichtigen sind.

Bauteil	Bauteilbezogener Wärmeverlustanteil	
	Einfamilienhaus (EFH)	Mehrfamilienhaus (MFH)
Außenwand	**45%**	**50%**
Fenster	19%	37%
Dach	26%	8%
Kellerdecke	10%	5%

Abbildung 162: Ermittlung der bauteilbezogenen Wärmeverlustanteile unter Zugrundelegung der Wärmedurchlasswiderstände der DIN 4108 und den Randdaten der Energieeinsparverordnung.

Außenwand - Wärmedämmschicht außen

Beim Einbau eines Wärmedämm-Verbundsystems darf nicht nur die so genannte „Regelfläche" allein betrachtet werden, sondern es müssen aus wärmeschutztechnischer Sicht flankierende Maßnahmen, hier vor allem die Orte mit Wärmebrückenwirkungen, mit in die Betrachtung einbezogen werden. Geschieht dies nicht, so kann die volle prinzipielle Leistungsfähigkeit der Wärmedämmmaßnahme nicht erreicht werden. In besonders ungünstigen Fällen, kann die gesamte Maßnahme im Rahmen einer Wirtschaftlichkeitsbetrachtung dadurch in Frage gestellt werden.

Beim Einbau eines Wärmedämm-Verbundsystems wird vom Verordnungsgeber zukünftig im Rahmen der Bauteilanforderungen ein Wärmedurchgangskoeffizient für die Außenwand von $U \leq 0{,}35$ W/(m² · K) gefordert. Dieser U-Wert hat zur Folge, dass unter Berücksichtigung eines vorhandenen Wärmedurchlasswiderstandes von $R = 0{,}55$ m² · K/W, eine Wärmedämmschicht mit der Dicke von $d = 0{,}08$ m eingebaut werden müsste. Empfohlen wird eine Dicke von mindestens 0,12 m, welche einen Wärmedurchgangskoeffizienten unter Berücksichtigung der vorhandenen Bauteilschichten von $U < 0{,}27$ W/(m² · K) ergibt. Dieser Wert wird bei den nachfolgenden Berechnungen zugrunde gelegt.

Für die beiden Gebäudetypen (Einfamilien- und Mehrfamilienhaus) wurden zusätzlich auch die anderen Bauteile der wärmeübertragenden Umfassungsfläche wärmeschutztechnisch nachgerüstet. Die Kellerdecke zum nicht beheizten Keller wurde zusätzlich mit einer Wärmedämmschichtdicke von $d = 0{,}10$ m und die oberste Geschoss- bzw. Dachdecke mit einer Wärmedämmschicht mit der Dicke $d = 0{,}20$ m gedämmt. Die Fenster bzw. Haustüren wurden ebenfalls erneuert, im Mittel $U_w = 1{,}60$ W/(m² · K).

Mit steigendem Wärmedämmstandard wachsen die bei bestimmten Wärmebrücken (besonders bei Durchdringungen) hervorgerufenen „speziellen Wärmeverluste", relativ gesehen, d.h. im Innenverhältnis zu den Wärmeverlusten über die ungestörte „Regelfläche" stark an. Daher ist ein besonderes Augenmerk auf das Minimieren von Wärmebrückenwirkun-

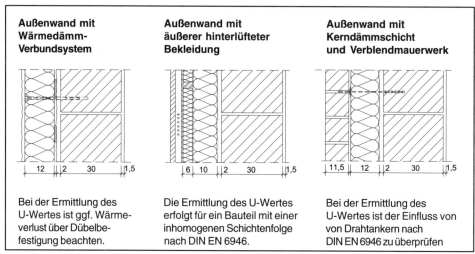

Abbildung 163: Verschiedene Konstruktionstypen für die wärmedämmtechnische Nachrüstung einer Außenwand.

gen zu richten, will man die volle prinzipielle Leistungsfähigkeit besonders gut wärmegedämmter Konstruktionen der Außenbauteile nicht nur auf dem „Papier", sondern auch in der Realität für das ganze Gebäude erreichen.

Die nachfolgenden Untersuchungen für ein frei stehendes Einfamilienhaus und ein Mehrfamilienhaus, **Abbildungen 164 bis 181**, wurden ohne einen Bezug zu einem realen Gebäude mit ggf. vorhandenen Schäden in verschiedenen Bauteilen vorgenommen. Ziel ist hier, grundsätzlich die verschiedenen Einsparpotentiale darzustellen. Eine Bewertung muss dem jeweiligen Einzelfall vorbehalten bleiben.

Folgende Orte mit Wärmebrückenwirkungen und Maßnahmen zur Minimierung der Wärmebrückenwirkung wurden untersucht:

o Sockel, Keller nicht beheizt
   Einfluss des Verzichts auf Einbau einer Sockelschiene aus Aluminium
   Einfluss einer Perimeterdämmschicht, die in das Erdreich einbindet,

o Innenwände (KG / EG) im Anschluss an den nicht beheizten Keller
   Einfluss von flankierenden Wärmedämmmaßnahmen unterhalb der Kellerdecke,

o Fenster im unteren sowie seitlichen und oberen Anschlussbereich
   Einfluss von flankierenden Wärmedämmmaßnahmen im Bereich der Brüstung sowie der Leibung sowie Einfluss der Lage des Fensters. Die rechnerischen Ergebnisse des seitlichen Fensteranschlusses wurden hier vereinfachend auch für den oberen Fensteranschluss zugrunde gelegt,

o Balkone
   Einfluss von Wärmedämmmaßnahmen unterseitig und oberseitig der Kragplatte
   Einfluss einer thermischen Trennung,

o Dachanschluss Ortgang, Dachboden begehbar und nicht beheizt
   Einfluss von Wärmedämmschichten auf der Innenseite des Giebelmauerwerks.

Anhand der nachfolgend aufgeführten Beispiele kann dieses relative Anwachsen der Verluste über Orte mit Wärmebrückenwirkungen nachvollzogen werden.

Anmerkung zu den Berechnungen: Bei den Berechnungen wurden für die betreffende Bauteilsituationen lediglich der Wärmestrom Φ des jeweils gleich bleibenden Berechnungsausschnittes berechnet. Dieses Ergebnis allein darf nicht zur Berechnung des spezifischen Wärmebrückenverlustes verwendet werden; diese Art der Berechnung kann nur über längenbezogene Wärmedurchgangskoeffizienten - so genannte Ψ-Werte - erfolgen. Anhand der Beispiele soll die energetische Veränderung unter sonst gleichen Randbedingungen (Berechnungsausschnitt) verdeutlicht werden. Die Differenz zwischen zwei Varianten ergibt das Veränderungsmaß, z.B. das energetische Verbesserungsmaß des Anschlusses Fenster an Außenwand, wenn bei einer Sanierung mit einem Wärmedämm-Verbundsystem zusätzlich auch die Leibung zum Fenster gedämmt wird. Es wurden folgende Wärmeleitfähigkeiten bei den Berechnungen zugrunde gelegt:

Mauerwerk:	$\lambda = 0{,}58$ W/(m·K)	Innen- und Außenputz:	$\lambda = 0{,}70$ W/(m·K)
Stahlbeton:	$\lambda = 2{,}10$ W/(m·K)	Wärmedämmstoff:	$\lambda = 0{,}04$ W/(m·K)

Für ein Einfamilien- und Mehrfamilienhaus wurden die jeweiligen Einsparpotentiale dargestellt. Diese wurden als Differenz ermittelt zwischen einer schlecht geplanten Lösung und der wärmschutztechnisch optimierten Lösung. Die Rechenergebnisse beziehen sich auf die o.a. Stoffdaten und sind nicht auf andere Wärmeleitfähigkeiten übertragbar.

o **Sockel, Keller nicht beheizt**

Maßnahmen zur Minimierung der Wärmebrücke:
Verzicht auf Sockelschiene aus Aluminium und Einbau einer Perimeterdämmschicht, die in das Erdreich einbindet; **Abbildungen 165 bis 167.**

Einfamilienhaus:	923	kWh/a
Mehrfamilienhaus:	2.593	kWh/a

o **Innenwände (KG / EG) im Anschluss an den nicht beheizten Keller**

Maßnahme zur Minimierung der Wärmebrücke:
Einbau von flankierenden Wärmedämmmaßnahmen unterhalb der Kellerdecke

Einfamilienhaus:	107	kWh/a
Mehrfamilienhaus:	320	kWh/a

o **Fenster im unteren sowie seitlichen und oberen Anschlussbereich**

Maßnahmen zur Minimierung der Wärmebrücke:
Veränderung der Fensterlage und Realisierung eines großen Überbindemaßes auf dem Fensterblendrahmen, **Abbildungen 168 bis 175.** Anmerkung: Die rechnerischen Ergebnisse des seitlichen Fensteranschlusses wurden hier aus Gründen der Vereinfachung auch für den oberen Fensteranschluss zugrunde gelegt.

Einfamilienhaus:	1.048	kWh/a
Mehrfamilienhaus:	24.531	kWh/a

o **Balkone**

Maßnahme zur Minimierung der Wärmebrücke:
Thermische Trennung der Balkone; **Abbildungen 176 bis 179.**

Einfamilienhaus:	105	kWh/a
Mehrfamilienhaus:	9.656	kWh/a

o **Dachanschluss, Giebelwand, Dachboden begehbar und nicht beheizt**

Maßnahme zur Minimierung der Wärmebrücke:
Anordnung einer Wärmedämmschicht auf der Innenseite des Giebelmauerwerks; **Abbildungen 180 und 181.**

Einfamilienhaus:	209	kWh/a
Mehrfamilienhaus:	570	kWh/a

Einsparpotential Einfamilienhaus:	**2.401**	**kWh/a**
Einsparpotential Mehrfamilienhaus:	**37.670**	**kWh/a**

Maßnahmen zur Minimierung von Wärmebrücken - Beispiele

Geometrische Daten der untersuchten Gebäude

Geometrische Daten / Aufsicht der Gebäudetypen	Einfamilienhaus	Mehrfamilienhaus
	$h = 3{,}25$ m	$h = 17{,}40$ m
Orte mit Wärmebrücken	Erstreckung (m)	Erstreckung (m)
1 Sockel	42	118
2 Fenster unterer Anschluß	15	330
3 Fenster oberer Anschluß	48	1.100
4 Balkon	3	275
5 Giebelwand / geneigtes Dach	44	120

Abbildung 164

1 Kellerdecke an Mauerwerk (Sockel) - Bauteilsituation vor der Sanierung

Daten der zugrunde gelegten Gebäude

Freistehendes Einfamilienhaus (EFH)
Erstreckung des Sockels, $l = 42$ m

Mehrfamilienhaus (MFH)
Erstreckung des Sockels, $l = 118$ m

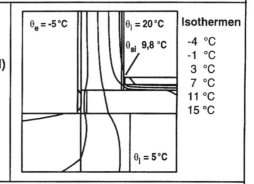

$\theta_e = -5\,°C$ $\theta_i = 20\,°C$ Isothermen
θ_{si} 9,8 °C
-4 °C
-1 °C
3 °C
7 °C
11 °C
15 °C

$\theta_l = 5\,°C$

Gesucht: Minimale innere Oberflächentemperatur und Wärmestrom

Annahmen: $\theta_i = 20$ °C; $\phi_i = 50$ % (Kapillarkondensation $\theta_{si} \leq 12{,}6$ °C)

Ergebnis: Es tritt eine Kapillarkondensation auf!

Abbildung 165

Maßnahmen zur Minimierung von Wärmebrücken - Beispiele

Fall 1: Einbau einer Sockelschiene aus Aluminium

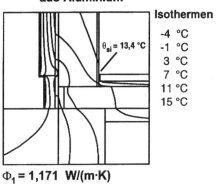

Isothermen
-4 °C
-1 °C
3 °C
7 °C
11 °C
15 °C

$\theta_{si} = 13{,}4\ °C$

$\Phi_1 = 1{,}171\ \text{W/(m·K)}$

Fall 2: Verzicht auf Sockelschiene aus Aluminium

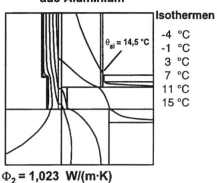

Isothermen
-4 °C
-1 °C
3 °C
7 °C
11 °C
15 °C

$\theta_{si} = 14{,}5\ °C$

$\Phi_2 = 1{,}023\ \text{W/(m·K)}$

Ermittlung der Einsparpotentiale unter Berücksichtigung des Faktors 66

$\Delta\Phi = \Phi_1 - \Phi_2;$ $\Delta\Phi = 1{,}171 - 1{,}023;$ $\Delta\Phi = 0{,}148\ \text{W/(m·K)};$ $H_{WB} = \Delta\Phi \cdot l \cdot 66$

EFH: $H_{WB} = 0{,}148 \cdot 42 \cdot 66;$ $H_{WB} =$ **411 kWh/a**

MFH: $H_{WB} = 0{,}148 \cdot 118 \cdot 66;$ $H_{WB} =$ **1.153 kWh/a**

Abbildung 166

Fall 2: Verzicht auf Sockelschiene aus Aluminium

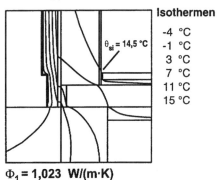

Isothermen
-4 °C
-1 °C
3 °C
7 °C
11 °C
15 °C

$\theta_{si} = 14{,}5\ °C$

$\Phi_1 = 1{,}023\ \text{W/(m·K)}$

Fall 2: Einbau einer Perimeterdämmschicht, l = 0,5 m

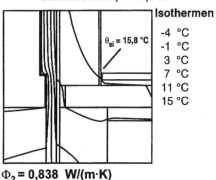

Isothermen
-4 °C
-1 °C
3 °C
7 °C
11 °C
15 °C

$\theta_{si} = 15{,}8\ °C$

$\Phi_2 = 0{,}838\ \text{W/(m·K)}$

Ermittlung der Einsparpotentiale unter Berücksichtigung des Faktors 66

$\Delta\Phi = \Phi_1 - \Phi_2;$ $\Delta\Phi = 1{,}023 - 0{,}838;$ $\Delta\Phi = 0{,}185\ \text{W/(m·K)};$ $H_{WB} = \Delta\Phi \cdot l \cdot 66$

EFH: $H_{WB} = 0{,}185 \cdot 42 \cdot 66;$ $H_{WB} =$ **513 kWh/a**

MFH: $H_{WB} = 0{,}185 \cdot 118 \cdot 66;$ $H_{WB} =$ **1.441 kWh/a**

Abbildung 167

Maßnahmen zur Minimierung von Wärmebrücken - Beispiele

2 Fenster an Mauerwerk, unterer Anschluß
Bauteilsituation vor der Sanierung

Daten der zugrunde gelegten Gebäude

Freistehendes Einfamilienhaus (EFH)
Anzahl Fenster: 12
Erstreckung Fenster (unten)
l = 15 m

Mehrfamilienhaus (MFH)
Anzahl Fenster: 275
Erstreckung Fenster (unten)
l = 330 m

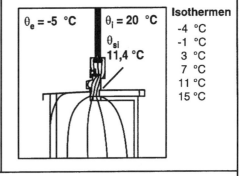

$\theta_e = -5$ °C $\theta_i = 20$ °C

θ_{si}
11,4 °C

Isothermen
-4 °C
-1 °C
3 °C
7 °C
11 °C
15 °C

Gesucht: Minimale innere Oberflächentemperatur und Wärmestrom

Annahmen: $\theta_i = 20$ °C; $\phi_i = 50$ % (Kapillarkondensation $\theta_{si} \leq 12,6$ °C)

Ergebnis: Es tritt eine Kapillarkondensation auf!

Abbildung 168

Fall 1: Ohne flankierende Maßnahmen

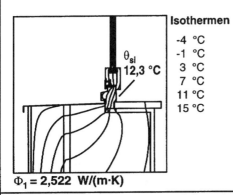

θ_{si}
12,3 °C

Isothermen
-4 °C
-1 °C
3 °C
7 °C
11 °C
15 °C

$\Phi_1 = 2,522$ W/(m·K)

Fall 2: Mit flankierenden Maßnahmen
2,5 cm Dämmschicht in Brüstung

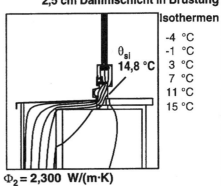

θ_{si}
14,8 °C

Isothermen
-4 °C
-1 °C
3 °C
7 °C
11 °C
15 °C

$\Phi_2 = 2,300$ W/(m·K)

Ermittlung der Einsparpotentiale unter Berücksichtigung des Faktors 66

$\Delta\Phi = \Phi_1 - \Phi_2$; $\Delta\Phi = 2,522 - 2,300$; $\Delta\Phi = 0,222$ W/(m·K); $H_{WB} = \Delta\Phi \cdot l \cdot 66$

EFH: $H_{WB} = 0,222 \cdot 15 \cdot 66$; $H_{WB} =$ **220 kWh/a**
MFH: $H_{WB} = 0,222 \cdot 330 \cdot 66$; $H_{WB} =$ **4.835 kWh/a**
Abbildung 169

Maßnahmen zur Minimierung von Wärmebrücken - Beispiele

Fall 1: Ohne flankierende Maßnahmen

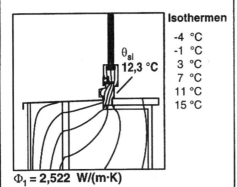

Isothermen
-4 °C
-1 °C
3 °C
7 °C
11 °C
15 °C

θ_{si} 12,3 °C

$\Phi_1 = 2,522$ W/(m·K)

Fall 3: Mit flankierenden Maßnahmen
10 cm Dämmschicht in Brüstung

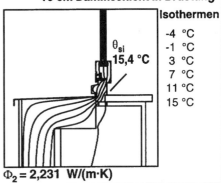

Isothermen
-4 °C
-1 °C
3 °C
7 °C
11 °C
15 °C

θ_{si} 15,4 °C

$\Phi_2 = 2,231$ W/(m·K)

Ermittlung der Einsparpotentiale unter Berücksichtigung des Faktors 66

$\Delta\Phi = \Phi_1 - \Phi_2$; $\quad \Delta\Phi = 2,522 - 2,231$; $\quad \Delta\Phi = 0,291$ W/(m·K); $H_{WB} = \Delta\Phi \cdot l \cdot 66$

EFH: $H_{WB} = 0,291 \cdot 15 \cdot 66$; $\quad H_{WB} =$ **288 kWh/a**
MFH: $H_{WB} = 0,291 \cdot 330 \cdot 66$; $\quad H_{WB} =$ **6.338 kWh/a**

Abbildung 170

Fall 1: Ohne flankierende Maßnahmen

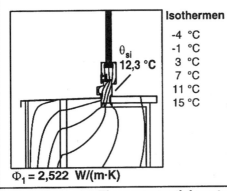

Isothermen
-4 °C
-1 °C
3 °C
7 °C
11 °C
15 °C

θ_{si} 12,3 °C

$\Phi_1 = 2,522$ W/(m·K)

Fall 4: Veränderung der Fensterlage

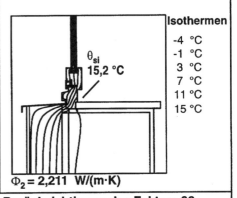

Isothermen
-4 °C
-1 °C
3 °C
7 °C
11 °C
15 °C

θ_{si} 15,2 °C

$\Phi_2 = 2,211$ W/(m·K)

Ermittlung der Einsparpotentiale unter Berücksichtigung des Faktors 66

$\Delta\Phi = \Phi_1 - \Phi_2$; $\quad \Delta\Phi = 2,522 - 2,211$; $\quad \Delta\Phi = 0,311$ W/(m·K); $H_{WB} = \Delta\Phi \cdot l \cdot 66$

EFH: $H_{WB} = 0,311 \cdot 15 \cdot 66$; $\quad H_{WB} =$ **308 kWh/a**
MFH: $H_{WB} = 0,311 \cdot 330 \cdot 66$; $\quad H_{WB} =$ **6.774 kWh/a**

Abbildung 171

Maßnahmen zur Minimierung von Wärmebrücken - Beispiele

3   Fenster an Mauerwerk, seitlicher und oberer Anschluß
Bauteilsituation vor der Sanierung

Daten der zugrunde gelegten Gebäude

Freistehendes Einfamilienhaus (EFH)
Anzahl Fenster: 12
Erstreckung Fenster (seitlich und oben)
l = 48 m

Mehrfamilienhaus (MFH)
Anzahl Fenster: 275
Erstreckung Fenster (seitlich und oben)
l = 1.100 m

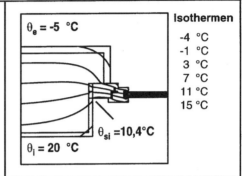

θ_e = -5 °C

Isothermen
-4 °C
-1 °C
3 °C
7 °C
11 °C
15 °C

θ_{si} = 10,4 °C

θ_i = 20 °C

Gesucht: Minimale innere Oberflächentemperatur und Wärmestrom

Annahmen: θ_i = 20 °C; ϕ_i = 50 % (Kapillarkondensation θ_{si} ≤ 12,6 °C)

Ergebnis: Es tritt eine Kapillarkondensation auf!

Abbildung 172

Fall 1: Ohne flankierende Maßnahmen

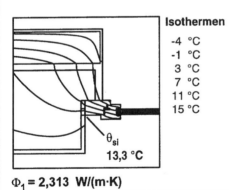

Isothermen
-4 °C
-1 °C
3 °C
7 °C
11 °C
15 °C

θ_{si}
13,3 °C

Φ_1 = 2,313 W/(m·K)

Fall 2: Mit flankierenden Maßnahmen
2 cm Dämmschicht in Leibung

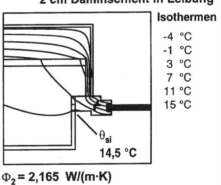

Isothermen
-4 °C
-1 °C
3 °C
7 °C
11 °C
15 °C

θ_{si}
14,5 °C

Φ_2 = 2,165 W/(m·K)

Ermittlung der Einsparpotentiale unter Berücksichtigung des Faktors 66
$\Delta\Phi = \Phi_1 - \Phi_2$; $\Delta\Phi$ = 2,313 - 2,165; $\Delta\Phi$ = 0,148 W/(m·K); $H_{WB} = \Delta\Phi \cdot l \cdot 66$

EFH: H_{WB} = 0,148 · 48 · 66; H_{WB} = **469 kWh/a**
MFH: H_{WB} = 0,148 · 1.100 · 66; H_{WB} = **10.745 kWh/a**

Abbildung 173

Maßnahmen zur Minimierung von Wärmebrücken - Beispiele

Fall 1: Ohne flankierende Maßnahmen

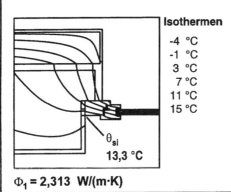

Isothermen
-4 °C
-1 °C
3 °C
7 °C
11 °C
15 °C

θ_{si}
13,3 °C

$\Phi_1 = 2{,}313$ W/(m·K)

Fall 3: Mit flankierenden Maßnahmen 6 cm Dämmschicht in Leibung

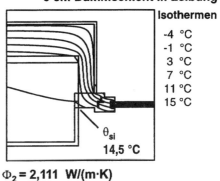

Isothermen
-4 °C
-1 °C
3 °C
7 °C
11 °C
15 °C

θ_{si}
14,5 °C

$\Phi_2 = 2{,}111$ W/(m·K)

Ermittlung der Einsparpotentiale unter Berücksichtigung des Faktors 66

$\Delta\Phi = \Phi_1 - \Phi_2$; $\Delta\Phi = 2{,}313 - 2{,}111$; $\Delta\Phi = 0{,}202$ W/(m·K); $H_{WB} = \Delta\Phi \cdot l \cdot 66$

EFH: $H_{WB} = 0{,}202 \cdot 48 \cdot 66$; $H_{WB} =$ **640 kWh/a**
MFH: $H_{WB} = 0{,}202 \cdot 1.100 \cdot 66$; $H_{WB} =$ **14.665 kWh/a**

Abbildung 174

Fall 1: Ohne flankierende Maßnahmen

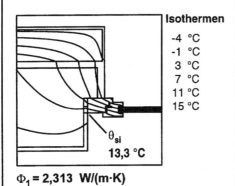

Isothermen
-4 °C
-1 °C
3 °C
7 °C
11 °C
15 °C

θ_{si}
13,3 °C

$\Phi_1 = 2{,}313$ W/(m·K)

Fall 4: Veränderung der Fensterlage mit 6 cm Überbindemaß

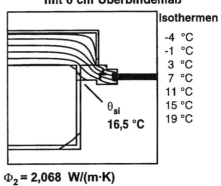

Isothermen
-4 °C
-1 °C
3 °C
7 °C
11 °C
15 °C
19 °C

θ_{si}
16,5 °C

$\Phi_2 = 2{,}068$ W/(m·K)

Ermittlung der Einsparpotentiale unter Berücksichtigung des Faktors 66

$\Delta\Phi = \Phi_1 - \Phi_2$; $\Delta\Phi = 2{,}313 - 2{,}068$; $\Delta\Phi = 0{,}245$ W/(m·K); $H_{WB} = \Delta\Phi \cdot l \cdot 66$

EFH: $H_{WB} = 0{,}245 \cdot 48 \cdot 66$; $H_{WB} =$ **776 kWh/a**
MFH: $H_{WB} = 0{,}245 \cdot 1.100 \cdot 66$; $H_{WB} =$ **17.787 kWh/a**

Abbildung 175

Maßnahmen zur Minimierung von Wärmebrücken - Beispiele

4 Balkon an Mauerwerk, Kragplatte aus Stahlbeton, Balkonanschluß
Bauteilsituation vor der Sanierung

Daten der zugrunde gelegten
Gebäude

Freistehendes Einfamilienhaus (EFH)
Erstreckung des Balkons, $l = 3$ m

Mehrfamilienhaus (MFH)
Erstreckung des Balkons, $l = 275$ m

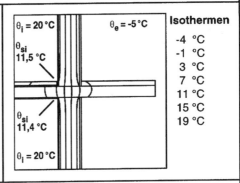

Isothermen
-4 °C
-1 °C
3 °C
7 °C
11 °C
15 °C
19 °C

Gesucht: Minimale innere Oberflächentemperatur und Wärmestrom

Annahmen: $\theta_i = 20$ °C; $\phi_i = 50$ % (Kapillarkondensation $\theta_{si} \leq 12{,}6$ °C)

Ergebnis: Es tritt eine Kapillarkondensation auf!

Abbildung 176

Fall 1: Ohne flankierende Maßnahmen

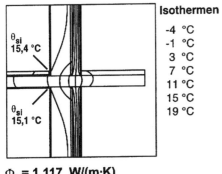

Isothermen
-4 °C
-1 °C
3 °C
7 °C
11 °C
15 °C
19 °C

$\Phi_1 = 1{,}117$ W/(m·K)

Fall 2: Mit flankierenden Maßnahmen
8 cm Dämmschicht unten

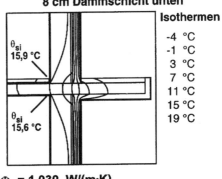

Isothermen
-4 °C
-1 °C
3 °C
7 °C
11 °C
15 °C
19 °C

$\Phi_2 = 1{,}030$ W/(m·K)

Ermittlung der Einsparpotentiale unter Berücksichtigung des Faktors 66

$\Delta\Phi = \Phi_1 - \Phi_2$; $\Delta\Phi = 1{,}117 - 1{,}030$; $\Delta\Phi = 0{,}086$ W/(m·K); $H_{WB} = \Delta\Phi \cdot l \cdot 66$

EFH: $H_{WB} = 0{,}086 \cdot 3 \cdot 66$; $H_{WB} = $ **17 kWh/a**

MFH: $H_{WB} = 0{,}086 \cdot 275 \cdot 66$; $H_{WB} = $ **1.561 kWh/a**

Abbildung 177

Maßnahmen zur Minimierung von Wärmebrücken - Beispiele

Fall 1: Ohne flankierende Maßnahmen

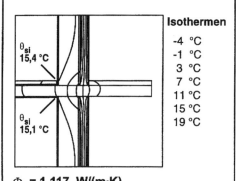

	Isothermen
θ_{si} 15,4 °C	-4 °C
	-1 °C
	3 °C
	7 °C
	11 °C
	15 °C
θ_{si} 15,1 °C	19 °C

$\Phi_1 = 1{,}117$ W/(m·K)

Fall 3: Mit flankierenden Maßnahmen
8 cm unten und 7 cm oben

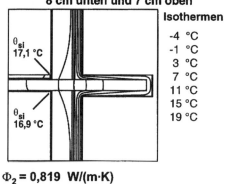

	Isothermen
θ_{si} 17,1 °C	-4 °C
	-1 °C
	3 °C
	7 °C
	11 °C
	15 °C
θ_{si} 16,9 °C	19 °C

$\Phi_2 = 0{,}819$ W/(m·K)

Ermittlung der Einsparpotentiale unter Berücksichtigung des Faktors 66

$\Delta\Phi = \Phi_1 - \Phi_2$; $\Delta\Phi = 1{,}117 - 0{,}819$; $\Delta\Phi = 0{,}298$ W/(m·K); $H_{WB} = \Delta\Phi \cdot l \cdot 66$

EFH: $H_{WB} = 0{,}298 \cdot 3 \cdot 66$; $H_{WB} =$ **59 kWh/a**
MFH: $H_{WB} = 0{,}298 \cdot 275 \cdot 66$; $H_{WB} =$ **5.409 kWh/a**

Abbildung 178

Fall 1: Ohne flankierende Maßnahmen

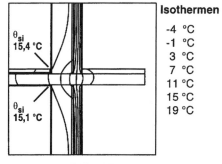

	Isothermen
θ_{si} 15,4 °C	-4 °C
	-1 °C
	3 °C
	7 °C
	11 °C
	15 °C
θ_{si} 15,1 °C	19 °C

$\Phi_1 = 1{,}117$ W/(m·K)

Fall 4: Balkon freigestellt

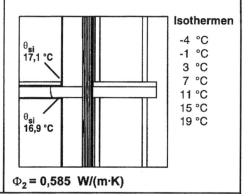

	Isothermen
θ_{si} 17,1 °C	-4 °C
	-1 °C
	3 °C
	7 °C
	11 °C
	15 °C
θ_{si} 16,9 °C	19 °C

$\Phi_2 = 0{,}585$ W/(m·K)

Ermittlung der Einsparpotentiale unter Berücksichtigung des Faktors 66

$\Delta\Phi = \Phi_1 - \Phi_2$; $\Delta\Phi = 1{,}117 - 0{,}585$; $\Delta\Phi = 0{,}532$ W/(m·K); $H_{WB} = \Delta\Phi \cdot l \cdot 66$

EFH: $H_{WB} = 0{,}532 \cdot 3 \cdot 66$; $H_{WB} =$ **105 kWh/a**
MFH: $H_{WB} = 0{,}532 \cdot 275 \cdot 66$; $H_{WB} =$ **9.656 kWh/a**

Abbildung 179

Maßnahmen zur Minimierung von Wärmebrücken - Beispiele

5   Giebelwand an geneigtes Dach
   Bauteilsituation vor der Sanierung

Daten der zugrunde gelegten Gebäude

Freistehendes Einfamilienhaus (EFH)
Erstreckung der Giebelwand zum begehbaren und nicht beheizten Dachraum, I = 44 m

Mehrfamilienhaus (MFH)
Erstreckung der Giebelwand zum begehbaren und nicht beheizten Dachraum, I = 120 m

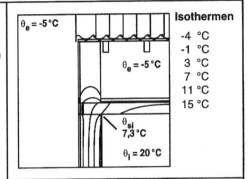

Isothermen
-4 °C
-1 °C
3 °C
7 °C
11 °C
15 °C

$\theta_e = -5\,°C$

$\theta_e = -5\,°C$

θ_{si} 7,3 °C

$\theta_i = 20\,°C$

Gesucht: Minimale innere Oberflächentemperatur und Wärmestrom

Annahmen: $\theta_i = 20\,°C$; $\phi_i = 50\,\%$ (Kapillarkondensation $\theta_{si} \leq 12,6\,°C$)

Ergebnis: Es tritt eine Kapillarkondensation auf!

Abbildung 180

Fall 1: Ohne flankierende Maßnahmen

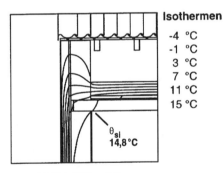

Isothermen
-4 °C
-1 °C
3 °C
7 °C
11 °C
15 °C

θ_{si} 14,8 °C

$\Phi_1 = 0,789$ W/(m·K)

Fall 2: Mit flankierenden Maßnahmen 12 cm Dämmschicht (h = 50 cm)

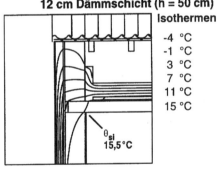

Isothermen
-4 °C
-1 °C
3 °C
7 °C
11 °C
15 °C

θ_{si} 15,5 °C

$\Phi_2 = 0,717$ W/(m·K)

Ermittlung der Einsparpotentiale unter Berücksichtigung des Faktors 66
$\Delta\Phi = \Phi_1 - \Phi_2$; $\Delta\Phi = 0,789 - 0,717$; $\Delta\Phi = 0,072$ W/(m·K); $H_{WB} = \Delta\Phi \cdot I \cdot 66$

EFH: $H_{WB} = 0,072 \cdot$ 44 $\cdot 66$; $H_{WB} = $ **209 kWh/a**
MFH: $H_{WB} = 0,072 \cdot 120 \cdot 66$; $H_{WB} = $ **570 kWh/a**

Abbildung 181

Der Jahres-Heizwärmebedarf wurde vereinfachend entsprechend der Randbedingungen des Heizperiodenbilanzverfahrens ermittelt. Hierbei wurde vorausgesetzt, dass die Gebäude umfassend saniert werden. Es ergibt sich folgendes Einsparpotential bezogen auf den Jahres-Heizwärmebedarf:

Einfamilienhaus:

Jahres-Heizwärmebedarf	Q_h	=	9.155	kWh/a
Verluste über Wärmebrücken	H_{WB}	=	2.401	kWh/a
Wärmebrückenverlustanteil	**H_{WBA}**	**=**	**26 %**	

Mehrfamilienhaus:

Jahres-Heizwärmebedarf	Q_h	=	126.416	kWh/a
Verluste über Wärmebrücken	H_{WB}	=	37.670	kWh/a
Wärmebrückenverlustanteil	**H_{WBA}**	**=**	**30 %**	

Das hier beispielhaft ermittelte Einsparpotential zeigt, dass bei der Planung von wärmeschutztechnischen Sanierungsmaßnahmen eines Gebäudes unbedingt auch Orte mit Wärmebrücken berücksichtigt werden müssen. Hieraus kann nun wiederum nicht eine allgemeine Forderung abgeleitet werden. Hierauf hat auch die Auslegungsgruppe hingewiesen. Im Einzelfall müssen vom beauftragten Planer/Handwerker eigenverantwortlich die jeweiligen Optimierungsschritte festgelegt werden. Bei energetischen Betrachtungen sollten feuchteschutztechnische Konsequenzen nicht unberücksichtigt bleiben.

Weitere bauphysikalische Auswirkungen

Nachfolgend werden für den Konstruktionstyp Außenwand mit einem äußeren Wärmedämm-Verbundsystem noch einige weitere Aspekte aus bauphysikalischer Sicht vorgestellt. Der Eingriff in die bestehende Konstruktion eines Außenbauteils bedeutet immer eine Veränderung der bauphysikalischen Eigenschaften des betreffenden Bauteils bzw. auch der angrenzenden Bauteile in qualitativer und/oder quantitativer Hinsicht. Hierbei können sowohl positive als auch negative Veränderungen auftreten. Bei Einbau eines Wärmedämm-Verbundsystems verändern sich die bauphysikalischen Eigenschaften der Außenwand. Dies soll nachfolgend kurz beschrieben werden.

Heizenergieeinsparung

Durch die Verringerung des U-Wertes verringern sich die Transmissionswärmeverluste sehr deutlich. In dem o.a. Beispiel ergibt sich über den Einbau einer Wärmedämmschicht mit d = 0,12 m (WLG 040) für das Einfamilienhaus ein Einsparpotential für die Außenwand von rund 8.000 kWh/a und für das Mehrfamilienhaus von rund 90.000 kWh/a im Vergleich zur ungedämmten monolithischen Außenwand mit einer Dicke von 0,30 m. Bei der Berechnung des U-Wertes ist ggf. der **Einfluss von Dübeln** zur zusätzlichen mechanischen Befestigung des Wärmedämm-Verbundsystems mit dem Mauerwerk durch entsprechende Korrekturen in Ansatz zu bringen. Dieser Einfluss ist in der Allgemeinen Bauaufsichtlichen Zulassung des betreffenden Systems näher beschrieben. Ähnliche Korrekturen sind u.U. auch für andere Konstruktionstypen (hinterlüftete Bekleidung mit Metallunterkonstruktion, zweischaliges Mauerwerk usw.) einzurechnen. Weiterhin sind zur vollen Ausschöpfung der Leistungsfähigkeit Wärmebrückenwirkungen entsprechend dem Stand der Technik zu minimieren.

Da im Gebäudebestand Heizungsrohre oft in Schlitzen in den Außenwänden geführt wurden, relativ schlecht gedämmt sind und somit zu erhöhten Wärmeverlusten führen, werden durch den Einbau eines Wärmedämm-Verbundsystems diese Verluste reduziert. Es sollte jedoch im Rahmen einer umfassenden Sanierung angestrebt werden, auch das Heizwärme-Verteilsystem zu sanieren (kurze Leitungslängen, Leitungen zusätzlich dämmen usw.). Für die volle Ausschöpfung der Leistungsfähigkeit eines Wärmedämm-Verbundsystems ist, dass das Wärmedämm-Verbundsystem winddicht mit der Wand verbunden ist. Je nach der Ebenheit des vorhandenen Mauerwerks bzw. der Putzoberfläche kann es vorkommen, dass zwischen Dämmplatten und vorhandenem Putz ein Hohlraum entsteht, der nicht vollflächig mit Klebemörtel ausgefüllt werden kann.

Hierbei ist darauf zu achten, dass an den „freien Rändern" des Wärmedämmstoffes, also im Sockelbereich, in den Anschlüssen an die Fenster und an den oberen Endigungen der Wand im Bereich von Ortgang und Traufe und sonstigen Anschlusssituationen, mit flankierenden Maßnahmen ein winddichter Verschluss ausgeführt wird. Erfolgt diese Maßnahme nicht, so kann die Wirksamkeit des Wärmedämm-Verbundsystems durch eindringende Außenluft u.U. eingeschränkt werden (Rotationsströmung um die Wärmedämmschicht). Dieser Einfluss wird auch durch so genannte Korrekturstufen für Luftspalte in der DIN EN ISO 6946 beschrieben. Hier wird in Abhängigkeit von der Fugenausbildung und der Möglichkeit der Durchströmung mit Außenluft ein Korrekturwert auf den Wärmedurchgangskoeffizienten eingerechnet.

Behaglichkeit

Durch die Verringerung des U-Wertes erhöht sich die innere Oberflächentemperatur gegenüber der vorhandenen Ausführung. So hat z.B. eine Außenwand mit dem Mindestwärmeschutz nach DIN 4108 Teil 2 Ausgabe August 1981 bei einer Innentemperatur von 20 °C und einer Außentemperatur von -10 °C eine innere Oberflächentemperatur von 14,5 °C. Bei einer Außenwand mit einer zusätzlichen Wärmedämmschicht (d = 0,12 m, WLG 040) erhöht sich die innere Oberflächentemperatur auf 18,9 °C!

Dies bedeutet eine Verbesserung der thermischen Behaglichkeit. Der Mensch empfindet die Lufttemperatur und die Oberflächentemperatur der raumbildenden Bauteile als eine „Einheit" (empfundene Temperatur). Bei einer hohen inneren Oberflächentemperatur gibt der Mensch über den Anteil Strahlung weniger Wärme ab als vorher; dies bedeutet eine Steigerung des Wohlbefindens.

Dieser Zusammenhang bedeutet auch, dass durch die Anhebung der inneren Oberflächentemperatur die Raumlufttemperatur gegenüber früher (als Ausgleich für die relativ große Abgabe über Strahlung wurde dort die Raumlufttemperatur etwas höher „gefahren", etwa 22 °C bis 23 °C), um etwa 1 bis 2 °C abgesenkt werden kann. Dies ergibt eine zusätzliche Heizenergieeinsparung. Durch die neue außen liegende Wärmedämmschicht verbessert sich auch der Wärmeschutz im Sommer über das bessere Temperaturamplituden-Dämpfungsverhältnis der außen wärmegedämmten Wand. Bei leichten, wenig speicherfähigen Innenbauteilen kann dadurch eine Verbesserung des sommerlichen Innenklimas erfolgen. Dieser Einfluss ist bei Gebäuden mit großen Fensterflächen allerdings gering, da hier der größte Teil der Wärme über die Verglasung in den Innenraum gelangt.

Klimabedingter Feuchteschutz

Beim klimabedingten Feuchteschutz sind drei Phänomene zu unterscheiden:

a) Verminderung des Risikos einer Oberflächentauwasser- Schimmelpilzbildung

Für das Entstehen und Wachsen von Schimmelpilz sind verschiedene Voraussetzungen erforderlich; eine wichtige Voraussetzung ist das Vorhandensein von Wasser in den oberflächennahen Schichten. Dieses Wasser kann durch eine Tauwasserbildung entstanden sein, hierfür wäre bei einer Luftqualität von 20 °C und 50 % relativer Feuchte eine Oberflächentemperatur von 9,3 °C „erforderlich". Neuere Erkenntnisse haben ergeben, dass es schon ausreicht, wenn in Oberflächennähe die Luft eine relative Feuchte von 80 % aufweist. Hierbei entsteht über eine Kapillarkondensation in den oberflächennahen Bereichen bereits eine Wasseranreicherung, die für das Entstehen und Wachsen von Schimmelpilz ausreichend groß genug ist. Hier beträgt die neue kritische Oberflächentemperatur nicht mehr 9,3 °C, sondern etwa 12,6 °C. Diese Zusammenhänge wurden auch in der inzwischen mehrfach überarbeiteten DIN 4108-2 berücksichtigt. Betrachtet man in diesem Zusammenhang die Außenecke als einen besonders gefährdeten Bereich (geometrische Wärmebrücke), so gelangt man erst durch eine Außendämmung in der angesprochenen Größenordnung von d = 0,12 m sicher aus dem gefährdeten Bereich heraus.

In den **Abbildungen 164 bis 180** können für verschiedene Wärmebrückensituationen die minimalen Oberflächentemperaturen abgelesen werden. Sollte für die dort dargestellten optimierten Anschlusssituationen eine Schimmelpilzbildung auftreten, dann liegt dies bei einer sonst funktionstüchtigen Außenwand mit hoher Wahrscheinlichkeit an einem nicht angemessenen Nutzerverhalten. Streitigkeiten im Bereich von Mietwohnungen dürften damit der Vergangenheit angehören.

b) Verhinderung von Tauwasserbildung im Bauteilquerschnitt

Der Feuchtetransportmechanismus Wasserdampfdiffusion läuft durch ein Außenbauteil immer dann ungestört, d.h. ohne eine Tauwasserbildung im Bauteilquerschnitt ab, wenn die Schichten „richtig" aufeinander abgestimmt sind. Dies ist der Fall,

o wenn die Wärmedurchlasswiderstände (R-Werte) der einzelnen Schichten der Wand von innen nach außen zunehmen, und

o wenn die Wasserdampfdurchlasswiderstände der einzelnen Schichten (s_d-Wert) von innen nach außen abnehmen.

Sollte eine Störung im o.a. Sinne vorhanden sein, so kann durch Zusatzmaßnahmen der Wasserdampfdiffusionsvorgang beherrscht werden. Im Allgemeinen sind Wärmedämm-Verbundsysteme so ausgelegt, dass für die im üblichen Wohnungsbau vorhandenen Außenwandkonstruktionen bestehender Gebäude (Mauerwerkswände beidseitig verputzt) eine Gefährdung durch eine Tauwasserbildung nicht gegeben ist. Dieser Punkt kann sehr einfach, schnell und kostengünstig durch eine bauphysikalische Untersuchung geklärt werden. Wichtig ist zu überprüfen und ggf. durch flankierende Maßnahmen sicherzustellen, dass die Luftdichtheit in der Fläche und/oder in den Anschlüssen der Bauteile untereinander, z.B. Fensteranschluss, gegeben ist. Ist dies nicht der Fall, so kann warme und feuchte Innenluft durch die Bauteilschichten nach außen gelangen und ggf. im Inneren der Konstruktion eine Tauwasserbildung über den so genannten konvektiven Wasserdampftransport verursachen.

c) Schlagregenschutz

Ein bewährtes und über eine Allgemeine Bauaufsichtliche Zulassung geregeltes Wärmedämm-Verbundsystem, eine einwandfreie Planung der Anschlüsse an andere Bauteile und
eine dem Stand der Technik entsprechende handwerkliche Verarbeitung vorausgesetzt,
verbessert den Schlagregenschutz der Außenwand ganz erheblich.

Formänderungen

Die einschalige Außenwand ist dem Außenklima direkt ausgesetzt. Der Zyklus Sommer/
Winter verursacht in der Außenwand die in **Abbildung 182** dargestellten Temperaturände-
rungen. Die Innenbauteile (Innenwände, Decken) sind im Winter wie im Sommer etwa gleich
temperiert (20 °C bis 24 °C). Sie sind mit der Außenwand kraftschlüssig verbunden. Die
auftretenden unterschiedlichen Längenänderungen zwischen Außen- und Innenbauteilen
können im Zusammenhang mit anderen verformungsrelevanten Einflüssen bei hohen Gebäuden durchaus Rissbildungen entstehen lassen.

Eine Außendämmung auf der Außenwand verringert dieses Risiko erheblich, wie aus **Abbildung 182** zu entnehmen ist, die Spreizung im Zyklus Sommer/Winter verringert sich deutlich. Anmerkung: Sehr risikoreich ist in diesem Zusammenhang der Einbau einer Innendämmung. Die hierbei zwischen der Innen- und Außenwand auftretenden Längenänderungsdif-
ferenzen können bei Gebäuden mit mehr als vier Geschossen ein Ausschlusskriterium für
eine Innendämmung bedeuten.

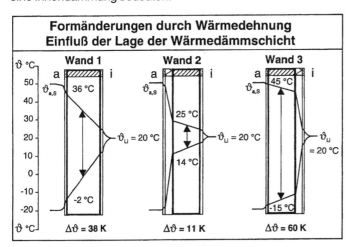

Abbildung 182: Verschiedene Konstruktionstypen für die wärmedämmtechnische Nachrüstung einer Außenwand - Veränderung der Temperaturverteilung [72].

o Außenwand - Wärmedämmschicht innen

In bestimmten Fällen (Denkmalpflege, Grenzabstände, Ensembleschutz usw.) kann eine Wärmedämmschicht nur auf der Innenseite der Außenwand angebracht werden. Die „ideale" Schichtenfolge aus bauphysikalischer Sicht ist bei Konstruktionen mit innen liegender Wärmedämmschicht nicht gegeben. Es entstehen bauphysikalische Problemstellungen (z.B. verformungstechnische, feuchteschutztechnische, energetische, schallschutztechnische Problemstellung), von denen hier nachfolgend lediglich der energetische und feuchteschutztechnische Aspekt vorgestellt wird. Es wird darauf hingewiesen, dass in bestimmten Fällen aus verformungstechnischen Gründen der Einbau einer Innendämmung nicht ausgeführt werden sollte!

Für die übliche Ermittlung des Wärmedurchgangskoeffizienten spielt die Lage der Wärmedämmschicht in der Schichtenfolge eines Außenbauteils, hier der Außenwand, keine Rolle. Es ist gleichgültig, ob die Wärmedämmschicht innen oder außen liegt. Diese Aussage gilt nur für den so genannten ungestörten Bereich des Bauteils, d.h. für ein Außenbauteil ohne Wärmebrücken!

Die Innendämmung erzeugt bzw. verstärkt allerdings in der Außenwand sehr deutlich an folgenden Orten Wärmebrückeneffekte:

o im Bereich von einbindenden Decken aus Stahlbeton,

o im Bereich von einbindenden Innenwänden,

o im Bereich von Fensteranschlüssen sowie

o im Bereich von Durchdringungen.

Mit Hilfe eines Wärmebrückenprogramms wurde unter Berücksichtigung der klimatischen Randbedingungen der DIN 4108 Teil 2, Ausgabe August 1981 der Einfluss verschiedener Wärmebrücken berechnet, **Abbildungen 183 und 184**. Die Gegenüberstellung der Variante 5 zu Variante 2 (außen gedämmt - innen gedämmt) aus **Abbildung 183 und 184** ergibt, dass unter Berücksichtigung der die Wärmedämmschicht durchstoßenden Innenbauteile (Decken, Innenwände) für übliche geometrische Verhältnisse des Wohnungsbaus, die Außenwand mit Innendämmung (ohne Zusatzmaßnahmen) hinsichtlich des Wärmedurchgangskoeffizienten im Vergleich mit anderen Konstruktionstypen (einschließlich deren Wärmebrücken) „zu gut" bewertet wird. Ursache hierfür ist die Nichtberücksichtigung der vorhandenen massiven Wärmebrückenwirkung.

Bei der Anschlusssituation Außenwand mit einer einbindenden Innenwand und einer 5 cm dicken Innendämmung ergibt sich im Vergleich zu einer entsprechend außen gedämmten Außenwand (Vergleichskonstruktion) unter sonst gleichen Randbedingungen effektiv ein um 25 Prozent höherer Transmissionswärmeverlust. Bei dicker werdenden innen liegenden Wärmedämmschichten steigt dieser Prozentsatz noch weiter an; bei einer Dicke von 10 cm beträgt er, je nach „Qualität" der Wärmebrücken, etwa 35 bis 45 Prozent!

Die Beispiele zeigen, wie wichtig es ist, derartige Wärmebrückeneffekte bei der Ermittlung des spezifischen Transmissionswärmeverlustes bei der Planung einer Innendämmung zu berücksichtigen. Werden derartige Effekte bei der späteren Berechnung des Heizwär-

Variante		Q W/m	$\vartheta_{oi\,min}$ °C	Isothermen
1	Anschlußpunkt vor der Sanierung	47,9	12,0	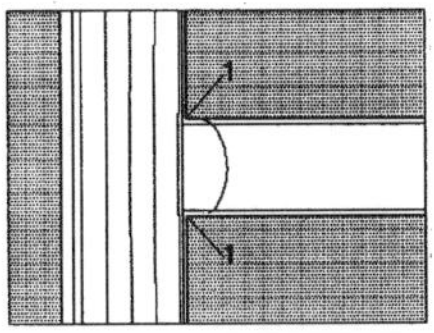
2	Innendämmung, s = 5 cm, ohne Zusatzmaßnahmen	22,4	12,2	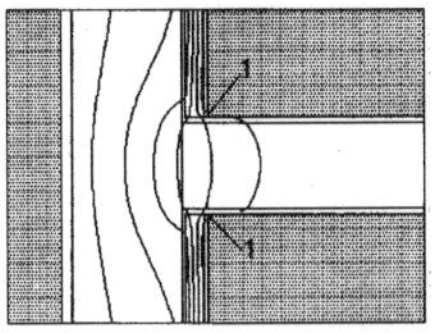
3	Innendämmung, s = 5 cm, mit Zusatzmaßnahme, beidseitig Wärmedämmung, s = 5 cm, l = 30 cm	20,1	$\vartheta_1 = 15,5$ $\vartheta_2 = 16,2$	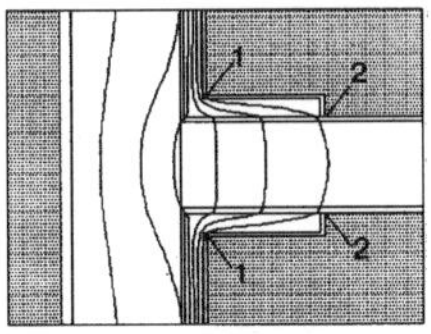
4	Innendämmung, s = 5 cm, mit Zusatzmaßnahme, beidseitig Wärmedämmung, s = 5 cm, l = 50 cm	19,6	$\vartheta_1 = 15,4$ $\vartheta_2 = 17,2$	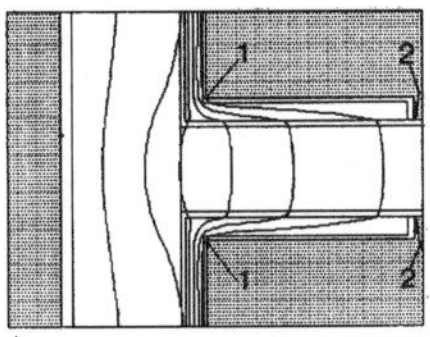
5	Vergleichskonstruktion 1 Wand außen gedämmt, s = 5 cm	17,8	17,0	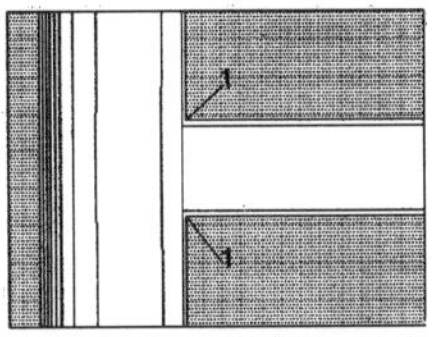
6	Vergleichskonstruktion 2 Innendämmung ohne Zusatzmaßnahme, Q wie Außendämmung, Folge: s = 9 cm	17,5	12,3	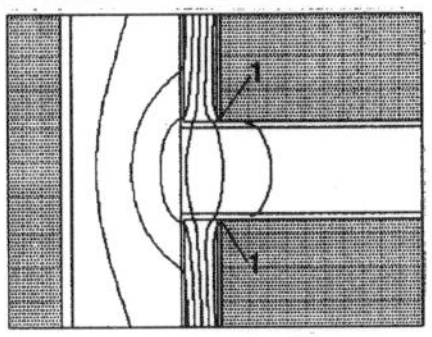
7	Innendämmung ohne Zusatzmaßnahme, aber Wert für Q wie bei 4, Folge: s = 7 cm	19,5	12,1	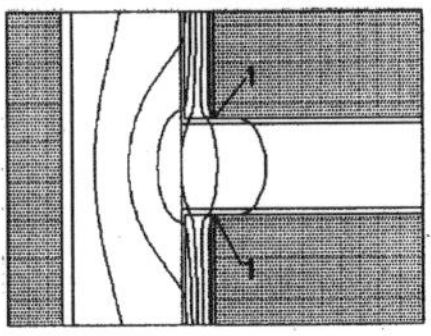

Randbedingungen: für Q: $\vartheta_{Li} = 20$ °C und $\vartheta_{La} = 0$ °C, für $\vartheta_{oi\,min}$: $\vartheta_{Li} = 20$ °C und $\vartheta_{La} = -15$ °C, Wärmedämmschicht: $\lambda = 0,035$ W/(m · K), Innenmauerwerk: s = 0,24 m, $\lambda = 0,99$ W/(m · K), Außenmauerwerk: s = 0,30 m, $\lambda = 0,55$ W/(m · K),
Isothermen: 15 °C, 10 °C, 5 °C, 0 °C, −5 °C, −10 °C

Abbildung 183: Energetische und feuchteschutztechnische Konsequenzen bei Einbau einer Innendämmung, Randdaten nach DIN 4108-2 8/81. Anschluss: Außenwand an Innenwand, aus [78].

Variante		Q W/m	$\vartheta_{oi\,min}$ °C	Isothermen
1	Anschlußpunkt vor der Sanierung	48,5	$\vartheta_1 = 11,7$ $\vartheta_2 = 11,2$	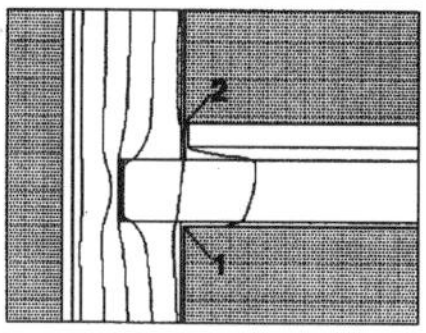
2	Innendämmung, s = 5 cm, ohne Zusatzmaßnahmen	28,0	$\vartheta_1 = 8,7$ $\vartheta_2 = 14,3$	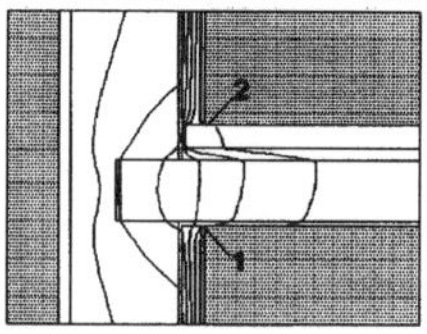
3	Innendämmung, s = 5 cm, mit Zusatzmaßnahme, unterseitig Wärmedämmung, s = 5 cm, l = 30 cm	25,9	$\vartheta_1 = 14,3$ $\vartheta_2 = 13,5$	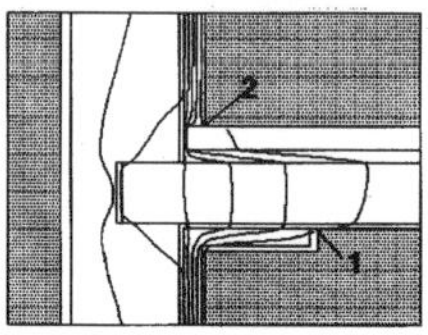
4	Innendämmung, s = 5 cm, mit Zusatzmaßnahme, unterseitig Wärmedämmung, s = 5 cm, l = 50 cm	25,3	$\vartheta_1 = 15,7$ $\vartheta_2 = 13,3$	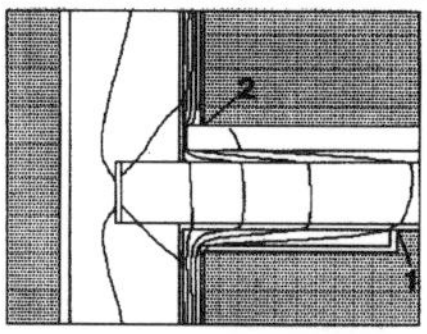
5	Vergleichskonstruktion 1 Wand außen gedämmt, s = 5 cm	19,8	$\vartheta_1 = 16,8$ $\vartheta_2 = 16,4$	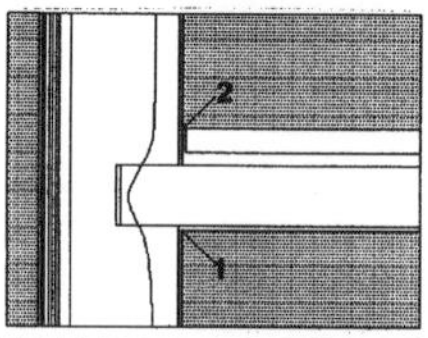
6	Vergleichskonstruktion 2 Innendämmung ohne Zusatzmaßnahme, Q wie Außendämmung, Folge: s = 12 cm	19,8	$\vartheta_1 = 9,6$ $\vartheta_2 = 13,8$	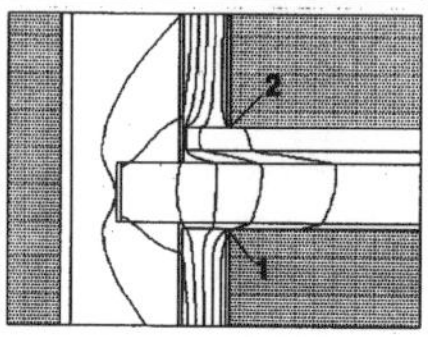
7	Innendämmung ohne Zusatzmaßnahme, aber Wert für Q wie bei 4, Folge: s = 7 cm	25,3	$\vartheta_1 = 8,8$ $\vartheta_2 = 14,2$	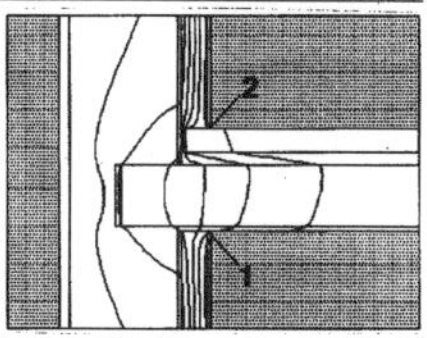

Randbedingungen: für Q: $\vartheta_{Li} = 20$ °C und $\vartheta_{La} = 0$ °C, für $\vartheta_{oi\,min}$: $\vartheta_{Li} = 20$ °C und $\vartheta_{La} = -15$ °C, Wärmedämmschicht: $\lambda = 0,035$ W/(m · K), Mauerwerk: s = 0,30 m, $\lambda = 0,99$ W/(m · K), Stahlbetondecke: s = 0,16 m, $\lambda = 2,1$ W/(m · K), Trittschalldämmschicht: s = 0,035 m, $\lambda = 0,04$ W/(m · K)

Isothermen: 15 °C, 10 °C, 5 °C, 0 °C, −5 °C, −10 °C

Abbildung 184: Energetische und feuchteschutztechnische Konsequenzen bei Einbau einer Innendämmung, Randdaten nach DIN 4108-2 8/81. Anschluss: Außenwand an Stahlbetondecke, aus [78].

mebedarfs, bei der Bemessung (Auslegung) der Heizungsanlage vergessen, können erhebliche Probleme bei der Dimensionierung der Heizungsanlage (Kesselgröße, Pumpenleistung, Heizwärmeverteilsystem, usw.) auftreten. Bei einer zentralen Heizungsanlage für mehrere Wohnhäuser kann bei Nichtberücksichtigung dieses Einflusses (Berechnung des Wärmedurchgangskoeffizienten bzw. des Transmissionswärmebedarfs ohne Berücksichtigung der Wärmebrücken bei Innendämmung) u. U. ein nennenswerter Fehlbedarf, d.h. eine Unterdimensionierung der Anlage auftreten. Die Effektivität dieser Maßnahmen und die der anderen Varianten kann in den **Abbildungen 183 und 184** mit Hilfe des Wärmestromes Q (Wärmestrom ermittelt für jeweils gleiche Berechnungsausschnitte) selbst nachvollzogen werden. Die Wirksamkeit einer Verbesserungsmaßnahme kann sehr einfach durch die Differenzbildung der beiden Wärmeströme der betrachteten Varianten abgeschätzt werden.

Beispiel:
Folgende Annahmen werden bei der näherungsweisen Bestimmung der Heizenergieeinsparung zugrunde gelegt: Heizperiode, Faktor 66.

Einsparungen pro Meter Bauteilerstreckung in einer Heizperiode bei Wahl von Variante 3 gegenüber Variante 2 aus **Abbildung 181**.

ΔQ = 22,4/20 - 20,1/20 W/(m · K)
ΔQ = 1,12 - 1,0
ΔQ = 0,12 W/(m · K)

Q'_h = $\Delta\Phi$ · 66   in kWh/(m · a)
Q'_h = 0,12 · 66
Q'_h = 7,9 kWh/(m · a)

Bei einem Gebäude mit zwei Vollgeschossen (2 · 2,75 m = 5,5 m) ergibt sich für diese Situation (Außenwand mit einbindender Innenwand) eine jährliche Einsparung von:
Q = 10,1 · 5,5 kWh/a
Q = 55,6 kWh/a

Diese Einsparung ist in Bezug auf den Aufwand (zusätzliche Randdämmung) relativ gering. Die Randdämmung verursacht große Kosten, ist darüber hinaus gestalterisch wenig befriedigend und bedeutet ggf. in Teilbereichen eine Nutzungseinschränkung. Für derartige Situationen wäre es daher sinnvoll, den erhöhten Materialaufwand für die Randdämmung in zusätzlichen Dämmstoff für die Fläche „umzulegen". So würde dies für den betrachteten Fall eine „neue" Dämmstoff-Dicke von 6 cm anstelle von 5 cm bedeuten. Die Entscheidung hinsichtlich der einen oder anderen Variante (in diesem Fall Randdämmung oder Umlegung dieses Dämmstoffanteils auf die Fläche) darf nicht allein von gestalterischen Aspekten bzw. Kosten bestimmt werden. Energetisch besteht bei den beiden o.a. Varianten kein Unterschied. Im Hinblick auf die inneren Oberflächentemperaturen verbunden mit einer Tauwassergefährdung können aber gravierende Unterschiede auftreten! Hierbei ist die wärmetechnische Qualität (Wärmedurchlasswiderstand der Außenwand, Wärmeleitfähigkeit des einbindenden Innenbauteils) der Ausgangskonstruktion (ohne Dämmmaßnahme) von ausschlaggebender Bedeutung. Empfehlungen können nur zu den jeweiligen realen Einzelfällen gegeben werden.

Weitere bauphysikalische Auswirkungen
Klimabedingter Feuchteschutz - Oberflächentauwasserbildung

Innenbauteile, die in Außenwände einbinden (Innenwände, Geschossdecken) und Fensteranschlüsse ergeben, unabhängig vom Schichtenaufbau, immer Wärmebrücken (erhöhte Wärmestromdichte - energetischer Aspekt, niedrige innere Oberflächentemperatur - feuchtetechnischer Aspekt). Wärmedämmschichten, die außen auf der Wand aufgebracht werden „verschleifen" diese Wärmebrückeneffekte.

Wärmedämmschichten, die innen auf der Wand aufgebracht werden, verstärken jedoch die o.a. Wärmebrückeneffekte. Hierbei kann im Einzelfall, je nach wärmeschutztechnischer Qualität der Ausgangskonstruktion, wie bereits ausgeführt, eine sehr niedrige innere Oberflächentemperatur auftreten, die bei der vorhandenen Situation Taupunkttemperatur für die Qualität der Innenluft bedeuten kann. Aus diesem Grund bzw. um die o.a. Abhängigkeit besonders deutlich zu machen, wurde für die Außenwand in den Varianten der **Abbildung 183 und 184** ein Wärmedurchlasswiderstand von nur 0,35 m² · K/W zugrunde gelegt. Bei den entsprechenden Varianten der **Abbildung 183 und 184** ergeben sich unter Zugrundelegung des Wärmedurchlasswiderstandes R = 0,35 m² · K/W für die Außenwand der Ausgangssituation ähnliche Werte für den Wärmestrom Φ und die minimale innere Oberflächentemperatur.

Im Hinblick auf die Vermeidung von Oberflächentauwasser sind bei einer auf der Innenseite der Außenwand aufzubringenden Wärmedämmschicht auch an der Unterseite der Decke und an den einbindenden Innenwänden u.U. bauliche „Zusatzmaßnahmen" erforderlich. Dies können Wärmedämmplatten mit einer Breite von ca. 30 cm sein (gestalterisch wenig befriedigende Lösung) oder es wird eine ca. 30 cm breite rechteckige Dämmplatte aufgebracht, deren Absatz zur Decke durch eine Blende (von Innenwand zu Innenwand), in welche ggf. die Gardinenleiste integriert werden kann, überdeckt wird.

Tauwasserbildung im Bauteilquerschnitt

Der Feuchtetransportmechanismus Wasserdampfdiffusion läuft durch ein Außenbauteil immer dann ungestört, d.h. ohne Tauwasserbildung im Bauteilquerschnitt ab, wenn die Schichten „richtig" aufeinander abgestimmt sind. Dies ist der Fall, wenn:

o die Wärmedurchlasswiderstände (d/λ-Wert) der einzelnen Schichten von innen nach außen zunehmen,

o die Wasserdampfdurchlasswiderstände (s_d-Wert) der einzelnen Schichten von innen nach außen abnehmen.

Die Außenwand mit innen liegender Wärmedämmschicht entspricht im Hinblick auf die Schichtfolge nicht den o.a. Regeln, so dass mit Tauwasserbildung im Bauteilquerschnitt zu rechnen ist. Werden Wärmedämmstoffe mit einer relativ großen Wasserdampfdurchlässigkeit (kleiner s_d-Wert) eingebaut, so ist gemäß den Festlegungen in der DIN 4108 mit einer unzulässig großen und damit schädlichen Tauwasserbildung im Bauteilquerschnitt zu rechnen, d.h. mit einer unzulässig hohen Feuchteanreicherung im Dämmstoff, so dass sich der Wärmedurchlasswiderstand nennenswert verschlechtert.

Dieser errechneten Tauwasserbildung kann man begegnen, in dem an der Innenseite der Dämmschicht eine dampfsperrende Schicht angeordnet wird. Diese Schicht hat u. U. Nachteile: sie verursacht Kosten und sie verlängert das Austrocknungsverhalten von Konstruktionen, da hierbei nur eine einseitige Feuchteabgabe (nach außen) möglich ist.

Untersuchungen haben ergeben, dass den Ergebnissen des rechnerischen Nachweises gemäß Verfahren nach DIN 4108 eine zu große Bedeutung beigemessen worden ist. Hier sind die Untersuchungen in [1], [55], [60], [85] zu nennen. Diese Untersuchungen haben gezeigt, dass bei Außenwänden mit einer innenliegenden Wärmedämmschicht der Feuchtetransport Wasserdampfdiffusion sehr deutlich durch das Sorptionsverhalten der Baustoffe und Kapillarleitvorgänge überlagert wird.

Trotz einer Feuchteanreicherung im Bauteilquerschnitt ist eine nennenswerte Verringerung der Wärmedämmfähigkeit von Außenwänden mit innen liegender Wärmedämmschicht für wohnraumähnliche Nutzung (θ_i = 20 °C / ϕ_{Li} = 50 %) bis auf eine Ausnahme nicht gegeben, d. h. eine spezielle dampfsperrende Schicht ist nicht erforderlich. Nur bei einer Außenwand aus Normalbeton und Verwendung von Mineralfaser als Wärmedämmstoff ist eine spezielle dampfsperrende Schicht an der Innenseite der Dämmschicht anzuordnen.

Es kann zusammengefasst werden:

o Innen liegende Wärmedämmschichten mit Dampfsperren sind aus feuchtetechnischer Sicht problemlos, hier verlängern sich nur die Austrocknungszeiten. Dieser Nachteil dürfte bei einem wärmetechnischen Sanierungsfall im Gebäudebestand (Altbau besitzt in der Regel keine Baufeuchte mehr) nicht relevant sein.

o Dämmschichten sollten zur Vermeidung von längeren Austrocknungszeiten nicht hygroskopisch sein, da ggf. doch Baufeuchte durch Reparaturmaßnahmen vorhanden ist oder es kann eine erhöhte Feuchtebelastung aus Schlagregenbeanspruchung auftreten.

o Außenwände mit Innendämmungen aus Mineralfaser ohne Dampfsperre weisen im Winter relativ große Feuchteanreicherungen auf. Hier sind u.U. nennenswerte Minderungen der wärmedämmtechnischen Qualität zu erwarten; die Feuchtebilanz Winter/ Sommer ist allerdings auch hier positiv.

o Bis auf den Fall Mineralfaserdämmstoff / Außenwand aus Normalbeton, reichen in der Regel die innenseitig der Wärmedämmschicht aufzubringenden Deckschichten (z.B. Gipskarton, Holzwerkstoffplatten) als dampfbremsende Schicht aus (s_d-Wert > 0,5 m).

Es kann festgestellt werden: Der Feuchtetransportmechanismus Wasserdampfdiffusion ist für normales Innen- und Außenklima nicht besonders bedeutsam. Die eigentliche feuchtetechnische Problemstellung ist unter realen Bedingungen nicht der Transportmechanismus Wasserdampfdiffusion, sondern der konvektive Wasserdampftransport; dies soll im Folgenden erläutert werden.

Wärmedämmschichten werden oft als Verbundplatten mit einem mineralischen Ansetzbinder auf die Innenseite der Außenwände aufgebracht. Im Bereich der Plattenstöße und im Anschluss an angrenzende Bauteile (Decken, Fußböden, Innenwände) entstehen Fugen.

Oft werden Steckdosen in die Wärmedämmverbundplatten eingebaut. Werden diese Orte an der Innenseite der Dämmschicht nicht luftdicht verschlossen bzw. andere wärmetechnische Zusatzmaßnahmen ergriffen, besteht die Gefahr, dass warme und relativ feuchte Innenluft in das Innere der Außenwandkonstruktion gelangen kann. Bedingt durch die innen liegende Dämmschicht ist die „innere" Oberfläche der Mauerwerkswand sehr kalt; eine massive Tauwasserbildung ist die Folge.

Für in solchen Fällen festgestellte Durchfeuchtung wird oft der Transportmechanismus Wasserdampfdiffusion verantwortlich gemacht. Manchmal wird dann unter Heranziehung des Verfahrens gemäß DIN 4108 die Ursache „errechnet" und an der wahren Ursache vorbeisaniert, d.h. es wird eine Dampfsperre eingebaut, jedoch die eigentliche Ursache - offene Fugen oder Fehlstellen - auch im Sanierungsfall nicht beseitigt.

In **Abbildung 185** ist die feuchtetechnische Problemstellung einer Fuge in der innen liegenden Wärmedämmschicht auf der Außenwand, im Übergang zum schwimmenden Estrich, rechnerisch untersucht worden. Es ergibt sich im Fugenraum eine sehr niedrige Oberflächentemperatur mit der Folge einer massiven Tauwasserbildung.

Ähnliche Effekte treten beim Einbau von Steckdosen auf und zwar immer dann, wenn zwischen Steckdose und Außenwand keine Wärmedämmschicht eingebaut werden kann (zu geringe Dicke der innen liegenden Dämmschicht). In diesem Fall beträgt bei einer Außenlufttemperatur von $\theta_e = -15\,°C$ die Temperatur an der Rückwand der Steckdose nur 1,4 °C, **Abbildung 186**!

Bei Einbau einer Wärmedämmschicht mit s = 1 cm erhöht sich die Temperatur auf 9,9 °C. Erst bei einer Dämmschichtdicke von 4 cm zwischen Rückwand der Steckdose und Mauerwerk wird eine aus feuchtetechnischer Sicht ausreichend hohe Oberflächentemperatur von 13,7 °C erreicht. Bei geringen Dicken der innen liegenden Dämmschicht (etwa bis 5 cm) ist daher im Bereich der Steckdosen die Mauerwerkswand auszustemmen; in diese Öffnung muss Dämmstoff (z.B. durch Ausschäumen) eingebracht werden, **Abbildung 186**.

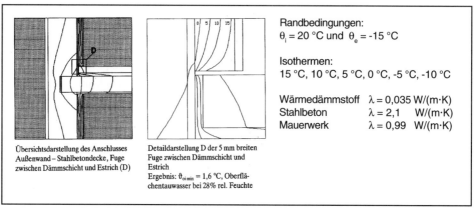

Randbedingungen:
$\theta_i = 20\,°C$ und $\theta_e = -15\,°C$

Isothermen:
15 °C, 10 °C, 5 °C, 0 °C, -5 °C, -10 °C

Wärmedämmstoff $\lambda = 0{,}035\ W/(m·K)$
Stahlbeton $\lambda = 2{,}1\quad W/(m·K)$
Mauerwerk $\lambda = 0{,}99\ W/(m·K)$

Übersichtsdarstellung des Anschlusses Außenwand – Stahlbetondecke, Fuge zwischen Dämmschicht und Estrich (D)

Detaildarstellung D der 5 mm breiten Fuge zwischen Dämmschicht und Estrich
Ergebnis: $\theta_{oi\,min} = 1{,}6\,°C$, Oberflächentauwasser bei 28% rel. Feuchte.

Abbildung 185: Feuchteschutztechnische Konsequenzen bei Einbau einer Innendämmung, Randdaten nach DIN 4108 Teil 2 August 1981. Fuge zwischen Wärmedämmschicht und Estrich, aus [78].

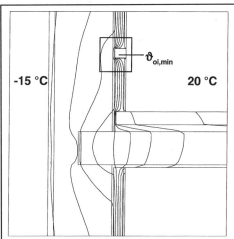

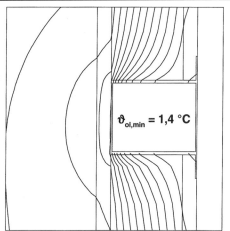

Basisfall, ohne Zusatzmaßnahmen:
Isothermen (in °C):
19 ; 15 ; 10 ; 5 ; 0 °C ; -5 ; -10 ; -9 ; -13
Minimale, innere Oberflächentemperatur
siehe Isothermendarstellung links.

Basisfall, ohne Zusatzmaßnahmen:
Isothermen (in °C):
19 ; 17 ; 15 ; 13 ; 11 °C ; 9 ; 7 ; 5 ; 3 ; 1 ; -1 ; -5
Minimale, innere
Oberflächentemperatur $\vartheta_{oi,min}$ = 1,4 °C

Oberflächentauwasserbildung bei:
ϑ_{Li} = 20 °C und 27 % reltive Feuchte

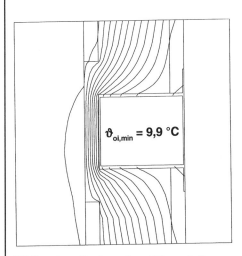

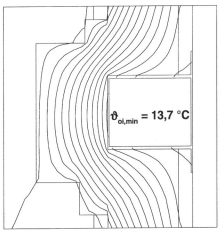

Mit Zusatzmaßnahme, 1 cm Dämmstoff:
Isothermen (in °C):
19 ; 17 ; 15 ; 13 ; 11 °C ; 9 ; 7 ; 5 ; 3 ; 1 ; -1 ; -5
Minimale, innere
Oberflächentemperatur $\vartheta_{oi,min}$ = 9,9 °C
Oberflächentauwasserbildung bei:
ϑ_{Li} = 20 °C und 53 % reltive Feuchte

Mit Zusatzmaßnahme, 4 cm Dämmstoff:
Isothermen (in °C):
19 ; 17 ; 15 ; 13 ; 11 °C ; 9 ; 7 ; 5 ; 3 ; 1 ; -1 ; -5; -7
Minimale, innere
Oberflächentemperatur $\vartheta_{oi,min}$ = 13,7 °C
Oberflächentauwasserbildung bei:
ϑ_{Li} = 20 °C und 68 % reltive Feuchte

Abbildung 186: Feuchteschutztechnische Konsequenzen bei Einbau einer Innendämmung, Randdaten nach DIN 4108 Teil 2 August 1981. Minimierung der Wärmebrückenwirkung bei Einbau einer Steckdose, aus [78].

In Fällen, bei denen folgende Voraussetzungen gegeben sind:

o unten und oben sind in einem Wandabschnitt offene Fugen in der Wärmedämmschicht und den weiteren Funktionsschichten vorhanden,

o es ist ein relativ breiter Spalt zwischen Wärmedämmplatten und Innenseite der Außenwand entstanden (evtl. verursacht durch einen zu dick aufgetragenen Ansetzbinder),

kann durch eine Rotationsströmung (warme Innenluft gelangt oben hinter die Wärmedämmschicht, kühlt sich an der kalten Oberfläche der Außenwand ab und scheidet Tauwasser aus, wird schwerer und strömt unten wieder in den Innenraum zurück) eine besonders massive Durchfeuchtung entstehen.

Zur Verdeutlichung: 1 m³ Innenluft ($\theta_i = 20$ °C, $\phi_i = 50$ %) enthält 8,65 g Wasser!

Forderung: Die Schichten der inneren Bekleidung, z. B. Gipskartonplatten, müssen luftdicht untereinander und an angrenzende Bauteile ebenfalls luftdicht angeschlossen werden. In der Energieeinsparverordnung wird dieser Forderung Nachdruck in „§ 5 Dichtheit, Mindestluftwechsel" verliehen:

„Zu errichtende Gebäude sind so auszuführen, dass die wärmeübertragende Umfassungsfläche einschließlich der Fugen dauerhaft luftundurchlässig éntsprechend dem Stand der Technik abgedichtet ist."

Wird dieser Forderung nicht entsprochen, so entsteht im Einzelfall örtlich eine sehr große Tauwassermasse. Bei Anbringung von Trockenputz (z.B. Gipskarton) mit Ansetzmörtel ist darauf zu achten, dass der Mörtel an den Rändern der Platten im Bereich der Fugen die Dämmschicht nicht durchdringt. Hier ergeben sich sonst erhöhte Wärmestromdichten (energetischer Aspekt) und niedrige innere Oberflächentemperaturen. Eine Oberflächentauwasserbildung ist im Normalfall nicht zu befürchten, jedoch können sich diese Zonen später auf der Tapete abzeichnen.

Der Wärmeschutz von Rohrleitungen im Bereich von Außenwänden muss überprüft werden. Hier gilt es festzustellen, ob die Rohrleitungen aus wärmetechnischer Sicht bleiben können oder ob sie verlegt werden müssen, hierbei ist zu beachten, dass:

o sich bei Warmwasserleitungen durch die innen liegende Wärmedämmschicht ein erhöhter Wärmeverlust ergibt.

o Kaltwasserleitungen nach dem Aufbringen der innen liegenden Dämmschicht (ohne bereits vorhandene Zusatz-Dämmmaßnahmen) im Frostbereich liegen!

4.6.2 Nachträgliche Wärmedämmmaßnahmen im Bereich des Daches

Häufiger Anlass für den Ausbau von Dachgeschossen stellt die Schaffung zusätzlichen Wohnraums dar. Nach Schätzungen des Bundesbauministeriums könnten bundesweit 250.000 Wohnungen geschaffen werden, wenn nur jedes 50. Dachgeschoss ausgebaut würde. In der Regel handelt es sich bei diesen Dachräumen um Speicher- oder Trockenräume, die lediglich aus der Tragkonstruktion, der Dachlattung und Dacheindeckung bestehen. Die Fußböden sind häufig als Holzkonstruktion mit einer oberseitigen Holzdielung ausgebildet.

Der nachträgliche Ausbau eines Dachgeschosses zur Schaffung zusätzlichen Wohnraums hat gegenüber der Neubauplanung einen etwas verlagerten Planungsschwerpunkt. Besondere Schwierigkeit bereitet aus bautechnischer Sicht die Einpassung der neuen Nutzungsanforderungen in die bestehende Bausubstanz. Der Standard eines Neubaus ist in Planung und Ausführung häufig nicht zu erreichen. Ursache hierfür kann zum einen die vorhandene Bausubstanz sein, zum anderen sind oft Kostengesichtspunkte (z.B. der Wunsch nach Belassen der vorhandenen Dacheindeckung) dominierend.

Dadurch ergeben sich keine optimalen Lösungen sondern nur so genannte „relative Optima". Dem Architekten wird dringend empfohlen, auf diesen Aspekt hinzuweisen und ggf. für diesen Einzelaspekt eine „Freizeichnung" zu erwirken.

Die geänderten Nutzungsanforderungen erfordern den Einbau von zusätzlichen Funktionsschichten, die eine wohnraumähnliche Nutzung des Dachgeschosses überhaupt erst ermöglichen. Durch die Nutzungsänderung ergeben sich für die vorhandenen Bauteile andere klimatische und schallschutztechnische Beanspruchungen. Je nach speziellen baulichen Gegebenheiten im Dachgeschoss ist ein stufiges Planungsvorgehen erforderlich. Hierfür sind verschiedene Aspekte, die vielfältiger als bei einem Neubau sein können, zu beachten. Nachfolgend wird ein inhaltlicher Schwerpunkt auf den Bereich des Wärme- und Feuchteschutzes gelegt.

Voraussetzung für einen Dachgeschossausbau ist die Klärung baurechtlicher Fragestellungen. Hierbei interessiert zunächst die Frage der zulässigen Geschossflächenzahl (GFZ) und möglicher Ausnahmeregelungen. Im Rahmen des Bauantragsverfahren sind die üblichen Anforderungen des öffentlichen Baurechts (z.B. Fluchtwege, Anforderungen an Brand- und Schallschutz) zu überprüfen. Sind planungsrechtliche Fragestellungen dieser Art geklärt, sollte nach der Abstimmung der speziellen Nutzungswünsche eine technische Bestandsaufnahme durchgeführt werden. Beispielhaft kann sich für das geneigte Dach nach der Durchführung der technischen Bestandsaufnahme folgende Situation ergeben:

Fall 1: Dachstuhl und Dacheindeckung können erhalten bleiben. Eine Unterspannbahn und Konterlattung sind nicht vorhanden. Alle weiteren Maßnahmen sollen von innen durchgeführt werden, **Abbildung 187**.

Fall 2: Der Dachstuhl kann erhalten bleiben, die Dacheindeckung muss allerdings ausgewechselt werden. Der untere Teil des Dachgeschosses ist bereits ausgebaut und soll als Wohnraum auch während der Baumaßnahme funktionstüchtig bleiben. Der Spitzboden des Dachgeschosses soll ebenfalls ausgebaut werden, die anstehenden baulichen Maßnahmen müssen im Bereich des ausgebauten Teils des Daches von außen durchgeführt werden **Abbildung 188**.

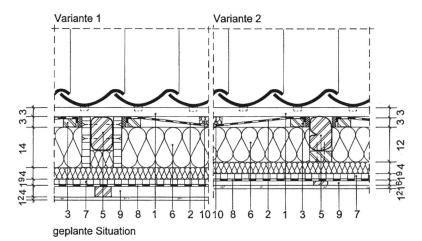

Dachgeschoßausbau - Fall 1:
Nachträglicher Einbau der Funktionsschichten von innen

vorhandene Situation

Variante 1   Variante 2

geplante Situation

1 Dachdeckung mit Lattung	6 Dämmschicht
2 Unterspannbahn, diffusionsoffen	7 Holzwerkstoffplatte
3 Aufgeschraubte Latte, mechan. Sicherung mit Dichtungsband	8 luftdichte Schicht, Dampfbremse
4 Sparren	9 innere Bekleidung, Lattung für mögl. Installationen
5 Sparren mit Verstärkung, z.B. Bohle oder Holzwerkstoffplatte	10 Abstandhalter, z.B. PS- Hartschaum

Abbildung 187: Dachgeschossausbau - nachträglicher Einbau der Funktionsschichten von **innen**, [51].

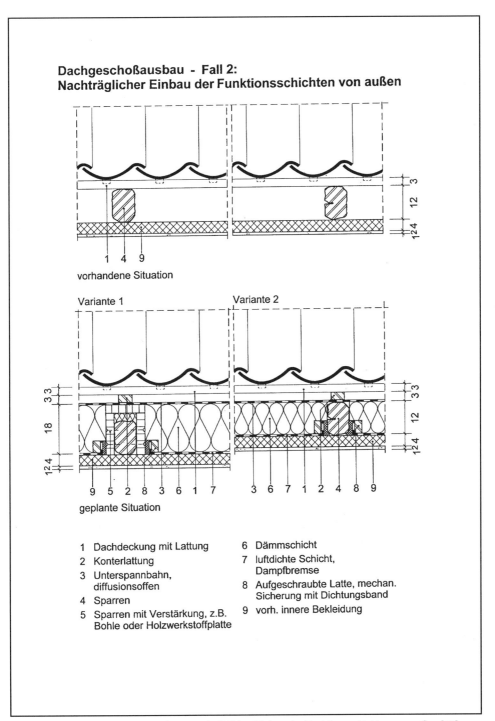

Dachgeschoßausbau - Fall 2:
Nachträglicher Einbau der Funktionsschichten von außen

vorhandene Situation

Variante 1   Variante 2

geplante Situation

1 Dachdeckung mit Lattung
2 Konterlattung
3 Unterspannbahn, diffusionsoffen
4 Sparren
5 Sparren mit Verstärkung, z.B. Bohle oder Holzwerkstoffplatte
6 Dämmschicht
7 luftdichte Schicht, Dampfbremse
8 Aufgeschraubte Latte, mechan. Sicherung mit Dichtungsband
9 vorh. innere Bekleidung

Abbildung 188: Dachgeschossausbau - nachträglicher Einbau der Funktionsschichten von **außen** [51].

Fall 3: Der gesamte Dachstuhl muss entfernt werden. Der Planer hat quasi „Neubaube-dingungen", dieser Fall soll hier nicht weiter behandelt werden, da er sich von einer Neu-planung nicht wesentlich unterscheidet.

Bestand vor der Nutzungsänderung die Hauptfunktion der Dacheindeckung im Schutz vor Niederschlägen und stellte der Dachraum durch sein „belüftetes" Volumen eine klimati-sche „Pufferzone" zwischen Außenklima und dem Innenklima des darunter liegenden Voll-geschosses dar, so entfällt nunmehr diese Pufferzone. Das Dach erfährt somit folgende Beanspruchungen bzw. muss folgende neue Funktionen übernehmen:

o Anforderungen an den Wärmeschutz,

o (höhere) Anforderungen an den äußeren Feuchteschutz,

o Anforderungen gegenüber dem Feuchteschutz von innen,

o Anforderungen an den sommerlichen Wärmeschutz,

o Anforderungen an den Schallschutz,

o Anforderungen an den Brandschutz.

Für den **Fall 1** ist in Abhängigkeit von der Funktionstüchtigkeit der Dacheindeckung im Hinblick auf Schlagregenbeanspruchung ggf. von innen eine Unterspannbahn einzubau-en. Diese müsste dann seitlich an den Sparren befestigt und in die Dachrinne geführt werden. In **Abbildung 187** ist der Regelquerschnitt dieser Situation dargestellt. Es sollte geprüft werden, ob zwischen äußerer Dachlatte und Unterspannbahn ggf. ein Abstands-halter (z.B. Streifen aus PS-Hartschaum) eingebaut wird, der eine Kehle ausbildet, so dass u.U. eindringendes Niederschlagswasser gezielt in die Dachrinne abgeführt werden kann. Im Anschluss an die Sparren ist eine dem Neubau vergleichbare Ausführungsquali-tät aus bauphysikalischer Sicht nicht zu erreichen.

Für den **Fall 2** ist zwischen den Sparren von außen auf der Innenseite der Wärmedämm-schicht eine luftdichte Schicht einzubauen. Diese könnte seitlich an den Sparren befestigt werden. Zum Ausgleich von Unebenheiten ist zwischen luftdichter Schicht und Sparren ein kompressibles Dichtband einzubauen. Im Bereich von seitlichen Brettlaschen im Bereich von Kehlbalkenbefestigungen werden bei diesem System erhöhte Anforderungen an die Ausführung dieser Maßnahme gestellt. In **Abbildung 188** ist der Regelquerschnitt dieser Situation dargestellt. Alternativ könnte erwogen werden, eine spezielle Folie mit variablem s_d-Wert einzubauen [61]. In diesen Fällen kann die Folie auch über die Sparrenausseite geführt werden. Unabhängig von dieser Art der Lösung in der Regelfläche ist im Bereich der Traufe oder des Ortgangs darauf zu achten, dass ein luftdichter Anschluss an die Außen-wand erfolgt. In beiden Fällen (Fall 1 und 2) wird das Dach Bestandteil der wärmeübertra-genden Umfassungsfläche und muss daher aus Gründen des Bautenschutzes, der Energie-einsparung und der Wohnhygiene wärmeschutztechnischen Anforderungen entsprechen.

Die Energieeinsparverordnung regelt auch Anforderungen bei baulichen Erweiterungen bestehender Gebäude (**Fall 3**). In § 7 und § 8 der Energieeinsparverordnung werden im Hinblick auf bauliche Änderungen bzw. Erweiterungen folgende zwei Fälle unterschieden:

Fall 3.1
Überschreitet der neue Gebäudeteil eine Größe von 100 Kubikmetern, so sind hier die Anforderungen für neu zu errichtende Gebäude einzuhalten. Der Nachweis erfolgt dann entsprechend wie für neu zu errichtende Gebäude. In Abhängigkeit vom A/V_e-Verhältnis ergibt sich der Höchstwert für den Jahres-Primärenergiebedarf und den spezifischen, auf die wärmeübertragende Umfassungsfläche bezogenen Transmissionswärmeverlust.

Fall 3.2
Unterschreitet der neue Gebäudeteil eine Größe von 100 Kubikmetern, so sind die Anforderungen bei Änderung der Außenbauteile bestehender Gebäude, aufgeführt im Anhang 3, einzuhalten. In diesen Fällen sind für die betroffenen Bauteile die Wärmedurchgangskoeffizienten nachzuweisen.

Beispiel
In einem Mehrfamilienhaus (Baujahr 1958) soll im Dachgeschoss ein Trockenboden zu einer Wohnung umgenutzt werden. Das Gebäude wird zentral mit einem Heizkessel von 1980 beheizt.

A = 200 m²
V_e = 320 m³
A/V_e = 0,63 m⁻¹

Folgen:
Bei **Erweiterung eines bestehenden Gebäudes** um **mehr als 100 m³** beheizten Gebäudevolumens gelten die Anforderungen für neu zu errichtende Gebäude. Es müssen daher der **Jahres- Primärenergiebedarf** und der **spezifische, auf die wärmeübertragende Umfassungsfläche bezogene Transmissionswärmeverlust** überprüft werden. Für den Fall, dass für den bestehenden Wärmeerzeuger **keine Regeln der Technik** vorliegen, kann die **Anlagenaufwandszahl e_p** zur Berechnung des Jahres-Primärenergiebedarfs **nicht ermittelt werden**. In diesem Fall ist **allein** der Nachweis des spezifischen, auf die wärmeübertragende Umfassungsfläche bezogenen Transmissionswärmeverlustes nach § 3 Absatz 3 Satz 1 Nr. 3 vorzunehmen. Hier besteht die Forderung, dass der jeweilige Höchstwert des H_T'-Wertes um nicht **mehr als 76 Prozent** überschritten werden darf. Diese Forderung bedeutet für das Wohnhaus auch unter Berücksichtigung des Anhangs 1 Tabelle 1:

$H_{T\,76\%}' = 0,76 \cdot (0,3 + 0,15/(A/V_e))$ in W/(m² · K)
$H_{T\,76\%}' = 0,76 \cdot (0,3 + 0,15/0,63)$
$H_{T\,76\%}' = 0,41$ W/(m² · K)

Ermittlung des spezifischen Transmissionswärmeverlustes H_T

$H_T = \Sigma (U_i \cdot A_i \cdot F_{xi}) + H_{WB}$ in W/K

Hierbei bedeuten:

$\Sigma (U_i \cdot A_i)$	Wärmeverluste über die Bauteile, die an Außenluft grenzen
F_{xi}	Temperatur-Korrekturfaktoren
H_{WB}	Spezifischer Wärmeverlust infolge von Wärmebrücken

Da die Planungs- und Ausführungsbeispiele der DIN 4108 Bbl 2 in diesem Fall aus konstruktiven Gründen nicht berücksichtigt werden können, wird der Wärmebrückeneinfluss pauschal mit $\Delta U_{WB} = 0{,}10$ W/(m² · K) in Ansatz gebracht.

Hinweis: Bei der Ermittlung der Fächen sind **alle** Bauteile zu erfassen, bei denen ein Wärmestrom auftritt. In diesem Fall ist auch eine Gebäudetrennwand zum Nachbarn zu berücksichtigen, der sein Dachgeschoss weiterhin als nicht beheizten Raum nutzt.

Bauteil	Bauteilflächen	U-Werte	Anforderungen erfüllt mit:
Gebäudetrennwand:	20,00 m²	0,27 W/(m² · K)	12 cm mit WLG 040
Geneigtes Dach:	162,53 m²	0,16 W/(m² · K)	26 cm mit WLG 040
Dachfenster:	17,47 m²	1,5 W/(m² · K)	

$H_T = \Sigma\,(U_i \cdot A_i \cdot F_{xi}) + H_{WB}$ in W/K
$H_T = (20{,}00 \cdot 0{,}27 + 162{,}53 \cdot 0{,}16 + 17{,}47 \cdot 1{,}5) + 0{,}10 \cdot 200$
$H_T = 5{,}40 + 26{,}01 + 26{,}20 + 20{,}0$
$H_T = 77{,}61$ W/K

$H_T' = H_T/A$ **in W/(m² · K)**
$H_{T,vorh.}' = 77{,}61/200$
$H_{T,vorh.}' = 0{,}39$ W/(m²·K)

Vergleich der vorhandenen Werte mit den Höchstwerten:

$H_{T\ vorh.}' = \mathbf{0{,}39}$ W/(m² · K)   < $H_{T\ +40\%}' = \mathbf{0{,}41}$ W/(m² · K)

Anforderungen erfüllt!

Inzwischen wurde für den Fall einer Erweiterung eines bestehenden Gebäudes in der DIN V 4701 - 10 die Regelung vorgesehen, dass unabhängig von der tatsächlich bestehenden Heizungsanlage im „Altbau", zur Bewertung der Anlagentechnik von Anbauten an bestehende Gebäude - mit Anschluss an den vorhandenen Wärmeerzeuger - die Erzeugeraufwandszahlen für Fernwärme herangezogen werden können. Als Primärenergiefaktor wird 1,3 verwendet.

In diesem Fall kann zusätzlich der Jahres-Primärenergiebedarf nachgewiesen werden. Bei dem o.a. Wärmedämmstandard müsste zur Erfüllung der öffentlich-rechtlichen Anforderungen die Anlagenaufwandszahl 1,63 betragen. Es ergeben sich in diesem Fall vergleichbare Anforderungen an die erforderlichen Wärmedurchgangkoeffizienten zur Erfüllung der öffentlich-rechtlichen Anforderungen.

o   **Maßnahmen zur Minimierung von Wärmebrückenwirkungen im Dachbereich**

Bei der Festlegung von Wärmedämmmaßnahmen sind alle Bauteilflächen des Dachraums zu berücksichtigen. Neben den Dachflächen und ggf. vorhandenen Gaubenwänden oder Dachflächenfenstern sind auch Wohnungstrenn- oder Giebelwände zu berücksichtigen.

Beim mehrgeschossigen Wohnungsbau wird sehr häufig beim nachträglichen Dachgeschossausbau lediglich das geneigte Dach wärmeschutztechnisch nachgerüstet. Wände zu angrenzenden Nachbargebäuden bleiben oft unberücksichtigt. Hierbei können zwei Problembereiche auftreten:

Bereich 1
Wird das unmittelbar angrenzende Nachbargebäude ebenfalls auf normale Innentemperaturen beheizt, so tritt über die Trennwand in der Regelfläche bei gleicher Nutzung kein Wärmestrom auf. Wurden beim Dachgeschossausbau die Mauerwerkskronen nicht gedämmt, so „durchstößt" die Gebäudetrennwand die Wärmedämmschichten des geneigten Daches und stellt somit eine stofflich-geometrische Wärmebrückensituation dar, **Abbildung 189, 190**. Diese führt in Abhängigkeit von den stofflichen und geometrischen Beschaffenheiten zu erhöhten Wärmeverlusten und niedrigen Oberflächentemperaturen.

In **Abbildung 192** ist diese Situation mit und ohne Wärmedämmschicht dargestellt. Es wird deutlich, dass das Risiko einer Schimmelpilzbildung besteht, wenn keine Kronendämmung eingebaut wird. Die Oberflächentemperatur beträgt in diesem Fall nur 12,8 °C, d.h. bezogen auf die Grenztemperatur von 12,6 °C (Kriterium zur Vermeidung einer Kapillarkondensation) bedeutet diese Temperatur ein hohes Schimmelpilzrisiko. Für ein Mehrfamilienhaus mit einer Dachfläche von 240 m² und einem Wärmedurchgangskoeffizient von $U_D = 0,25$ W/(m² · K) ergäbe sich unter Berücksichtigung des Faktors 66 der Energieeinsparverordnung bei einer Giebelwandlänge von rund 30 m ein zusätzlicher Transmissionswärmeverlust für den Fall ohne Kronendämmung von rund 650 kWh/a. Es ergibt sich bezogen auf den Transmissionswärmeverlust der Regelfläche eine Erhöhung von rund 15 Prozent!

Abbildung 189: Wärmebrückenwirkung im Anschluss geneigtes Dach an Giebelwand - fehlende Kronendämmung.

Abbildung 190: Wärmebrückenwirkung im Anschluss geneigtes Dach an Gebäudetrennwand - fehlende Kronendämmung.

Maßnahmen zur Minimierung von Wärmebrücken - Beispiele

Dämmschicht - geneigtes Dach
Dachraum Nachbar nicht ausgebaut

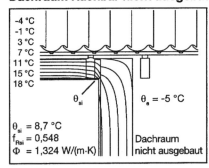

θ_{si}

$\theta_e = -5\ °C$

$\theta_{si} = 8,7\ °C$
$f_{Rsi} = 0,548$
$\Phi = 1,324\ W/(m·K)$

Dachraum nicht ausgebaut

Mittelwand mit Innendämmung
Dachraum Nachbar nicht ausgebaut

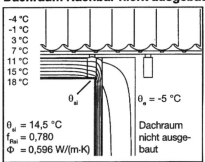

θ_{si}

$\theta_e = -5\ °C$

$\theta_{si} = 14,5\ °C$
$f_{Rsi} = 0,780$
$\Phi = 0,596\ W/(m·K)$

Dachraum nicht ausgebaut

Anforderung Temperaturfaktor zur Vermeidung von Schimmelpilzbildung: $f_{Rsi} \geq 0,70$

Randdaten für den Nachweis: $f_{Rsi} = \dfrac{\theta_{si} - \theta_e}{\theta_i - \theta_e}$ $\theta_e = -5\ °C$ $\theta_i = 20\ °C$ $R_{si} = 0,25\ m^2·K/W$

λ_R in W/(m·K): Mauerwerk: 0,58 ; Dämmstoff: 0,035 ; Putz: 0,70 ; Holz: 0,13 ; Gipskarton: 0,21

Abbildung 191

Dämmschicht - geneigtes Dach
Dachraum Nachbar ausgebaut

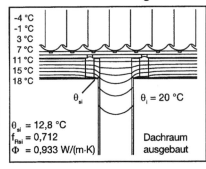

θ_{si}

$\theta_i = 20\ °C$

$\theta_{si} = 12,8\ °C$
$f_{Rsi} = 0,712$
$\Phi = 0,933\ W/(m·K)$

Dachraum ausgebaut

Mittelwand mit Kronendämmung
Dachraum Nachbar ausgebaut

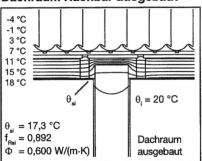

θ_{si}

$\theta_i = 20\ °C$

$\theta_{si} = 17,3\ °C$
$f_{Rsi} = 0,892$
$\Phi = 0,600\ W/(m·K)$

Dachraum ausgebaut

Anforderung Temperaturfaktor zur Vermeidung von Schimmelpilzbildung: $f_{Rsi} \geq 0,70$

Randdaten für den Nachweis: $f_{Rsi} = \dfrac{\theta_{si} - \theta_e}{\theta_i - \theta_e}$ $\theta_e = -5\ °C$ $\theta_i = 20\ °C$ $R_{si} = 0,25\ m^2·K/W$

λ_R in W/(m·K): Mauerwerk: 0,58 ; Dämmstoff: 0,035 ; Putz: 0,70 ; Holz: 0,13 ; Gipskarton: 0,21

Abbildung 192

Bereich 2

Wird das unmittelbar angrenzende Nachbargebäude nicht ausgebaut, so grenzt das ausgebaute Dachgeschoss an einen nicht beheizten Raum, in dem nahezu Außentemperatur ist. Es tritt nun auch zu diesen Räumen ein Wärmestrom auf, **Abbildung 191**. Für die weitere rechnerische Betrachtung wird vereinfachend davon ausgegangen, dass im nicht ausgebauten Dachgeschoss Außentemperatur vorhanden ist.

In diesem Fall müssen auch die Wände zum Nachbarn wärmeschutztechnisch nachgerüstet werden. Das erforderliche Maß richtet sich nach den geforderten Höchstwerten der Energieeinsparverordnung. Die Energieeinsparverordnung fordert für Wände gegen nicht beheizte Räume einen Wärmedurchgangskoeffizienten von $U_{AW} = 0,50$ W/(m² · K). Aus eigentumsrechtlichen Gründen besteht in diesen Fällen oft nur die Möglichkeit des Einbaus einer Innendämmung. Die spezielle Problemstellung bei einer Innendämmung wurde bereits im Kapitel 4.6.1 beschrieben. Bei einer Dicke der Gebäudetrennwand von $d = 0,30$ m und einer Wärmeleitfähigkeit von $\lambda = 0,58$ W/(m · K) ergibt sich ein vorhandener U-Wert von 1,41 W/(m² · K). Bei Einbau einer Wärmedämmschicht im Bereich der Regelfläche mit einer Dicke $d = 0,06$ m und einer Wärmeleitfähigkeit von $\lambda = 0,035$ W/(m · K) des Wärmedämmstoffes ergibt sich ein neuer U-Wert von 0,41 W/(m² · K). Die Anforderung der Energieeinsparverordnung wäre somit erfüllt.

Die Differenz der beiden U-Werte ($\Delta U = 1,41 - 0,41$; $\Delta U = 1,00$ W/(m² · K)) multipliziert mit der Fläche der beiden Gebäudetrennwände und dem Faktor 66 ergibt folgenden Transmissionswärmeverlust:

$$Q_T = 66 \cdot \Delta U \cdot A \qquad \text{in kWh/a}$$
$$Q_T = 66 \cdot 1,00 \cdot 50 \qquad \text{kWh/a}$$
$$Q_T = 3.300 \text{ kWh/a}$$

Wurde bei der Planung der Einbau einer Kronendämmung versäumt, ergeben sich erhebliche, zusätzliche Wärmeverluste in einer Größenordnung von rund 3.000 kWh/a.

Gleichzeitig besteht hier das hohe Risiko einer Schimmelpilzbildung. In **Abbildung 193** ist diese Situation als Isothermenbild dargestellt. Es ergibt sich unter den Randdaten der DIN 4108-2 eine innere Oberflächentemperatur von 8,7 °C. Bezogen auf die Grenztemperatur von 12,6 °C bedeutet diese Temperatur die Bildung einer Kapillarkondensation. Diese hier nur stellvertretend für andere Anschlusssituationen aufgeführten Bereiche machen deutlich, wie wichtig die Forderung nach Minimierung von Wärmebrückenwirkung ist.

Maßnahmen zur Minimierung von Wärmebrücken - Beispiele

Dämmschicht - geneigtes Dach
Dachraum Nachbar nicht ausgebaut

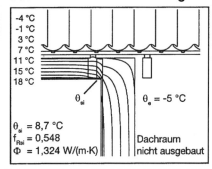

$\theta_{si} = 8,7\ °C$
$f_{Rsi} = 0,548$
$\Phi = 1,324\ W/(m·K)$
Dachraum nicht ausgebaut

Dämmschicht - geneigtes Dach
Dachraum Nachbar ausgebaut

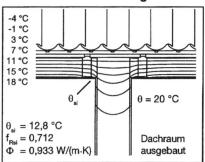

$\theta_{si} = 12,8\ °C$
$f_{Rsi} = 0,712$
$\Phi = 0,933\ W/(m·K)$
Dachraum ausgebaut

Anforderung Temperaturfaktor zur Vermeidung von Schimmelpilzbildung: $f_{Rsi} \geq 0,70$

Randdaten für den Nachweis: $f_{Rsi} = \dfrac{\theta_{si} - \theta_e}{\theta_i - \theta_e}$ $\theta_e = -5\ °C$ $\theta_i = 20\ °C$ $R_{si} = 0,25\ m^2·K/W$

λ_R in W/(m·K): Mauerwerk: 0,58 ; Dämmstoff: 0,035 ; Putz: 0,70 ; Holz: 0,13 ; Gipskarton: 0,21

Abbildung 193

Dämmschicht - geneigtes Dach
Dachraum Nachbar nicht ausgebaut

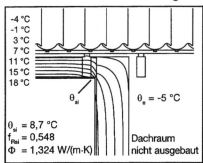

$\theta_{si} = 8,7\ °C$
$f_{Rsi} = 0,548$
$\Phi = 1,324\ W/(m·K)$
Dachraum nicht ausgebaut

Mittelwand mit Kronendämmung
Dachraum Nachbar nicht ausgebaut

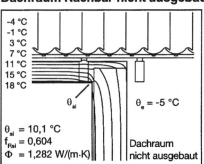

$\theta_{si} = 10,1\ °C$
$f_{Rsi} = 0,604$
$\Phi = 1,282\ W/(m·K)$
Dachraum nicht ausgebaut

Anforderung Temperaturfaktor zur Vermeidung von Schimmelpilzbildung: $f_{Rsi} \geq 0,70$

Randdaten für den Nachweis: $f_{Rsi} = \dfrac{\theta_{si} - \theta_e}{\theta_i - \theta_e}$ $\theta_e = -5\ °C$ $\theta_i = 20\ °C$ $R_{si} = 0,25\ m^2·K/W$

λ_R in W/(m·K): Mauerwerk: 0,58 ; Dämmstoff: 0,035 ; Putz: 0,70 ; Holz: 0,13 ; Gipskarton: 0,21

Abbildung 194

o   **Maßnahmen zur Sicherstellung der Gebäudedichtheit im Dachbereich**

Aufgrund der großen Schadenshäufigkeit soll abschließend noch der Teilaspekt „Gebäudedichtheit" behandelt werden. Mit steigendem Wärmedämmstandard durch wärmeschutztechnische Nachrüstungen kommt neben der Minimierung von Wärmebrücken vor allem der Verringerung der Lüftungswärmeverluste eine sehr große Bedeutung zu, da mit steigendem Wärmedämmstandard die Lüftungswärmeverluste relativ zu den Transmissionswärmeverlusten stark anwachsen. Je nach Dämmstandard übersteigen die Lüftungswärmeverluste zum Teil sehr deutlich die Transmissionswärmeverluste.

Lüftungswärmeverluste können auf zwei Arten hervorgerufen werden:

1.   unkontrollierte Lüftungswärmeverluste infolge Luftundichtheiten,
2.   Lüftungswärmeverluste über Lüftungsvorgänge.

Lüftungswärmeverluste der ersten Art können durch eine sorgfältige Planung und eine gewissenhafte Ausführung minimiert werden. Lüftungswärmeverluste der zweiten Art können nur durch verantwortungsvolles Verhalten, nämlich durch ein so genanntes „richtiges Lüften", minimiert werden.

Folgende Kräfte können Wärmeverluste bei Undichtheiten hervorrufen:

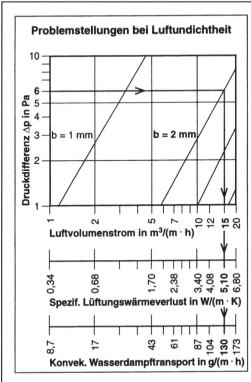

Beispiel
Fuge mit der Breite b = 2 mm, der Fugentiefe t = 100 mm und der Länge l = 1,0 m. Eine Druckdifferenz von nur 6 Pascal ergibt einen Luftvolumenstrom von rd. 15 m³/h.

Dies bedeutet, auf die Dimension des Wärmedurchgangskoeffizienten übertragen (pro m² Fläche 1 m Fuge von der o.a. Qualität) einen spezifischen Lüftungswärmeverlust von 5 W/(m · K). Im Vergleich mit dem Wärmedurchgangskoeffizient eines gedämmten Außenbauteils U = 0,25 W/(m² · K), ergibt sich ein „Verschlechterungsfaktor" von 20 !!

Bei Undichtheiten treten ebenso fatale feuchtetechnische Problemstellungen auf.

In dem o.a. Beispiel gelangt bei einer Innenluft (20 °C / 50 % r.F.) pro Meter Fugenlänge und Stunde rd. 130 Gramm Wasserdampf in das Außenbauteil. Gelangt diese feuchtwarme Innenluft an kalte Oberflächen, so kann bei entsprechenden strömungstechnischen Randbedingungen Tauwasser entstehen. Feuchteschäden sind hierbei zwangsläufig die Folge.

Abbildung 195: Nomogramm zur Abschätzung der Problemstellungen infolge Undichtheiten und Beispiel [77].

o Kräfte an der Umfassungsfläche infolge von Windeinfluss,

o Kräfte an der Umfassungsfläche infolge von Temperaturunterschied zwischen innen und außen,

o Kräfte an der Umfassungsfläche infolge des Betriebs raumlufttechnischer Anlagen.

Neben diesen drei Antriebsmotoren, die sich gegenseitig abschwächend aber auch verstärkend beeinflussen können, übt auch die „Qualität" der Fuge selbst einen Einfluss auf die Größenordnung des auftretenden Luftwechsels und damit der Lüftungswärmeverluste aus.

Mit Hilfe des in **Abbildung 195** dargestellten Nomogramms können näherungsweise Wärmeverluste bei Undichtheiten abgeschätzt werden. Das in **Abbildung 195** dargestellte Beispiel zeigt, dass die Durchführung von weiteren Wärmedämmmaßnahmen nur dann sinnvoll ist, wenn eine entsprechende Gebäudedichtheit sichergestellt wird.

Die Forderung nach Luftdichtheit gilt natürlich nicht nur für die Dachfläche, sondern auch für die Giebelwandflächen und bei Holzbalkendecken auch für den Übergang zwischen Holzbalkendecke und Außenwand! Folgende Bauteilbereiche sind hierbei bei der Planung besonders zu berücksichtigen:

o **Maßnahmen zur Sicherstellung der Luftdichtheit in der Regelfläche von Bauteilen:**
   - geneigtes Dach, z.B. Folienbahnen auf Montagehilfen aus Holzwerkstoffplatten,
   - Außenwand, z.B. Nassputz,
   - Fußböden zu nicht beheizten Räumen, z.B. bei Dielenfußböden Folienbahnen
     auf Montagehilfen aus Holzwerkstoffplatten oder Estrich,

o **Maßnahmen zur Sicherstellung der Luftdichtheit in den Anschlussbereichen:**
   - Fugen bei Fenstern,
   - geneigtes Dach an Innen- und Außenwände,
   - Holzbalkendecken an geneigtes Dach oder Außenwand,
   - leichte Trennwände an Holzbalkendecken zu nicht beheizten Kellern,
   - leichte Trennwände an Kehlbalkendecken zu nicht beheizten Spitzböden,
   - luftdichte Schicht des geneigten Dachs an Dachflächenfenster,
   - Innen- und Außenbauteile an Installationsschächte,

o **Maßnahmen zur Sicherstellung der Luftdichtheit in Durchdringungen:**
   - Steck-, Verkabelungs- und Schalterdosen in Außenwänden und auch in
     Mittel- bzw. Innenwänden im Dachgeschoss,
   - Holz- oder Stahlstützen durch luftdichte Schicht des geneigten Daches,
   - Lüftungsrohre durch luftdichte Schicht des geneigten Daches,
   - Kehlbalken durch luftdichte Schicht des geneigten Daches.

Diese Aufzählung kann nur einige erste Hinweise auf Orte mit Undichtheiten geben. Die im speziellen Einzelfall zu planenden Anschlusssituation ergeben sich bei der technischen Bestandaufnahme; oftmals aber auch erst bei der Durchführung der Maßnahmen selbst. Auf ein weiteres Aufführen wird hier daher verzichtet. Konkrete Maßnahmen sind im nachfolgenden Fallbeispiel dargestellt.

Es wird empfohlen, zum Abschluss der Baumaßnahme die Gebäudedichtheit zu überprüfen. In Abhängigkeit vom Umfang der baulichen Maßnahmen und den speziellen Randbedingungen kann der Fall eintreten, dass die Grenzwerte, die in der Energieeinsparverordnung beschrieben werden, nicht erreicht werden können.

Für ein ausgebautes Dachgeschoss, bei dem die luftdichte Schicht z.B. um vorhandene Kehlbalken herum eingebaut werden muss, die Dacheindeckung oder die innere Bekleidung erhalten bleiben soll, können nach Auffassung des Verfassers nicht dieselben Kriterien zur Sicherstellung der Gebäudedichtheit herangezogen werden wie für neu zu errichtende Gebäude. Dies soll den Planer und den Handwerker jedoch nicht davon befreien, auch für Gebäude im Bestand Dichtheitskonzepte zu erstellen und diese in Dichtheitssysteme umzusetzen. Der Bauherr sollte unbedingt darauf hingewiesen werden, dass unter bestimmten Randbedingungen und unter Wahrung der Verhältnismäßigkeit der Mittel lediglich relative Optima realisierbar sind.

4.7 Fallbeispiel

Nachfolgend werden an konkreten Beispiel Einflussfaktoren dargestellt, die beim Bauen im Bestand optimale energetische Lösungen erschweren. Für eine Reihenhauszeile mit insgesamt neun Häusern aus den 50er Jahren (Baujahr 1952) wurde für ein Haus eine technische Bestandsaufnahme durchgeführt. Die Reihenhäuser waren unterkellert, der Keller nicht beheizt. Über dem Erdgeschoss befinden sich das 1. Obergeschoss und ein Dachgeschoss mit einem nicht ausgebauten Spitzboden. Es handelt sich beim Dachtragsystem um ein Pfettendach mit First-, Mittel- und Fußpfette. Unterhalb der Mittelpfette befindet sich ein Kehlbalken. Im Zusammenhang mit einem Eigentümerwechsel sollte hier geprüft werden, welche Maßnahmen zur energetischen Sanierung möglich sind.

Technische Bestandsaufnahme

Außenwand:
Monolithische Außenwand mit Außen- und Innenputz, Dicke der Außenwand d = 0,30 m. Das Mauerwerk besteht aus „Splittziegeln", Wärmeleitfähigkeit nicht bekannt. Kleinere Rissbildungen konnten auf der Südseite festgestellt werden. Im Bereich des Putzes konnten größere Schädigungen nicht festgestellt werden. Im Bereich der Fensterleibungen waren vereinzelt kleinere Rissbildungen in der äußeren Beschichtung des Putzes feststellbar; Durchfeuchtungen waren jedoch nicht aufgetreten. Die Außenwand war ansonsten konstruktiv funktionstüchtig.
Vorh. Wärmedurchgangskoeffizient (geschätzt): $U_{AW} = 1,36 \ W/(m^2 \cdot K)$

Fenster, Fenstertüren:
Holzfenster mit Einscheibenverglasung. Holzrahmen wiesen z.T. größere Farbabplatzungen auf. Durchfeuchtungen konnten nicht festgestellt werden. Die Fugen zwischen den Fensterflügeln und dem Blendrahmen waren sehr undicht.
Vorh. Wärmedurchgangskoeffizient (DIN 4108 Teil 4, 8-1981): $U_w = 5,2 \ W/(m^2 \cdot K)$

Kellertür zum nicht beheizten Keller:
Holztürblatt mit Umfassungszarge, Dicke des Türblatts d = 0,04 m.
Vorh. Wärmedurchgangskoeffizient: $U_{KT} = 2,0 \ W/(m^2 \cdot K)$

Kellerdecke zum nicht beheizten Keller:
Stahlbetondecke mit wärmegedämmtem Estrich.
Dicke der Decke d = 0,18 m, Dicke des Estrichs 0,05 m.
Kokosdämmmatte d = 0,02 m.
Vorh. Wärmedurchgangskoeffizient: $\qquad$ $U_{G1} = 1,21$ W/(m² · K)

Haustür:
Holztür mit Glasausschnitten, Einscheibenverglasung. Schädigungen im Bereich der Beschichtung in Form von Rissbildungen, jedoch keinerlei Anzeichen von Durchfeuchtungen.
Vorh. Wärmedurchgangskoeffizient: $\qquad$ $U_{HT} = 3,2$ W/(m² · K)

Kellerinnenwand zum nicht beheizten Keller:
Monolithische Außenwand, beidseitig verputzt, Dicke insgesamt im Mittel d = 0,10 m. Das Mauerwerk besteht aus „Splittziegeln", Wärmeleitfähigkeit nicht bekannt.
Vorh. Wärmedurchgangskoeffizient (geschätzt): $\qquad$ $U_{IW} = 2,20$ W/(m² · K)

Treppenlauf zum nicht beheizten Keller:
Holztreppe. Dicke der Tritt- und Setzstufen d = 0,03 m. Keinerlei technische Beanstandungen.
Vorh. Wärmedurchgangskoeffizient: $\qquad$ $U_{G2} = 1,75$ W/(m² · K)

Geneigtes Dach:
Äußere Ziegeleindeckung. Bei einigen Dachziegel hatte sich der innere Mörtelverstrich gelöst. Nennenswerte Durchfeuchtungen konnten jedoch nicht festgestellt werden. Auf der Innenseite befindet sich eine etwa 0,01 m dicke Putzschicht auf einer mineralisch gebundenen Holzwolleleichtbauplatte, Dicke d = 0,04 m. Sparrenquerschnitte (Höhe/Breite): 14/8, lichter Sparrenabstand: 0,67 m.
Weitere Wärmedämmschichten sind nicht vorhanden.
Vorh. Wärmedurchgangskoeffizient: $\qquad$ $U_{D1} = 1,55$ W/(m² · K)

Kehlbalkendecke zwischen Dachgeschoss und Spitzboden:
Auf der Oberseite der Kehlbalkendecke Nut- und Feder-Holzdielen, Dicke d = 0,024 m. Auf der Unterseite der Kehlbalkendecke, wie beim geneigten Dach befindet sich eine etwa 0,01 m dicke Putzschicht auf einer mineralisch gebundenen Holzwolleleichtbauplatte, Dicke d = 0,04 m. Weitere Wärmedämmschichten sind nicht vorhanden.
Vorh. Wärmedurchgangskoeffizient (geschätzt): $\qquad$ $U_{D2} = 1,55$ W/(m² · K)

Dachflächenfenster:
Holzfenster mit Zweischeibenverglasung, teilweise ist die Innenseite der äußeren Scheibe beschlagen.
Vorh. Wärmedurchgangskoeffizient (geschätzt): $\qquad$ $U_{DFF} = 2,4$ W/(m² · K)

Gaubenwand:
Holzständerwerk mit äußerer Holzbekleidung, Holz ist witterungsbedingt geschädigt. Im Inneren sind Durchfeuchtungen feststellbar. Auf der Innenseite befindet sich eine etwa 0,01 m dicke Putzschicht auf einer mineralisch gebundenen Holzwolleleichtbauplatte, Dicke d = 0,04 m. Weitere Wärmedämmschichten sind nicht vorhanden.
Vorh. Wärmedurchgangskoeffizient (geschätzt): $\qquad$ $U_{AW2} = 1,63$ W/(m² · K)

Sonstige Feststellungen:

Der Spitzboden ist zugänglich und weist eine lichte Höhe im Bereich des Firstes von 1,8 m auf. Der Spitzboden ist nicht gedämmt. Im Bereich der Holzsparren konnten keinerlei Schädigungen infolge pflanzlicher oder tierischer Schädlinge festgestellt werden. Im Bereich der Schornsteindurchdringungen sind Laufspuren infolge eindringender Feuchtigkeit festzustellen, jedoch keine vorhandene Durchfeuchtung. Der Innenputz des geneigten Dachs stößt stumpf an das Lüftungsrohr. Weitere Maßnahmen zur Sicherstellung der Luftdichtheit sind nicht erkennbar.

Abbildung 196: Technische Bestandsaufnahme - massive Anstrichschäden und Fäulnisbildung im Bereich des Holzes.

Abbildung 197: Technische Bestandsaufnahme - Feststellung der Schichtenfolge im Bereich des geneigten Daches.

Abbildung 198: Ergebnis der technischen Bestandsaufnahme - Dacheindeckung soll erhalten bleiben, Erneuerung der inneren Deckschichten. Es darf der U-Wert von 0,30 W/(m² · K) nicht überschritten werden.

Abbildung 199: Bauteilsituation aus Foto 14 nach Einbau der Wärmedämmschicht. Maßnahme zur Sicherstellung der Gebäudedichtheit. Mechanische Sicherung der luftdichten Schicht.

Feststellungen im Bereich der Heizungsanlage:

Kessel und Warmwasserspeicher sind im nicht beheizten Keller aufgestellt. Die Brennwerttherme wurde 1998 zusammen mit dem Speicher erneuert. Die Heizungs- und Warmwasserleitungen sind wärmegedämmt. Die Dicke der Dämmung entspricht den Anforderungen der Energieeinsparverordnung. Die Leitungen sind auf der Unterseite der Kellerdecke befestigt. Weitere zugängliche Heizungsleitungen sind nicht vorhanden.

Die Heizungsregelung erfolgt mittels selbsttätig wirkender Thermostatventile. Die Heizungsanlage weist eine ebenfalls selbsttätig wirkende Einrichtung zur Regelung der Wärmezufuhr sowie zur Ein- und Ausschaltung der elektrischen Antriebe über einen Außentemperaturfühler auf. Weitere Maßnahmen sind hier daher nicht erforderlich.

Sanierungskonzept

Die technische Bestandsaufnahme ergab, dass lediglich im Bereich der Fenster unmittelbarer Sanierungsbedarf der Bauteile der wärmeübertragenden Umfassungsfläche bestand. Weiterhin wurde vom Eigentümer der Wunsch geäußert, dass der nicht ausgebaute Spitzboden zu Wohnzwecken ausgebaut und die innere Bekleidung des Dachgeschosses insgesamt erneuert werden sollte. Es ergibt sich somit für die Bauteile **Fenster** und **geneigtes Dach** einerseits und den **Spitzboden** die Notwendigkeit, die öffentlich-rechtlichen Anforderungen zu überprüfen. Diese können für die Fenster und das geneigte Dach alternativ entweder über das „Bauteilverfahren" oder den „Jahres-Primärenergiebedarf" nachgewiesen werden. Eine überschlägige rechnerische Abschätzung ergab, dass, sofern für die o.a. Bauteilsituationen die U-Werte gemäß Anhang 3 Tabelle 1 ansetzt werden, die Anforderungen für neu zu errichtende Gebäude um mehr als 40 Prozent überschritten werden. Aus diesem Grund wird aus Gründen der Vereinfachung für den weiteren Nachweis das **Bauteilverfahren** verwendet.

Abbildung 200: Erweiterung des Dachgeschosses um einen beheizten Raum. Hier ergibt sich die Schwierigkeit des Einbaus einer luftdichten Schicht im Bereich der Kehlbalken.

Abbildung 201: Ausgeführte Lösung für Problemstellung aus Abbildung 200. Einbau von Folienmanschetten um den Sparren und mechanische Sicherung durch Dachlatte.

Für den zu Wohnzwecken auszubauenden nicht beheizten, aber zugänglichen Spitzboden besteht aufgrund seines geringen Volumens (18 m³) keine öffentlich-rechtliche Anforderung, da diese erst ab 30 m³ gelten. Auch hier sollten mindestens die Bauteilanforderungen mit einem U-Wert von $U_D = 0{,}30$ W/(m² · K) realisiert werden. Die Energieeinsparverordnung fordert beim Ersatz von außen liegenden Fenstern einen Wärmedurchgangskoeffizienten für das Fenster von $U_w = 1{,}7$ W/(m² · K). Folgende Fenstergrößen sind vorhanden:

Fenstertyp 1 : 1,12 · 1,15
Fenstertyp 2 : 0,59 · 1,12
Fenstertyp 3 : 1,12 · 1,45 · 2
Fenstertyp 4 : 1,08 · 1,45
Fenstertyp 5 : 1,09 · 2,25
Fenstertyp 6 : 2,17 · 1,45
Fenstertyp 7 : 1,05 · 1,05
Haustür   : 1,12 · 2,25

Als U-Wert für die Verglasung wird ein Wert von $U_g = 1{,}1$ W/(m² · K), normaler Emissionsgrad < 0,05, Scheibenmaße 4 -15 - 4, Gaskonzentration > 90 % gewählt. Es sollen Holzfenster aus Hartholz zum Einsatz kommen. Der Randverbund besteht aus Aluminium.

Es ergibt sich nach DIN EN ISO 10 077-1 ein neuer mittlerer Wärmedurchgangskoeffizient von 1,7 W/(m² · K) und eine Einsparung für das Haus von rund 3.100 kWh/a.

Abbildung 202: Einbau von Dachflächenfenstern. Sicherstellung der Luftdichtheit mit Hilfe von Dichtbändern.

Abbildung 203: Maßnahme zur Qualitätssicherung: Anlage zur Überprüfung der Gebäudedichtheit (Blower-Door-Anlage).

Es wird im auszubauenden Spitzboden in Sparrenhöhe vollständig eine Wärmedämm-schicht mit der Dicke d = 0,14 m und eine Wärmedämmschicht unter den Sparren mit der Dicke d = 0,06 m vorgesehen. Die Wärmeleitfähigkeit soll λ = 0,035 W/(m · K) betragen. Unterhalb der Untersparrendämmung wird eine Holzwerkstoffplatte mit der Dicke d = 0,016 m als Montagehilfe für die luftdichte Schicht vorgesehen. Auf der Innenseite wird eine Gips-kartonplatte vorgesehen.

Es ergibt sich ein neuer Wärmedurchgangskoeffizient von U_D = 0,19 W/(m² · K) und eine Einsparung für das Haus ohne den ausgebauten Spitzboden von rund 4.680 kWh/a.

Als untere Deckschicht soll nicht nur im Bereich des Spitzbodens, sondern auch im Bereich des Dachgeschosses eine innere Bekleidung aus Gipskarton eingebaut werden. Es sind die Anforderungen des Anhangs 3 Absatz 4.1 Zeile c) zu erfüllen. Es darf ein Wärmedurch-gangskoeffizient von U_D = 0,30 W/(m² · K) nicht überschritten werden. Weiterhin sollen die Dachflächenfenster erneuert werden. Gewählt wird ein Dachflächenfenster mit einem U-Wert von 1,4 W/(m² · K).

Weitere wärmeschutztechnische Maßnahmen

Bei der Durchführung der o.a. Wärmedämmmaßnahmen müssen bei der Festlegung von Maßnahmen die beiden folgenden Aspekte mit berücksichtigt werden. Der Schornstein stellt aufgrund seiner stofflichen und geometrischen Beschaffenheiten eine massive Wär-mebrücke dar. Im Durchdringungspunkt waren bei der technischen Bestandsaufnahme Durchfeuchtungserscheinungen festgestellt worden. Im äußeren Bereich des Schornsteins kann entweder eine Wärmedämmschicht zusätzlich als äußere Bekleidung eingebaut werden oder es wird der Schornstein abgerissen. Auf diese Weise wird die Wärmebrük-kenwirkung „vermieden" und es kann die Dacheindeckung über diesen Bereich verschlos-sen werden, so dass einer Durchfeuchtung ebenfalls nachhaltig vorgebeugt wird.

Eine besondere Schwierigkeit stellt die Führung der luftdichten Schicht dar. Diese kann zwar beginnend im Bereich der Traufe sehr gut mit der Geschossdecke über ein Dachlat-tenprofil gesichert werden, muss jedoch im Weiteren in den Spitzboden geführt werden. Hierbei sind Folienmanschetten im Bereich der Kehlbalken anzuordnen, die jeweils an die Holzwerkstoffplatte der Regelfläche geführt werden müssen, **Abbildung 204**.

In **Abbildung 201** ist die ausgeführte Situation dargestellt. Hier ist zwar eine Folienman-schette um den Kehlbalken herum montiert worden, jedoch werden Fugen zwischen Brett-laschen und Kehlbalken mit dieser Maßnahme nicht abgedichtet. Zur Minimierung der Undichtheiten im Bereich der Kehlbalken und Brettlaschen ist die Montage einer Folien-manschette um den Kehlbalken herum empfohlen worden. Hierzu hätte vor den Endigun-gen der Brettlaschen eine Unterkonstruktion montiert werden müssen, um Undichtheiten zwischen den Brettlaschen und den Kehlbalken zu vermeiden.

Empfehlung für die gesamte Reihenhauszeile

Bei Reihenhäusern sind wärmeschutztechnische Nachrüstungen mit Schwierigkeiten ver-bunden, da die Bauteile der wärmeübertragenden Umfassungsfläche unmittelbar an die Grundstücksgrenzen stoßen. Speziell im Dach- aber auch Außenwandbereich ergeben sich „Berührungspunkte", die u.U. zu gestalterischen und im Einzelfall auch zu konstruktiven Problemen führen können. Sofern kein konkreter Sanierungsbedarf besteht, sind Maßnahmen, wie der Einbau einer zusätzlichen äußeren Wärmedämmschicht auf der Außenwand, die jeden Eigentümer betreffen würden, nicht ohne weiteres umsetzbar.

Ein weiteres Einsparpotential pro Haus von rund 2.900 kWh/a könnte realisiert werden, wenn eine äußere Wärmedämmschicht im Bereich der Außenwand aufgebracht würde. Als Dicke werden d = 0,12 m gewählt, **Abbildungen 205 bis 207**. Gerade im Zusammenhang mit der ohnehin anstehenden Fenstererneuerung ist darauf zu achten, dass die Fenster beim Einbau möglichst bündig mit der Außenwandebene angeordnet werden, so dass das Wärmedämm-Verbundsystem möglichst weit auf den Fensterblendrahmen überbinden kann, ohne dass hierfür der Wärmedämmstoff in die Fensterleibung hineingeführt werden müsste. Weiterhin ergibt sich bei dieser Dämmmaßnahme, den Sockel (Anschluss Kellerwand - Kellerdecke - Außenwand) durch eine einbindende Wärmedämmschicht ins Erdreich wärmeschutztechnisch zu optimieren.

Eine Verlagerung einer funktionstüchtigen Heizungsanlage in den beheizten Bereich dürfte zum gegenwärtigen Zeitpunkt äußerst unwirtschaftlich sein. Im Hinblick auf eine Reduzierung der Transmissionswärmeverluste zum nicht beheizten Keller bzw. der Wärmeverluste in den Heizleitungen, könnte unterhalb der Kellerdecke eine Wärmedämmschicht

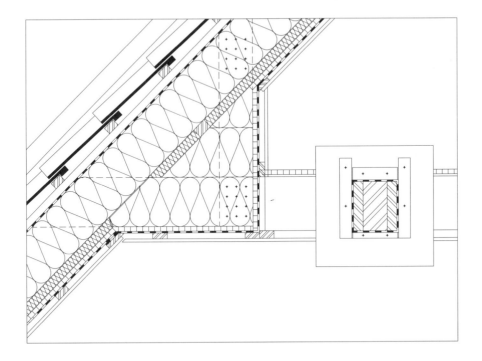

Abbildung 204: Kehlbalkenanschluss. Empfohlene Lösung zur Minimierung der Undichtheiten im Bereich der Kehlbalken und Brettlaschen. Montage einer Folienmanschette um den Kehlbalken herum und mechanische Sicherung durch Holzprofil.

angeordnet werden. Diese Maßnahme führt dazu, dass die Durchgangshöhe im Keller sich um rund 8 cm reduziertem würde.

Weiterhin sollten in diesem Zusammenhang die Kellertür, die Kellerinnenwand und der Treppenlauf zum nicht beheizten Keller wärmetechnisch nachgerüstet werden, da diese Maßnahmen relativ günstig zu realisieren sind. Es werden in diesem speziellen Einzelfall jeweils zur kalten Seite des Kellers Wärmedämmschichtdicken von 8 cm, WLG 035 vorgeschlagen. Für die Kellertür wird eine umlaufende Lippendichtung und eine Dämmschichtfüllung von 4 cm, WLG 035 vorgeschlagen.

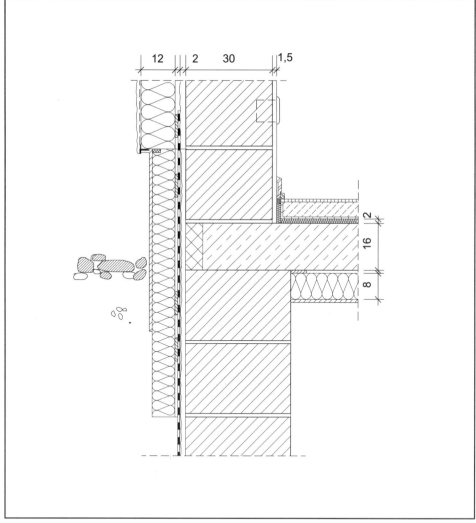

Abbildung 205: Maßnahme zur Minimierung der Wärmebrücke beim Sockelanschluss: Einbau einer Perimeterdämmschicht und Verzicht auf Sockelschiene aus Aluminium.

Unter diesen Voraussetzungen ergäbe sich folgendes Einsparpotential für den Jahres-Heizwärmebedarf, ermittelt nach dem Vereinfachten Verfahren für Wohngebäude:

Reihenmittelhaus:
Heizwärmebedarf $Q_h = 5.480$ kWh/a   Einsparung: 12.700 kWh/a
Reihenendhaus:
Heizwärmebedarf $Q_h = 5.610$ kWh/a   Einsparung: 19.046 kWh/a

Einsparpotential, bezogen auf den Jahres-Heizwärmebedarf insgesamt:

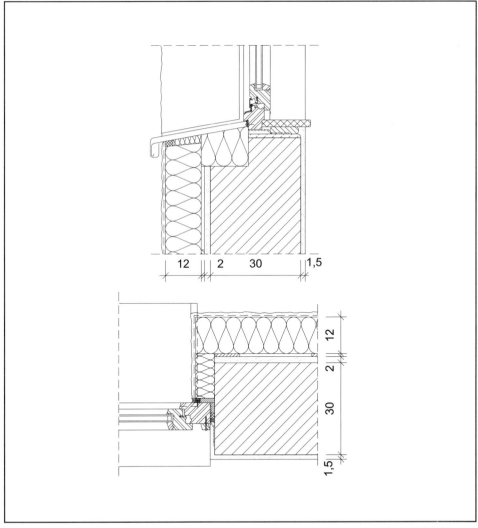

Abbildung 206: Maßnahme zur Minimierung der Wärmebrücke beim Fensteranschluss: Fall 1: Fenster befindet sich in der Mitte des Mauerwerks, flankierende Dämmmaßnahmen in Brüstung und Leibung.

7 Reihenmittelhäuser	(12.700 · 7):	88.900 kWh/a
2 Reihenendhäuser	(19.046 · 2):	38.092 kWh/a
Summe:		**126.992 kWh/a**

In dieser rechnerischen Abschätzung wurde davon ausgegangen, dass die Anschlusspunkte mindestens dem Standard der Planungs- und Ausführungsbeispiele der DIN 4108 Bbl 2 entsprechen. Beispielhaft wären die in den **Abbildungen 205 bis 207** dargestellten Prinzipen zu berücksichtigen.

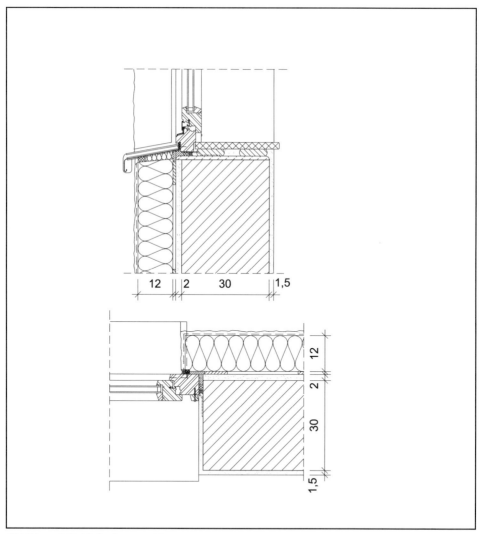

Abbildung 207: Maßnahme zur Minimierung der Wärmebrücke beim Fensteranschluss: Fall 1: Fenster befindet sich in der Mitte des Mauerwerks, Flankierende Dämmmaßnahmen in Brüstung und Leibung.

5 Qualitätssicherung - Wärmeschutz und Anlagentechnik

Aus den gegenüber den Rechengängen der Wärmeschutzverordnung 1995 und der DIN 4108 komplexeren Berechnungsverfahren der Energieeinsparverordnung und den hier genannten mitgeltenden Normen ergeben sich unmittelbare Konsequenzen für die **Planung und Ausführung** von Maßnahmen im **baulichen und anlagentechnischen Wärmeschutz**.

Die Energieeinsparverordnung verlangt im Vergleich zur Wärmeschutzverordnung von 1995 einen „ganzheitlicheren" Planungsprozess, da neben der Qualität der Gebäudetechnik auch die Anlagentechnik beim Nachweis berücksichtigt werden muss. Hierdurch ergeben sich **Vorteile** in folgenden Bereichen:

o Wärmedämmtechnik
Einzelmaßnahmen zur Energieeinsparung können miteinander „verrechnet" werden (z.B. Optimierung von Komponenten der Anlagentechnik). Auf diese Weise können z.B. Dicken der Wärmedämmschichten reduziert werden.

o Ausbildung von Anschlusssituationen
Die energetische Wirkung von Wärmebrücken wird im Nachweis berücksichtigt und kann im Einzelfall zu einer genaueren Beschreibung der Transmissionswärmeverluste führen. Vor allem die Berücksichtigung von sogenannten längenbezogenen Wärmedurchgangskoeffizienten wird dazu führen, dass ein Anreiz gegeben wird, Anschlusssituationen aus energetischer Sicht zu optimieren.

o Gebäudedichtheit
Die Verringerung der Luftwechselrate bei Einhaltung der geforderten Grenzwerte mit dem hiermit verbundenen Einsparpotential führt dazu, dass ein Anreiz gegeben wird, sich mit diesem Aspekt mehr als in der Vergangenheit auseinander zu setzen.

Mit der Zusammenführung der jeweiligen Anforderungen für Gebäude- und Anlagentechnik in eine Nachweisgröße ergibt sich für den Architekten ein größerer „Gestaltungsspielraum" als früher, da unterschiedliche Maßnahmen zur Energieeinsparung berücksichtigt werden können. Für den „Endverbraucher", den Nutzer, führt die Berechnung des Endenergiebedarfs zu einer größeren Transparenz in die Energieaufwendungen als bisher.

Mit der Zusammenführung von Gebäude- und Anlagentechnik sind jedoch auch eine Reihe von **Problemstellungen** verbunden. Beispielhaft sind hier zu nennen:

o Aufteilung der Verantwortlichkeiten
Die Primärenergiebedarfs- und Wärmeschutznachweise werden zukünftig vermutlich nicht von einem Planer allein durchgeführt. Für die Planung der Anlagentechnik, die Ermittlung der Anlagenaufwandszahl ist ein zusätzlicher Fachplaner erforderlich. Voraussetzung für korrekte Ergebnisse und ein mangelfreies Werk ist die Abstimmung der Ergebnisse und die Koordination zwischen der baulichen Seite (bezogener Jahres-Heizwärmebedarf und Gebäudenutzfläche) und der anlagentechnischen Seite (Anlagenaufwandszahl, Jahres-Primär- und Endenergiebedarf). Eine weitere Aufteilung der Verantwortlichkeiten führt jedoch oft dazu, dass sich in der Baupraxis die Beteiligten nicht ausreichend gegenseitig informieren. Nicht zuletzt für die Ausführung ergibt sich die Frage, wer den **Abgleich zwischen Planung und Ausführung** durchführt?

o Berücksichtigung des energetischen Einflusses von Wärmebrücken
Die Verpflichtung beim vereinfachten Verfahren für Wohngebäude, den energetischen Einfluss von Wärmebrücken zu begrenzen, ist nur sinnvoll, wenn die Planungs- und Ausführungsbeispiele der DIN 4108 Bbl 2 in Planung **und** Ausführung berücksichtigt werden bzw. bei Abweichung der Nachweis der Gleichwertigkeit von den Bauschaffenden auch tatsächlich geführt wird. In diesem Zusammenhang bestehen erhebliche Zweifel, ob überhaupt die Gleichwertigkeit nachgewiesen wird und wer später den Abgleich zwischen Planung und Ausführung durchführt. Die Zweifel werden durch die Überprüfung von rund 300 Nachweisen und die qualitätssichernde Überprüfung auf der Baustelle bestätigt. Der Nachweisende begnügt sich in der Regel damit, in seinem Rechenprogramm die entsprechende rechnerische Eingabe vorzunehmen; die Planung des Details aus energetischer Sicht erfolgt oftmals nicht. Das Bauunternehmen führt entsprechend aus, so dass sich Mängel auch in der ausgeführten Situation ergeben. Es ergibt sich die Frage, wer den **Abgleich zwischen Planung und Ausführung** durchführt?

o Vielzahl an zu berücksichtigenden mitgeltenden Normen
Eine Vielzahl an zu berücksichtigenden mitgeltenden Normen wirken sich unmittelbar auf die Planung und Ausführung aus. So sind in Abhängigkeit von der Ausführungsqualität u.U. Korrekturen auf die Wärmedurchgangskoeffizienten einzurechnen. Es ergibt sich hier die Frage, wer die **Fortschreibung des Nachweises** durchführt?

o Stellenwert der Anlagentechnik im Nachweisverfahren
Die Energieeinsparverordnung berücksichtigt spezielle Regelungen zur Anlagentechnik. So werden hier die Mindestdämmstandards der Wärmeverteil- und Warmwasserleitungen sowie der Armaturen beschrieben. Eine optimierte Anlagentechnik kann weiterhin zu einer erheblichen Reduzierung der Wärmedämmqualitäten führen. Ausgeführte Beispiele aus der Baupraxis zeigen, dass in vielen Bereichen der Ausführung Abweichungen von den planerischen Grundlagen auftreten können. Es ergibt sich auch hier die Frage, wer den **Abgleich zwischen Planung und Ausführung** durchführt?

Insgesamt ist zu befürchten, dass ohne eine Überprüfung des Vollzugs der geplanten Maßnahmen, erhebliche Unterschiede zwischen Planung und Ausführung auftreten können. Diese Einschätzung gilt sowohl für neu zu errichtende Gebäude, aber auch für das Bauen im Bestand. Schon aus diesen Gründen sind qualitätssichernde Maßnahmen sinnvoll. Die tatsächlichen Bedingungen auf der Baustelle berücksichtigen inzwischen in verschiedenen Bundesländern so genannte Durchführungsverordnungen, in denen gefordert wird, dass die ausgeführte Situation mit den rechnerischen Annahmen zumindest stichprobenartig verglichen und überprüft werden muss, ob die Anforderungen des Verordnungsgebers erfüllt sind.

Dieser Forderung entspräche das klassische Berufsbild des Architekten, der als Generalist (Entwurfsverfasser und Bauleiter) die verschiedenen Belange koordiniert. Doch leider hat sich der Planungs- und Ausführungsprozess gewandelt. Den klassischen Fall, dass der Architekt als Entwurfsverfasser für einen Investor planerisch alle Leistungsstufen von der Vorplanung bis zur Ausführungsüberwachung/Abnahme/Mängelbeseitigung betreut, gibt es heute bei größeren Baumaßnahmen kaum noch.

Abbildung 208: Fehlendes Wärmedämmkonzept im Bereich einer Sockelschiene aus Aluminium bei einer Außenwand mit Wärmedämm-Verbundsystem. Folge: hohe zusätzliche Wärmeverluste.

Abbildung 209: Fehlendes Wärmedämmkonzept im Bereich des Anschlusses: Fenster an Außenwand mit Wärmedämm-Verbundsystem. Folge: hohe zusätzliche Wärmeverluste.

Abbildung 210: Fehlendes Wärmedämmkonzept im Bereich des Anschlusses: geneigtes Dach an Giebel- bzw. Gebäudetrennwand. Folge: hohe zusätzliche Wärmeverluste. Weiterhin fehlender Niederschlagschutz der Holzbauteile während der Bauzeit.

Abbildung 211: Fehlendes Wärmedämmkonzept im Bereich des Anschlusses: geneigtes Dach an Gebäudetrennwand - fehlende Wärmedämmschicht auf der Mauerkrone (Detail aus Abbildung 210).

Bei großen Bauvorhaben ist der Entwurfsverfasser in der Regel nicht mit der technisch-konstruktiven Betreuung im Rahmen der Bauleitung und Bauüberwachung beauftragt. Auch bei der Erstellung der Ausführungsplanung, der Ausschreibung und der Vergabe von Bauleistungen wirkt heute der Architekt selten mit. Die Überwachung der Arbeiten sowie die umfassende Abnahme der erbrachten Qualitäten in technischer Hinsicht wird selten vom Architekten durchgeführt. Heute entwirft der Architekt in der Regel ein Gebäude für Bauträger oder Projektentwicklungsgesellschaften. Er wird mit der Koordination und Erstellung der Baugenehmigungsplanung und mit der so genannten „künstlerischen Objektüberwachung" betreut. Der Wärmeschutznachweis wird in den seltensten Fällen vom Architekten, sondern vom Tragwerksplaner aufgestellt.

Im Rahmen einer Studie wurde festgestellt, dass von 238 Wohngebäuden bei nur 10 Gebäuden der Wärmeschutznachweis auch vom Architekten als Entwurfsverfasser aufgestellt wurde. Die weitere Ausführungsplanung übernimmt sehr häufig der Bauträger oder ein Generalunternehmer einschließlich der hiermit verbundenen Leistungsbeschreibungen. Der Bauträger oder Generalunternehmer vergibt wiederum Leistungen an Subunternehmer. Speziell bei größeren Baumaßnahmen beauftragt der Subunternehmer weitere Handwerksbetriebe oder Arbeitskolonnen.

Im Bereich der Anlagentechnik wurde bei der EXPO-Baustelle „Wohnen am Kronsberg" nur für knapp die Hälfte der Gebäude überhaupt ein Fachplaner eingeschaltet. Eine durchgehende Qualitätssicherung für die Anlagentechnik, zum Beispiel in Form eines Qualifizierungsprogrammes, wie für den Wärmeschutz durchgeführt, hat nicht stattgefunden.

Bei einer Aufteilung des Planungs- und Realisierungsprozesses auf viele Beteiligte besteht die Schwierigkeit, dass die Inhalte und Randbedingungen des Wärmeschutznachweises, die zu Beginn der Planungsaufgabe festgelegt worden sind, den weiteren Verantwortlichen nicht mitgeteilt werden.

Beispiele für Mängel aus der Praxis

o Treppenhäuser werden bei der Berechnung des Jahres-Heizwärmebedarfs als normal beheizte Zonen im Nachweis berücksichtigt. Dies bedeutet, dass in der Regel im Treppenhaus ein Heizkörper vorgesehen wird. In der Praxis wird dies sehr häufig „vergessen" oder aus Gründen der „Kostenersparnis" nicht ausgeführt.

o Im Rahmen von Wärmeschutznachweisen wird aus konstruktiven Gründen (Verringerung der Schichtdicke) die Wärmeleitfähigkeit verbessert. Diese Verbesserungsmaßnahmen optimieren zwar das Ergebnis, sind aber oft genug nicht praxistauglich. So tritt immer wieder der Fall auf, dass Trittschalldämmschichten mit wärmeschutztechnischen Qualitäten versehen werden, die es für diesen Anwendungszweck gar nicht gibt, z.B. λ = 0,030 W/(m · K). Oft genug werden die speziellen Ergebnisse nicht bei den Ausschreibungen berücksichtigt. Die Ausführung kann dann **nicht** den errechneten Werten entsprechen.

o Regelungen aus den Allgemeinen Bauaufsichtlichen Zulassungen werden häufig nicht berücksichtigt. Dies führt sehr häufig dazu, dass Wärmedurchgangskoeffizienten für bestimmte Systeme energetisch zu günstig bewertet werden.

o Aufgrund fehlender qualifizierter Planung und Ausführung gibt es hydraulische Probleme in Heizungs- und Lüftungsanlagen. Mieterbeschwerden über zu kalte Wohnungen, Geräusche in der Heizungsanlage, zu starke oder zu geringe Lüftung werden im laufenden Wohnbetrieb durch langwierige Nachbesserungen entgegengewirkt. Dabei werden Pumpendrehzahlen und das Temperaturniveau soweit angehoben, dass keine Beschwerden mehr auftreten. Nicht notwendige Energieverschwendung wird in Kauf genommen.

Bei einer Aufteilung der Verantwortlichkeiten geraten die hier nur beispielhaft aufgeführten Inhalte häufig in Vergessenheit – sie werden nicht an die Beteiligten (Planer der Ausführungsplanung, Planer für die Ausschreibung und Ausführende) weitergeleitet. Die Aufteilung der Verantwortlichkeiten trägt in hohem Maße dazu bei, dass Einzelaspekte wie die Belange des Wärmeschutzes nicht mehr zentral vom Architekten überprüft und kontrolliert werden. Eine „interne" Qualitätssicherung findet nicht mehr statt. In diesem Zusammenhang ist sicherlich auch „wirtschaftliches Vorteilsdenken" Ursache dieser Entwicklung.

Das Instrument der „Qualitätssicherung - Wärmeschutz und Anlagentechnik" kann helfen, diese Probleme zu lösen und darüber hinaus auch bei der Entwicklung von optimierten Lösungen mitwirken. Folgende Qualitätssicherungsmodelle können angewendet werden:

Modell 1
Die „Qualitätssicherung - Wärmeschutz und Anlagentechnik" kann als reine **„Prüfinstanz"**, z.B. im Auftrag einer Kommune, einer Projektentwicklungsgesellschaft oder eines Bauträgers beauftragt werden. Hierbei ist die Qualitätssicherungsstelle als reine Kontrollinstanz tätig. Planer und Ausführende werden lediglich überprüft.

Modell 2
Das „Qualitätssicherungsbüro" kann auch als **„Doppelfunktion"** tätig werden, zum einen als **Prüfinstanz** und zum anderen in der Funktion einer **Beratung**. Hierbei wird die Prüfinstanz intensiv in alle Stationen des Planungsprozesses mit eingebunden und führt in allen maßgeblichen Stufen des Planungs- und Ausführungsprozesses begleitende **Qualitäts- und Qualifizierungsmaßnahmen** durch.

Nachfolgend wird ein Stufenplan zur Durchführung der Qualitätssicherung -Wärmeschutz und Anlagentechnik unter besonderer Berücksichtigung der Regelungen der Energieeinsparverordnung für das so genannte vereinfachte Verfahren für Wohngebäude vorgestellt. Das vorliegende Qualitätssicherungsmodell beinhaltet einen Vorschlag zum Ablauf einer integrierten Planung und Ausführung „von der Idee bis zum Bezug". In der Darstellung wird auf wichtige Eckpunkte für die konventionell abgegrenzten Bereiche der „Gebäudeplanung" und der „Anlagenplanung" hingewiesen. Vor allem soll die komplexe Beeinflussung der beiden Bereiche untereinander hervorgehoben werden.

In **Abbildung 212** ist eine Übersicht für die detaillierten Erklärungen und Ausführungen der einzelnen Stufen der Qualitätssicherung dargestellt. Diese zeigt sehr deutlich, dass gerade in den **ersten Planungsphasen** im Gegensatz zur bisherigen Handhabung auch Belange der Anlagentechnik und Wechselwirkungen mit der Gebäudetechnik erörtert werden müssen. Es müssen für den weiteren Planungsablauf grundlegende Entscheidungen getroffen werden:

o Welches Ziel soll erreicht werden: geringste Investitions- oder geringste Betriebskosten?
o Wie soll die Primärenergieanforderung der Energieeinsparverordnung erreicht werden: hochwertiges Gebäude oder hochwertige Anlagentechnik oder beides in Maßen?

Abbildung 212: Übersicht und Ablauf einer Qualitätssicherung Wärmeschutz und Anlagentechnik.

Die Entwurfsplanung dient der Optimierung des Wechselspiels zwischen Gebäude- und Anlagentechnik. Im Anschluss an die Vorentwurfsplanungsphase arbeiten die einzelnen Gewerke an der Konkretisierung der gesteckten Ziele.

Die weitere Ausarbeitung erfolgt nach wie vor für jedes Gewerk getrennt, der kommunikative Abgleich sollte jedoch immer wieder erfolgen. Vor allem, wenn im Hinblick auf die Anlagentechnik oder die Gebäudeplanung wesentliche konzeptionelle Änderungen vorgenommen werden. In diesen Fällen müssen zwingend die Konsequenzen auf den Wärmedämmstandard des Gebäudes untersucht werden!

Sind die **theoretischen Berechnungen für Bauteile und Anlagenkomponenten** abgeschlossen, erfolgt die Angebotsphase. In der Stufe der Bauausführung wird der Vollzug der integrierten Planung gesichert. Unterschiede zwischen Planung und Realität sollen durch entsprechende **Qualitätssicherung** vermieden werden.

Zur Sicherung der sachgerechten Nutzung sollten neben den Beschreibungen für Gebäude und Anlage auch Betriebsanleitungen, Wartungsanleitungen und Bedienungsanleitungen erstellt werden, um die Nutzer über das richtige Verhalten im Wohngebäude zu informieren.

Das nachfolgende Qualitätssicherungsmodell aus den Bereichen Gebäude- und Anlagentechnik basiert auf den Inhalten des Modells 2. Dieses Modell gibt einen Leitfaden, der hilft, Maßnahmen in einer bestimmten Systematik zu überprüfen. Diese Überprüfung kann von einem so genannten Qualitätssicherungsbüro, aber auch von den verantwortlichen Planern selbst durchgeführt werden. Das Stufenmodell kann genutzt werden, um Inhalte zu einer „Qualitätssicherung" vertraglich zu fixieren.

Praktische Erfahrungen bei der Umsetzung von Maßnahmen zur Qualitätssicherung haben gezeigt, dass diese besonders effizient umgesetzt werden können, wenn begleitend zu den verschiedenen Forderungen auch eine Qualifizierung der am Bau Beteiligten stattfindet. Diese Erfahrungen konnten vor allem bei den EXPO-Bauvorhaben am Kronsberg gewonnen werden. Hier wurde ein intensives Qualifizierungsprogramm für Planer und Ausführende im Bereich des baulichen Wärmeschutzes durchgeführt.

Es gibt zahlreiche Städte und Gemeinden, die für zu errichtende Gebäude spezielle wärmeschutztechnische Rahmenbedingungen vertraglich verankert haben. Vielerorts wird hierbei der so genannte Niedrigenergiehaus-Standard als Nachweis gefordert, d.h. es werden im Vergleich zum bundesgesetzlich verordneten Wärmeschutzstandard höhere Anforderungen gestellt. Mit In-Kraft-Treten der Energieeinsparverordnung haben sich diese erhöhten Anforderungen geändert. Mancherorts werden heute Standards wie des so genannten KfW 60 und 40 Hauses oder sogar der Passiv-Haus-Standard gefordert.

In Fällen, bei denen vom verordneten Wärmeschutzstandard abgewichen wird, muss der geforderte Standard eindeutig in den Kaufverträgen beschrieben werden. Für Baugebiete, in denen sehr hohe Anforderungen (3-Liter-Haus, Passiv-Haus-Standard usw.) gestellt werden, sollte aus Sicht der Verfasser zwingend eine Qualitätssicherung als Kontrollinstanz und eine begleitende Qualifizierung vertraglich vorgesehen werden.

5.1 Erste Stufe (Status: Vorentwurfsplanung)

Die volle Effizienz und Wirtschaftlichkeit von Maßnahmen zur Heizenergieeinsparung kann nur erreicht werden, wenn sehr frühzeitig im Planungsprozess wärmeschutztechnische Fragestellungen erörtert und von den Verantwortlichen entsprechend berücksichtigt werden. Erfahrungen haben gezeigt, dass Versäumnisse in der Vorentwurfsplanung zu erheblichen Mehrkosten führen können. Im Rahmen dieser Stufe kann noch sehr wirkungsvoll in den Planungsprozess eingegriffen werden. Hier sind verschiedene Fragestellungen gemeinsam zwischen Architekten, Heizungsanlagenplaner und Investoren (Nutzer) zu erörtern.

Gebäudetechnik
o **Standort des Gebäudes**
  - Städtebauliche Einbindung: geschlossene oder offene Bauweise
  - Windgeschützter oder windungeschützter Bereich
  - Ausnutzbarkeit solarer Wärmegewinne, Ausrichtung

o **Auswirkungen des Kompaktheitsgrades**
  - Überprüfung der Anforderungen, die sich aus dem Kompaktheitsgrad ergeben
  - Optimierung des Kompaktheitsgrades des Gebäudes
  - Gebäude mit oder ohne Keller, Keller beheizt, Keller nicht beheizt (ggf. Auswirkung auf den Energieträger, da Bevorratung des Energieträgers z.B. im Keller nicht ohne Probleme möglich ist)

o **Anrechenbarkeit solarer Wärmegewinne**
  - Fassadengestaltung
    (Verhältnis von transparenten/nicht transparenten Flächen)
  - Orientierung der Fensterflächenanteile zur Himmelsrichtung
  - Flächenverhältnis von Rahmen zu Verglasung, Fensterteilungen, Formate, Sprossen. Es ergeben sich in Abhängigkeit von der Anordnung und dem Format von Fenstern ggf. auch Auswirkungen auf den Aufstellort von Heizkörpern und der thermischen Behaglichkeit im Raum
  - Aspekt von überwiegend verschatteten Fassadenbereichen durch gebäudeeigene Verschattung (z.B. durch auskragende Balkone, Gebäudevor- und Rücksprünge) oder durch umgebungsbedingte Einflüsse (Topographie, Vegetation oder angrenzende Gebäude usw.)

o **Dichtheitskonzept**
  - Vermeidung von Kehlbalkenkonstruktionen zwischen beheizten Zonen im Bereich des geneigten Daches
  - Vermeidung von Durchdringungen

Anlagentechnik
In dieser ersten Planungsphase sind folgende Fragen mit dem Bauherrn bzw. den örtlichen Behörden zu klären:
o Gibt es ein örtliches Versorgungskonzept für das Baugebiet (Nahwärme, Gasversorgungsnetz)? Soll das Gebäude an dieses angeschlossen werden?
o Welcher Energieträger wird gewählt? Soll regenerative Energie (Solarenergie, Holz, etc.) in das Konzept eingebunden werden?

An dieser Stelle sollte – vor allem im Falle der Solartechnik – auf ein verträgliches Verhältnis von Nutzen und Aufwand geachtet werden. Für den Einsatz von Solartechnik spricht auf jeden Fall der Gesichtspunkt der Primärenergieeinsparung, der aber ein entsprechendes Nutzungsprofil des Endkunden voraussetzt.

Eine Solaranlage (zur Warmwasserbereitung) weist sowohl zusätzliche Wärmeverluste der Verrohrung und Speicherung als auch erhöhten Stromverbrauch der Pumpen auf. Es muss also entsprechend viel Solarenergie (in Form von Warmwasser) genutzt werden, damit die gewünschte Energie- und Kosteneinsparung eintritt.

Für Gebäude, die zu mehr als 70 % von regenerativen Energien (Solarenergie, Wärmepumpen, BHKW) versorgt werden, kann der Primärenergienachweis nach EnEV entfallen. Es ist hier nur der spezifische, auf die wärmeübertragende Umfassungsfläche bezogene Transmissionswärmeverlust nachzuweisen.

o Welcher Wärmeerzeuger wird gewählt? Werden multivalente Systeme (mehr als ein Erzeuger) geplant?

In diesem Zusammenhang ist zu überlegen, welche Art und Güte der Regelung erforderlich ist und wie diese während der Nutzung gewartet wird. Die Einbindung von Solarenergienutzung und Spitzenlasterzeugern für die Heizung und Warmwasserbereitung, Lüftungstechnik als Heizunterstützung sowie der gesamte Bereich Klimatisierung stellt hohe Anforderungen an Regelkonzepte und den späteren Nutzer (Nutzerschulungen). Ist der manuelle Eingriff des Nutzers in Regelkonzepte nicht möglich oder erwünscht, muss trotzdem für den Problemfall ein entsprechend schneller Service verfügbar sein (Haustechniker vor Ort, externer Bedienservice, etc.).

o Wie wirkt sich die Wahl des Energieträgers auf die Gebäudeplanung aus? Wird zusätzlicher Raum innerhalb oder außerhalb des Gebäudes benötigt (Heizraum, Schornstein, Keller)?

Hier sollten sowohl die Energiepreisentwicklung als auch eine spätere Nutzungsänderung des Gebäudes bedacht werden. Vielleicht ist zu einem späteren Zeitpunkt die Umstellung des Energiekonzeptes möglich, zum Beispiel Nachrüstung von Solartechnik oder eines Festbrennstoffkessels. Bei der Planung sollte Platzbedarf für die Aufstellung und den Anschluss dieser Geräte (und ggf. zusätzlicher Speicher) bedacht werden.

Im Bereich der Heizungs-, Klima-, Sanitär- und Elektrotechnik innerhalb des Gebäudes müssen ebenfalls Entscheidungen getroffen werden, welche die gesamte weitere Planung beeinflussen:

o Wird eine Klimatisierung oder Lüftung vorgesehen? Wenn eine Lüftungsanlage geplant wird, welcher Art ist diese (dezentral, zentrale Abluftanlage, zentrale Zu-/Abluftanlage)?

Dem Architekten muss der Einsatz solcher Techniken bekannt sein, damit bei der Gebäudeplanung Platz für die Luftkanäle und die Technikzentrale vorgehalten werden kann. Die Leitungslängen der Verteilleitungen sollten so kurz wie möglich sein und weitestgehend in der thermisch gedämmten Hülle verlaufen, um Wärmeverluste gering zu halten bzw. einen Teil der Wärmeverluste der Kanäle als innere Wärmequelle nutzen zu können.

o Wird eine Wasserheizung geplant? Wenn ja, wie wird die Wärmeübergabe, Speicherung und Verteilung erfolgen? Zentral für das Gebäude, wohnungszentral, dezentral? Ist eine Fußbodenheizung beabsichtigt? Wie verlaufen die Verteilleitungen (im Keller, im Estrich, in Schächten, Aufputz)? Wie wird die Heizkostenabrechnung erfolgen?

Ein Teil der Wärmeverluste eines Bauteils der Anlagentechnik (Verteilnetz, Speicher, Wärmeerzeuger) innerhalb der thermisch gedämmten Hülle kann als Heizwärme genutzt werden. Wie bereits für die Luftleitungen angesprochen, sollte die Technik überwiegend in die gedämmte Hülle geplant werden.

Die in der gedämmten Hülle anfallenden Wärmeverluste (zum Beispiel der Heizungs- und Warmwasserleitungen im Estrich) können jedoch nicht vollständig zur Beheizung genutzt werden, da sie ungeregelt sind und auch vorhanden sind, wenn keine Heizwärme benötigt wird. Es sollte daher auch bei Lage der Komponenten innerhalb der thermisch gedämmten Hülle auf geringe Leitungslängen und Speichervolumen geachtet werden, um das spätere Energieabgabepotential gering zu halten.

Bei der Vorplanung des Verteilnetzes für die Heizung und Warmwasserbereitung spielt auch die Art der späteren Heizkostenabrechnung eine Rolle. Sollen (im Mehrfamilienhausbau) wohnungsweise Wärmemengenzähler installiert werden, ist die wohnungsweise Verteilung der Leitungen (im Estrich) über einen Hauptverteiler und -sammler gerechtfertigt.

Wird über Heizkostenverteiler an den Heizkörpern oder über die Wohnfläche abgerechnet, kann eine strangweise Verteilung mit kurzen Anbindeleitungen an die Heizkörper sinnvoll sein. Bei dieser Art der Verteilung können die installierten Leitungslängen um etwa 40 % vermindert werden (Mehrfamilienhausbau). Dies vermindert Energieverluste und Kosten.

Mit der Festlegung dieser Größen und dem aus der Gebäudeplanung bekannten Näherungswert für den Heizwärmebedarf kann erstmalig der Primärenergiebedarf des Gebäudes abgeschätzt werden.

5.2 Zweite Stufe (Status: Entwurfsplanung)

Grundlage des Wärmeschutz- und Primärenergienachweises muss mindestens der Stand **Baugenehmigungsplanung** sein, da diese Gegenstand einer möglichen Überprüfung durch die Baugenehmigungsbehörde ist. Die Unterlagen müssen Folgendes beinhalten:

o Qualifizierter Lageplan mit Nordpfeil und Kennzeichnung der Lage des Gebäudes

o Grundrisse, Schnitte, Ansichten, mindestens M 1:100, zum Nachvollzug der Flächen- und Volumenermittlung

o ein vollständiger und prüffähiger Wärmeschutz- und Primärenergienachweis, in dem der Nachweis der Einhaltung der festgelegten Höchstwerte im Hinblick auf:
   a) den **Jahres-Primärenergiebedarf** und auch auf
   b) den **spezifischen, auf die wärmeübertragende Umfassungsfläche bezogenen Transmissionswärmeverlust**,
   erbracht wird

o Prinzipdarstellungen zur Minimierung von Wärmebrückenwirkungen. Die speziellen Orte, welche zeichnerisch darzustellen und zu erläutern sind, müssen mindestens der DIN 4108 entsprechen. Bei Abweichungen von den in DIN 4108 Bbl 2 dargestellten Konstruktionsprinzipien ist die Gleichwertigkeit nachzuweisen

o Prinzipdarstellungen zur Sicherstellung der Luft- und Winddichtheit, siehe hierzu auch die Angaben der DIN 4108-7

o Nachweis der Anlagenaufwandszahl e_p nach DIN V 4701 mit Festlegungen und Angaben zur:
   - Heizung
   - Trinkwarmwasserbereitung
   - Lüftung

Gebäudetechnik
Wärmedämmkonzept
Beim Wärmedämmkonzept sind Angaben zu den Wärmedurchgangskoeffizienten der Bauteile und Angaben zur Minimierung des energetischen Einflusses von Wärmebrücken vorzunehmen.

Angaben zu Regelflächen
o Angabe der Wärmedurchgangskoeffizienten (U-Werte). Bei der Ermittlung der U-Werte sind folgende Besonderheiten zu berücksichtigen:

Für **opake Bauteile** aus thermisch homogenen Schichten, die auch Luftschichten enthalten können, und für Bauteile mit inhomogenen Schichten sind die Rechenverfahren zur Ermittlung der U-Werte der DIN EN ISO 6946 zu verwenden. Hierbei ist zu beachten, dass bei der Angabe des Wärmedurchgangskoeffizienten die für die Berechnung verwendeten Eingangsdaten angegeben werden müssen.

Weiterhin ist ggf. der U-Wert nach Anhang D der DIN EN ISO 6946 zu korrigieren. Ist jedoch die Gesamtkorrektur geringer als 3 % des jeweiligen U-Wertes, braucht nicht korrigiert zu werden.

Es wird zur Vermeidung von Missverständnissen eine vermaßte Prinzipskizze mit Angabe der verwendeten Bauteilschichten der Berechnung des U-Wertes gefordert. Der U-Wert ist als Endergebnis auf zwei Dezimalstellen zu runden.

Bei Konstruktionen mit unterschiedlichen Wärmeleitfähigkeiten (z.B. monolithisches Mauerwerk aus Porenbeton, Holzleichtbaukonstruktionen mit Holz- und Wärmedämmstoffanteilen, Betonwänden mit unterschiedlichen Rohdichten) sind in einer Ansichtszeichnung die Flächenanteile der jeweiligen Wärmeleitfähigkeiten darzustellen.

Für **transparente Bauteile**, wie z.B. Fenster und Türen, die aus einer Verglasung oder einer opaken Füllung in einem Rahmen mit oder ohne Randverbund bestehen, sind die Rechenverfahren zur Ermittlung der U-Werte nach DIN EN ISO 10 077-1 oder der DIN V 4108 - 4 : 2002-02 zu verwenden. Zur Überprüfung müssen alle stofflichen und geometrischen Daten bzw. U-Werte für Rahmen oder Verglasung vorliegen. Das Endergebnis des U-Wertes ist mit zwei wertanzeigenden Ziffern anzugeben.

Angaben zu Anschlusssituationen

Grundsätzlich gilt nach Energieeinsparverordnung, dass zu errichtende Gebäude so auszuführen sind, dass der Einfluss konstruktiver Wärmebrücken auf den Jahres-Heizwärmebedarf nach den Regeln der Technik und den im jeweiligen Einzelfall wirtschaftlich vertretbaren Maßnahmen so gering wie möglich gehalten wird. Der energetische Einfluss von Wärmebrücken ist daher zu begrenzen. Als Mindeststandard gelten hier die Planungs- und Ausführungsbeispiele nach DIN 4108 Bbl 2, da diese im Vereinfachten Verfahren ohnehin zwingend einzuhalten sind. Bei Abweichung von den in DIN 4108 Bbl 2 dargestellten Konstruktionsprinzipien und Wärmedurchgangskoeffizienten ist die Gleichwertigkeit nachzuweisen.

Folgende Anschlusspunkte sind nach DIN 4108 Bbl 2 zu überprüfen:

o Bodenplatte an Kellerwand
o Kellerdecke an Keller- und Außenwand, Keller beheizt / Keller nicht beheizt
o Fensteranschlüsse (unten, seitlich und oben) an Außenwand
o Rollladenkasten an Außenwand
o Terrassentüranschluss an Stahlbetondecke
o Balkon an Außenwand
o Geschossdecke an Außenwand
o Geneigtes Dach an Außenwand (Ortgang und Traufe)
o Flachdach an Außenwand (Attika)
o Dachfenster an geneigtes Dach
o Gaubenanschluss
o Innenwand an geneigtes Dach

Darüber hinaus sind noch für weitere Anschlusspunkte Maßnahmen zur Minimierung des energetischen Einflusses von Wärmebrücken festzulegen, die nicht in DIN 4108 Bbl 2 aufgeführt sind. Hier sind beispielhaft zu nennen:

o Kellerlichtschacht an Kelleraußenwand, Keller beheizt
o Innenwand an Sohlplatte, Raum beheizt

o   Innenwand (EG) an Kellerdecke, Keller nicht beheizt
o   Innenwand eines beheizten Treppenhauses an nicht beheizte Räume
o   Vordachkonstruktionen an Außenwand
o   Fenster mit Rollladenkasten, unterer, seitlicher und oberer Anschluss
o   Außenwand (z.B. Giebelwand) an nicht ausgebauten Dachraum

Dichtheitskonzept
Beim Dichtheitskonzept sind Maßnahmen darzustellen, wie die Luft- und Winddichtheit sichergestellt werden soll. Hierbei sind verschiedene Festlegungen zu treffen:

Es ist bei der Festlegung von Maßnahmen zur Sicherstellung der Luft- und Winddichtheit darauf zu achten, dass sowohl die wärmedämmenden Bauteile als auch die Schichten, welche die Luft- und Winddichtheit sicherstellen, das gesamte beheizte Volumen ohne Unterbrechung - in einem „geschlossenen Zug" - umschließen.

Es ist weiterhin zu prüfen, ob sich **Durchdringungen** der luftdichten Schicht vermeiden lassen. Prinzipielle Überlegungen dieser Art müssen auch bei Elektro-Installationen angestellt werden. Es gilt zu prüfen, ob eine Installationsebene innenseitig der luftdichten Schicht erforderlich ist.

Wie beim Wärmedämmkonzept sind auch beim Dichtheitskonzept für die jeweiligen **Regelflächen** der Bauteile der wärmeübertragenden Umfassungsfläche sowie für **Anschlusssituationen** Maßnahmen zur Sicherstellung der Luft- und Winddichtheit darzustellen.

Nachfolgend werden beispielhaft einige Anschlusssituationen genannt, in denen sowohl für die Regelfläche als auch für die Anschlusssituation selbst Maßnahmen darzustellen sind (eine Hilfestellung hierzu liefert auch die DIN 4108-7):

o   Kellertür an Kellerinnenwand zwischen beheizter und nicht beheizter Zone
o   Außenwand an Kellerdecke oder Sohlplatte
o   Außenwand in Massivbauweise an Außenwand in Holzleichtbau
o   Fenster und Rollladen an Außenwand, Anschluss seitlich, unten und oben
o   Haus- bzw. Fenstertür an Sohlplatte oder Geschossdecke
o   Installationswand an Außenwand
o   Installationsleitungen im Bereich von Geschossdecken
o   Geschossdecke in Holzleichtbau an Außenwand
o   geneigtes Dach an Außenwand (Ortgang und Traufe)
o   Dachflächenfenster an geneigtes Dach
o   Innenwand an geneigtes Dach
o   Rohrdurchführung durch geneigtes Dach
o   sonstige Durchdringungen der luftdichten Schichten

Anlagentechnik

In der Phase der Entwurfsplanung werden die **Anlagenkomponenten** der Heizung, Warmwasserbereitung und Lüftung **spezifiziert**, es müssen zu diesem Zeitpunkt noch keine konkreten Hersteller und Produkte gewählt werden. Die **Regelkonzepte** werden festgelegt.

Hinweise zu einzelnen Schritten der Dimensionierung und Anlagenentwurfsplanung folgen in den nächsten Absätzen. Bei den genannten Regelwerken besteht kein Anspruch auf Vollständigkeit, sie werden als Hinweise für die weiterführende Information angesehen.

o **Heizlastberechnung für Gebäude und Räume, Dimensionierung des Wärmeerzeugers**

Die Heizlastberechnung erfolgt nach der DIN 4701 „Regeln für die Berechnung des Wärmebedarfes für Gebäude". Bei der Auslegung des Wärmeerzeugers ist darauf zu achten, Sicherheitszuschläge so gering wie möglich zu halten. Im Niedrigenergiehaus liegt die Auslastung des Wärmeerzeugers auch ohne Überdimensionierung im Jahresmittel bei nur etwa 20 %. Zu große Wärmeerzeuger haben hohe Stillstandsverluste durch Abstrahlung und Auskühlung (ungenutzte Wärme), da sie meist nur im Taktbetrieb laufen.

Im Wohngebäude-Neubau wird die Anschlussleistung des Wärmeerzeugers bei einer Versorgung von 15 bis 30 Wohneinheiten durch die Anforderung an die Warmwasserbereitung bestimmt, erst darüber wird die Heizlast das Auslegungskriterium. Bei der Planung von zentralen Versorgungen, zum Beispiel Nah- und Fernwärmeanschlüssen, sollte dies bedacht werden, sonst weisen die Wärmeerzeuger hohe Anschlussleistungen und damit hohe Investitionskosten und ggf. später hohe Leistungspreise (Gas- und Fernwärme- und Stromanschlüsse) auf. Der Nutzen, den sie effektiv bringen, ist vergleichsweise gering. Weitere Hinweise finden sich in der VDI 3815 „Grundsätze für die Bemessung der Leistung von Wärmeerzeugern". Die Dimensionierungsrechnung ist zu dokumentieren.

o **Festlegung des Temperaturniveaus für die Heizung (statische Heizflächen)**

Im Niedrigenergiegebäude sollte die Wahl des Temperaturniveaus (Vorlauftemperatur, Rücklauftemperatur, Temperaturspreizung) für die Heizung sehr sorgfältig erfolgen.

Für die Wahl einer hohen Vorlauftemperatur spricht die Tatsache, dass für den Nutzer die Heizflächen auch bei gemäßigten Außentemperaturen um 10 °C warm (wärmer als Körpertemperatur) erscheinen. Dies beugt Beschwerden vor, die Heizungsanlage funktioniere nicht. Gegen hohe Temperaturen sprechen die hohen Wärmeverluste der wärmeführenden Bauteile (Kessel, Speicher, Rohrleitungen). Der Einsatz von Solartechnik und Wärmepumpen erfordert ebenfalls niedrige Vorlauftemperaturen.

Für eine hohe Auslegungsspreizung spricht die bessere Regelbarkeit der Heizflächen, da insgesamt ein linearerer Zusammenhang zwischen Volumenstrom und Wärmeabgabe der Heizfläche vorhanden ist. Der umgewälzte Volumenstrom ist geringer, die Pumpen können kleiner dimensioniert werden. Nachteil der hohen Auslegungsspreizung und somit der geringen Volumenströme ist jedoch, dass momentan keine so gering regelnden Ventile am Markt verfügbar sind.
Vorteil einer niedrigen Rücklauftemperatur ist die gute Brennwertnutzung bei Kesseln. Auch in Fernwärmesystemen werden niedrige Rücklauftemperaturen gewünscht. Der Wärme-

verlust wärmeführender Leitungen ist entsprechend gering. Vorteil einer hohen Rücklauftemperatur in Verbindung mit hohen Vorlauftemperaturen ist die hohe resultierende mittlere Übertemperatur der Heizfläche über Raumtemperatur, die zu kleinen Heizflächen führt.

Fasst man die Vor- und Nachteile zusammen, so ist schnell einzusehen, dass jede Temperaturwahl immer eine Kompromisslösung ist. Weiterführende Informationen zu diesem Thema sind in Lit. 5 zu finden.

Das gewählte Temperaturniveau, das der Dimensionierung zugrunde liegt, ist zu dokumentieren.

o Heizkörperdimensionierung

Die Dimensionierung der Heizkörper erfolgt üblicherweise im Anschluss an die Heizlastberechnung für die Räume. Dabei sollte beachtet werden, dass die Auslegung der Heizflächen gerade im Niedrigenergiegebäude nicht nur durch die statische Heizlast, sondern künftig überwiegend durch Aufheizzustände bestimmt wird. Diese Zuschläge können, je nachdem wie schnell die Aufheizung eines Raumes nach der Abkühlung erfolgen soll, im sparsamen Niedrigenergiegebäude bis zu 100% der ursprünglichen Auslegungsleistung erreichen.

Eine wirksame Schnellaufheizung kann durch Einsatz eines zweiten Heizkörpers realisiert werden. Dieser muss regelungstechnisch so eingebunden werden, dass kein Mehrenergieverbrauch im Normalbetrieb möglich ist.

Hinweise zur Dimensionierung finden sich in der DIN 4703 „Raumheizkörper" bzw. der VDI 6030 „Auslegung von freien Raumheizflächen" und der prEN 12 831 „Heizungssysteme in Gebäuden - Verfahren zur Berechnung der Norm-Heizlast".

o Rohrnetzberechnung der Heizungstechnik

Die Rohrnetzberechnung erfolgt nach den einschlägigen Methoden unter Berücksichtigung der Druckverluste durch Rohrreibung und Einbauteile. Hinweise können der VDI 2073 „Hydraulische Schaltungen in heiz- und raumlufttechnischen Anlagen" sowie der Fachliteratur (Recknagel/Sprenger) entnommen werden.

Für die spätere Ausführung sind Pläne (Rohrnetzpläne, Strangschemata) anzufertigen.

o Kanalnetzberechnung der Lüftungstechnik

Die Hinweise, die für Rohrnetzberechnung gegeben wurden (insbesondere die Erstellung von Installationsplänen), gelten hier ebenso. Hilfen zur Auslegung von Kanalnetzen geben neben der Fachliteratur auch folgende Normen und Richtlinien: VDI 2087 „Luftkanäle", VDMA 24168 „Lufttechnische Geräte und Anlagen", DIN 1946 „Raumlufttechnik", DIN 8975 „Kälteanlagen" und andere.

o Schallberechnungen

Dem Schallschutz muss bei der entsprechend größer werdenden Zahl von Lüftungsanlagen eine größere Bedeutung beigemessen werden. Unter anderem befassen sich die nachfolgend genannten Regelwerke mit dem Thema: DIN 4109 „Schallschutz im Hochbau", DIN 45635 „Geräuschmessung an Maschinen", VDI 2567 „Schallschutz durch Schall-

dämpfer", VDI 4100 „Schallschutz von Wohnungen", VdS 2098 „Rauch- und Wärmeabzugsanlagen" und VdS 2159 „Richtlinien für Rauch- und Wärmeabzugsanlagen".

o Brandschutzberechnungen
Besonders im Nichtwohngebäudebereich werden Anforderungen an den Brandschutz
gestellt. Weiterführende Informationen bieten unter anderem die DIN 4102 „Brandverhal-
ten von Baustoffen und Bauteilen" sowie die DIN EN 54 „Brandmeldeanlagen".

o Dimensionierung der Trinkwasserleitungen und Abwasserleitungen
Die Dimensionierung der Trinkwasserleitungen erfolgt nach der DIN 1988 „Technische
Regeln für Trinkwasserinstallation". Auch das Arbeitsblatt DVGW W302 „Hydraulische
Berechnung von Rohrleitungen und Rohrnetzen" gibt weiterführende Hinweise. Die Ab-
wasserleitungen werden nach DIN 1986 „Entwässerungsanlagen für Gebäude und Grund-
stücke" ausgelegt.

Für die spätere Ausführung sind auch hier Pläne (Strangschemata, Installationspläne) zu
erstellen.

o Dimensionierung des Schornsteines
Für die Auslegung von Schornsteinen können Auslegungshinweise unter anderem aus
folgenden Regelwerken bezogen werden: DIN 4705 „Feuerungstechnische Berechnung
von Schornsteinabmessungen" und DIN 18160 „Hausschornsteine".

5.3 Dritte Stufe (Status: Ausführungsplanung)

Grundlage des Nachweises sind die Teile der **Ausführungsplanung**, die wärmeschutztechnisch und anlagentechnisch relevante Angaben enthalten. Dies sind in der Regel Planunterlagen im Maßstab 1:50 und auch Detaildarstellungen bis zum Maßstab 1:1.

Die Unterlagen müssen Folgendes beinhalten:

o Grundrisse, Schnitte, Ansichten, mindestens M 1:50
o Detaildarstellungen mit Angaben zur Minimierung von Wärmebrückenwirkungen
o Detaildarstellungen mit Angaben zur Sicherstellung der Luft- und Winddichtheit
o Bei Veränderungen der wärmeschutztechnischen Qualitäten muss der Jahres-Heizwärmebedarf erneut überprüft werden. In Abhängigkeit von diesen Veränderungen, aber
   auch von Veränderungen im Bereich von Komponenten der Anlagentechnik (Heizung,
   Trinkwarmwasser, Lüftung) ergibt sich eine **neue Anlagenaufwandszahl**. Diese Veränderungen bedingen einen erneuten Nachweis, d.h. es muss überprüft werden, ob die
   Höchstwerte nicht überschritten werden.

Die Ausführungsplanung und mit dieser angefertigte Anschlussdetails sollten Gegenstand
der Ausschreibung sein. Oftmals ergeben sich je nach Anbieter jedoch unter Umständen
Modifikationen der beabsichtigten Planung, da z.B. Sondervorschläge (konstruktive Alter-
nativlösungen) unterbreitet werden. Nach Auswertung der Angebote müssen die für die Ausführung maßgeblichen Lösungen in der Ausführungsplanung neu berücksichtigt werden.

Es wird aus diesen Gründen empfohlen, die nachfolgend aufgeführten Inhalte rechtzeitig
anzufertigen (z.B. **vier Wochen** vor Ausführung), damit eine entsprechende Überprüfung
durchgeführt werden kann. Weiterhin ergibt sich bei besonders anspruchsvollen Planungen eine Auflösung des o.a. stufigen, zeitlich aufeinander abfolgenden Prozesses. Speziell bei Großbauvorhaben ergibt sich häufig die Situation, dass bereits mit der Ausführung
begonnen wird und auch noch nach Ausführungsbeginn Detailplanungen nachgereicht
werden.

Unabhängig von diesen baupraktischen Gegebenheiten müssen die jeweiligen Ergebnisse immer mit denen der Entwurfsplanung (U-Werte, Maßnahmen zur Minimierung von
Wärmebrücken usw.) verglichen werden, d.h. es muss eine **Fortschreibung des Wär-
meschutz- und Primärenergienachweises** vorgenommen werden.

Gebäudetechnik

Im Rahmen dieser Stufe werden die Ergebnisse des Wärmeschutz- und Primärenergienachweises aus der Entwurfsplanung auf Grundlage der Ausführungsplanung **fortgeschrieben**.
Hierbei ist darauf zu achten, dass die Höchstwerte nach wie vor unterschritten werden.

Wärmedämmkonzept

Im Rahmen der Ausführungsplanung müssen die im „Status: Entwurfsplanung" prinziphaft
aufgestellten Wärmedämmkonzepte **weiterentwickelt** und in entsprechende **Systeme**
(Baustoffe, Konstruktionen) umgesetzt werden. Es muss anhand der **Ausführungsplanung** und den o.a. Detailangaben zu den Bauteilen der wärmeübertragenden Umfas-

sungsfläche, der Nachweis geführt werden, dass die Höchstwerte der Energieeinsparverordnung immer noch eingehalten werden.

Angaben zu Regelflächen
In den Ausführungsplänen müssen die stofflichen und geometrischen Angaben zu den Bauteilen der wärmeübertragenden Umfassungsfläche eindeutig bezeichnet sein.

Für **nicht transparente Bauteile** bedeutet dies:
o Angabe der Dicke der Wärmedämmschicht
o Angabe der Wärmeleitfähigkeit des zu verwendenden Wärmedämmstoffes
o Anzahl der Wärmedämmschichten und Beschreibung der Fugenqualität des Wärmedämmstoffes im Sinne der DIN EN ISO 6946. Hier müssen z.B. Angaben erfolgen, dass die Wärmedämmschichten zweilagig mit versetzten Stößen eingebaut werden oder eine einlagige Wärmedämmschicht mit Stufenfalz verwendet werden soll.
o Angabe der geforderten wärmeschutztechnischen Qualität von Bauelementen wie z.B. Dachlukenklappen, Rollläden, Brandschutztüren
o Bei Konstruktionen mit unterschiedlichen Wärmeleitfähigkeiten (z.B. monolithisches Mauerwerk aus Porenbeton **Abbildung 213**, Holzleichtbaukonstruktionen mit Holz- und Wärmedämmstoffanteilen, Betonwände mit unterschiedlichen Rohdichten) sind in einer Ansichtszeichnung die Flächenanteile der jeweiligen Wärmeleitfähigkeiten darzustellen.

Für **transparente Bauteile**, d.h. für Fenster und Türen bedeutet dies:
o Angabe des U-Wertes des entsprechenden Bauteils
o Angabe des Rahmenmaterials und des U-Wertes des Rahmens
o Angabe der Verglasungsqualität (Scheibendicke, Scheibenzwischenraum, Gasfüllung) und des U-Wertes der Verglasung
o Angabe der stofflichen Qualität und des numerischen Wertes des längenbezogenen Wärmedurchgangskoeffizienten des Randverbunds
o Angabe des g-Wertes der Verglasung
o Vermaßte Zeichnungen der Innenansicht der Fenster- bzw. Türelementr sowie vermaßte Zeichnungen der Fensterprofile.

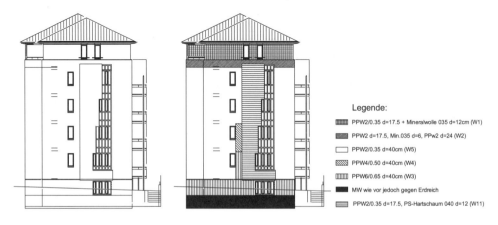

Legende:
▨ PPW2/0.35 d=17.5 + Mineralwolle 035 d=12cm (W1)
▨ PPW2 d=17.5, Min.035 d=6, PPW2 d=24 (W2)
▢ PPW2/0.35 d=40cm (W5)
▨ PPW4/0.50 d=40cm (W4)
▨ PPW6/0.65 d=40cm (W3)
■ MW wie vor jedoch gegen Erdreich
▤ PPW2/0.35 d=17.5, PS-Hartschaum 040 d=12 (W11)

Abbildung 213: Hilfestellung für die Ausführung über zeichnerische Darstellungen. „Auflösung" einer Gebäudeansicht in wärmedämmtechnisch unterschiedliche Bereiche. bauatelier nord, Bremen.

Angaben zu Anschlusssituationen

In den Ausführungsplänen bzw. in den Detaildarstellungen müssen Maßnahmen zur Minimierung der Wärmebrückenwirkung dargestellt sein. Bei Modifikationen der Konstruktionsprinzipien der DIN 4108 Bbl 2 sind Berechnungen zur Gleichwertigkeit anzufertigen. Im Übrigen sind alle Anschlusspunkte und Durchdringungen in der wärmeübertragenden Umfassungsfläche des Gebäudes zeichnerisch, der Erfordernis entsprechend z.B. im Maßstab 1:5, 1:2,5 oder 1:1 darzustellen.

Dichtheitskonzept

Im Rahmen der Ausführungsplanung müssen die im „Status: Entwurfsplanung" prinziphaft aufgestellten Dichtheitskonzepte **weiterentwickelt** und in entsprechende **Systeme** (Baustoffe, Konstruktionen) umgesetzt werden. Es müssen hier die speziellen stofflichen und geometrischen Angaben zu den festgelegten Dichtheitssystemen erfolgen. Es reicht nicht aus, in der Ausführungsplanung lediglich eine pauschale Angabe vorzunehmen wie z.B.: „die Luftdichtheit ist bauseits sicherzustellen".
Über die exakte Beschreibung der Dichtsysteme hinaus, müssen ggf. für bestimmte Anschlusspunkte bauliche Randbedingungen oder eine zeitliche Rangfolge der Arbeitsschritte bestimmt werden.

Anlagentechnik

Die Ausführungsplanung der Anlagentechnik umfasst die Wahl konkreter Bauteile und Hersteller anhand der in der Entwurfsplanung erfolgten Auslegungen und Berechnungen.

o Wahl konkreter Wärmeerzeuger, Speicher und Heizflächen
o Wahl konkreter Rohre, Kanäle, Dämmmaterialien und Armaturen
o Wahl konkreter Pumpen und Thermostatventile/Rücklaufverschraubungen und Bestimmung der korrekten Einstellungen (Drehzahlen, Voreinstellungen) für einen hydraulischen Abgleich der Heizungsanlage
o Wahl konkreter Ventilatoren, Luftauslässe und Drosseleinrichtungen und Bestimmung der korrekten Einstellungen (Drehzahlen, Klappenstellungen) für einen hydraulischen Abgleich der Lüftungsanlage

Das hydraulisch abgeglichene System der Heizung und Lüftung liegt dann vor, wenn jeder Verbraucher (Heizkörper oder Luftauslass) den ihm zustehenden Volumenstrom Wasser oder Luft erhält. Ein hydraulischer Abgleich kann erreicht werden, indem in Verbraucherkreisen, die nahe an der Pumpe bzw. dem Ventilator angeordnet sind, definierte Festwiderstände (Klappen, Verschraubungen, usw.) eingebaut werden.

Ein hydraulisch abgeglichenes Netz ist die Voraussetzung für eine Heizenergie- und Pumpenstromeinsparung. Probleme in nicht abgeglichenen Netzen sind Zonen der Über- und Unterversorgung mit Wärme bzw. Luft innerhalb des Gebäudes. Diesen wird – in der heutigen Praxis – mit Erhöhung der Pumpenleistung oder Anhebung der Vorlauftemperatur entgegengewirkt, damit entfernte Verbraucher auch entsprechend warm werden. Folge ist eine Überversorgung der pumpennahen Verbraucher, die das Überangebot an Wärme bewusst oder unbewusst verschwenden.

Den Themen hydraulischer Abgleich sowie Pumpen- und Reglereinstellung ist in dieser Planungsstufe also besondere Aufmerksamkeit zu widmen. Sämtliche Randdaten der Planung sollten für die spätere Ausführung nachvollziehbar dokumentiert werden.

Die fachgerechte Dämmung von Rohrleitungen und Armaturen spielt im Niedrigenergie-gebäude ebenfalls eine bedeutende Rolle. Der Wärmeverlust von Rohrleitungen bildet einen großen Teil des Gesamtenergieaufwandes für die Heizung und Warmwasserbereitung im Niedrigenergiegebäude, da der eigentliche Heizwärmebedarf sehr gering ist. Wie bereits an anderer Stelle erläutert, können Wärmeverluste von Anlagenkomponenten innerhalb der thermischen Hülle teilweise als Wärmegewinne genutzt werden.

Der restliche Anteil (Überangebot an Wärmegewinnen) verlässt die thermische Hülle jedoch ungenutzt, zum Beispiel als erhöhter Lüftungswärmebedarf. Dies sollte bei der Verlegung von Rohrleitungen in der thermischen Hülle bedacht werden. Je kürzer die Verteilleitungen und je besser sie gedämmt sind, desto weniger Wärme wird insgesamt über das Rohrsystem abgegeben und kann verschwendet werden.
Die benötigte Heizwärme wird dann über die Heizflächen abgegeben – und kann im Falle dezentraler Heizkostenerfassung auch gerechter abgerechnet werden.
Weitere Informationen können zum Beispiel der DIN 4140 „Dämmarbeiten an betriebs- und haustechnischen Anlagen" entnommen werden.

Bei Einbau einer Lüftungsanlage sind die Zuluft- und Abluftventile, ggf. auch Nachström-möglichkeiten und Dimensionierungen, in den Plänen zu kennzeichnen. In Detaildarstellungen muss die Lage der Zuluftventile in Bezug auf die Wärmedämmschicht dargestellt werden. Hierbei müssen sowohl Maßnahmen zur Minimierung von Wärmebrückenwirkungen als auch Maßnahmen zur Sicherstellung der Luft- und Winddichtheit gezeichnet werden.

Bei Mehrfamilienhäusern werden aus brand-, schall-, aber auch aus wärmeschutztechnischen Gründen Anforderungen an die Durchdringungen von Lüftungsrohren im Bereich von Geschossdecken gestellt.

5.4 Vierte Stufe (Status: Ausführung)

Während der Bauausführung müssen die wärmeschutztechnisch relevanten Ausführungssituationen vor Ort auf der Baustelle überprüft werden. Um einen reibungslosen Ablauf der Überprüfung zu ermöglichen, ist es erforderlich, dass die wärmeschutztechnischen Qualitäten auf der Baustelle eindeutig identifiziert werden können. Diese Forderung gilt sowohl für die Gebäude- als auch für die Anlagentechnik.

Folgendes muss überprüft und **mit den Angaben der Ausführungs- bzw. Detailplanung** verglichen werden:

o Überprüfung der stofflichen und geometrischen Qualitäten der wärmedämmtechnisch relevanten Bauteilschichten (z.B. Wärmedämmschichten, hochdämmendes Mauerwerk, Fenster, Verglasung, Anschlusssituationen)
o Überprüfung der Maßnahmen zur Sicherstellung der Luft- und Winddichtheit
o Überprüfung der Wärmedämmmaßnahmen im Bereich der Anlagentechnik
o Überprüfung der eingebauten Komponenten der Anlagentechnik (Einstellung der Regler, Pumpen, Wärmeerzeuger, Ventile).

Es ist hilfreich und für die ohnehin anzufertigende Objektdokumentation notwendig, Kopien der Lieferscheine, Angaben zur Beschreibung der stofflichen und geometrischen Qualität (z.B. Beipackzettel von Wärmedämmstoffen, Ü-Zeichen), Zertifikate und sonstige Beschreibungen bauteilbezogen aufzubewahren.

Bauteilsituationen, die für den Wärmeschutz- und Primärenergienachweis relevant sind und durch Deckschichten bedeckt werden und später nicht mehr erkennbar sind, müssen **fotografisch dokumentiert** werden. In diesem Zusammenhang sind folgende Bauteilsituationen beispielhaft zu nennen:

o Wärmedämmschichten
o Anschlusssituationen, in denen Maßnahmen zur Minimierung von Wärmebrückenwirkungen zur Sicherstellung der Luft- und Winddichtheit vorgenommen werden
o Wärmedämmmaßnahmen im Bereich von Heizungsleitungen, der Warmwasser- und Zirkulationsleitungen
o Rohrnetzlänge im Estrich.

In den o.a. Situationen ergeben sich während der Ausführung unter baupraktischen Gegebenheiten immer Veränderungen. Diese Veränderungen müssen dokumentiert werden. Die Feststellungen müssen im Wärmeschutz- und Primärenergienachweis berücksichtigt und mit den jeweiligen Ergebnissen der Ausführungsplanung abgeglichen werden, d.h. es muss eine Fortschreibung des Wärmeschutz- und Primärenergienachweises vorgenommen werden.

Gebäudetechnik
Im Rahmen dieser Stufe werden die bisherigen Ergebnisse des Wärmeschutz- und Primärenergienachweises auf Grundlage der Ausführungsplanung mit der Ausführung verglichen und ggf. der Wärmeschutz- und Primärenergienachweis **fortgeschrieben**. Hierbei ist darauf zu achten, dass die Höchstwerte nach wie vor unterschritten werden.

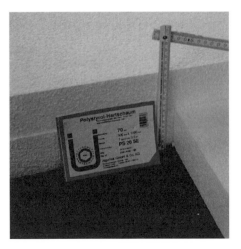

Abbildung 214: Aufgaben der Qualitätssicherung: Überprüfung der eingebauten wärmeschutztechnischen Qualitäten. Hier: Überprüfung der Wärmeleitfähigkeit und Schichtdicke der Wärmedämmschicht.

Abbildung 215: Aufgaben der Qualitätssicherung: Überprüfung der Fugen im Bereich der Wärmedämmschichten und ggf. Korrektur des U-Wertes nach DIN EN ISO 6946.

Abbildung 216: Aufgaben der Qualitätssicherung: Überprüfung der Maßnahmen zur Minimierung der Wärmebrücke. Hier: Thermische Trennung der Außen- zur Innenschale durch einen 2 cm dicken Dämmstreifen.

Abbildung 217: Aufgaben der Qualitätssicherung: Überprüfung der Maßnahmen zur Minimierung der Wärmebrücke. Hier: Wärmedämmschicht auf der Mauerkrone in einer Dicke von 14 cm.

Wärmedämmkonzept

Es sind die Angaben der Ausführungs- und Detailplanung mit der ausgeführten Situation zu vergleichen und in stofflicher und geometrischer Hinsicht zu überprüfen.

Für **nicht transparente Bauteile** bedeutet dies:

o Überprüfung der stofflichen und geometrischen Qualitäten von Wärmedämmstoffen und hochdämmendem Mauerwerk (Dicke und Wärmeleitfähigkeit) anhand von „Beipackzetteln", Lieferscheinen, Übereinstimmungszertifikaten, Herstellerangaben, Angaben in Allgemeinen Bauaufsichtlichen Zulassungen.

o Anzahl der Wärmedämmschichten und Überprüfung der Fugenqualität des Wärmedämmstoffes und auch Mauerwerksanker im Sinne der DIN EN ISO 6946. Hier sollten im Hinblick auf die Wärmedämmschichten die Randbedingungen für die Korrekturstufe 0 erfüllt sein, d.h. dass die Wärmedämmschichten zweilagig mit versetzten Stößen eingebaut wurden oder eine einlagige Wärmedämmschicht mit Stufenfalz verwendet wurde. Weiterhin ist überschlägig die Anzahl der eingebauten Drahtanker und sonstigen metallenen Durchdringungen im Bereich der Wärmedämmschichten zu überprüfen.

o Überprüfung der geforderten wärmeschutztechnischen Qualität von Bauelementen wie z.B. einer Dachlukenklappe, Rollläden, Brandschutztür.

o Überprüfung der Flächenanteile der jeweiligen Wärmeleitfähigkeiten bei Konstruktionen mit unterschiedlichen Wärmeleitfähigkeiten (z.B. monolithisches Mauerwerk aus Porenbeton, Holzleichtbaukonstruktionen mit Holz- und Wärmedämmstoffanteilen, Betonwände mit unterschiedlichen Rohdichten) anhand von Verlegeplänen (Ansichtzeichnungen, Sparrenplänen usw.).

o Bei Baustoffen mit einer Allgemeinen Bauaufsichtlichen Zulassung muss die entsprechende Zulassung vom jeweiligen Unternehmer in Kopie zu Verfügung gestellt werden. Es ist zu überprüfen, ob die Regelungen der Zulassung eingehalten werden, wie z.B. bestimmte Abminderungswerte für den U-Wert (Einfluss von Dübeln bei Wärmedämm-Verbundsystemen, Perimeterdämmschichten usw.) zu berücksichtigen sind.

Bauteil	Dicke m	Wärmeleitfähigkeit W/(mK)	Wärmedurchgangs-koeffizient W/(m²K)	Angaben für die Ausführung / Anmerkung
Sichtmauerwerk	0,12	0,035		Wärmedämmstoffplatten 2-lagig mit versetzten Stößen, Wärmedämmstoff ist ohne Fugen zu verlegen (d<5mm), Korrektur für Befestigungselemente gemäß DIN EN ISO 6946
	0,175	0,24	0,23	
Hinterlüftete Fassade	0,04	0,035		Wärmedämmstoff ist ohne Fugen zu verlegen (d<5mm) Holzkonstruktion mit Achsabstand 0,6 m
neben Haustür	0,08	0,035		
und im Giebel zum Spitzboden	0,175	0,24	0,26	
Gaubenwände	0,10	0,035		Wärmedämmstoff ist ohne Fugen zu verlegen (d<5mm)
	0,05	0,035	0,27	Holzkonstruktion, e = 0,6 m
geneigtes Dach	0,24	0,035	0,17	Sparren 8/ 26, Abstand e = 0,88m, Wärmedämmstoffplatten 2-lagig mit versetzten Stößen, Wärmedämmstoff ist ohne Fugen zu verlegen (d<5mm)
Kehlbalkenebene	0,24	0,035	0,17	Balken 10/ 26, Abstand e = 0,88m, Wärmedämmstoffplatten 2-lagig mit versetzten Stößen, Wärmedämmstoff ist ohne Fugen zu verlegen (d<5mm)
Bodenplatte				Wärmedämmstoffplatten 2-lagig mit versetzten Stößen
	0,10	0,04	0,28	Wärmedämmschichten auf der Bodenplatte
Fenster			1,4	U_g= 1,2 nach BAZ, U_f=1,5, U_{fBW}=1,4 g=0,58
Fenster (Wand und Dach) Wintergarten			1,7	U_g= 1,2 nach BAZ, U_f=2,2, U_{fBW}=2,2 g=0,58
Haustür			1,8	Mittelwert
Bodenluke			1,5	Prüfzeugnis

Abbildung 218: Bauteiltabelle mit Angabe der wesentlichen Daten des Wärmedämmkonzeptes.

o Überprüfung der Qualitäten von im Erdreich liegenden Wärmedämmschichten und Beachtung einer möglicherweise durchgeführten Grundwasserabsenkung. Die Ausführungen zur DIN 4108-2 sind hierbei zu beachten.

Für **transparente Bauteile**, d.h. für Fenster und Fenstertüren ist nach den DIBt Mitteilungen 1/2003 in der Richtlinie für Fenster und Fenstertüren Folgendes zu berücksichtigen. Im Ü-Zeichen eines Fensters oder einer Fenstertür, sind in Abhängigkeit von der Art des Nachweises (rechnerisch u.a. auf Grundlage der DIN V 4108-4, DIN EN ISO 10 077-1 bzw. messtechnisch 12 567-1) als wesentliche Merkmale der Nennwert U_w des Wärmedurchgangskoeffizienten, Korrekturwerte $\Sigma \Delta U_w$, der Bemessungswert des Gesamtenergiedurchlassgrades der Verglasung, die Klasse der Luftdurchlässigkeit sowie bei Fenstern mit schalldämmenden Eigenschaften zusätzlich der Rechenwert des bewerteten Schalldämm-Maßes $R_{w,R}$ anzugeben. Insbesondere bei Fenstern, bei denen der Nachweis gemäß DIN EN ISO 10 077-1 geführt wurde, sollten zumindest stichprobenartig für die Elemente die geometrischen Abmessungen des Fenster- oder Türprofils und auch der Glasdicken überprüft werden. Im Hinblick auf die stofflichen Beschaffenheiten sollten Plausibilitätsprüfungen durchgeführt werden.

Werden z.B. im Altbau nur Verglasungen ausgetauscht, gelten nach Bauregelliste A Teil 1 Anforderungen an die Kennzeichnung. Im Ü-Zeichen sind als wesentliche Merkmale der Nennwert U_g des Wärmedurchgangskoeffizienten der Verglasung, der Korrekturwert ΔU_g (wenn dieser von null abweicht), der Bemessungswert g des Gesamtenergiedurchlassgrades und ggf. das bewertete Schalldämm-Maß R_w anzugeben.

Bei Türen und Toren bzw. Rollladenkästen gilt ebenfalls eine Kennzeichnungspflicht über das Ü-Zeichen. Beim Rolladen ist hier der Wärmedurchlasswiderstand muss im Mittel mindestens $R = 1{,}0 \ m^2{\cdot}K/W$ und an jeder Stelle zum Innenraum mindestens $R = 0{,}55 \ m^2{\cdot}K/W$ betragen.

Zur Umsetzung der Vorgaben aus der Bauregelliste erfolgt zz. wird von einem Glashersteller folgende Kennzeichnung auf dem Abstandhalter:

INTERPANE 02 28.2.03 iplus neutral S Ü-GMI DIN 1286 T2 1.2/64/-

Hierbei bedeuten:

INTERPANE	Hersteller
02	Produktionsstätte
28.2.03	Produktionsdatum
iplus neutral S	Produkt
Ü	Ü-Zeichen
GMI	Zertifizierungsstelle
DIN 1286 T2	wesentliche technische Regel
1.2/64/-	U_g-Wert / g-Wert / ggf. Schalldämmwert R_w

Abbildung 219: Beispiel für die Umsetzung der Vorgaben der Bauregelliste. Diese Kennzeichnung erfolgt zusätzlich zu Lieferschein und Rechnung auch am Produkt und hier auf dem Abstandhalter.

Angaben zu Anschlusssituationen
Die in den Ausführungsplänen bzw. in Detaildarstellungen dargestellten stofflichen und geometrischen Angaben zur Minimierung der Wärmebrückenwirkung müssen überprüft werden. Bei nennenswerten Abweichungen müssen die Auswirkungen rechnerisch mit Hilfe einer Wärmebrückenberechnung überprüft werden.

Anlagentechnik

Mit der Ausführung der Anlagentechnik geht eine Qualifizierung der beteiligten Gewerke Heizung- und Lüftungsbauer, Gas- und Wasserinstallateure einher.

In der Phase der Ausführung wird die korrekte Auswahl der Komponenten, die Ausführung der Leitungsführung (nach Plänen!) und -dämmung, die geplante Einstellung der Regler, Thermostatventile und Pumpen sichergestellt. Den Installationen und Dämmmaßnahmen, die mit Deckschichten bekleidet werden und sonst nicht mehr verändert werden (Leitungen im Estrich, in Wänden, in Wand- und Deckendurchbrüchen) ist besondere Aufmerksamkeit zu widmen. Die korrekte Einstellung und der Einbau der sicherheitstechnischen Einrichtungen (zum Beispiel DIN 4751 „Wasserheizungsanlagen – Sicherheitstechnische Ausrüstung" und DIN 4757 „Solarthermische Anlagen") wird überprüft.

EPS-Fassadendämmplatte WDV

[Firma] Z-... DIN 4108-10 DIN 4102-1 BFA QS EPS	Qualitätstyp nach Qualitätsrichtlinie IVH und FV WDVS			Qualitätstyp: **EPS 040 WDV**
	Nenndicke **XX mm**	Format **XX mm × XX mm**		
	Kanten **XX**	Platten **XX Stück**	Fläche **XX m²**	EAN Code IIIIIIIIIIIIIIIIIIIIIIIIIIIII
	Wärmeleitfähigkeit Bemessungswert: **0,040 W/mK**			Brandverhalten **B1** (DIN 4102), Zul.-Nr.
[Herstelldatum, ggf. codiert]	Querzugfestigkeit **≥ 0,10 N/mm²**			Ebenheit **± 3 mm/m**
CE	DIN EN 13163 [Produktbezeichnung] Euroklasse E R_D = XX m²K/W Nenndicke XX mm			[Hersteller] [Anschrift] [letzten zwei Ziffern des Jahres] [Zertifikat-Nummer]
	EPS EN 13163-T2-L2-W2-S2-P-DS(70,-)2-DS(N)2-TR100			

Abbildung 220: Mit Hilfe eines Ü- bzw. CE-Zeichens kann der Bauleiter oder Polier die Übereinstimmung der Angaben in der Bauteiltabelle (Abbildung 218) und den gelieferten Wärmedämmqualitäten vornehmen.

5.5 Fünfte Stufe (Status: Messungen)

Zur Überprüfung der wärmeschutztechnischen Qualität sollten Messungen vor Abnahme des Gebäudes durchgeführt werden. Dies können sein:

o Differenzdruckmessungen nach DIN EN 13 829, **Abbildung 221**,
o Volumenstrommessungen von Heizungsleitungen (hydraulischer Abgleich),
o Volumenstrommessungen von Lüftungsanlagen.

Gebäudetechnik

Wurde bei der Ermittlung des spezifischen Lüftungswärmeverlustes die Luftwechselrate „n" von 0,7 h^{-1} auf 0,6 h^{-1} reduziert, ist eine Messung zur Überprüfung der Gebäudedichtheit **ohnehin** durchzuführen. Unabhängig von dieser Verpflichtung wird empfohlen eine derartige Messung zu einem möglichst frühen Zeitpunkt durchzuführen, um ggf. noch Undichtheiten aufzuspüren, **Abbildung 222**. Es wird empfohlen, für alle Gebäude unabhängig von der Lüftungsart einen Grenzwert (Mittelwert aus Über- und Unterdruckmessungen) von: $n_{50} \leq 1,5 \ h^{-1}$ festzulegen.

Bei der Durchführung von Messungen zur Überprüfung der Gebäudedichtheit sind die Angaben der DIN EN 13 829 zu berücksichtigen. Diese beschreibt das Messverfahren, die Geräte und die Auswertung. Sie erläutert auch die Inhalte des zu erstellenden Prüfberichtes und beinhaltet Angaben zur Messgenauigkeit. Alle Maßnahmen zur Sicherstellung der Luftdichtheit des Gebäudes müssen zum Zeitpunkt der Messung abgeschlossen sein, so dass das Gebäude vom Prinzip her luftdicht sein könnte und daher im Hinblick auf die Luftdurchlässigkeit überprüfbar ist.

Zu den Bauteilschichten bzw. Bauteilen, welche die Luftdichtheit sicherstellen, gehören u.a. der Innenputz bzw. die luftdichte Schicht einer Holzleichtbauwand, Estrich, Fenster und Fenstertüren, Haustür, Dachflächenfenster, Kellertüren, Kellerfenster, Rauchabzugsklappen sowie Folien oder spezielle Bauteilschichten im Bereich des geneigten Daches und Dachlukenklappen. Deckschichten, welche nicht Bestandteil der luftdichten Schichten sind, wie z.B. Tapeten und Holzverschalungen sollten noch nicht eingebaut sein, um ggf. Orte mit Undichtheiten besser bestimmen zu können und ggf. Nachbesserungen einfach durchführen zu können. Die Ergebnisse der Messungen sind in einem Protokoll zusammenzufassen. Hierin ist auch der Zustand des Gebäudes zum Zeitpunkt der Messung zu beschreiben.

Anlagentechnik

Die Volumenstrommessungen für die Lüftungsanlage und die Heizungsanlage sind in der Regel praktisch schwer umsetzbar. Daher kann die Messung für den Bereich der Anlagentechnik aus einer dokumentierten „Begehung" bestehen. Dabei werden die folgenden Einstellungen überprüft und protokolliert:

o Einstellung der zentralen Regler des Wärmeerzeugers (Auslegungstemperaturen am kältesten Tag, Heizgrenztemperatur, Absenktemperaturen)
o Einstellung der Pumpen und Ventilatoren (Drehzahlstufen, Abschaltzeiten)
o Einstellung von Differenzdruckreglern, Volumenstromreglern, Überströmventilen, Sicherheitseinrichtungen in der Heizungsanlage
o Einstellung der Rücklaufverschraubungen bzw. Voreinstellungen bei Thermostatventilen (hydraulischer Abgleich)

o Einstellung der Volumenstromregler, Drosselklappen, Luftauslässe der Lüftungs- bzw. Klimaanlage.

Hinweis: Messungen zur Überprüfung der Gebäudedichtheit sollten in Anwesenheit der beteiligten Planer und Handwerker durchgeführt werden. Es hat sich immer wieder gezeigt, dass für alle am Bauprozess beteiligten Gruppen die Notwendigkeit, die Bauteile und Bauteilanschlüsse luftdicht auszubilden, besser nachvollzogen wird, wenn die Auswirkungen von Undichtheiten den entsprechenden Personen unmittelbar am Bauteil gezeigt werden. Das Aufspüren von Orten mit gerichteten Luftströmungen kann z.B. mit Hilfe eines Strömungsprüfers für Luft vorgenommen werden.

Abbildung 221: Anlage zur Überprüfung der Gebäudedichtheit, bzw. zur Bestimmung des n_{50}-Wertes. Gerät im Fenster eingebaut.

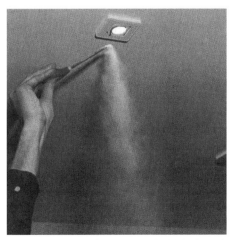

Abbildung 222: Aufspüren von Undichtheiten mit dem Strömungsprüfer für Luft. Gerichtete Luftströmungen/Zugluft führen oftmals zu Streitigkeiten.

5.6 Sechste Stufe (Status: Übergabe)

Bei Übergabe des Wohngebäudes müssen neben den allgemeinen Hinweisen spezielle Angaben zum Beheizen und Belüften des Gebäudes gegeben werden. Dies kann in Form eines Leitfadens erfolgen.

Dieser sollte Informationen zu folgenden Themen geben:

o Welches Temperaturniveau im Raum ist sinnvoll? Wie wirkt sich dieses auf den Wärmeverbrauch aus?
o Wie wirkt sich eine Absenkung oder Abschaltung der Heizung aus?
o Wie muss mit Thermostatventilen umgegangen werden?
o Wie funktioniert eine Niedertemperaturheizung? Warum können die Heizflächen in den Übergangsjahreszeiten kälter als Körpertemperatur sein und die Heizung funktioniert trotzdem?
o Wie wird in Gebäuden mit Fensterlüftung richtig gelüftet?
o Wie wird die Lüftungsanlage richtig bedient und gewartet? Wie sollte zusätzliche Fensterlüftung erfolgen?
o Wie wirken sich unterschiedliche Lüftungsgewohnheiten auf den Wärmeverbrauch aus?
o Wie sollte mit Fensterflächen im Sommer und Winter umgegangen werden, damit optimale Nutzung passiver Solarwärme erfolgt, aber der sommerliche Wärmeschutz gewährleistet ist?
o Wie kann der Stromverbrauch des Gebäudes gering gehalten werden?

Bis zur Übergabe des Gebäudes sollten auch sämtliche Betriebsanleitungen, Wartungsanleitungen und Bedienungsanleitungen vorhanden sein.

6 Literatur

[1] Achtziger, Joachim: Praktische Untersuchung der Tauwasserbildung im Innern von Bauteilen mit Innendämmung. In: wksb-Sonderausgabe 1985, Seite 9-14

[2] Achtziger, Joachim: Sinn und Unsinn der Dampfsperre. In: DETAIL 5/202, Seite 624 -628

[3] Bauen Am Kronsberg – Heiztechnisches Konzept, Landeshauptstadt Hannover, Februar 1998

[4] Bericht TOS3-TK-0008-E14: Bestimmung der Absorptionseigenschaften von fünf verschiedenen Sylitol-Farben, Stand 24.08.2000, Hrsg.: Fraunhofer Institut Solare Energiesysteme

[5] BHKS: Vorschriften DIN-Normen, Technische Regeln - Gebäude und Umwelttechnik, Ausgabe 1996

[6] Deutsches Institut für Bautechnik: DIBt Mitteilungen. 34. Jahrgang Nr. 1, vom 28. Februar 2003, ISBN 1438-7778, Seite 21 ff.

[7] DIN 4108 Bbl 2 : 2004-01: Wärmeschutz und Energie-Einsparung in Gebäuden. Wärmebrücken Planungs- und Ausführungsbeispiele

[8] DIN 4108-2 : 2003-07: Wärmeschutz und Energie-Einsparung in Gebäuden. Teil 2: Mindestanforderungen an den Wärmeschutz

[9] DIN EN 410 : 1998-12: Glas im Bauwesen, Bestimmung der lichttechnischen und strahlungsphysikalischen Kenngrößen von Verglasungen

[10] DIN EN 673 : 2000-01: Glas im Bauwesen, Bestimmung des Wärmedurchgangskoeffizienten (U-Wert), Berechnungsverfahren

[11] DIN EN 832 : 2003-06, Wärmetechnisches Verhalten von Gebäuden, Berechnung des Heizenergiebedarfs, Wohngebäude

[12] DIN EN ISO 6946 : 2003-10: Bauteile, Wärmedurchlasswiderstand und Wärmedurchgangskoeffizient, Berechnungsverfahren

[13] DIN EN ISO 10 077-1 : 2000-11: Wärmetechnisches Verhalten von Fenstern, Türen und Abschlüssen - Berechnung des Wärmedurchgangskoeffizienten - Teil 1: Vereinfachtes Verfahren

[14] DIN EN ISO 13 370 : 1998-12: Wärmetechnisches Verhalten von Gebäuden. Wärmeübertragung über das Erdreich, Berechnungsverfahren

[15] DIN EN ISO 13 789 : 1999-10: Wärmetechnisches Verhalten von Gebäuden. Spezifischer Transmissionswärmeverlustkoeffizient, Berechnungsverfahren

[16] DIN EN 13 829 : 2001-2: Wärmetechnisches Verhalten von Gebäuden - Bestimmung der Luftdurchlässigkeit von Gebäuden - Differenzdruckverfahren (ISO 9972:1996, modifiziert)

[17] DIN V 4108-4 : 2002-02: Wärmeschutz und Energie-Einsparung in Gebäuden, wärme- und feuchteschutztechnische Bemessungswerte

[18] DIN V 4108-6 : 2003-06: Wärmeschutz und Energie-Einsparung in Gebäuden, Teil 6: Berechnung des Jahresheizwärme- und des Jahresheizenergiebedarfs

[19] DIN V 4701-10 : 2001-02, Energetische Bewertung heiz- und raumlufttechnischer Anlagen, Teil 10: Heizung, Trinkwarmwassererwärmung, Lüftung

[20] DIN V 4701-10 : 2002-2, Beiblatt 1: Energetische Bewertung heiz- und raumlufttechnischer Anlagen, Teil 10: Diagramme und Planungshilfen für ausgewählte Anlagensysteme und Standardkomponenten

[21] Eicke, W.; Feist, W.: Niedrigenergiehäuser, hochwärmegedämmte Konstruktionen in der Praxis, in: wksb 28/1990

[22] Enquete-Kommission des 11. Deutschen Bundestages: „Vorsorge zum Schutz der Erdatmosphäre". Schutz der Erde - eine Bestandsaufnahme mit Vorschlägen zu einer neuen Energiepolitik, 3. Bericht, Deutscher Bundestag Bonn (1990)

[23] Erhorn, H.: Bauphysikalische Einflußfaktoren auf das Schimmelpilzwachstum in Wohnungen, in: Aachener Bausachverständigentage, 1992

[24] Erhorn, H.; Gertis, K.: Mindestwärmeschutz oder/und Mindestluftwechsel. In: gi 107 (1986), Nr. 1, S. 12 - 14, 71 - 76

[25] Feist, W.: Das Niedrigenergiehaus, Neuer Standard für energiebewußtes Bauen, 5. überarb. Auflage. Heidelberg: Müller 1998

[26] Feldmeier Franz: „Warme Kante" im Vergleich, Untersuchungsbericht zur Berechnung des „linearen Wärmedurchgangskoeffizienten", GFF - Zeitschrift für Glas, Fenster, Fassade, 3/2000, Seite 63 - 73

[27] Feldmeier, F.: Innen- oder Außenmaß, Ein Diskussionsbeitrag zur Berücksichtigung von Wärmebrücken, in: Bauphysik Nr. 14/1992

[28] Fraunhofer Institut für Bauphysik, IBP, Niedrigenergiehäuser Heidenheim, Abschlußbericht, Stuttgart 1994.

[29] Geißler, A., Maas, A., Hauser, G.: Leitfaden für die Vor-Ort-Beratung bei Sanierungsvorhaben. Hilfestellung zur Beurteilung baulicher Aspekte. Abschlussbericht Juni 2001

[30] Gertis, K., Erhorn, H.: Auswirkungen der Lage des Fensters im Baukörper auf den Wärmeschutz von Wänden. In: Fenster und Fassade 11, (1984), H. 2, S. 53-57.

[31] Häupl, P. et altri: Energetische Verbesserung der Bausubstanz mittels kapillaraktiver Innendämmung. In: Bauphysik 21 (1999), Heft 4, Seite 145-154

[32] Hauser, G.; Stiegel H.: Wärmebrückenatlas für den Mauerwerksbau. Bauverlag GmbH; Wiesbaden und Berlin, 1993, 2. Auflage

[33] Hauser, G.: Einfluß der Lüftungsform auf die Lüftungswärmeverluste von Gebäuden, in: HLH 30/1979

[34] Hauser, H.; Gertis, K.: Energieeinsparung durch Stoßlüftung. In: HLH 30 (1979).

[35] Hausladen, G.: Heizung und Lüftung im Niedrigenergiehaus - Ergebnisbericht, Kirchheim 1993 (BMBAU-IRB-Verlag F 2245)

[36] Hausladen, G.: Luftwechsel in Wohnungen. In: HLH 29/1978.

[37] Hegner, H.-D.; Vogler, I.: Energieeinsparverordnung EnEV - für die Praxis kommentiert. Wärmeschutz und Energiebilanzen für Neubau und Bestand. Rechenverfahren, Beispiele und Auslegungen für die Baupraxis. Ernst & Sohn Verlag, Berlin 2002, ISBN 3-433-01730-1

[38] Hessisches Ministerium für Umwelt, Energie und Bundesangelegenheiten (Hrsg.): Wärmedämmung von Außenwänden mit Innendämmung - Wissenswertes über die Außenwanddämmung bei Alt- und Neubauten

[39] Horschler, S.: Wärmedämmung nach EnEV. Novellierte Normen erfordern bei Planung und Ausführung mehr Kontrolle. Deutsches Architektenblatt, 11/2003

[40] Horschler, S.; Jagnow, K.: Ahnungslos und Unsicher. Die EnEV-Neuerungen müssen sich noch viele Planer aneignen. Deutsches Ingenieurblatt, 11/2003

[41] Horschler, S.: Kritische Anmerkungen zur Umsetzung der Energieeinsparverordnung und Entscheidungshilfen für den Planer, Abschnitt D, Seiten 26 – 42. In: Mauerwerksbau aktuell, Praxishandbuch 2003 für Architekten und Ingenieure. Hrsg.: Jäger, W. et al., Bauwerk Verlag GmbH, Berlin 2003

[42] Horschler, S.; Pohl, W.-H.: Dämm- und Dichtkunst. EnEV, Teil 2: Der Einfluss von Wärmebrücken und Gebäudedichtheit auf Planung und Ausführung. In: db 07/02, Seite 75 - 79

[43] Horschler, S.; Wolff, D.: Die Energieeinsparverordnung (EnEV) und die mitgeltenden Normen. Inhaltliche Beschreibungen, Berechnungsbeispiele, Möglichkeiten der energetischen Optimierung. Eine Handreichung für Planende und Ausführende. Hannover, 2001

[44] Horschler, S.; Pohl, W.-H.: Energieeinsparverordnung (EnEV). Möglichkeiten den Energiebedarf von Gebäuden wirtschaftlich zu senken. Beitrag im Baukalender 2002, 45. Jahrgang, Hrsg,: Fleischmann, Schneider, Bauwerk Verlag, Berlin 2002

[45] Horschler, S.; Pohl, W.-H.: Kapitel 3 und 4: Energiesparendes Bauen, Energieeinsparverordnung und Baukonstruktion Regeldetails. In: Von der Idee bis zur Ausführung.

Grundlagenwissen und Praxisbeispiele rund um das Bauen mit Backstein. Hrsg.: Initiative Zweischalige Wand – Bauen mit Backstein, Münster und Fachverband Ziegelindustrie Nord e.V. Oldenburg, 2001

[46] Horschler, S.; Wolff, D.; Teuber,P.: Die Energieeinsparverordnung (EnEV) und die mitgeltenden Normen. Konsequenzen für die Planung, Edition Nr. 2. Hrsg.: Kronsberg-Umwelt-Kommunikations-Agentur GmbH, Hannover, Februar 2001

[47] Horschler, S.: 2001: Die Energieeinsparverordnung kommt bestimmt. Deutsches Architektenblatt, 10/2000, Seite BN 157 - BN 160

[48] Horschler, S.: Die Energieeinsparverordnung - Konsequenzen für die Ausführung, Edition Nr. 1. Hrsg.: Kronsberg-Umwelt-Kommunikations-Agentur GmbH, Hannover, Dezember 2000

[49] Horschler, S.; Pohl, W.-H.: Einsparpotenziale - Erfahrungsberichte aus der Qualitätssicherung. In: Modell Kronsberg. Nachhaltiges Bauen für die Zukunft. Hrsg. Landeshauptstadt Hannover, Hannover 9/2000

[50] Horschler, S.; Pohl, W.-H.: Forschungsvorhaben: Überprüfung des Niedrigenergiehaus-Standards im Baugebiet „Rotenberg-Ost" in Hameln, Hannover 2000

[51] Horschler, S.: „Umbau und energetische Modernisierung des Gebäudebestands - Zweite Chance für Architektur und Architekt / innen". Nachträgliche Wärmedämmung von Dach und Wand, Berücksichtigung von Maßnahmen zur Minimierung von: Wärmebrücken und Luftundichtheiten, Stand: 28.12.1999. Tagungsband für das Architektur Centrum – ACD GmbH Hamburg

[52] Humm O.: Niedrigenergiehäuser, Staufen 1990 und Neuauflage 1997, Impulsprogramm Hessen; Niedrigenergiehäuser planen – Wärmeschutz und passive Solarenergienutzung; Impulsprogramm Hessen und Institut Wohnen und Umwelt, Darmstadt; 1997

[53] Jagnow, K.; Horschler, S.; Wolff, D.: Die Energieeinsparverordnung 2002 : kosten- und verbrauchsorientierte Gesamtlösungen. Dt. Wirtschaftsdienst, Köln, 2002

[54] Jagnow, K und Wolff, D.: Kriterien zur Entwicklung von Software für die Gebäude- und Anlagenplanung von Niedrig-Enerige-Häusern; KuKa-Dokumentation Kronsberg Edition 8; 2001

[55] Jenisch, R.: Berechnung der Feuchtekondensation in Außenbauteilen und die Austrocknung abhängig vom Außenklima. In: gi 92(1971), Nr.9, S. 257-262 und 299-307

[56] Kalksandstein mit Aussen-Wärmedämmung. Gesamtbeurteilung von Aussenwandkonstruktionen. Hrsg.: Informationsstelle der Schweizerischen Kalksandstein- Fabrikanten, Kalksandstein INFO 1-1999

[57] Kappler, H. P.: Wasserdampfkonvektion durch thermischen Auftrieb in einer Schwimmhalle: Kondensatbildung am Dachrand. Bauschädensammlung. Bd. 2. Stuttgart: Forum, 1976. Seite 19 - 28

[58] Kießl, K.: Feuchteeinflüsse auf den praktischen Wärmeschutz bei erhöhtem Dämmniveau, in: Aachener Bausachverständigentage, 1994

[59] Kießl, K.: Kappilarer und dampfförmiger Feuchtetransport in mehrschichtigen Bauteilen - Rechnerische Erfassung und bauphysikalische Anwendung. - Essen, Dissertation 1983

[60] Kießl, K.: Wärmeschutzmaßnahmen durch Innendämmung - Beurteilung und Anwendungsgrenzen aus feuchtetechnischer Sicht. In: wksb 31/1992

[61] Künzel, H. M.: Trocknungsfördernde Dampfbremsen - Einsatzvoraussetzungen und feuchteschutztechnische Vorteile in der Praxis. In: wksb 47/2001, Seite 15 - 23

[62] Künzel, H. M.: Austrocknung von Wandkonstruktionen mit Wärmedämm-Verbundsystemen. In: Bauphysik 20 (1998), Heft 1, Seite 18 - 23

[63] Künzel, H. M.; Riedl, G.; Kießl, K.: Praxisbewährung von Wärmedämmverbundsystemen. In: Deutsche Bauzeitschrift (DBZ) 45 (1997), Heft 9, Seite 97 - 100

[64] Künzel, H.: Auswirkung mangelnder Feuchtigkeitsabsorption in Räumen, in: Feuchtigkeitsaufnahme und -abgabe von Baustoffen und Bauteilen, Berichte aus der Bauforschung Heft 79, Berlin 1972

[65] Künzel, H.: Warum sich Wärmedämm-Verbundsysteme durchgesetzt haben - Vergleiche mit anderen Wandkonstruktionen. In: Bauphysik 20 (1998), Heft 1, Seite 2 - 8.

[66] Langner, M.: Zur Instandsetzung historischer Fachwerke, in: Bausubstanz, 11-12/91;

[67] Mainka, Paschen: Wärmebrückenkatalog, Stuttgart 1986

[68] Norm-Entwurf DIN EN ISO 10 077-2 : 1999-2, Wärmetechnisches Verhalten von Fenstern, Türen und Abschlüssen - Berechnung des Wärmedurchgangskoeffizienten - Teil 2: Numerisches Verfahren für Rahmen

[69] Oswald, Lamers, Schnappauff: Nachträglicher Wärmeschutz für Bauteile und Gebäude, Wiesbaden 1995

[70] Oswald, R.: Baufeuchte - Einflußgrößen und praktische Konsequenzen. In: Aachener Bausachverständigentage, 1994

[71] Pohl, W.-H., Horschler, S.: Energieeffiziente Wohngebäude. Hrsg.: BEB Erdgas und Erdöl GmbH, Hannover August 2002

[72] Pohl, Wolf-Hagen; Horschler, Stefan: „Bausubstanz erhalten und gestalten" Wärmeschutztechnische Sanierung bestehender Gebäude. Planer- und Architektenseminar 1999. Hrsg. Firma Caparol, Ober-Ramstadt

[73] Pohl, W.-H.; Horschler, S.: Energieeffiziente Gebäude in konventioneller Bauweise. In: DBZ 12/1999, Seite 104 - 107

[74] Pohl, W.-H.; Horschler, S.; Pohl, R.: Gebäudedichtheit, Luftdichtheit, Winddichtheit, Lösungsvorschläge, Details. Informationen für Planende, Ausführende und Nutzer. 1. Ausgabe. Hrsg.: VEW ENERGIE AG Abteilung Anwendungstechnik. Marketing+Wirtschaft Verlagsges. Flade+Partner mbH, München, August 1999, ISBN: 3-922804-30-6

[75] Pohl, W.-H.; Horschler, S.; Pohl, R.: Wärmeschutz - Optimierte Details. Hrsg.: Kalksandstein-Information, GmbH + Co KG, Hannover, Januar 1997

[76] Pohl, W.-H.; Horschler, S.; Pohl, R.: Teil 1 Konstruktionsempfehlungen und optimierte Anschlußsituationen (Details), aus: Niedrigenergiehäuser unter Verwendung des Dämmstoffes Styropor. AIF-Forschungsvorhaben Nr.: 9289, Bauforschung für die Praxis, Band 31, Fraunhofer IRB Verlag, Stuttgart 1997, ISBN 3-8167-4230-0

[77] Pohl, W.-H.; Horschler, S.: Novellierung der Wärmeschutzverordnung. Verschärfung der Wärmeschutzanforderungen. Auswirkung auf Planung und Ausführung im Bereich des Daches. In: DBZ (1994), Nr. 2, Seite 99 - 104

[78] Pohl, W.-H.; Horschler, S.: Innendämmung der Außenwand - Bauphysikalische Aspekte. In: Bundesbaublatt 6 Juni 1993, Seite 431 bis 437

[79] Pohl, W.-H.: Belüftete Dächer mit Metalldeckung, Feuchteschutz, bauphysikalische Grundlagen, Fallstudien, Beispiele; RHEINZINK-Architekturreihe Band 1, Hrsg.: RHEINZINK GmbH, Datteln 1991

[80] Raisch, E.: Die Luftdurchlässigkeit von Baustoffen und Baukonstruktionsteilen. In: Gesundheits-Ingenieur, 30/1928

[81] Recknagel, Sprenger, Schramek; Taschenbuch für Heizung und Klimatechnik; 2001; Oldenbourg Verlag, München

[82] Reiners, W.; Thiemann, A.: Wohnungslüftung mit Wärmerückgewinnung, System- und Anbieterübersicht. Hrsg. VEW Energie AG Dortmund, 4. Auflage 1997, Verlags- und Wirtschaftsgesellschaft der Elektrizitätswerke m.b.H. - VEW. ISBN 3-8022-0534-0

[83] Richtlinie, Bestimmung des solaren Energiegewinns durch Massivwände mit transparenter Wärmedämmung, Fachverband Transparente Wärmedämmung e.V., Ausgabe Juni 2000

[84] Schüle, W.: Wasserdampfkondensation in Wänden mit raumseitiger Wärmedämmschicht; Bericht BW 144/75; Fraunhofer-Institut für Bauphysik, Stuttgart 1975
[85] Solare Wandheizung. Fassadendämmung mit Solarenergienutzung. Informationsbroschüre der Firma Caparol, Ober-Ramstadt

[86] Transparente Wärmedämmung, Veröffentlichung der Produktkennwerte, Informationsmappe 4, Fachverband Transparente Wärmedämmung e.V., Ausgabe Juni 2000

[87] Verordnung über energiesparenden Wärmeschutz und energiesparende Anlagentechnik bei Gebäuden (Energieeinsparverordnung – EnEV) vom 16. November 2001, Bundesgesetzblatt I, S. 3085

[88] Wegner, J.: Untersuchungen des natürlichen Luftwechsels in ausgeführten Wohnungen, die mit sehr fugendichten Fenstern ausgestattet sind. In: gi Gesundheits-Ingenieur 1/1983.

[89] Werner, J.; Zeller, J.: Die Luftdichtigkeit von Gebäuden und ihre Bedeutung für die Funktion und Effizienz von Wohnungslüftungsanlagen, VDI-Berichte Nr. 1029, Düsseldorf 1993.

[90] Werner, J.; Laidig, M.: Bauen am Kronsberg. Hinweise zur Realisierung des Niedrigenergie-Standards - Lüftungskonzept. Hrsg.: Landeshauptstadt Hannover, Amt für Umweltschutz, September 1996.

[91] Wolff, D.; Jagnow, K.; Horschler, S.: Von der Idee bis zum Einzug. Die EnEV erzwingt das Umdenken in Richtung integrierte Planung. In: Deutsches Ingenieur Blatt. Januar/Februar 2002, 9. Jahrg., Seite 24 - 31

[92] Zeller, J.; Biasin, K.: Luftdichtigkeit von Wohngebäuden - Messung und Bewertung, Ausführungsdetails. Hrsg.: RWE Energie Aktiengesellschaft, Anwendungstechnik, Essen. 2. erw. Aufl. 11/1996

7 Stichwortverzeichnis

Simon, Günther

Das energieoptimierte Haus
Planungshandbuch mit Projektbeispielen

2003. 280 Seiten.
21 x 29,7 cm. Gebunden.
Mit Abbildungen.

EUR 48,–
ISBN 3-934369-19-7

Mehrere Niedrigenergiekonzepte werden in
dieser Neuerscheinung dargestellt und kompetent
behandelt. Entwurf, Technologie, Materialien und
Optimierungsmöglichkeiten des energiesparen-
nen Bauens werden systematisch und umfassend
erläutert. Anhand von realisierten Projektbeispielen
wird dieses aktuelle Thema ganzheitlich präsentiert.
Auch die Entwicklung des Niedrigenergiehauses
in den letzten 15 Jahren wird mit Zeichnungen und
vielen Fotos sowie Angaben zur Preisentwicklung
dargestellt.

Aus dem Inhalt:
- Umweltaufgabe Haus
- Planung
- Konstruktion der Hüllflächen
- Technik: Heizung und Lüftung
- Solarstrahlung und -nutzung
- Optimierungsberechnung
- Überprüfungstechnologie
- Entwurf und Gestaltung
- Energiemanagement
- Förderungsmaßnahmen

Autor:
Prof. Dipl.-Ing. Günther Simon ist Architekt, Bauphysiker und Sach-
verständiger sowie Berater für Niedrigstenergiehaus-Technik.

Interessenten:
Architektur- und Bauingenieurbüros, Baubehörden, Bauunternehmen,
Studierende der Architektur und des Bauingenieurwesens.

Bauwerk www.bauwerk-verlag.de